“十四五”职业教育国家规划教材

高等职业教育烹饪工艺与营养专业教材

烹饪原料

（第三版）

Pengren Yuanliao

陈金标◎主编

谢　强　金洪霞　王新生◎副主编

丁玉勇◎主审

U1017647

中国轻工业出版社

图书在版编目（CIP）数据

烹饪原料 / 陈金标主编. —3版. —北京：中国轻工业出版社，2025.9

"十二五"职业教育国家规划教材

高等职业学校烹调工艺与营养专业教材

ISBN 978-7-5184-2739-0

Ⅰ.①烹… Ⅱ.①陈… Ⅲ.①烹饪—原料—高等职业教育—教材 Ⅳ.①TS972.111

中国版本图书馆CIP数据核字（2019）第298888号

责任编辑：方　晓　贺晓琴　　责任终审：劳国强　　设计制作：锋尚设计

策划编辑：史祖福　　责任校对：吴大朋　　责任监印：张　可

出版发行：中国轻工业出版社（北京鲁谷东街5号，邮编：100040）

印　　刷：艺堂印刷（天津）有限公司

经　　销：各地新华书店

版　　次：2025年9月第3版第8次印刷

开　　本：787×1092　1/16　印张：15.5

字　　数：300千字

书　　号：ISBN 978-7-5184-2739-0　定价：56.00元

邮购电话：010-85119873

发行电话：010-85119832　010-85119912

网　　址：http://www.chlip.com.cn

Email：club@chlip.com.cn

版权所有　侵权必究

如发现图书残缺请与我社邮购联系调换

251587J2C308ZBW

前言

“十三五”规划以来，与烹饪原料相关的许多法规、标准、信息数据等发生了非常大的变化:《食品安全法》2015年实施，2018年修正;《中国居民膳食指南》1989年首次发布，2022年第4次修订；中国疾病预防控制中心营养与健康所修订的《中国食物成分表 标准版》第6版已出版2册，包括了现有植物性食物、动物性食物和食品数据的集合；各种原料营养成分检测的学术研究文章层出不穷；与原料有关的国家、行业、地方标准不断增加与更新；地理标志食材（地理标志证明商标GI、地理标志保护产品PGI、农产品地理标志AGI）以及绿色食品原料不断丰富；按照传统既是食品又是中药材物质目录得到国家卫生健康委的2次增补，有关新食品原料、普通食品名单不断增加；全国打击违法添加非食用物质和滥用食品添加剂专项整治领导小组先后发布了六批《食品中可能违法添加的非食用物质和易滥用的食品添加剂名单》；2020年2月全国人民代表大会常务委员会通过《关于全面禁止非法野生动物交易、革除滥食野生动物陋习、切实保障人民群众生命健康安全的决定》，2021年1月国家畜禽遗传资源委员会办公室公布了《国家畜禽遗传资源品种目录（2021版）》，不在目录范围的畜禽（包括养殖品种）均不能作为烹饪原料，特别是将狗列入伴侣动物而不作为畜禽管理，与国际接轨。党的二十大报告对粮食安全问题给予强烈关注，明确提出“全方位夯实粮食安全根基”，这一新提法反映了二十大应对未来粮食安全风险的未雨绸缪和顶层设计，意味着今后中国需树立“大食物观”，在确保粮食安全上将多措并举，除了继续保证重要农产品特别是粮食供给绝对安全外，还将更加注重保障肉蛋果蔬等其他食品供应，构建多元化的食物供给体系，防范化解国际环境、国际贸易规则变化等因素给国内粮食安全带来的负面影响，满足民众更高水平的食物和营养需求。

2022年，教育部又组织修订了2019版的《高等职业学校专业教学标准》，餐饮类（5402）的烹饪工艺与营养专业（540202）、中西面点工艺（540203）、西式烹饪工艺（540204）等标准即将完善发布，“烹饪原料”课程是餐饮类多个专业的基础课程之一。基于上述变化，经过团队的多次研讨，《烹饪原料》教材在保留“十三五”规划教材特色的基础上，作了如下修订：

1. 教材框架体例的调整。将鱼类原料与其他水产合并为“第七章 水产原料”，增加了水产原料的分类、营养特点、风味与安全控制内容；将调味料与辅助料合并为“第八章　调辅料”；所有章节的“品质检验和贮存保鲜”并入原料概述中，或分解到具体原料品种中。整个框架体例由概述（共性知识）和各分类原料（个性知识）构成，点面结合，调整后的体例更简洁、合理。

2. 将传统特产原料全部调整为“地理标志产品”。传统的特产原料有些早已名存实亡，《地理标志产品保护规定》2005年施行，17年来地理标志类烹饪原料众多，涵盖了各个类别。2017 年，全国首家国家地理标志产品直销中心在武汉开业；2018 年，云南农垦集团与云南餐饮与美食行业协会联合启动“云南省绿色食品（材）联盟”，均是很好的应用案例，特别是2020 年中央一号文件明确要求加强绿色食品、有机农产品、地理标志农产品认证和管理，打造地方知名农产品品牌，增加优质绿色农产品供给。餐饮业对此的关注度尚需提升。

3. 原料营养价值与保健知识的更新。营养的应用是目前餐饮业的弱项，2020年12月，国民营养健康指导委员会印发《营养健康餐厅建设指南》等3项指南的通知，2年以来，获得“营养健康餐厅”称号的餐饮企业非常少。烹饪原料的营养是餐饮业营养应用的基础，我们参考了最新的食物成分表及大量的原料营养成分研究成果，更新了教材中所有食材的营养数据，减少了中医的传统说法，一般原料用“营养价值”，既是食品又是中药材的原料才用“营养保健”，提升了原料表述的科学性。

4. 原料的标准与品质检验结合。2019 年施行的《食品安全法实施条例》第二条“食品生产经营者应当依照法律、法规和食品安全标准从事生产经营活动”，餐饮业认识、检索、使用各类标准应成为常态，原料标准是其中之一。原料标准应用最佳的当属13年前出版的《中国徽菜标准》，至今对各地的餐饮业都有指导意义。本教材涉及具体原料的品质检验，不再列举原料的感官指标等内容，只列品质检验所依据标准的名称及代码，节省了大量篇幅。

5. 更新或增添了大量的图片。首先是原创的文字图，如原料分类图、稻米加工图、谷类制品图、豆制品种类图、蔬菜分类图、蔬菜制品分类图、畜类原料分类图、禽类原料分类图、蛋制品分类图、水产原料分类图、水产品危害因素图、各种动物性烹饪原料的相互关系图、调辅料的分类图等；其次是加工整合的原料图，如猪副产品依据标准（GB/T 9959.4-2019）配了1个图片，却是由24个部位的图片构成，直观明了，信息量大，类似的组合图片较多，应是本教材的一大特色。

6. 内容的调整与更新。更新了《食品安全法》及《中国居民膳食指南》相关内容；依据相关标准，更新了蔬菜、果品等原料的分类；参考最新种（养）殖研究成果，更新了大量原料的种类特征；更新了同步习题、实训项目，特别是更新了所有案例分析题，保证了专业性、新颖性。每种原料的表述，以种类特征为基础，以烹饪应用规律为目标，以营养（保健）及安全控制为辅助，以品质鉴别或贮藏保鲜为拓展，学了教材中的任一原料，真正能达到高职层次“够用”的标准。

最后，调整与更新了附录，附录2有关新食品原料、普通食品名单汇总，看似与教材内容结合不紧密，深入了解就会发现，大量的新食品原料、普通食品是餐饮业开发创新菜点、保健菜点的一个非常好的源泉，餐饮产品的附加值不仅要靠刀工、美味来提升，也可以通过新产品、保健功能来提升。

本次修订，我们联合了教育部烹饪工艺与营养资源库子项目《烹饪原料知识》建设团队、山东旅游职业学院金洪霞老师、无锡商业职业技术学院谢强教授，荆门技师学院王新生等老师参与，经过团队共同讨论，由陈金标执笔完成。

本教材自出版以来，得到许多读者的关心，并对本书提出了很好的修改建议，在此表示衷心感谢！第三版虽然已做了大量修正，但错误、疏忽之处仍在所难免，敬请广大读者批评指正。

陈金标
2022年11月

目　录

第七章 水产原料

第八章 调辅料

第一章 烹饪原料概述

学习目标

知识目标

- 了解烹饪原料的内涵和可食性条件；
- 理解烹饪原料的命名及分类方法；
- 掌握烹饪原料的学习内容与研究方法；
- 掌握餐饮行业中烹饪原料的检验与安全控制方法。

能力目标

- 能根据可食性条件选择烹饪原料；
- 能利用网络搜集烹饪原料资源，解决实际问题；
- 能利用烹饪原料的各类标准，鉴别原料，控制原料安全；
- 能在学习及未来工作中参与野生动植物资源的保护。

第一节 烹饪原料的内涵及研究

一、烹饪原料的概念及条件

烹饪原料是指以天然动植物组织及食品工业加工制品为原料，通过烹饪加工可以制作主食、菜肴、面点、小吃等各种直接经口摄入的食物，为人体提供营养，且不危害人体健康的可食性原材料。烹饪原料种类繁多，它不只是自然采摘或获取的生鲜食材（有些还是活物），还包括供加工或烹饪用的初级产品、半成品；既有有机物质，也有无机物质。

食物消费是人类生存发展的第一需要。烹饪原料是食物加工的物质基础，从采购、运输、贮存，到原料的选择、加工、烹调等每一个环节，都是围绕原料展开的。由此可知，餐饮产品最终质量的优劣，首先取决于原材料质量的优劣。要想烹制出美味可口的食物，保证食物的质量，就必须选择优质的烹饪原料。清代的美食家袁枚在《随园食单·须知单》中早有论断："物性不良，虽易牙烹之，亦无味也。"此外，如果对烹饪原料的特性不甚了解，无论如何也不会加工出真正的好食物。

近年来，市场上的烹饪原料除常见的鸡鱼肉蛋外，各种新品种原料、异地特产原料、反季节原料、绿色食品原料、地理标志原料、新培育上市的原料、人工合成的调辅料、一些不常用的新奇原料、国外引进的原料等层出不穷、日益增多，原料的质量规格与档次的差别也日益扩大，但不是所有的原料都可以用于烹饪，作为烹饪原料，既要满足安全、营养、风味的自然属性要求，也要符合法律规范的社会属性要求。具体来说，烹饪原料必须同时具备以下五个条件：

（一）必须确保食用安全

“民以食为天，食以安为先”。2019年，席卷全国多省的百起“非洲猪瘟”疫情事件、2019年7月甘肃金昌市洋葱种植户违法使用甲拌磷案件、2019年10月德国销售的雀巢、诺优能、悠蓝、英雄宝贝、宝怡乐、佳丽雅6大品牌8款奶粉卷入的“芳香烃门”事件等，这些国内外不断发生的食品安全事件不仅严重影响了人们的身体健康，而且严重影响了人们的消费信心，造成了恶劣的社会影响和经济影响。未来随着食品种类的不断丰富，新的食品安全问题还将不断涌现，微生物污染、超范围超限量使用食品添加剂及农兽药残留超标三大食品安全顽疾依旧存在。因此，凡是含有有毒有害物质且不易去除的原料，都不能作为烹饪原料。

特别提示

《中华人民共和国食品安全法》

（2018年12月29日修正）

第三十四条　禁止生产经营下列食品、食品添加剂、食品相关产品：

（一）用非食品原料生产的食品或者添加食品添加剂以外的化学物质和其他可能危害人体健康物质的食品，或者用回收食品作为原料生产的食品；

（二）致病性微生物，农药残留、兽药残留、生物毒素、重金属等污染物质以及其他危害人体健康的物质含量超过食品安全标准限量的食品、食品添加剂、食品相关产品；

（三）用超过保质期的食品原料、食品添加剂生产的食品、食品添加剂；

（四）超范围、超限量使用食品添加剂的食品；

（五）营养成分不符合食品安全标准的专供婴幼儿和其他特定人群的主辅食品；

（六）腐败变质、油脂酸败、霉变生虫、污秽不洁、混有异物、掺假掺杂或者感官性状异常的食品、食品添加剂；

（七）病死、毒死或者死因不明的禽、畜、兽、水产动物肉类及其制品；

（八）未按规定进行检疫或者检疫不合格的肉类，或者未经检验或者检验不合格的肉类制品；

（九）被包装材料、容器、运输工具等污染的食品、食品添加剂；

（十）标注虚假生产日期、保质期或者超过保质期的食品、食品添加剂；

（十一）无标签的预包装食品、食品添加剂；

（十二）国家为防病等特殊需要明令禁止生产经营的食品；

（十三）其他不符合法律、法规或者食品安全标准的食品、食品添加剂、食品相关产品。

（二）必须具有营养价值

作为烹饪利用的原料，必须具有一定的营养价值，即含有一定的营养素。《黄帝内经》

载有“五谷为养，五果为助，五畜为益，五菜为充，气味合而服之，以补精益气”，这是古人关于原料与身体健康关系的经验论断。现在需要从营养成分、功能特性等方面认识和利用原料。烹饪原料中所含营养物质含量的高低是决定烹饪原料食用价值的一个非常重要的方面。不同的原料品种各类营养素的组成和比例差别很大，通过品种和数量的选择配伍，可以使原料之间的营养得以互相补充，从而满足人体的正常需要，达到营养的全面、均衡与适度。少部分允许餐饮业使用的食品添加剂类辅料，不含营养素，但要按规定使用。

（三）必须有良好的风味

感官对食物的判断取舍，是人类几十万年对自然食物链选择的结果，使人感到香、甜、鲜美的食物往往都是符合人体营养摄取需要的东西，而那些臭、苦、腥、臊、膻、涩的滋味则是危险信号。猪腰的髓质（俗称“腰臊”）、无鳞鱼的体表黏液、畜类内脏的异味经过合理加工，能方便去除，不影响烹饪使用。将蝎子、蛹虫、苍蝇作为食物，尽管有人提倡，但消费者普遍难以接受，这些原料虽含有一定量的营养素且对人体无害，但缺乏赏心悦目、美味可口的食用价值，其风味、口感无法给人以美的享受，难以受到欢迎，则不宜作为烹饪原料使用。有些因组织粗糙无法咀嚼吞咽的原料，或者因本身污秽不洁、恶臭难闻的原料，将直接影响烹制出来的菜肴风味，如老母猪肉。猪肉的国家标准（GB/T 9959.1—2019）规定：种公猪、种母猪及晚阉猪不得用于加工无皮片猪肉。

（四）必须杜绝假冒伪劣

近年来，传统食品污染造成的危害事件比例减少，而食品造假（欺诈、非法添加）事件的比例有所增加，农产品真实性问题（包括种类、加工工艺、年份声称、产地声称、新鲜度、掺兑物检测等）成为掺假欺诈的重点领域之一。用牛肉膏将老母猪肉加工成“假牛肉”；用羊肉精将狐狸肉、老鼠肉加工成“假羊肉串”；用玉米香精烹煮变质的玉米棒等，虽有很好的风味，但存在安全隐患，都属于违法行为。2018年12月，贵州省遵义市查获假冒“太太乐”鸡精等调味料5500余瓶，销售至农村集贸市场；2019年8月，河北衡水查处未经许可生产假冒进口橄榄油案，涉案金额2000余万元；2019年10月，上海宝山“8.9”制售假冒品牌水产品案，查获假冒“吉娜朵”品牌生蚝1000余只。食品欺诈历来有之，“挂羊头卖狗肉”并不是我国独有，欧洲的“马肉冒充牛肉风波”、澳洲的“糖浆假蜂蜜”、英国的“牛奶掺水”、德国的“假有机鸡蛋”、美国的“鱼肉造假”等事件，预示食品欺诈和食品造假等现象已蔓延全球。销售假冒伪劣食材，可以非法获取暴利，廉价出售又干扰正常的经济秩序，影响了高质量产品的销售，影响餐饮业的信誉及烹饪产品的质量，侵犯了餐饮消费者的权益。保障原料真实性可遏止“劣币驱逐良币”的市场乱象。因此，即使能够食用的假冒伪劣原料也不宜作为烹饪原料进入餐饮企业的厨房。

（五）必须遵循法律法规

过去，发菜、冬虫夏草、熊掌都是餐饮业使用的名贵烹饪原料。2000年6月，国务院出台了禁止采集、销售发菜的禁令，因为这类原料的使用不仅破坏了自然生态平衡，更是危及子孙后代的行径。2010年12月，原国家质检总局发布通知，严禁使用冬虫夏草作为食品原料生产普通食品。由于服用虫草存在砷中毒的巨大风险，2016 年，原国家食药监总局将冬虫夏草从保健品中除名。此外，芦荟、蜂胶、银杏叶等保健食品原料及莲子芯、羊胎盘、亚麻籽等均不能作为烹饪原料使用。多数陆生野生动物直接或间接来自野外，有的甚至来自受到化学或生物污染的地方，并且在被食用前都未经过卫生安全检疫，对人体健康存在很大安全隐患，捕猎、售卖、加工和滥食野生动物有可能对人体造成危害或一些疾病传染。2003年的SARS事件、2019新型冠状病毒肺炎疫情（COVID–19）向人们敲响了警钟，2020年2月24日全国人民代表大会常务委员会《关于全面禁止非法野生动物交易、革除滥食野生动物陋习、切实保障人民群众生命健康安全的决定》，全面禁止以食用为目的猎捕、交易、运输在野外环境自然生长繁殖的陆生野生动物，未被列入国家畜禽遗传资源目录的人工繁育、饲养的陆生野生动物，也不得作为烹饪原料使用。

二、烹饪原料课程与相关学科的关系

烹饪原料课程不仅可为餐饮业烹饪生产加工提供各种原料的物理、化学、生化特性等基础知识，还从营养学、保健学角度，对人们在烹饪中正确选用原料，合理利用烹饪原料的营养，保持健康的饮食生活提供原料方面的知识。因此，烹饪原料是一门与诸多学科相关联的综合性课程，它涉及农学、营养学、卫生学、食品化学和烹饪工艺学等方面的知识，见图1–1。

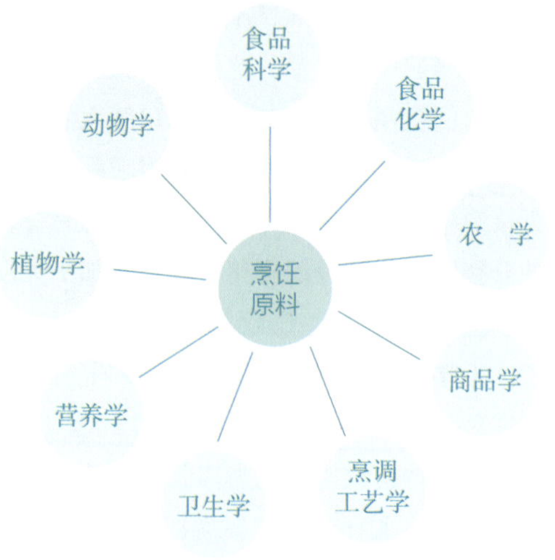

图1–1　烹饪原料课程与相关学科的联系

（一）烹饪原料与农学

研究烹饪原料的性状、品质是烹饪原料课程的重要内容。而对于绝大多数由生物得到的烹饪原料，决定其性状和品质的是它的品种、生长环境和培育方法，因此，农学与烹饪原料有着密切的联系。通过农作物的栽培、畜牧水产的养殖等知识，可以了解影响烹饪原料品质、性状的生产条件方面的因素，同时也为生物生产的育种，农业措施改善，生产环境进步等不断提出指导性要求。

（二）烹饪原料与营养学、医学

从烹饪原料的使用目的来看，与人体营养学、医学有着非常密切的关系。人体需要的营养素来自原料，对烹饪原料的营养分析和评价，是烹饪原料最重要的内容之一。我国自古就懂得“医食同源”的道理。近年，随着对医学、免疫学知识的深入研究，从烹饪原料中发现功能性成分，开发保健膳食、营养配餐，已经成为重要课题。烹饪原料与营养学、医学的关系也越来越密切。

（三）烹饪原料与其他学科

对烹饪原料的品质评价是烹饪原料课程的重要组成部分，它的基础包括化学、生物学、卫生学等学科。当然，烹饪原料是烹饪工艺学的重要基础，是烹饪科学的重要组成部分。例如番茄、胡萝卜等果蔬的加工，就首先离不开对适合加工品种的选择。作为烹饪原料使用的农产品品质不仅与品种有关、还受栽培管理、施肥、灌溉等条件影响，许多原料的营养、风味、贮藏性、加工性还与其采摘时间、成熟度和采后处理方法有关。由于现代烹饪与市场、流通的关系越来越密切，因此，烹饪原料也要涉及经济学、市场学和关于食品流通的法律、法规方面的知识。

烹饪原料实为农业、畜牧业、食品加工业的产品。由于现代农业科学、食品科学、营养学、卫生学、植物学、动物学等学科的发展，对烹饪原料产生了巨大的影响。例如动物工厂化饲养、水产品的网箱人工饲养、大棚蔬菜的普及、转基因动植物的出现等，导致烹饪原料的构成发生巨大的变化，很多原来比较稀有的烹饪原料的产量大幅度上升；冷库的普及对烹饪原料的保存也产生了巨大的影响。食品加工技术的发展，例如冷冻干燥技术、罐头技术、酿造技术等的发展，使现在半成品烹饪原料的性质和质量与传统的半成品烹饪原料相比有了不可同日而语的差异。商贸物流和食物冷链技术的发展，使烹饪原料的运输和各地间原料交流变得非常容易。

三、烹饪原料的研究内容与方法

（一）烹饪原料的研究意义

首先，能满足现代餐饮越来越高的要求，包括：营养性、嗜好性、养身功能性等，原料是决定餐饮产品质量的关键因素，对烹饪原料基本类型、加工特性、理化特征、营养特征的认识是烹饪加工、菜点设计、保证菜点质量及开发新菜点的科学依据。许多烹饪原料的营养、风味、贮藏性、加工性与其采摘时间、成熟度和采后处理方法有关。如肯德基、麦当劳等快餐企业使用的马铃薯原料，不仅要求一定的品种，还要求在规定的条件下栽培和管理，才能保证产品的规格化。

其次，保障食品安全，即使自然生长的许多食物原料，有的也可能含有天然毒素，有的容易受到环境污染等，选用或烹饪加工时就需要了解这方面的知识，守住食品安全的第一关口，使烹饪原料的贮藏、加工等操作更加科学合理，实现最大限度地利用食物资源，满足人们对饮食生活的需求。

第三，原料的保障性和经济性。烹饪原料的来源与各地区的生产环境、资源环境乃至农牧业发展有着十分重要的关系。一方水土养一方人，烹饪原料的有效供给特性直接影响餐饮生产及一方民众的生存、生活质量。价格是决定原料能否持续生产和流通的重要因素，了解原料的生产流通，研究烹饪原料的经济品质，对加工利用更有意义。

（二）烹饪原料的研究内容

烹饪原料的研究内容主要包括各种原料的种类特征、烹饪应用、营养保健、品质鉴别、贮藏保鲜和生产流通，见图1-2。

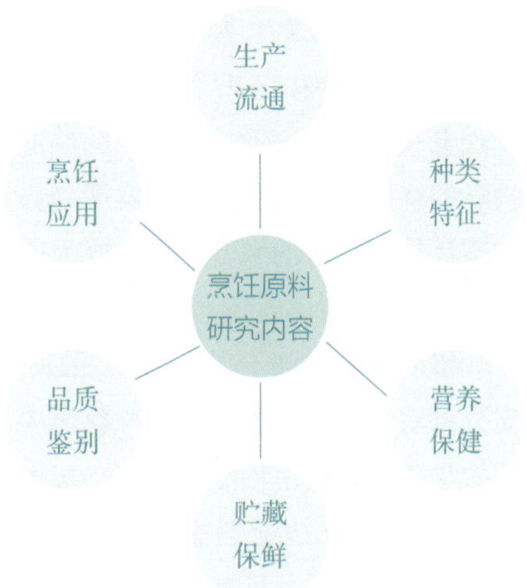

图1-2 烹饪原料的研究内容

1. 原料的种类特征

原料的种类特征是认识原料、鉴别原料的基

础。掌握这些知识，有利于餐饮业做到准确组织优质货源，适时对路，合理加工，充分发挥原料的风味特长，提高产品品质。

2. 原料的烹饪应用规律

这是烹饪原料的核心部分。掌握某一类或某一种原料在烹调加工或面点制作过程中的一般规律，可以合理地利用烹饪原料，使菜点达到最佳风味效果。

3. 原料的营养保健价值

营养是食物的一个基本属性，世界卫生组织提出，在营养保健上多投入1元钱，在治疗上可以少支出8.5元，并节约100元抢救费用。要使食物达到全面、均衡、适度的营养，就必须研究烹饪原料的营养价值，认识对人体有保健功能的原料，只有这样，才能在工作中正确选择和组配烹饪原料，烹制出营养合理的菜点，充分发挥营养保健功能。

4. 原料的品质鉴别

研究烹饪原料品质检验的标准和方法。要求对每一种或每一类烹饪原料的质量要求作出概括性介绍，从而有助于在实际工作中准确地判断原料质量的变化程度，以便准确地判断原料品质的优劣。

5. 原料的贮藏保鲜

研究烹饪原料常用的贮藏保鲜方法及其原理，从而对不同的原料采取相应的保藏措施，阻止原料质量的劣变，最大限度地延长原料的食用期，减少因腐败变质而造成的浪费。

6. 原料的生产流通

学习和研究烹饪原料，还要了解其生产情况，即从原料种植或养殖的角度，对该原料的生产特点进行学习和认识，这里也是烹饪原料安全控制的第一关口；同时对原料的消费市场动态和流通概况有一个基本把握，它关系到烹饪原料的保障性和经济性，影响餐饮生产及一方民众的生存、生活质量。

（三）烹饪原料的研究方法

烹饪原料是一门直观性很强的课程，不仅内容丰富、涉及面广，而且课程发展十分迅速，新的原料不断增加，特别是许多原料由于地域性的限制，我们很少或从未看过，文字的叙述不易直观理解和接受。计算机的相关技术，包括各种应用软件、多媒体、网络、数码影像等的不断发展，正日益深刻地影响着社会生活的各个方面，同时也不可避免地对传统的教育观念和教学方法形成了强烈的冲击。烹饪原料课程教学手段的现代化，特别是计算机辅助教学的使用，已成为必然的发展趋势。研究如何将原料课程体系、教学内容和教学手段建立在现代教育技术的平台上，已成为这门课程改革和发展的一个重要方向。

1. 利用多媒体技术进行课堂教学

俗话说“百闻不如一见”，采用直观教学法，可使学生增强感性认识，激发求知欲望，充分调动学习的积极性，这种教学法正吻合了原料知识“直观性强”的特点。通常采用的直观教学法有原料市场参观调查、实物教学、图片投影、音像播放、多媒体技术等。其中多媒体教学法是采用集图片、文字、声音、动画、视频于一体的教学课件，通过移动光标，点取原料，方便灵活，可自由反复进行阅读或讲解，在烹饪专业的众多课程中，原料特别适合多媒体教学，而且任何烹饪原料都可采用多媒体教学。但关键是烹饪原料教学课件的开发，需要通过长时间、多途径的收集烹饪原料素材，建立一套内容丰富、使用方便、易于更新的教学资源素材库，在此基础上，制作多媒体课件、电子版烹饪原料教材、原料专题教学网站及烹饪原料电子标本库等，这样就能在有限的课时内形象生动地将最精华的内容介绍给学生，提高烹饪原料课程的教和学的水平，在专业基础课教学中真正实现“素质教育、能力培养、创新精神”的目标，实现教与学、科研与教学相长，实现从传统教学模式向现代教学模式的转变。

2. 利用互联网学习烹饪原料知识

原料知识内容丰富，据不完全统计，中国烹饪原料总数达到万种以上。由于教材、课时所限，不可能详尽介绍每种原料。近年来，互联网以其信息量大、传播速度快、覆盖面广和反馈直接等特点而迅猛发展，已经构成了一个巨大的信息资源库，并为人们快速获取和传递信息提供了重要手段。由于互联网上的信息资源浩如烟海、高度分散且日新月异，要想快速准确地获取对自已有用的信息，如果不经过一段时间的摸索，也并非十分容易。因此，学会利用互联网获取原料知识，将有助于我们在实际工作中解决烹饪原料营养、卫生、烹饪加工等方面的问题。

互联网上的烹饪原料资源主要包括文本、图像和视频。文本资源可通过中国知网（http://cnki.net）、全国图书馆参考咨询联盟（http://www.ucdrs.superlib.net）等检索与原料相关的电子书、期刊和报纸文章；图像资源可通过百度图片、淘宝网、昵图网（http://www.nipic.com）、必应网（http://www.bing.com）等检索；视频资源可通过哔哩哔哩网（https://www.bilibili.com）、央视网、爱奇艺、优酷、腾讯、搜狐、乐视等检索。获取了大量的上述资源，学习烹饪原料将成为容易的事情。关键是我们要学会利用原料的不同名称（学名、俗名、中文名、英文名等），变换不同的检索词，到不同网站上搜索，才能获取大量的有效资源。如同“钓鱼”，学会更换不同的鱼饵，到不同的“水域”，才可能有丰硕的收获。

此外，还必须理论联系实际，在烹饪工艺实践中重视对原料实物的细致观察，全面分析，发现每一种原料的特点及特性，并加以验证与总结；挖掘烹饪原料的共性，找出它们的共同点加以归纳，总结出一般应用规律，促进烹饪技艺的不断提高。

第二节　烹饪原料的命名和分类

一、烹饪原料的命名

由于烹饪原料种类繁多，以及地理、历史、民族、时代和社会行业等各方面的影响，大多数烹饪原料均存在多个名称。以常见的“玉米”为例（见图1-3），玉米原产南美洲，16世纪（明代）传入中国，大概有四五百年的栽培史。作为当前中国种植最广泛的农作物之一，玉米名称在全国各地的叫法形形色色，多达上百种，这也从侧面印证了玉米的起源地不在中国，所以没有统一的名称。

- 玉米名称
  - 俗名
    - 外国名
      - 英国名：maize
      - 美国名：corn，Indian corn
      - 日本名：とうもろこし
      - 韩国名：옥수수
      - 越南名：bắp
      - ……
    - 中国名
      - 麦类名：玉麦、番麦、黍麦、戎麦、苞麦、夷麦等
      - 黍类名：蜀黍、玉秫黍、玉黍、大蜀黍、番黍等
      - 秫类名：玉蜀秫、玉秫秫、玉秫、大秫秫等
      - 粱类名：玉膏粱、玉高粱、御高粱、独膏粱等
      - 粟类名：苞粟、珍珠粟、天方粟、珍珠芦粟、饭包粟等
      - 穄类名：玉芦穄、芦穄、秫穄、球穄、珠穄等
      - 芦类名：苞芦、腰芦、苞萝等
      - 米类名：玉米、珍珠米、苞米、包儿米、棒米、番米等
      - 豆类名：番豆、金豆、玉豆、玉芦豆等
      - 谷类名：包谷、苞谷、舜王谷、六谷、西番谷等
      - 其他名：玉茭、棒子、玉茭子、玉子、玉蜀、苞果等
  - 学名——拉丁学名——*Zea mays* L.（全世界通用）

图1-3　玉米的各种名称

原料的地方俗名对方言资源的保护与方言文化的传承有利，但对原料知识的学习和原料的开发利用会造成负面影响，而且对于国内外的学术交流也会造成困难。尤其是利用互联网搜索某一烹饪原料资源，往往要输入各种名称，才能获取相对全面的信息。

（一）原料的学名

按照国际命名法规的规定，给已知的每一种生物制定了世界统一使用的科学名称，称为“学名”（Scientific name）。每种生物只能有一个正确的学名，不管其来源如何，一律用拉丁文处理，在印刷品中均排斜体字，手写时下面画横线。图1-3玉米的名称“*Zea mays* L.”即为全世界统一的学名。

实践证明，一种生物只有一个合法的拉丁文学名，不管哪个国家、使用何种语言，都使用这个相对稳定和统一的学名，不会因为地域和语种的不同而影响交流。又因为目前已没有任何国家用拉丁语作口语，不会由于语言的发展而引起含义上的改变，所以已被各国学者所接受，并已在文献中广泛运用。

中草药学、农学、林学、园艺学、水产养殖学等早已使用拉丁文学名，在烹饪原料中同样提倡使用拉丁文学名，这对于识别原料、利用文献和从事科研工作都是极为有利的，尤其是利用互联网搜索引擎查询某一种烹饪原料的资料时，利用拉丁文学名搜寻是最有效、最准确的方法。

知识链接

林耐双名法

生物学家很早就对创立世界通用的生物命名法进行了探索，经过200多年的实践，目前国际上已建立了一系列命名法规。如生物种的学名均采用瑞典生物分类学家林耐（Carl von Linne）1753年所创立的双名法。双名法规定，每一种生物的种名都由两个拉丁词构成，即"属名+种加词"，如马铃薯的学名为"*Solanum tuberosum*"，其中*Solanum*表示属名，*tuberosum*表示种加词。

（二）原料的俗名

除了学名以外，其余无论是何种语言、何种文字的名称均称为"俗名"（Common name）。因此，某一种生物不管有多少中文或外文名称，除了拉丁文学名外都是俗名。

目前，中国的外资酒店越来越多，不仅工作语言多为英语，其菜单、原料单都是英文，所以掌握烹饪原料的英文名称，对在外资酒店厨房工作的中国厨师极为有利。了解原料的各种中文俗名或地方俗称，对于烹饪原料的采购、使用等有一定的帮助，如江苏两淮地区对黄鳝的加工烹调有独到之处，想要知道黄鳝的加工烹调，利用"长鱼"这一俗称，可查到著名的"长鱼席"菜单及多种黄鳝菜肴的加工烹调技法。

由于许多烹饪原料的中文俗名较多，常常导致一物多名和一名多物等情况。一物多名除"玉米"外，如长吻鮠（*Leiocassis longirostris*），镇江名菜"白汁鮰鱼"、安徽"奶汁肥王鱼"、四川"清蒸江团"其实都是用长吻鮠制作而成；再如"鰳鱼"，又称响鱼、白鳞鱼，广东称鲙白鱼，山东称火力鱼，浙江称鳌鱼，福建称力鱼。一物多名是烹饪原料的名称复杂混乱的主要原因，几乎所有的烹饪原料都不是唯一的名称，一般有3～5种以上，甚至更多。

多物一名如"刀鱼"，山东指带鱼，江苏指刀鲚；"地瓜"，北方地区是指番薯（红薯、红苕），而南方部分地区是指豆薯（沙葛、凉薯），两者是不同的物种。"石鸡"是一种雉科鸟类动物，而"庐山三石"之一的一种蛙类动物棘胸蛙在民间也称为"石鸡"。

有些烹饪原料，单从名称上看，很难知道是什么材料，若望文生义，容易导致错误理解，甚至造成以讹传讹，形成笑话。如西米（不是米，一种用树淀粉加工的制品）、淡菜（不是蔬菜，而是海产贻贝的熟干品）、天鹅蛋（不是天鹅的蛋，而是贝类紫石房蛤）、马蹄（不是马的蹄子，而是水生蔬菜荸荠）、虾油和蚝油（都不是油，而是鲜味调味料）、鱼肚（不是鱼的胃，而是鱼的沉浮器官——鱼鳔的干制品）。

烹饪原料名称的杂乱对研究和应用均会带来极大的困难，需引起我们的注意。

二、烹饪原料的分类

（一）烹饪原料分类的意义

1. 有助于全面深入地认识烹饪原料

通过合理分类，便于了解各类烹饪原料的性能，将研究的对象从每个烹饪原料的个性特征归结为每类烹饪原料的特征。掌握了这类烹饪原料的共性特征，才能深化对烹饪原料的认识，为运输、储存与合理使用烹饪原料创造条件。

2．有助于科学合理地利用烹饪原料

通过分类，可以运用烹饪原料的内在规律，合理地运用原料，充分发挥原料的性能和特点；也可以根据分类体系编制烹饪原料名录，以进一步调查烹饪原料的资源状况，了解烹饪原料的资源利用情况，开发新的烹饪原料资源。

3．有利于实现烹饪原料管理的规范化

计算机在烹饪原料现代化管理中的广泛应用，为烹饪原料的科学分类、编码及快速处理和存储烹饪原料信息创造了条件，同时对烹饪原料分类和编码提出了更高的要求。一些发达国家在国内外贸易中利用计算机和烹饪原料信息系统查询烹饪原料的性能、生产国别、生产经营者、价格、货源量、存放地点等信息，加速了烹饪原料管理现代化的进程。

（二）烹饪原料的分类方法

烹饪原料分类形式众多。按烹饪原料的性质和来源分为植物性原料、动物性原料、矿物性原料、人工合成原料；按加工与否分为鲜活原料、干货原料、复制品原料；按在烹饪中的地位分为主料、配料、调味料；按烹饪原料种类分为粮食、蔬菜、果品、肉类及肉制品、蛋奶、野味、水产品、干货、调味料；按食品资源分为农产原料、畜产原料、水产原料、林产原料、其他原料。我国的营养学家把各种各样的食物分成了五类，包括谷类；蔬菜和水果；鱼、禽、肉、蛋类；奶类和豆类；油脂类，并设计了一个平衡膳食宝塔。

在本教材中，参考各种分类形式，结合烹饪原料的商品学特点及其在烹饪中的运用特点，对烹饪原料采用以下的分类体系，见图1-4。

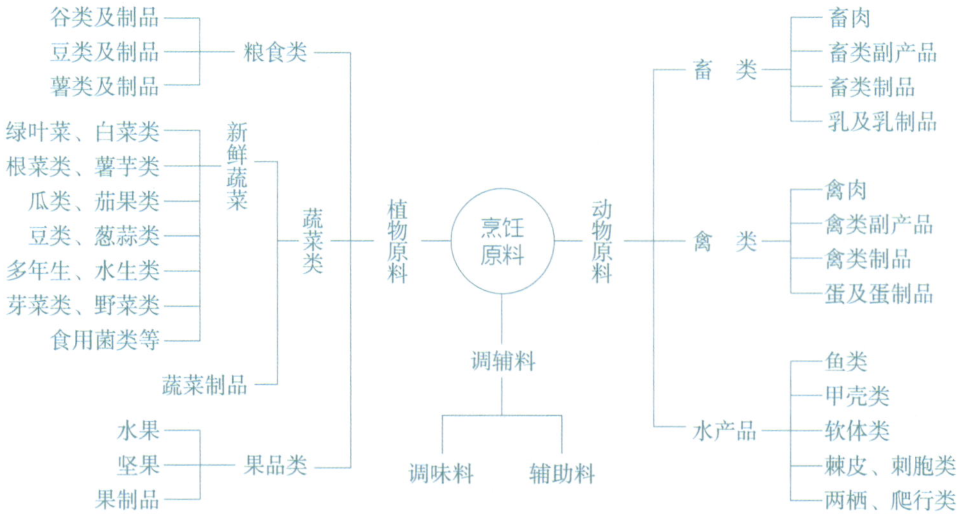

图1-4 烹饪原料的分类

注：本图不含所有陆生野生动物及使用范围不广的昆虫类、蛛形类、星虫类、沙蚕类原料。

第三节　烹饪原料的标准与安全

一、烹饪原料的各类标准

2019年12月1日起施行的《食品安全法实施条例》第二条“食品生产经营者应当依照法律、法规和食品安全标准从事生产经营活动”，食品安全标准包括但不限于各类烹饪原料标准。根据我国《标准化法》（2017年修订）第二条规定，标准分为国家标准、行业标准、地方标准、团体标准和企业标准。

（一）国家标准

国家标准分为强制性标准、推荐性标准。强制性国家标准由国务院批准发布或者授权批准发布，代码为GB（“国标”汉语拼音首字母），如GB 2716—2018 食品安全国家标准 植物油、GB 1353—2018 玉米、GB 2717—2018 食品安全国家标准 酱油等；推荐性标准由国务院标准化行政主管部门制定，代码为GB/T，如GB/T 38581—2020 香菇、GB/T 38583—2020 刺参、GB/T 38697—2020 块菌（松露）鲜品质量等级规格等。

（二）行业标准

行业标准由国务院有关行政主管部门制定，并报国务院标准化行政主管部门备案。在公布国家标准之后，该项行业标准即行废止。行业标准的编号由行业标准代号、标准顺序号及年号组成。如：农业标准：NY/T 3418—2019 杏鲍菇等级规格、NY/T 3609—2020 食用血粉；水产行业标准：SC/T 3110—2019 冻虾仁、SC/T 3124—2019 鲜、冻养殖河豚鱼；轻工标准：QB/T 2019—2020 低钠盐、QB/T 5442—2020 牛排；商业标准：SB/T 11191—2017 蚝汁、SB/T 11193—2017 松肉粉等。

（三）地方标准

地方标准由省、自治区、直辖市标准化行政主管部门制定，并报国务院标准化行政主管部门和国务院有关行政主管部门备案。在公布国家标准或者行业标准之后，该项地方标准即行废止。地方标准的编号由地方标准的代号“DB”加上省、自治区、直辖市行政区划代码前两位数，再加斜线、地方标准顺序号及年号组成。如DB32/T 3783—2020 淮安蒲菜分等分级（江苏省）、DB37/T 3876—2020 鹅肥肝质量与分级（山东省）、DB5205/T 4—2020 地理标志产品 威宁白萝卜（毕节市）等。

（四）团体标准

团体标准是由学会、协会、商会、联合会、产业技术联盟等社会团体协调相关市场主体共同制定，满足市场和创新需要，由本团体成员约定采用或者按照本团体的规定供社会自愿采用。如T/SCMHT 001—2020 水城猕猴桃（贵州水城县猕猴桃产业协会）、T/SDAS 113—2020 山东小磨香油（山东标准化协会）、T/CAPPMA 01—2020 冷冻臭鳜鱼（中国水产流通与加工协会）、T/AHFIA 024—2019 蒸谷米（安徽省食品行业协会）。

（五）企业标准

只要有国家、行业和地方标准，企业都必须执行，没有这些标准或者企业为了产品质量高于这些标准时才可以制定企业标准，作为组织生产协调、统一的依据。企业标准代号为

“Q／×××”（Q是“企”字拼音首字母，×××表示企业汉字名称3个拼音首字母）。企业的产品标准须报当地主管部门批准才能在企业内部执行。如：成都黑马驹餐饮管理有限公司标准：Q/CHM 0001 S—2016 复合调料；重庆永膳食品有限公司标准：Q/YSS 0005 S—2019 香辛料；东莞雀巢有限公司美极分厂标准：Q/QC 0014 S—2019 调味汁等。

截至2018年，我国已制定了1260项食品安全国家标准，涉及2万多项食品安全指标，涵盖日常消费的所有主要食品品种，初步建起食品安全国家标准体系。其中，烹饪原料的各类标准规范了感官指标、理化指标和微生物指标，是餐饮行业评价食材、制定标准食谱、推进餐饮业标准化建设的基础。

二、烹饪原料的品质检验

为了确保原料的质量，烹饪原料在未进入流通或加工前都应根据规定的标准，对原料、辅料、半成品以及成品的品质和卫生质量进行分析、检测，掌握其全面质量，以质定价或进行适宜的加工，这是对生产者、经营者、消费者极有利的工作。随着科学的进步和生产的发展，检验在质量管理中占有重要的地位，在收购、经营、加工各个环节都应认真地执行。

食品质量及卫生状况的好坏，与消费者的健康甚至生命安全息息相关，而烹饪原料是菜点食品质量优劣最重要的物质基础。因此，掌握烹饪原料的品质检验的方法，客观、准确、快速地识别原料品质的优劣，对保证烹饪制品的食用安全性具有十分重要的意义。

（一）烹饪原料品质检验的程序和内容

根据一定的标准，对烹饪原料的品质和卫生质量进行分析、检测的程序一般为：采样、样品制备→感官检验→理化检验→生物学检验，见图1-5烹饪原料品质检验的程序。

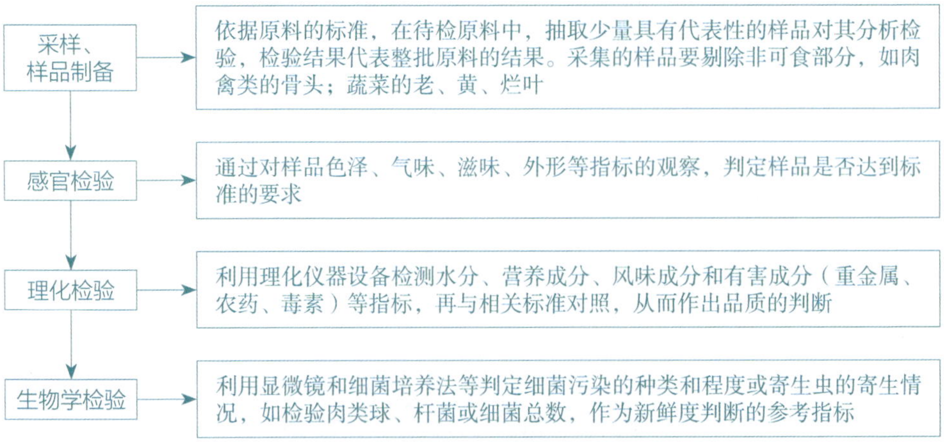

图1-5　烹饪原料品质检验的程序

（二）餐饮业常用的检验方法

餐饮行业中对原料进行品质检验，最常用的就是感官检验法。感官检验是凭借人体自身的感觉器官，即凭借眼、耳、鼻、口和手等，对原料的品质好坏进行判断。在各级食品卫生标准中都有感官指标，就是利用感官检验的方法取得的。通过对食品感官性状的综合性检查，可以及时地鉴别出食品质量有无异常。感官检验方法直观、手段简便，不需要借助特殊仪器设备、专用的检验场所和专业人员，经验丰富的烹饪技术人员能够察觉理化检验方法所无法鉴别的某些微量变化。感官检验对肉类、水产品、蛋类等动物性原料，更有明显的决定性意义。但感官检验也有它的局限性，它只能凭人的感觉对原料某些特点作粗略的判断，并不能完全反映其内部的本质变化，而且各人的感觉和经验有一定的差别，感官的敏锐程度也有差异，因此检验的结果往往不如理化检验精确可靠。所以对于用感官检验难以作出结论的原料，应借助于理化检验。

近年来，许多餐饮企业依据原国家食品药品监督管理局组织制定的《餐饮服务食品安全现场快速检测设备配备基本标准》，自建食材快速检测室，对企业购买的烹饪原料农药残留、餐具洁净度、吊白块、二氧化硫残留等项目进行检验，以达到有效控制有毒、有害、腐烂变质、酸败、霉变食品及掺杂使假食品流入餐桌，减少食物中毒事件发生的目的，确保了消费者的饮食安全，消除了餐饮企业的食品安全社会风险。

三、烹饪原料的安全管理

烹饪原料的安全状态关系食用者的身体健康，甚至关系生命安全。因此，加强烹饪原料的安全管理至关重要。在相关烹饪原料的各类标准中，几乎每一类标准都有卫生的要求。

HACCP（Hazard Analysis Critical Control Point危害分析与关键点控制）是美国在20世纪60年代实施阿波罗宇宙开发计划时，为了高度保证宇航人员食品绝对安全，提出的食品卫生管理方式。这种方式把过去对最终产品的检验制度，改为对任何有可能发生的不安全因素进行彻底分析，并对所有关键点进行严格控制，使任何危害都不可能发生。由于这种方式的科学、合理和有效性，很快便被世界上许多国家食品行业及餐饮业采用。

餐饮企业可依据“GB/T 27341—2009 危害分析与关键控制点（HACCP）体系 食品生产企业通用要求”及“GB/T 19538—2004 危害分析与关键控制点（HACCP）体系及其应用指南”，建立本企业的“烹饪原料使用HACCP应用规范（或指南）”，保障餐饮产品的安全。

第四节　烹饪原料的开发与保护

人类的食物几乎完全取自生物资源，特别是由野生种驯化培育而生的家畜家禽、水果以及其他经济植物。2019年5月，联合国发布《生物多样性和生态系统服务全球评估报告》，对全球物种生存面临的严峻形势做出了警示。目前全球物种灭绝的速度比过去1000万年的平均值高几十到几百倍，在地球上大约800万个动植物物种中，有多达100万个物种面临灭绝威胁，其中许多将在未来数十年内消失。因此必须科学合理地利用烹饪原料。

一、烹饪原料资源的开发利用

由于世界人口急剧增长，传统食品资源已逐渐不能满足需要，迫切需要开发各种有前途的食品新资源。

（一）生物原料的开发利用潜力

我国是地球上生物多样性最丰富的国家之一，有高等植物3万多种，脊椎动物6300多种，分别约占世界总数的10%和14%；药用植物有11000多种；家养动物有1900多个品种和类群。许多生物类群具有丰富的种类资源，可作为烹饪原料使用，具有很大的开发利用潜力。

如人类利用最多的、年总产量超过1000万吨的主要粮食农作物只有7种，即小麦、水稻、玉米、大麦、马铃薯、甘薯和木薯；我国已报道的食用菌有981种，仅云南省境内已发现850种食用菌，约占全国已发现食用菌种类的86.6%。但是，目前人工栽培的食用菌仅60余种，形成大规模商业性产业化生产的仅20种左右；已报道的可食用的野菜有400余种，目前已开发利用的仅占蕴藏量的3%左右；豆科植物约有1万种，是植物世界最大的蛋白质来源，我们利用的仅仅是其中的大豆、花生等少数几种。人类进一步开发利用植物，有助于解决世界粮食问题。

动物性食物的开发利用前景也十分广阔。全世界95%的畜禽产品肉、奶、蛋来自于猪、牛、羊、鸡、鸭这5种动物；全世界已经记载的鱼类共有24618种，占脊椎动物的一半以上，但目前人类利用的只有500多种。新资源开发利用方面有蛇、蝎子、蜗牛、牛蛙、蝉的幼虫等。昆虫也是一种食物，某些食用昆虫含有许多人体必需氨基酸，是优质动物蛋白质来源。如利用蚕蛹制备蚕蛹复合氨基酸；蚂蚁体内微量元素硒和锌含量较高，还含有高能磷酸化合物、草体蚁醛及蚁酸等，因而蚂蚁具有双向免疫调节和明显的抗衰老作用。目前，我国可供食用的昆虫就有370多种，这方面的研究工作也急需加强。

以微生物菌体制作人类新型的食品材料也已经引起人们的关注。自然界微生物资源十分丰富，酵母、霉菌、微型球藻以及其他微生物，含蛋白质50%～70%，营养价值较高，是几乎原封未动的“蛋白质仓库”，能够生产出多种自然界资源十分匮乏的食品新材料。

此外，沿海各省市的海洋资源特别丰富，各种海产品的生理活性物质、海洋动植物原料的进一步合理开发，具有良好的前景。

（二）生物原料的开发利用方法

1. 野生驯化

对野生动植物原料的人工栽培和养殖，从古至今已取得很大的成功。在距今七八千年前，人类已学会了种植粟、稷、黍、籼稻等粮食以及白菜、芥菜、芋、薯等蔬菜，驯养猪、牛、羊、马、犬、鸡等畜禽。目前，我国许多地方开展了野猪、香猪、野兔、马鹿、海狸鼠、竹鼠等特畜及野鸡、褐马鸡、红腹锦鸡、野鸭、鹧鸪、大雁、孔雀等特禽的驯养。除了蘑菇等食用菌可为人们从植物废渣中转换营养丰富的食品外，以螺旋藻为代表的菌藻类和酵母也可为人类提供大量新的食物资源。对野生动植物原料的驯化已成为人类开发食物资源的重要途径之一。

2. 外域引进

古今中外交流中，我国从国外引进了许多烹饪原料，如经汉代“丝绸之路”引进的有胡瓜、胡豆、胡桃、蒲桃、大蒜等；经越南传入中国的有薏苡、甘蔗、芭蕉、胡椒等；从欧洲和中亚引进的有莴苣、菠菜、无花果、椰枣、芦笋、甘蓝、洋葱和中南半岛产的苦瓜等；由印度引进了丝瓜、茄子、马铃薯、番茄等；从南洋群岛引进了甘薯、玉米、花生、倭瓜（南瓜）等；近年来，从外国引进的蔬菜有根用芹菜、美洲防风、朝鲜蓟、苦叶生菜、网纹甜瓜等数十种，果品有红毛丹、夏威夷果、腰果等；畜禽类中引进了火鸡、珍珠鸡等；两栖爬行类中引进了牛蛙等；鱼类中引进了非洲鲫鱼、加州鲈鱼、革胡子鲶等；虾蟹贝类中引进了罗氏沼虾、绿壳贻贝等。此外还有西餐的奶制品，美国的甜玉米、小麦，日本的日式豆腐，东南亚的咖喱等。

3．良种选育

长期以来，人类致力于对已经运用的烹饪原料进行品种改良，积累了丰富的经验，造就了许多优良品种。特别是在20世纪中期以后，生物遗传育种技术的发展与运用，使高产质优的烹饪原料品种更加丰富，常见的小麦、稻、甘蓝、白菜、猪、牛、羊、鸡、鸭、鹅等都有成百上千个优良品种。仅以稻为例，我国已收集到的地方品种达3500余种，以籼型杂交水稻为代表的我国粮食生产量近十年来有了很大提高。“超级稻”“超高产小麦”等良种对我国食物生产量的迅速提高有重要意义。

知识链接

太空蔬菜

太空蔬菜是将普通蔬菜种子搭载于航天卫星，利用空间宇宙粒子、微重力、弱地磁等综合因素诱变蔬菜种子产生有益的遗传变异改良，返回地面后，通过进一步选育，培育出新品种的蔬菜。

自1999年11月21日我国成功发射的“神舟”号飞船搭载10多种植物种子飞越太空，目前已培育出的太空蔬菜有太空苦瓜、太空黄瓜、太空青椒、太空番茄、太空茄子、太空南瓜、太空大豆等。2016年10月被神舟十一号带入太空的海南芒果胚芽细胞在地面成活，这也是世界首例芒果太空育种。太空蔬菜种植过程中，有很强的抗旱和预防病毒入侵的能力，不需要加农药喷洒，耐高温，产量高，耐运输储藏，其所含的维生素及各种微量元素含量都高于普通蔬菜，口感比普通蔬菜更加美味可口。如太空紫红薯赖氨酸、铜、锰、钾、锌的含量高于一般红薯3～8倍，尤其是碘、硒的含量比普通红薯高20倍以上，生食味甜，水分足，熟食集香、软、甜于一体，色、香、味俱佳，是优质的保健食材。

4．再制加工

通过加工，不仅丰富了烹饪原料的种类，而且提高了原料的贮藏性能，改善了原料的风味特点。加工制品分为粮食制品、蔬菜制品、果品制品、肉制品、蛋制品、奶制品、水产制品等。如内酯豆腐、面筋、粉丝、中式火腿、松花蛋肠、冰鲜海参等。

5．淘汰与替代

随着原料种类的不断丰富，产量和质量的不断提高，一些过去运用的原料已被逐渐淘汰或极少应用。如因为资源减少不再运用的有熊掌、豹胎、单峰驼的驼峰、麋鹿、野马、锦鸡等；因为质量较差而被质优的原料代替的有先秦时的粮食菰米、沙蓬米、稗、麻籽（被小麦和稻替代）和先秦时的藿（大豆叶）、葵（被品质好的蔬菜替代）；科技的发展引起的替代，如现代的醋代替了古代的梅汁，蔗糖代替了蜂蜜，植物油取代了动物油的主要地位。

二、生物资源的保护

在人类居住的地球上，不仅动植物，而且农作物的品种也在日益减少。古代先农们种植过多达数千种的农作物，而只有大约150种被广泛种植，成为人们主要的食物来源。其中，玉米、小麦、水稻约占60%，而大多数其他农作物品种已处于灭绝的边缘。

据统计，自16世纪以来，地球上就已绝灭了哺乳动物150余种，鸟类150余种，两栖爬行动物80余种。这些生物个体较大，更引人注目一些，至于绝灭的植物和个体微小的生物究竟有多少，恐怕难以统计了。许多本来资源较丰富的烹饪原料，由于人类无节制地利用，超过了自然再生能力，导致资源濒临枯竭。

在20世纪60、70年代我国“四大经济海产”的大黄鱼和小黄鱼现已产量锐减；民间所说的“长江三鲜”（见图1-6）中的鲥鱼在长江已绝迹，刀鱼和河豚鱼濒临绝迹；云南高原滇池中国特产的两种螺蛳，它们的肉和雄螺生殖腺（俗称“螺黄”）味道鲜美，经济价值高，近年来，由于该湖严重污染和过度捕捞而濒于灭绝；而米虾属中葛氏米虾、喻氏米虾和滇池米虾原来产量都很大，是当地人民食用的经济虾类，但近年来均已绝迹。

图1-6　长江三鲜

由于绝大多数脊椎动物的肉、卵可食，毛皮可衣，并且其中许多种具有很高的药用价值，所以它们历来是人类捕杀的对象。过去北大荒（东北的沼泽湿地）上“棒打狍子瓢舀鱼，野鸡飞到饭锅里”的情景已随着大规模的农垦而消逝。中国在历史上是多虎的国家，虎在许多文学著作中常被生动地描述，但如今不仅在昔日的景阳冈，就是在整个华北、西北和西南都已失去了虎的踪迹。我们祖先生活中不可缺少的许多大型草食兽类，如麋鹿早已从野外绝灭，野生的马鹿、梅花鹿也已从许多地方绝迹。其他因食用价值而受威胁的物种还有穿山甲、果子狸、雉类、龟鳖、大鲵、蛙类、蛇类、鲨鱼（翅）、燕（窝）等，因药用而受到严重威胁的种类如虎、豹（骨）、熊（胆）、麝（香）、鹿（茸）、羚羊（角）、黑叶猴、大壁虎等。

一些野生食用和药用菌，由于过度采收造成资源日益枯竭的状况也较严重。例如冬虫夏草，仅分布中国青藏高原高海拔地区，20世纪50年代前后年产在20000kg以上，国际贸易额居世界第一位，由于过度挖采，并破坏生态环境，使产冬虫夏草的蝠蛾属昆虫数量急剧下降，产量随逐年下降，且真品少，掺杂不少霍克斯虫草或其他虫草。“口蘑”为著名草原野生食用菌，分布于河北北部、东北西部和内蒙古等地区，曾大量出口，近年来，由于过度放牧和乱采滥收，此菌在其分布南界张家口地区已基本不见踪影，在重要产地呼伦贝尔草原，产量也急剧下降，1991年内蒙古“口蘑”几乎没有收成。松茸分布于中国长白山、小兴安岭及西南地区，产品远销日本，近年来由于过量采收，数量日趋减少。药用马勃类真菌，如紫色马勃，主要出产于北方草原，同样也出现了自然资源日益枯竭的现象。

目前全世界濒于绝灭的野生哺乳动物有300余种，鸟类1000余种，两栖爬行动物138种，鱼类193种。因此，对自然资源的保护已成为全球关注的问题，许多国家包括我国已制订了野生动植物保护条例或法规。公布了保护动物名录，建立了野生动物自然保护区，这些都是保护野生动物的重要举措。但是，在饮食行业，违禁将珍稀动物或濒危动物作为烹饪原料使用的情况仍时有发生。烹饪工作者应增强动物保护意识，坚决杜绝捕杀、销售和烹制国家保护动物及陆生野生动物的行为。

实训项目

地理标志产品原料调查

实训目的

了解地理标志产品的概念、意义，掌握所在地区的地理标志产品原料。

实训内容

1　知识准备

所谓“地理标志产品”，是指产自特定地域，所具有的质量、声誉或其他特性本质上取决于该产地的自然因素和人文因素，经审核批准以地理名称进行命名的产品。地理标志产品包括：①来自本地区的种植、养殖产品；②原材料全部来自本地区或部分来自其他地区，并在本地区按照特定工艺生产和加工的产品。2005年7月15日起实施《地理标志产品保护规定》，对于更好地保护特产动植物原料资源和声誉，增强市场竞争力具有十分重要的意义。2017年1月13日，全国首家国家地理标志产品武汉直销中心在武昌区开业，汇集了省内300多个地标产品，通过展示、体验、销售，让广大市民了解地标产品文化，认知地标产品特性，让优质健康的地标产品真正从田间到舌尖。

2　网络调查

通过网络调查本省、本市地理标志产品原料，网站有：中国地理标志网（国家知识产权局）（http://www.cgi.gov.cn）、中国地理标志网（http://www.zgdlbz.com）、国家地理标志网（http://www.cpgi.org.cn）、全国农产品地理标志信息查询系统（http://www.anluyun.com）。

实训要求

1 学生分工完成"地理标志产品原料情况调查表"，样表如下：

表 ××省（市）地理标志产品原料情况调查表

分工	分类	原料名称	产地	特点	备注
学生A	粮食类				
学生B	蔬菜类				
学生C	水果类				
……	……				

2 选择某一种地理标志产品原料，网络检索该原料的种类特征、烹饪应用、营养特点、品质鉴别、贮藏保鲜和生产流通内容，加工成介绍原料的文档，再依据文档，结合网络检索的图片、视频资源，设计PPT交流。

建议浏览网站及阅读书刊

[1] http://www.tsscw.cn（特色食材网）

[2] 英国DK出版社. 食材百科全书. 北京：中国轻工业出版社，2018.

[3] 巩宏斌. 常见食材鉴别图典. 成都：四川人民出版社，2018.

[4] 意大利百味来烹饪学院. 意大利经典食材. 北京：北京美术摄影出版社，2018.

[5] ［英］玛格丽特·布洛克. 烹饪食材圣经. 北京：中国轻工业出版社，2019.

[6] ［日］栗原晴美. 日常食材教室. 长沙：湖南美术出版社，2019.

参考文献

[1] 李宏梁. 中国食品原料及食品添加剂法规与标准解读2017年版. 北京：中国轻工业出版社，2017.

[2] 王卉. 海洋食品原料与资源. 长春：吉林科学技术出版社，2017.

[3] 陈辉. 食品原料与资源学. 北京：中国轻工业出版社，2018.

[4] 杨宪，张雪. 新食品原料及特征分析. 北京：科学出版社，2018.

第二章　粮食原料

学习目标

知识目标

- 了解粮食的分类、结构特点、营养组成与烹饪应用规律；
- 掌握典型谷类及制品的烹饪应用、品质检验与保藏方法；
- 掌握典型豆类及制品的烹饪应用、品质检验与保藏方法；
- 掌握典型薯类及制品的烹饪应用、品质检验与保藏方法。

能力目标

- 能识别和利用各种杂粮；
- 能鉴别大米及面粉等常用粮食的品质。

第一节　粮食原料概述

一、粮食原料的分类

粮食（Grains）是指粮食作物的种子、果实或块根、块茎及其加工产品的通称。联合国粮食及农业组织（FAO）的“粮食”主要指谷物类，包括稻谷、小麦、粗粮（即玉米、大麦、高粱等）三大类。因此，FAO每年公布的“世界粮食总产量”实际上是世界谷物的总产量。根据中国国家统计局每年公布的粮食总产量指标显示，我国粮食的概念包括谷类、豆类和薯类三大类。

（一）谷类

谷类也称粮食，以收获成熟果实为目的，经去壳、碾磨等加工程序而成为人类基本食粮的一类作物原料。谷类为食物中热量的主要来源，且因易于种植、运输和贮存，是历史上最早驯化、当前栽培面积最大的作物。我国早在春秋战国时期已有“五谷（稻、黍、稷、麦、菽）为养”之说。

知识链接

世界粮食日（World Food Day）

根据1979年联合国粮农组织大会决定：每年的10月16日为“世界粮食日”，旨在于唤起全世界对发展粮食和农业生产的高度重视。1981年10月16日为首次世界粮食日纪念日，此后每年的这个日子世界各国政府都要围绕发展粮食和农业生产开展各种纪念活动。

世界粮食日
10.16

2020年是第40个世界粮食日，主题是“齐成长、同繁荣、共持续，行动造就未来”。我国粮食安全宣传周的主题是：“端牢中国饭碗 共筑全球粮安”。新冠肺炎疫情持续在全球范围扩散蔓延，全球粮食供应秩序面临严峻挑战。在政府通力合作的同时，每个个人应该从自己做起，从小处做起，从家庭做起，坚决制止餐饮浪费，培养有利于绿色发展、可持续发展的饮食习惯，共同致力于维护全球粮食安全。

（二）豆类

豆类是指豆科植物中以收获成熟子粒为目的可供食用的种类。我国是栽培豆类最丰富的国家之一。由于我国对豆类的食用习惯和在粮食流通体制中的位置，一般将大豆和花生归为油料作物，其他则统称为食用豆类。

（三）薯类

薯类是以收获富含淀粉和其他多糖类物质的膨大块根、球茎或块茎为目的的一类作物原料。薯类在植物分类上隶属于不同的科，如茄科的马铃薯，旋花科的甘薯，大戟科的木薯，薯蓣科的山药、大薯，天南星科的芋、紫芋、魔芋，菊科的菊芋，豆科的豆薯，美人蕉科的蕉藕等。

（四）粮食制品

粮食制品是以谷、豆、薯类为原料经过进一步的加工得到的成品或半成品。如谷制品：米线、锅巴、通心粉、面筋等；豆制品：豆腐、百页、腐竹等；薯类制品主要是淀粉及以淀粉为原料生产的粉丝、粉条等。

二、粮食的结构特点和营养组成

（一）粮食的组织结构

谷类除玉米外，谷粒外都由稃包裹，除稃后的谷粒就是谷类的可食部分。各种谷类种子形态大小不一，但其结构基本相似，由谷皮、糊粉层、胚乳、胚四个主要部分组成（见图2-1）。谷皮是谷粒的外壳，有多层坚实的角质化细胞构成，对胚和胚乳起保护作用，对于谷物的贮藏具有重要意义；糊粉层位于谷皮与胚乳之间，碾磨加工时易脱落，故加工精度越高，营养物质的损失也越大；胚乳位于谷粒的中部，约占谷粒重量的83%～87%，是谷类的主要可食部分；胚位于谷粒的下端，是种子发芽生根的生命中枢。谷类中的玉米胚部最大，几乎占整个籽粒体积的1/3，占籽粒重量的8%～15%，胚部营养丰富，含有30%以上的蛋白质和较多的可溶性糖，生理活性旺盛，吸湿性强，脂肪含量高，易酸败，酸败也首先从胚部

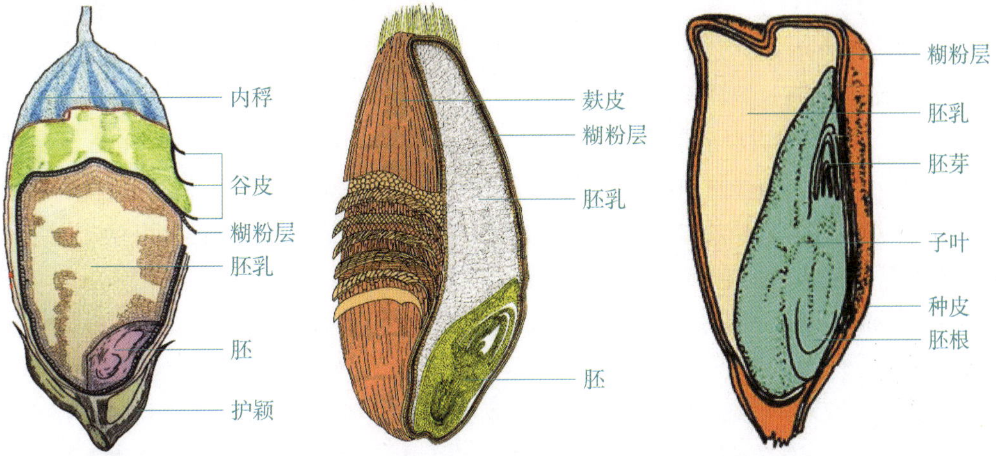

稻粒结构　　小麦籽粒结构　　玉米籽粒结构

图2-1　谷类粮食结构

开始，微生物附着量较大，在贮藏期间胚部甚易遭受虫霉侵害，故玉米胚部极易发霉。

豆类的果实为荚果。一些豆类在青嫩时连同荚都可以食用，但在成熟后可食部分为荚内的种子。豆类种子的结构基本相似，主要由种皮和胚构成（见图2–2）。种皮是种子最外层的覆被部分，具有保护胚的作用。豆类种皮有多种颜色，黄豆、青豆、黑豆、红豆、绿豆等豆类作物名称就是依据种皮颜色所命名。胚由子叶、胚芽、胚轴和胚根四部分构成。子叶（即豆瓣）肥厚，贮藏大量的营养物质，是豆类的可食部主体。子叶部约占种子的90%，子叶的外侧为表皮和薄膜组织，内部便是蛋白、脂肪和淀粉颗粒组成的子叶主体。

薯类结构以马铃薯为例。马铃薯的横切面由外及内为周皮、皮层、维管束环、外髓及内髓（见图2–3）。内髓的细胞主要充填有淀粉，鲜薯淀粉颗粒被较厚细胞壁所包裹，以细胞淀粉形式存在，即使蒸煮熟化，只要不强力搅动，糊化了的淀粉还会包裹在原来的细胞中。因此烤（蒸煮）薯不仅给人以干面的口感，而且可以做成如豆沙那样的薯泥产品。

（二）粮食的营养组成

无论从人的营养需求构成，还是从人类饮食历史来看，粮食都是人类获取营养最主要的

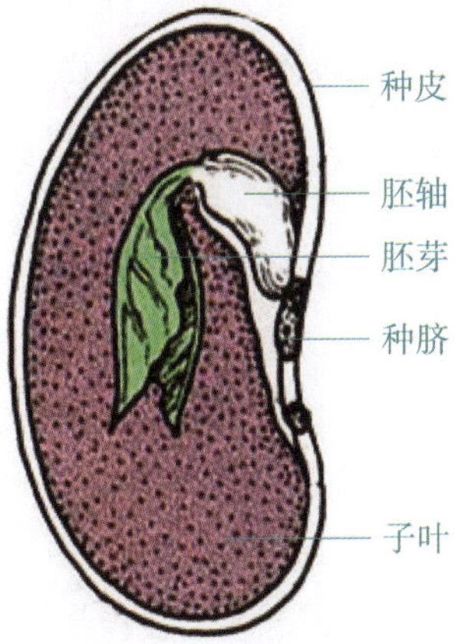

图2–2　豆类种子结构

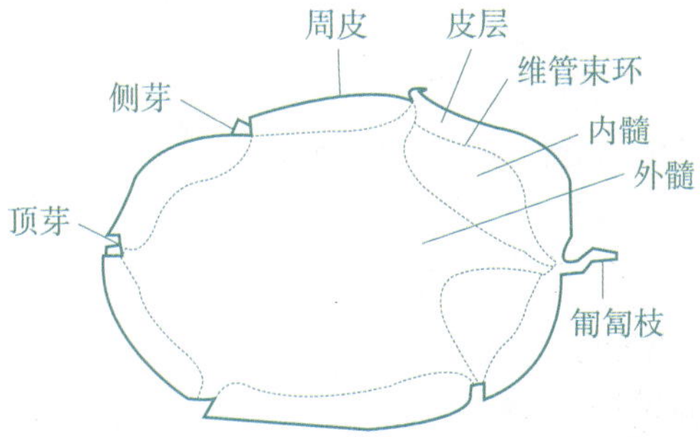

图2–3　马铃薯及块茎结构

食物。我国居民膳食中70%～80%左右的热能和50%左右的蛋白质是由谷物类提供的。随着对谷物营养研究的深入，还发现许多谷类食物含有除三大营养素之外的许多其他维生素、矿物质和功能性生物活性物质成分。

豆类籽粒中蛋白质含量高达20%以上，比禾谷类高1～3倍，比薯类高9～14倍，且赖氨酸含量丰富，正好与谷类蛋白的组成互补。据FAO资料，在全世界，豆类供人类食用的植物蛋白，占全部食用蛋白质的22%。除高蛋白质、高脂肪的大豆外，其他的食用豆类以碳水化合物含量高为特征，其含量基本在50%以上，且多为淀粉，而脂质含量只有2%左右。薯类作物的地下根茎膨大，由薄壁细胞所组成，以贮存淀粉为主，包括2%左右的蛋白质和一些维生素。

刀豆、白扁豆、芡实、赤小豆、大麦芽、淡豆豉按照传统被列为既是食品又是中药材的物质（见附录1），干刀豆种子可用于虚寒呃逆、胃寒呕吐及肾虚腰痛；白扁豆能健脾化湿、和中消暑，对痢疾杆菌有抑制作用，对食物中毒引起的呕吐、急性胃肠炎等有解毒作用；芡实有益肾固精、补脾止泻、除湿止带之功效；赤小豆有行血补血、健脾去湿、利水消肿之效；大麦芽有助消化、降血糖、健脾消食、双向调节乳汁分泌作用；淡豆豉是大豆的成熟种子的发酵加工品，用于伤寒热病、寒热、头痛、烦躁、胸闷。了解这类原料的保健功能，有助于我们开发保健菜点，提升餐饮产品的附加值。

三、粮食的烹饪应用

谷类无论从味道、食用形态，还是从营养成分来看，都适宜作主食，如各种米饭、粥、面条、馒头等，而且三餐不厌，还可制作各式糕点小吃，如各类花式点心、元宵、粽子、麻花、河粉、锅巴菜肴、面筋菜肴等。

食用豆类历来被中国人民视为“珍贵的粮食”，其烹饪利用包括六方面：利用成熟的干种子作粮食，或加工为多种食品和副食，如粉丝、粉皮、凉粉，以及糕点、饼馅、饮料等；利用绿色成熟的和未成熟的种子作为蔬菜鲜食或制成罐头、冷冻制品，如以豌豆、蚕豆、菜豆、鹰嘴豆、利马豆等加工制成的各种罐头，嫩豌豆、嫩蚕豆等冷冻贮藏；以绿豆、豌豆或蚕豆制作的粉丝更是大众化的副食品；利用未成熟的嫩豆荚或嫩茎叶作蔬菜，如豌豆苗；利用发芽的种子，如黄豆芽、绿豆芽、蚕豆芽、豌豆芽、小扁豆芽；利用豆类发酵产品，如酱油、豆豉、豆瓣酱、酿酒等；提取种子的蛋白质再进一步加工制成植物肉和植物奶利用。

第二节　谷类及制品

一、谷类

常见的谷类有稻米、小麦、玉米、大麦、燕麦、黑麦、粟、黍、高粱、薏苡等禾本科植物的种子。蓼科的荞麦、藜科的藜谷以及苋科的苋谷等，因其用途与禾本科粮食作物相似，通常也归入谷类作物，或名为假谷类。这里主要介绍稻米和小麦。

（一）稻米

稻谷（*Oryza sativa*）是世界上最重要的粮食作物之一，全世界约一半以上的人口以大米为主食。它是单位面积可以生产最多的碳水化合物、热能的主食作物。我国是稻的发源地之一，种植水稻已有7000多年历史，稻产量和种植面积均居世界第一位，总产量占世界30%左右。我国稻产区主要集中在长江流域和珠江流域。

（1）种类特征　从碾磨和加工方式上分为：蒸谷米、糙米、半精白米、精白米、发芽米、营养强化米、即食米等，见图2-4。这些米的营养成分、色泽和蒸煮时间不同。如蒸谷米（Parboiled rice）具有营养价值高、出油率高、出饭率高、储存期长、蒸煮时间短等特点，在欧美、中东、印度等区以健康米、绿色米著称，非常畅销，因此全世界每年有1/5的稻谷加工成蒸谷米。由于蒸谷米渗透了米皮的颜色（所以又称“金色的营养米”），不像一般精白米具有洁白的外观，在中国几乎没有市场。

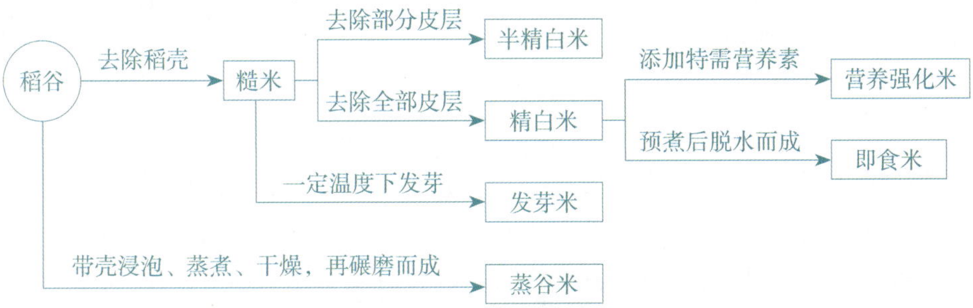

图2-4　不同加工方式的各种米

根据大米的粒长分为：超长米、长粒米、中粒米和短粒米。产于印度的巴斯马蒂白香米（Basmati rice）是一种长粒米，这种米在烹饪过程中，长度会越变越长，而宽度却不变。根据大米的外皮和研磨物的外层颜色，可分为：白米、红米、黑米等。黑米糠层含花青素，红米糠层含单宁色素。此外，还有一些新型特用米，如针对过敏体质人群的“低球蛋白米”；针对于肾脏病人的“低谷蛋白米”；做米饭有强黏性，冷却后不易变硬的“低直链淀粉米”；胚芽是普通米的2～3倍的“巨胚米”；蛋白质大于10.0%的“高蛋白米”等。

图2-5　大米类型

根据大米标准（GB /T 1354—2018），按食用品质分为大米和优质大米，优质大米又分为优质籼米和优质粳米两类；按原料稻谷类型分为籼米、粳米、籼糯米、粳糯米四类（见图2-5）。粳米粒一般呈椭圆形；籼米粒一般呈长椭圆形或细长形；糯米胚乳内存在着空气间隙，所以胚乳完全不透明。

知识链接

你认识这些“米”吗?

野米　是一种湖泊水草“沼生菰”（Zizania Palustris）的褐色种子,又长又细又硬,产于美国与加拿大交界处的苏比利尔湖（全球最大的淡水湖），营养丰富，有“谷物中的鱼子酱”之称。

皂角米　是豆科植物皂荚的种子，主要产于云南和贵州。水中加热能膨胀，具有胶质半透明、香糯润口的特点，是调和人体脏腑功能的珍贵纯天然绿色滋补食材。

竹米　也称竹香米，是竹子的种子。竹子极少开花，竹花过后，才结成竹米，竹林则成片死亡，这是竹子延续后代的方式。古代有凤凰“非梧桐不栖，非竹实不食”之说。

岩米　一种古老的孑遗植物籽，生长在中国–尼泊尔交界的洛子峰上，在山崖涧谷的岩石缝隙内，四周云雾缭绕，故称岩米，气味清香，色泽黄绿半透明，柔软可口有嚼劲。

菌米　又称龙芽米，是一种根茎类植物的根，晒干之后形如大米，清香似淮山，口感有弹性，米中间有条隐隐金线，原产于南美洲安第斯山区，是印加土著居民的传统食物，广东罗浮山一带有引种。

我国地理标志产品的大米众多，较早获认证的有延边大米、响水大米、河横大米、铁岭大米、高青大米、榆树大米、原阳大米、阿城大米、珍宝岛大米、东海大米、延寿大米、鱼台大米、泗洪大米、晋祠大米、铁岭大米、宝应大米、上林大米、崇明大米、姜堰大米、如东大米、五常大米等，“五常大米”位列大米类国家地理标志产品品牌价值评价全国第一位。

（2）烹饪应用　中国、日本和东南亚一带的6个国家以不黏的大米为主食，而用糯米做小吃、甜食。籼米饭口感较硬，米粒松散，适合我国南方地区和东南亚人们的口味；粳米做饭口感较软有黏性；糯米支链淀粉达98%以上，糯米饭黏性大，最为柔软。利用大米制作饭、粥、糕点、小吃和菜肴。如可蒸、煮成饭或烤制成竹筒饭；可添加各种配料制成盖浇饭、海南鸡饭等；白米饭又可用来制作各色炒饭；加多量水熬煮可形成白粥或多种风味的粥品；制作粽子、烧卖、江米藕、三鲜豆皮等糕点、小吃。糯米煮饭后可制成糍粑、粢饭团等；将籼、粳、糯米磨成细粉，按一定比例掺和后，可制成各色各样的糕团点心。

西餐中常用长粒米和中粒米与开胃菜和主菜搭配，而短粒米有小而圆的仁使其在烹制中变得硬实，是做大米布丁的原料。印度做咖喱饭、肉饭、印尼菜饭用的是长粒非黏性米，日本产的米多为短粒黏米，适合用来做寿司。糙米表面有麦麸，烹调时间大约为白米的2倍。

（3）营养价值　一般大米中含碳水化合物75%左右，蛋白质7%~8%，脂肪1.3%~1.8%，并含有丰富的B族维生素等，加工精度越高，营养损失越大。大米中的碳水化合物主要是淀粉，直链淀粉的含量越高，米饭的口感越硬，黏性越低；相反，支链淀粉高的大米饭软黏可口。大米的蛋白质是谷类中较高的一种，生物价比小麦、大麦、小米、玉米等禾谷类作物高，但赖氨酸的含量比较少，是一种半完全蛋白质。稻谷中的脂肪主要集中在米糠中，大米中的脂肪含量很少，且随贮存时间延长而发生酸败，导致大米风味劣变。维生素B_1和维生素B_2主要在胚和糊粉层中，因此精米的维生素B_1、维生素B_2含量只有糙米的1/3左右。稻米中不含维生素A、维生素D和维生素C。

（4）品质检验　大米的品质和等级可依据国家标准“大米”（GB/T 1354—2018）检验。米饭食用品质可依据“粮油检验 稻谷、大米蒸煮食用品质感官评价方法”（GB/T 15682—2008）评定。

（5）贮藏保鲜　因为大米无生命，不宜长期贮藏，而稻谷、糙米有生命状态，贮藏时间较长。大米没有外壳保护，营养物质直接暴露，吸湿性强，害虫、霉菌易于直接危害，导致营养物质加速代谢。所以大米比稻谷容易受潮、发热、生霉、生虫。大米贮藏日久，色泽逐渐变暗，失去新米的清香，出现糠酸味，酸度增加，会产生不良的“陈米臭”。湿度越大，温度越高，贮藏时间越久，陈化越严重，陈米做的饭硬，且黏度下降，烹煮时间延长。大米如果直接吹风或骤然冷却降温、高温烘干或阳光直射暴晒降湿，易造成大米爆腰，降低品质。

大米保藏最重要的是低温和低湿，低温是抑制微生物、虫害、大米自身生化变化所引起劣变的重要措施。在15℃以下一般微生物活动得到抑制；10℃左右大米害虫几乎停止繁殖；而20℃以上，微生物、害虫就会较快繁殖。气候较暖的地方常温贮藏6个月后，理化指标将会发生大的变化；10个月口味明显降低。所以大米如何安全度夏是储藏中的关键。

（二）小麦粉

小麦（*Triticum aestivum* L.）是世界上最重要的粮食作物，适应性强，分布广，用途多，占全世界35%的人口以小麦为主要粮食。中国种植小麦历史悠久，小麦栽培在中国至少有着四五千年的历史，从黑龙江到海南几乎全国各地都种植小麦，小麦约占全国粮食总产量的23%，仅次于稻谷居第二位。

（1）种类特征　全世界作为粮食作物栽培的小麦主要是普通系小麦（染色体数42）和硬粒小麦（染色体数28），前者种植面积达90%，而且大部分是面包小麦。硬粒小麦主要有美国的杜隆小麦（Durum wheat）、阿尔及利亚小麦、印度小麦等，种植总面积达10%，其胚乳极硬，蛋白质含量高于普通小麦，不适合做面包，原因是麦谷蛋白含量较高，造成面团弹性、韧性太强，面团膨胀不起来，所以硬粒小麦被大量用来生产不需延伸性太强的意大利系列面食。

我国北方冬小麦蛋白质含量较高，质量较好；南方冬小麦蛋白质和面筋含量较低。由于麦粒的皮层厚且紧实而韧，脱皮较难，同时因麦粒腹沟较深，腹沟中的皮很难碾去。另外，胚乳中的面筋质可使食品形成韧筋、松软等特色，如仅碾去麦粒皮层而不磨成粉，便不能发挥面筋质的这种特殊效用，所以小麦大都磨制成粉供食用，而不制成麦米。

我国地理标志小麦有山东齐河小麦、垦利黄河滩区小麦、东阿小麦、蓼兰小麦；河南新乡小麦、河北馆陶黑小麦、内蒙古达茂小红皮小麦；面粉有河南永城面粉、新疆奇台面粉、黑龙江五大连池面粉等。

（2）烹饪应用　小麦可直接加工成麦片、麦仁，用以制作麦片粥、麦仁饭、麦仁粥等，或者将小麦先炒熟再磨成粉，以沸水冲泡搅匀而食。小麦也可以作为制淀粉、葡萄糖、白酒、酱油、醋的原料。

小麦的主要用途还是加工成面粉，然后再加工成各类食品。中餐用小麦粉加工成各种中式点心、小吃，如馒头包子类、面条饺子类、烙饼油条类和各种糕点类。西餐根据面筋含量的多少，将小麦粉分为面包粉、蛋糕粉和馅饼粉。面包粉是一种用于烘烤面包、硬餐包以及任何需面筋含量多的食品的高筋面粉；蛋糕粉是一种从软麦中提出来的低筋面粉，柔软光滑，颜色为纯白色，用于做蛋糕以及其他不需太多面筋的精致的烘烤食品；馅饼粉面筋含量介于面包粉与蛋糕粉之间，其奶白色与面包粉类似，但异于蛋糕粉那种纯白。馅饼粉用于做饼干、派、甜面团以及甜饼干和松饼。

（3）营养价值　小麦面粉中主要的营养素是碳水化合物，占73%~78%。蛋白质含量平均在9%~13%，比大米高。一般硬质粒比软质粒含量多，生长在氮肥多的土壤以及干燥少雨的地区含量多。因此，我国生产的小麦蛋白质含量，自南而北随着雨量和相对湿度的递减而逐渐增加。小麦蛋白质所含赖氨酸较少，生物价次于大米，但高于大麦、高粱、小米和玉米等，具有较好的营养价值。小麦中含丰富的维生素B和维生素E，主要分布在胚、糊粉层和皮层中，加工精度越高，营养损失越多。

小麦中的麦胶蛋白（43%）和麦谷蛋白（39%）不溶于水，遇水能相互黏聚在一起形成面筋（Gluten），因此也称面筋蛋白，这是小麦粉加工的最大优势。面筋在面团发酵时能形成面筋网络，保持住面团中酵母发酵所产生的气体，而使蒸烤的馒头、面包等食品具有多孔性，松软可口，并有利于消化吸收；同时发酵后，发酵食品中的植酸盐有55%~65%被水解，更有利于钙和锌的吸收和利用。

（4）品质检验　小麦粉的品质及等级可依据“小麦粉”（GB/T 1355—1986）鉴别；专用小麦粉可依据相应的标准鉴别，包括“GB/T 8607—1988 高筋小麦粉”“GB/T 8608—1988 低筋小麦粉”“GB/T 21122—2007 营养强化小麦粉”“LS/T 3201—1993 面包用小麦粉”“LS/T 3202—1993 面条用小麦粉”“LS/T 3203—1993 饺子用小麦粉”“LS/T 3204—1993 馒头用小麦粉”“LS/T 3208—1993 糕点用小麦粉”“LS/T 3209—1993 自发小麦粉”“LS/T 3207—1993 蛋糕用小麦粉”“LS/T 3206—1993 酥性饼干用小麦粉”“LS/T 3205—1993 发酵饼干用小麦粉”等。

（5）贮藏保鲜　面粉颗粒细小，与外界接触面积大，吸湿性强，同时，粉堆空隙小，导热性特差，最易发热霉变；小麦粉在高温高湿的环境下贮存或贮存时间过久，其中的脂肪容易在酶和微生物或空气中氧作用下被不断分解产生低级脂肪酸和醛、酮等酸、苦、臭物质，使小麦粉发酸变苦；小麦粉颗粒小，堆垛下层常易受压结块成团，贮藏时间越长，水分越大，结块成团就越严重；由于小麦粉蛋白质中含有半胱氨酸，它的存在往往使得面团发黏，结构松散，不仅加工时不易操作，而且发酵时的面团的保气力下降，造成成品品质下降。面粉在贮藏一段时间后，由于半胱氨酸的巯基会逐渐氧化成双硫基而转化成胱氨酸，加工品质会因此得到改善，所以这一过程称为面粉的熟成（也称陈化）。除了储藏一段时间使面粉自然熟成外，为了使SH基尽快氧化成—S—S—基，常采用面粉处理剂ADA（偶氮甲酰胺）促使面粉氧化，ADA是当今国际上风行和公认的可安全用于食品的面粉改良剂，既可以增筋，还可以漂白，最大使用量为0.045g/kg（GB 2760—2014 食品安全国家标准 食品添加剂使用标准）。

小麦粉是直接食用的成品粮，要求仓房必须清洁、干燥、无虫；包装器材应洁净无毒；切忌与有异味的物品堆在一起，以免吸附异味，面粉的贮藏在相对湿度为55%~65%，温度在8~24℃的条件下较为适宜。小麦粉贮藏多系袋装堆放，袋装堆放有实堆、通风堆等。干燥低温的小麦粉，宜用实堆、大堆，以减少接触空气的面积；新加工的热机粉宜堆小堆、通风堆，以便散湿散热。不论哪种堆型，袋口都要向内，堆面要平整，堆底要铺垫好，防止吸湿生霉。

大量贮存小麦粉时，新陈小麦粉应分开堆放，便于推陈贮新，并经常翻倒，以防结块成团。

（三）其他谷类

其他谷类名称及标准，见表2-1。

表 2-1　谷类名称及标准

生物名	俗名（果实名）	学名	相关标准
玉米	苞谷、棒子、苞米等	*Zea mays*	GB 1353-2018 玉米
高粱	蜀黍、芦稷、茭子	*Sorghum bicolor*	GB/T 8231-2007 高粱
谷子	粟、稷；小米（去皮）	*Setaria italica*	GB/T 11766-2008 小米
稷子	糜子米（粳性）、稷米	*Panicum miliaceum*	GB/T 13358-2008 稷米
黍子	黍子（糯性）、大黄米	*Panicum miliaceum*	GB/T 13356-2008 黍米
莜麦	裸燕麦、玉麦、铃铛麦	*Avena nuda*	GB/T 13360-2008 莜麦粉
荞麦	甜荞、乌麦、三角麦	*Fagopyrum esculentum*	GB/T 35028-2018 荞麦粉
苦荞麦	苦荞、鞑靼荞麦	*Fagopyrum tataricum*	DB62/T 4186-2020 地理标志产品 通渭苦荞麦
青稞	裸大麦、米大麦、元麦	*Hordeum vulgare* var. *nudum*	GB/T 11760-2008 裸大麦
大麦	饭麦、牟麦	*Hordeum vulgare*	NY/T 891-2014 大麦及大麦粉
薏苡	薏苡仁、薏米、苡仁	*Coix lacryma-jobi*	NY/T 2977-2016 薏仁及薏仁粉
藜谷	南美藜、印第安麦、奎藜	*Chenopodium quinoa*	CXS 333-2019 藜麦米

二、谷类制品

谷类制品品种多样，主要包括大米制品和麦面制品、玉米制品及杂谷制品，许多制品是中国人的主食，社会消费量极大。见图2-6。

谷类制品
- 大米制品
  - 米粒制品：粽子、八宝饭、八宝粥、爆米花、糍粑、锅巴等
  - 米粉制品：米线、年糕、元宵、汤圆、米糕、米豆腐、米饼干等
  - 发酵制品：醪糟（甜酒酿）、米酒、米醋等
  - 其他制品：各种速食米饭、米粥罐头、软包装米饭、米糠油等
- 麦面制品
  - 主食品：各类速冻水饺、馒头、挂面、方便面、意式面食等
  - 专用粉：面包糕点用粉、比萨饼用粉、饺子专用粉、蛋糕粉等
  - 加工品：水面筋、油面筋、烤麸、谷朊粉、小麦淀粉等
  - 其他制品：麦胚粉、胚芽片、胚芽油、麸皮制品、面包屑、麦片、面酱、酱油、醋、白酒、酒精、啤酒等
- 玉米制品
  - 粒制品：爆米花、玉米片、甜玉米罐头、玉米面包等
  - 粉制品：玉米糁、玉米营养粉、玉米糕、玉米饼干、玉米挂面等
  - 其他制品：玉米淀粉、玉米油、玉米粉丝、黄酒、饴糖、威士忌
- 杂谷制品：青稞糌粑、大麦芽、燕麦片、高粱米、高粱酒、荞麦粉、黑麦面包、小米醋、黄米年糕等

图2-6　谷类制品种类

上述米面制品中，有的可直接食用，有的经过简单烹煮即可食用，需要我们了解的是在烹饪中应用的原材料，如面筋、米线、锅巴及面包屑等，其中酱油、醋、淀粉及制品等列入第八章调辅料中介绍。

（一）面筋

面筋是将面粉加水揉捏调成面团，再用清水边揉捏边冲洗，洗去面团中淀粉后，得到的一种浅灰色、柔软并富有弹性的胶状物。面筋的主要成分是麦胶蛋白和麦谷蛋白，在蛋白质间隙中还有少量的淀粉、脂肪等。

（1）种类特征　面筋在我国南方和北方都有生产。小麦的品种、质地不同，所生产的面筋的质量也就不同。质量好的面筋颜色呈灰白色，质地柔软且富有弹性。刚洗出的面筋叫作生面筋。生面筋容易发酵变质，不易贮存，常按不同的加工方法进一步制成水面筋、素肠、烤麸、油面筋、谷朊粉等多种制品，见图2-7。

生面筋　水面筋　油面筋

素肠　烤麸　谷朊粉

图2-7　面筋类制品

水面筋：将生面筋制成块状或条状，用沸水煮熟而成。色灰白、有光泽、富弹性。

素肠：将生面筋捏成扁平长条，缠绕在筷子上，沸水煮熟后抽去筷子，成型后为管状面筋。其色泽、质地同水面筋。

烤麸：大块生面筋盛入容器内，自然发酵成泡后，用高温蒸制成大块饼状，称为烤麸。色橙黄，松软而有弹性，质地多孔，呈海绵状。

油面筋：在生面筋中加入30%的面粉揉搓后，摘成小团块，油炸成金黄色圆球泡状体，称油面筋，是江苏无锡的传统特产。

谷朊粉：又称活性面筋粉，用生面筋经干燥粉碎可制得谷朊粉，具有黏性、弹性、延伸性、薄膜成型性和吸脂性，是一种优良的面团改良剂，广泛用于面包、面条、方便面的生产中，也可用与肉类制品中作为保水剂。目前国内还把谷朊粉作为一种高效的绿色面粉增筋剂，将其用于高筋粉、面包专用粉的生产，添加量不受限制。谷朊粉还是增加食品中植物蛋白质含量的有效方法。

（2）烹饪应用　面筋在烹饪中主要是制作菜肴，适用于多种烹调方法。面筋本身呈海绵状，不显味，可饱吸汤汁呈味，制作的菜肴口感和风味都很有特色。水面筋可用于制作各式素菜，如素肉丸、素鱼丝等，也可与其他原料配菜，与畜禽原料配菜效果最好；素肠经红烧或卤制可制成素肠菜，如山东的九转素大肠；烤麸制作的菜肴多汁、鲜香，如三鲜烤麸、油焖烤麸、粉蒸素肉等；油面筋可烧、烩、作汤，也可制作填馅菜，如面筋塞肉、虾籽面筋等。

（3）品质检验　面筋的品质可依据“食品安全国家标准 面筋制品”（GB 2711—2014）检验。

（二）意式面食

意式面食泛指所有源自意大利的由面粉及水、有时会加入鸡蛋制成的面食。在意大利本地，面食被明文规定须采用100%杜隆小麦磨制的粗粒粉（俗称“砂子面”）及煮过的良质水制作，且不论手工或机器制作，都不可添加色素及防腐剂。试验表明，杜隆小麦粗粒中蛋白含量高达14%左右、麦谷蛋白含量较多而碱溶蛋白含量较少，直链淀粉含量多、糊化温度高，这是它特别适合制作意大利面食的重要原因。因此，意大利面食有很高的强度、优良的烹煮特性与口感、光滑透明带玻珀色的诱人外观及良好的回锅特性，备受全世界人民的欢迎。

（1）种类特征　意大利人针对意大利面作法投注了包罗万象的巧思，让意大利面成为今日做法最多样化的西式面食之一。意式面食的形状和大小千奇百怪，令人目不暇接，见图2-8。

图2-8　意式面食形状示意图

每一种意大利面有不同的做法，因为使用沙司（酱汁）不同或装饰配料不同就产生上千种的意大利面料理。表2-2描述了最常用的形状和使用的建议。

表 2-2 意式面食的形状和用途

名称		形状	建议用法
实心面	细条实心面	又细又长又圆的，最平民化	类似意大利面条，适合配橄榄油和海鲜沙司
	细面条	很细	适合配轻盈精致的沙司
	扁的面条	有点像意大利式细面条	类似意大利面条，适合配蛤沙司
	螺纹面条	长形，螺旋状	适合配厚的奶油沙司
通心粉	长通心粉	长而空的，圆管状	尤其是适合配肉沙司
	肘状通心粉	短的，弯曲的通心粉	在沙拉里为冰凉的，烤制的
	粗的通心粉	空心，斜切，有时有皱	烤制的，适合配肉沙司和番茄芝士沙司。 现做现食，适合配番茄沙司
	短的通心粉	短而空的，切成直的	
	粗皱通心粉	皱起的大管状	
鸡蛋粉	宽粉	宽而平的面，常有叠起的边	加入肉、奶酪或蔬菜馅后一起烤
	螺粉	贝壳状	适合配海鲜或肉沙司，小块的可以用作沙拉
	蝴蝶结粉	蝴蝶结状	适合配含有大块肉、肠或蔬菜的沙司
小面食		空管状的管粉、大米粒状的米粒粉、小星星状的星粉等	可放入汤中，冷的可放入沙拉中，与黄油炒可作为配菜

意式面食的颜色色彩缤纷，除原色外，还有红、橙、黄、绿、灰、黑等。红色面是在制面的过程中混入红甜椒或甜椒根；橙色面是混入红葡萄或番茄；黄色面是混入番红花蕊或南瓜；绿色面是混入菠菜；灰色面是葵花子粉末；黑色面堪称最具视觉震撼，用的是墨鱼的墨汁，所有颜色皆来自天然食料，而不是色素。

（2）烹饪应用　意式面食需要水煮后食用。通常在烹调前，烧一锅开水，把面食放进去煮，为了增添风味或防止面条粘黏，可加入盐和少许橄榄油。煮面时要不断轻轻搅拌锅里的面，以免面食粘在锅底。当面食煮至软硬适中时，就可捞起滤掉水分，与煮好的酱汁一起搅拌，待拌匀面条入味，即可享用。

意式面食的酱汁基本可分为红酱和白酱，红酱是用番茄为底的红色酱汁，白酱则是由面粉、牛奶及奶油为底的白酱汁，此外，还有用橄榄油调味的面和用香草类调配的香草酱。这些酱汁还能搭配海鲜、牛肉、蔬菜，或者单纯配上香料，变化成各种不同的口味。

（3）注意事项　意式面食应该做得很筋道，如果烹制过度就会失去风味。对于不同形状和大小的意式面食，烹制时间不尽相同。根据种类与品牌不同，烹调时间从8～13分钟不等。一般来说，新鲜面条因易吸收酱汁，故较适合浓稠的酱汁；而干燥面条都可搭配味道浓淡的酱汁。若以体积来看，粗面适合口味浓醇的酱汁，而细面条则适合清淡稀薄的酱。如用天使面（*Angel Hair*，一种细长条的意大利面），配上浓稠的奶油酱，可能吃几口就觉得腻了，而且酱汁的味道太浓，完全盖掉了面的滋味，就不是很配的组合。还应注意：烹调蛋面类的意大利面，不用海鲜类的材料；以海鲜为主的意大利面，一般不加奶酪。

第三节　豆类及制品

一、豆类

我国大豆、花生、食用豆类年种植面积2.57亿亩，占耕地面积的14.28%。其中食用豆类有15个属27个栽培种，包括冷季的蚕豆、豌豆、鹰嘴豆等11种；暖季的普通菜豆、利马豆、藊豆等5种；热季的绿豆、豇豆、饭豆、黑吉豆、黎豆、四棱豆等11种。我国是世界上种植食用豆种类最全的国家。食用豆类不仅是人类蛋白质、淀粉、脂肪等营养物质的主要来源，也是人类必需的多种维生素和生物活性物质的重要来源。

（一）大豆

大豆（*Glycine max*）原产我国，至今已有5000多年的栽培历史，现全国普遍种植，以东北大豆产量最大、质量最优。大豆在我国作为主食的一部分有着丰富的食用形态，而在欧美等国，大豆是一种油料作物。

（1）种类特征　大豆是我国主要的油料与蛋白作物之一，皮色为黄色的大豆产量占总产量的90%以上，所以又称黄豆，其余为杂色大豆，皮色有青、黑、褐、茶或赤等色。食用大豆一般分油用大豆、粮用大豆和菜用大豆三类，见图2-9。

图2-9　大豆的植株及食用形态（干大豆、毛豆荚、黄豆芽、毛豆仁）

粗脂肪含量大于等于16%（干基）的大豆可作为油用大豆；水溶性蛋白含量大于等于30%（干基）的大豆可作为粮用大豆；菜用大豆（又称毛豆）一般要求烹调容易，味道香甜的鲜豆或青豆。东北大豆产地多种植油脂含量较高的油用大豆，南方多种植蛋白质含量较高的食用大豆。

我国地理标志大豆有克山大豆、子洲黄豆、炭泉黑豆、佳木斯大豆、集贤大豆、哈纳斯黄豆、黑河大豆、涡阳大豆、穆棱大豆、九三大豆、新田大豆、嫩江大豆、灌云大豆、巴彦大豆、富锦大豆、石山黑豆、神木黑豆、茯嘉黑豆、延津黑豆、五里界界豆等。

（2）烹饪应用　黄大豆可做菜肴原料，适用多种烹调方法，宜于多种调味，可做多种冷热菜式或做汤做羹，还可制成多种小吃。如将黄豆炒熟，趁热倒入调味汁盖严，待泡胀后供馔，最宜下酒；江浙一带的“油余黄豆”，油余后拌盐可作小菜；还有“卤黄豆”（以卤肉汁煮成）、“酱笋豆”之类，可用作冷盘。做热菜时，应注意其不易烂的特点。如配肉类菜时，宜与主料同时下锅，一同炖焖煨焐（如黄豆猪手煲、黄豆炖肉等）；配炒、烩菜时，则可先煮烂或炸酥，再行配用成菜；做汤羹菜，应先将黄豆煨、熬，至汤浓豆烂，再配入主料成菜，如“黄豆榨菜肉丝汤”之类；“黄豆鸭架汤”“黄豆排骨汤”等，可同时下锅煨熬。黄豆汤汁十分醇浓鲜美，清代《素食说略》即曾指出：“黄豆煮汤，豆极烂时，豆别用，汤仍留作各菜之汤，尤为隽永”，是为吊制素汤的重要原料之一。黄大豆可磨粉单独食用，北方民间多与其他面粉混合食用，既改善粉质，也增加营养。

在烹饪中利用得较多的还是大豆的加工产品，如豆腐、大豆色拉油、黄豆酱、豆豉、黄豆芽等。

（3）营养价值　大豆主要营养成分是蛋白质和脂肪。蛋白质含量位居植物原料之首，高达40%左右，含有8种人体必需的氨基酸，且组成比较合理，尤其是赖氨酸较高；含20%左右的油脂，是世界上主要的油料作物，全球大约一半的植物油脂来自于大豆，其中不饱和脂肪酸含量高达80%以上，还含有1.3%~3.2%的磷脂。大豆中的碳水化合物含量约为25%，矿物质总含量为4.0%~4.5%，其中的钙含量是大米的40倍，而且其生物利用率与牛奶中的钙相近。大豆中的维生素含量较少，品种不多。

大豆中还有一些重要的微量成分，如大豆异黄酮、大豆皂苷，研究表明：大豆异黄酮对癌症、动脉硬化症、骨质疏松症以及更年期综合征具有预防甚至治愈作用；大豆皂苷具有抗高血压和抗肿瘤等活性。

（4）品质检验　大豆的等级及品质可依据“大豆”（GB 1352—2009）或“大豆等级规格”（NY/T 1933—2010）检验。

（5）注意事项　大豆中含有一些能够引起食品营养价值下降、风味变劣甚至对人体有害的抗营养因子，主要有胰蛋白酶抑制素、血球凝集素、甲状腺肿素，但受热后可失去活性或钝化其活性，所以加热过的大豆食品，不会对人体造成不良影响。

（二）食用豆类

食用豆类属于豆科、蝶形花亚科，一年生、越年生或多年生作物。我国习惯上把大豆和花生归为油料作物。食用豆类名称及部分标准，见表2-3。

表2-3　食用豆类名称及部分标准

生物名		俗名	学名	标准
冷季豆类	蚕豆	胡豆、罗汉豆、兰花豆	*Vicia faba*	GB/T 10459-2008
	豌豆	青豆、麦豌豆、寒豆等	*Pisum sativum*	GB/T 10460-2008
	鹰嘴豆	桃豆、鸡头豆、羊头豆	*Cicer arietinum*	DB62/T 2976-2019
	小扁豆	滨豆、鸡眼豆、洋扁豆	*Lens culinaris*	DB34/T 1775-2019
	葫芦巴	胡芦巴、香豆子、苦豆	*Trigonella foenum-graecum*	GB/T 32734-2016

续表

生物名		俗名	学名	标准
暖季豆类	普通菜豆	四季豆、芸豆、饭豆	*Phaseolus vulgaris*	NY/T 1062-2006
	多花菜豆	红花菜豆、大花芸豆	*Phaseolus multiflorus*	DB65/T 2866-2008
	藊豆	峨眉豆、鹊豆、篱笆豆	*Lablab purpureus*	DB34/T 1775-2019
热季豆类	绿豆	吉豆、青小豆、文豆、植豆	*Vigna radiata*	GB/T 10462-2008
	小豆	红小豆、赤豆、米豆、饭豆	*Vigna angularis*	GB/T 10461-2008
	豇豆	饭豆、婆豇豆、黑脐豆	*Vigna unguiculata*	NY/T 965-2006
	木豆	树豆	*Cajanus cajan*	NY/T 1269-2007
	四棱豆	翼豆、四角豆、皇帝豆	*Psophocarpus tetragonolobus*	NY/T 5254-2004
	刀豆	挟剑豆、刀豆角、刀板豆	*Canavalia gladiata*	GB/T 13209-2015

二、豆制品

豆制品是以豆类为原料加工而成的各种制品，为人类提供了优质蛋白质，在烹饪中应用广泛。以大豆制品种类最多，有几百个品种，按类分可分为：豆腐类、半脱水制品、卤制品、油炸制品、炸卤制品、熏制品、冷冻制品、烘干制品、发酵制品等，见图2-10。豆类调辅料列入第八章介绍。

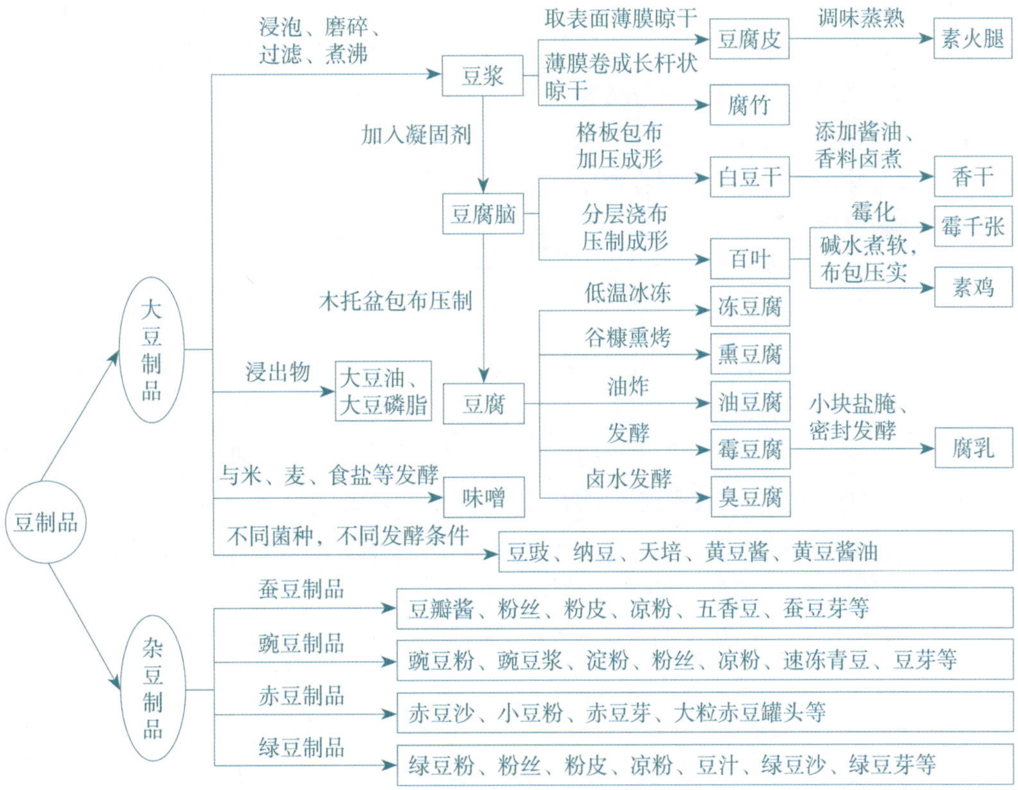

图2-10　豆制品种类

（一）豆腐

豆腐是以大豆为原料，经过浸泡、磨浆、过滤、煮浆、点卤（或加石膏）、压制成形等一系列工序制作而成的产品。制作豆腐是利用蛋白质的盐析现象，即在豆浆中加入钙盐，使蛋白质沉淀凝固后，经压制而成。

（1）种类特征　豆腐按所用的凝固剂不同，可分为南豆腐、北豆腐和内酯豆腐等种类。南豆腐又称嫩豆腐，以石膏（硫酸钙）作凝固剂，用布包轻压成形制成。豆腐含水量达90%左右，色雪白，质细嫩，味略甜而鲜。适于拌、炒、烩、烧及制羹、氽汤等，不适于炸、煎；北豆腐又称老豆腐，以卤盐（氯化镁）作凝固剂，经模具紧压成形制成。豆腐含水量约85%，色乳白，质地结实，口感较老，味微甜略苦。适于煎、炸、炒、熘、凉拌、制馅等；内酯豆腐以葡萄糖酸-δ-内酯作凝固剂制成的豆腐。内酯豆腐质地细腻有弹性，但微有酸味。

将豆腐进一步加工，还可制成多种豆腐制品。如将豆腐置于冰点以下冻结，然后解冻制成的“冻豆腐”；将质地较老的豆腐切成块状，经油炸使其表面结壳制成的“油豆腐”（又称豆腐果）；将豆腐经特殊发酵制成的“臭豆腐”等。做成菜肴，别有特色。随着豆腐制作工艺的日益现代化，海内外不断出现豆腐新种，如豆腐粉、豆腐冻、球形豆腐、海绵豆腐、液体豆腐和蔬菜豆腐、鸡蛋豆腐、咖啡豆腐、海藻豆腐、牛奶豆腐、维生素强化豆腐等。

我国地理标志产品豆腐有安徽的八公山豆腐；云南的石屏豆腐；陕西的榆林豆腐、甘泉豆腐、洛南豆腐；四川高县沙河豆腐、剑门关豆腐；贵州大方手撕豆腐等。

（2）烹饪应用　豆腐的烹饪应用极其广泛，可以作成冷菜、热炒、大菜、汤羹、火锅等各种菜式，也可用于作馅，以豆腐制作菜肴达数千种。适于多种刀工成形，如条、块、丁、粒、末、泥等；适于多种烹饪方法成菜，如拌、炒、炸、煎、烩、烧及制羹、氽汤等；豆腐本身味清淡，适于调制各种味型；豆腐是素菜的重要原料，也可与荤菜搭配，还可作造型菜和馅料等。著名的豆腐菜肴如“麻婆豆腐”“镜箱豆腐”“莲蓬豆腐”“徽州毛豆腐”等。全国许多地方研制了“豆腐宴”，如淮南豆腐宴、延庆柳沟豆腐宴、成都豆腐宴等。

豆腐非常受人们的喜爱，现在已经发展为世界食品，美国和日本的豆腐业有了飞速的发展，《华盛顿明星报》曾预言，豆腐就像奶酪一样，将成为美国人最喜欢吃的食品之一。

（3）营养价值　豆腐包含了大豆的全部营养成分，豆腐制作时加入了点卤剂，使豆腐中的钙、镁含量增加。与大豆比较，豆腐不仅去除了豆腥味，也大大提高蛋白质的消化吸收率（大豆蛋白质的消化率为65.3%，豆腐蛋白质消化率可达92%～96%）。豆腐高蛋白、低脂肪、不含胆固醇，长期食用可以防止动脉粥样硬化。

（4）品质检验　豆腐的品质可依据“食品安全国家标准 豆制品”（GB 2712—2014）检验。

（二）腐竹

腐竹是我国传统的素食原料之一，豆制品中的高档食品，具有滋味鲜美、风格独特、营养丰富、价格便宜等特点，被人们广称为“素中之荤”。腐竹加工始于唐朝，距今已有一千多年的历史，深受我国人民的喜爱，不仅畅销国内，而且远销海外。

（1）种类特征 大豆经浸泡，磨浆过滤后得豆浆，经加热煮沸，然后在一定温度下保温一定的时间使水分从表面蒸发，在豆浆表面自然凝固成薄膜状，用长竹筷将薄膜挑起卷成长条状再干制，其外形似干竹枝，故称腐竹，黄豆、青豆、黑豆都可以生产腐竹，见图2–11。

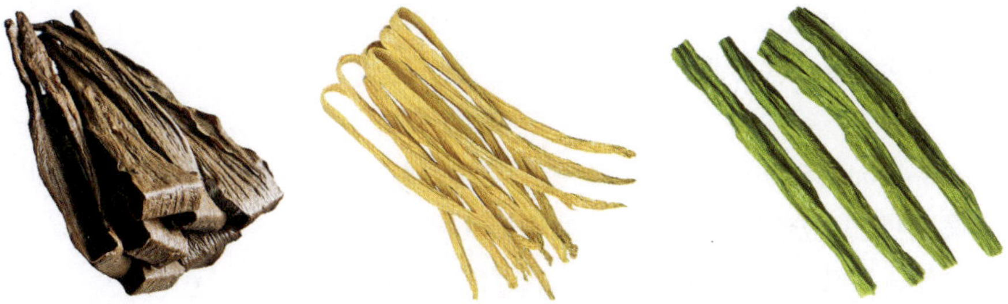

黑豆腐竹　　黄豆腐竹　　青豆腐竹

图2–11 不同大豆加工的腐竹

《素食说略》谓其“晾干收之，经久不坏，可以随时取食，各菜可酌加。”如挑出平摊成半圆形片状后烘干或晾干，就是腐皮（又称“油皮”），每500g在20张以上即为上品。腐竹其实就是蛋白质—脂类薄膜，是由于豆浆中的蛋白质受热变性与脂类物质在空气表面吸热聚合，同时蒸发脱水凝结而成。

我国地理标志产品的腐竹有广东托洞腐竹、鹤城腐竹；江西高安腐竹、河南许昌腐竹、桂林腐竹等。

（2）烹饪应用 腐竹清鲜素净，为素食中的上等原料。烹调前，须用凉水泡发回软，这样可使腐竹条形整洁美观，如用热水泡，则腐竹易碎。腐竹的吃法很多，可单独成菜，可制作素干贝，还可与荤素原料配合成菜，可烧、炒、凉拌、汤食、火锅等，食之清香爽口，别有风味。如“油焖腐竹”“虾籽拌腐竹”“卤腐竹”等。

（3）营养价值 腐竹在豆制品中营养素的密度很高，能量配比均衡。每100g豆浆、豆腐、腐竹的蛋白质含量分别为1.8g、8.1g、44.6g；含碳水化合物分别为1.1g、4.2g、22.3g；而水分含量则是96.4g、82.8g、7.9g。腐竹含蛋白质丰富而含水量少，这与它在制作过程中经过烘干，浓缩了豆浆中的营养有关。

腐竹具有良好的健脑作用，能预防老年痴呆症的发生。这是因为腐竹中谷氨酸含量很高，为其他豆类或动物性食物的2～5倍，而谷氨酸在大脑活动中起着重要作用。此外，腐竹中所含有的磷脂还能降低血液中胆固醇的含量，达到防治高脂血症、动脉硬化的效果；其中的大豆皂苷有抗炎、抗溃疡等作用。

（4）品质检验 腐竹的品质可依据“食品安全国家标准 豆制品”（GB 2712—2014）鉴别，产地腐竹可依据地方标准鉴别，如豆腐类、腐竹质量安全要求（DB45/ 320—2006）、隆昌豆杆（腐竹）生产工艺规范（DB511000/T 24—2013）、高安腐竹（DB36/T 531—2017）、托洞腐竹（DB44/T 1252—2013）等。

第四节 薯类及制品

一、薯类

通常甘薯多当粮食食用，木薯主要供食品工业制取淀粉，马铃薯、山药、芋、豆薯等多当菜食用，这里主要介绍马铃薯和甘薯。

（一）马铃薯

马铃薯（*Solanum tuberosum*）别名土豆、洋山芋等。原产于南美洲，约15世纪中期传入中国。马铃薯的可食部分为其块茎，它富含优质淀粉，主要作粮食、蔬菜和饲料，现在我国已成为世界上第一大马铃薯生产国。

图2-12 不同颜色和形状的马铃薯

（1）种类特征　马铃薯有200多种，按薯块的颜色分为黄肉种和白肉种，皮色有黄、白、红、紫；按形状分为圆形、椭圆形、长筒形和卵形等，见图2-12；按消费用途分烹调菜用、食品加工用（用于炸薯片、薯条、薯泥）和加工淀粉用（淀粉含量要求大于16%）三类。观察蒸煮熟的马铃薯内部，如果细胞颗粒闪亮光泽，在口中干面感的称为粉质马铃薯；反之，内部有透明感，食感湿而发黏为黏质马铃薯。

我国地理标志马铃薯有内蒙古达茂马铃薯、武川土豆、固阳马铃薯、乌兰察布马铃薯；四川宁南冬季马铃薯、空山马铃薯、峨边马铃薯、凉山马铃薯；黑龙江克山马铃薯、呼兰马铃薯、大兴安岭马铃薯；山东胶河土豆、滕州马铃薯；陕西定边马铃薯、靖边土豆；宁夏固原马铃薯、西吉马铃薯；湖北恩施马铃薯、西藏艾玛土豆、河北围场马铃薯、甘肃定西马铃薯、山西岚县马铃薯等。

（2）烹饪应用　马铃薯由于营养全面、烹煮方便、味道平淡，可与各种调味料、香辛料调和，所以在包括俄罗斯、德国等的北欧及美洲国家，它是深受欢迎的主食。美国等马铃薯主产国鲜薯的70%以上用于加工马铃薯食品，美国人消耗的马铃薯超过其他任何蔬菜，约每人每天食用150g。西餐根据马铃薯淀粉的含量来决定其最佳用途：淀粉含量低的、水分和糖分含量高的品种适于整个煮，可做色拉、汤、肉末土豆或需要土豆来做形的其他备料；淀粉含量较高，水分及糖分较低的品种适于烤且最适于做炸薯条，可捣碎烹调，适用于制作土豆泥等对形状不作要求的烹饪中。

我国东北、西北及西南高山地区粮菜兼用，华北及江淮流域多作蔬菜应用。鲜食用马铃薯可供切块、丁、片、条、丝应用，也可制泥成菜；可做主料，也可配荤素各料；适于炒、烧、炸、煎、蒸、烤等各种烹调方法；也宜于各种味型。菜式如拔丝土豆、炒土豆丝、葱油土豆泥、土豆烧肉等。鲜薯中含有易使马铃薯褐变的多酚氧化酶、酪氨酸酶，因此去皮或切断加工时，暴露于空气的切面易发生褐变。加工时可将去皮后的马铃薯用水洗后再泡入水中，能防止褐变。

（3）营养价值 马铃薯是能量和维生素C的宝库。鲜块茎水分含量79.5%左右，碳水化合物17.2%、蛋白质2.0%、脂肪0.2%。糖质几乎都是淀粉，有少量葡萄糖、蔗糖、果糖、戊聚糖、糊精。马铃薯蛋白质虽只有2%左右，但氨基酸组成比较合理，与其他来源的蛋白质比较，更容易被人和动物吸收。马铃薯中含有维生素C、维生素B_1、维生素B_2、烟酸等多种维生素，尤其是含有丰富的维生素C，且不易受热破坏，是可贵的全面营养食品。含钙虽不及甘薯，但含钾与之相当，作为预防高血压食品，受到关注。因其营养丰富、养分平衡，在欧洲被称为第二面包作物。

（4）品质检验 不同用途（鲜食、薯片加工、薯条加工、全粉加工、淀粉加工）的马铃薯，其等级及品质可依据“马铃薯商品薯分级与检验规程”（GB/T 31784—2015）判定。

（5）贮藏保鲜 马铃薯块茎有休眠特性，所以耐贮藏。贮藏温度为：鲜食用4～6℃；加工用6～10℃（GB/T 25872—2010 马铃薯 通风库贮藏指南）。若温度偏高或暴露于日光下，便可能发芽或腐败变绿，在芽眼或泛绿部位会含有大量有毒的龙葵碱，达0.2mg/g时可引起食物中毒，加工时需削除，或干脆整个丢弃；若贮藏温度接近0℃时，其新陈代谢会使部分淀粉会分解为葡萄糖和果糖，油炸薯片很易变成褐色，并产生苦味。

（二）甘薯

甘薯（*Ipomoea batatas*）别名番薯、红薯、山芋、地瓜等。原产于南美北部，明朝万历年间被引入我国，在全国普遍栽种。我国甘薯栽种面积居世界首位，目前，除青藏高原、新疆等少数地区外，其他各省区均有栽培，以黄淮平原、四川、长江中下游平原和东南沿海栽培面积较大。

（1）种类特征 甘薯的结构包括含有花青素的表皮（通称为薯皮）、皮层和内侧可食用的中心柱部分，中心柱中不断分化出大量薄壁细胞并充满淀粉粒，使块根能迅速膨大。甘薯因品种、土壤和栽培条件不同，形成纺锤形、圆筒形、块形等多种形状（见图2-13）；皮

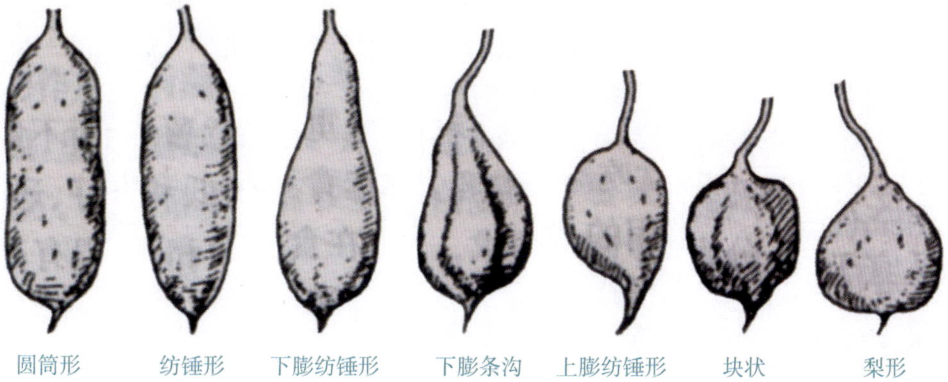

图2-13 甘薯块根的形状

色有白、黄、红、紫红等；肉色有白、黄、淡黄、橘红、紫红等。根据用途不同又可分为生鲜蒸烤用、淀粉用、糕点用等，根据烤熟后薯肉的口感可分为粉质（干面口感型）、中间质和黏质等品种。因水分含量高，直接蒸烤即可食，不像谷类那样需加水才能使淀粉糊化。贮存或蒸煮时，由于酵素能将部分淀粉分解为麦芽糖，使甜味增强，缓慢烘烤让酵素有较多时间发挥作用，甜度便高于用蒸煮、沸煮或微波炉等快速加热的烹煮法。秋季鲜采的甘薯所含酵素活性较弱，因此烹煮后不会那么甜、那么湿润。

我国地理标志甘薯有福建曙光甘薯、连城红心地瓜干、虹山红心地瓜；山东荣成甘薯、即墨地瓜、临沭地瓜、泗水地瓜；辽宁康平地瓜、闫店地瓜、下六番薯、苏村番薯；河南汝阳红薯、张武岗红薯；河北卢龙甘薯、邱县红薯；安徽湾沚山芋、大路口山芋；广东八乡山番薯、海南桥头地瓜等。

（2）烹饪应用　甘薯供馔，可做主食，也可做菜肴、面点、小吃等，适用面十分广泛。鲜薯可代粮充饥，在我国过去被作为救荒作物，烧、烤、蒸、煮、炕、煨是最常见、最可口的食用方法，与马铃薯一样，淀粉以细胞淀粉形式存在，因此，烤（蒸、煮）红薯给人以干面的口感。甘薯可切片（条）、刨丝经干制后贮以供用；也可切成丁、块配米煮制粥、饭；还可干蒸、煮熟后去皮，加工成薯泥，拌入其他粉类制成面条、饼子、馍馍、花卷、发糕，或制成面皮包馅做成各类主食、糕点等。因其味偏甜，常用来做甜菜。但因为鲜薯不易长期贮藏，故大量作为食品加工原料，供制粉丝、粉条、淀粉、制糖、酿酒、制醋、制酱等。近几年由于对甘薯健康功能的再认识，甘薯像水果一样成为餐桌佳肴。

甘薯嫩茎俗称“山芋藤”，富含维生素，可供做蔬菜应用，许多地方流行炒食。

（3）营养价值　甘薯块根中含60%～80%的水分、10%～30%的淀粉、5%左右的糖分及少量蛋白质、油脂、纤维素、半纤维素、果胶、矿物质等。以2.5kg鲜薯折成0.5kg粮食计算，新鲜甘薯块根的营养成分除脂肪外，其他比大米和面粉都高，发热量也超过许多粮食作物。甘薯中蛋白质组成与大米相似，其中必需氨基酸的含量高，特别是大米、面粉中比较稀缺的赖氨酸的含量丰富。维生素A、B族维生素、维生素C和烟酸的含量都比其他粮食高，钙、磷、铁等无机物较多。甘薯中尤其以胡萝卜素和维生素C的含量最为丰富，这是其他粮食作物极少或几乎不含的营养素，所以甘薯与其他粮食互食可提高主食的营养价值。此外，甘薯还是一种生理性碱性食品，可调节人体的酸碱平衡。所含的膳食纤维起到调节肠内菌，防止便秘，预防大肠癌，降低胆固醇的作用。

（4）品质检验　鲜食甘薯的等级可依据农业部“甘薯等级规格”（NY/T 2642—2014）判定。甘薯干的品质可依据“甘薯干”（NY/T 708—2016）检验。

（5）贮藏保鲜　鲜甘薯体积大，含水量高，不耐贮藏。储藏温度以13～15℃为宜，湿度以85%～90%为佳。甘薯在较低温度贮藏，可促使淀粉转化为糖，增加甜味。当温度低于9℃，甘薯易受冻伤会出现“硬心”，若有这种情况，即使经烹煮，硬心依然很硬，后期易腐烂。

二、薯类制品

马铃薯的制品有马铃薯粉、马铃薯脆片、脱水马铃薯片（条）、速冻薯条（薯泥）、罐装和去皮马铃薯、马铃薯果脯、马铃薯膨化小食品、马铃薯淀粉、马铃薯粉丝（条）等；甘薯的制品有甘薯淀粉、甘薯粉丝（条）、甘薯酿酒、甘薯制醋、甘薯果脯、脱水甘薯、冷冻甘薯片、甘薯粉、甘薯糕点、油炸甘薯脆片等。作为烹饪原料使用的主要是淀粉及其制品，归入第八章介绍。

实训项目

项目：杂粮的识别与调查

实训目的

认识常见杂粮品种的种类特征，了解其营养价值功能及烹饪应用。

实训内容

1 素材准备

杂粮通常是指水稻、小麦、玉米、大豆和薯类五大作物以外的杂谷及杂豆类作物，见表2-1和表2-3。提前准备各种杂粮的实物，通过观察杂粮的形状、色泽，闻杂粮的气味等，认识各种杂粮的感官特征。

2 杂粮市场调查

通过淘宝网，检索销售杂粮的店铺，以杂粮品种多、销售量高的店铺作为调查对象，也可在课外去附近的超市或菜场进行杂粮的调查，了解当地杂粮的商品流通情况。

3 杂粮品种研究

根据表2-1和表2-3的杂粮种类，进行分工，每个学生研究一个杂粮品种，围绕指定品种搜集素材，学习研究指定杂粮品种。

实训要求

1 完成“××店铺杂粮资源调查表”，内容包括：品种名称、价格、食用特点等。

2 根据指定杂粮品种的素材资源，从种类特征、烹饪应用、营养价值等方面进行研究，完成1000字左右的杂粮介绍文档。

3 依据杂粮介绍文档，结合搜集的图片、视频等素材，制作PPT，用于课堂交流。

建议浏览网站及阅读书刊

[1] http://www.cereal.com.cn/（中国粮食网）

[2] http://www.cbpanet.com/（中国豆制品网）

[3] 微缩百科编委会．微缩百科之谷类作物．北京：中国经济出版社，2015.

[4] 甘智荣．餐桌上少不了的薯类．哈尔滨：黑龙江科学技术出版社，2016.

[5] 范秀琴．健康从全粒谷物开始．北京：学苑出版社，2017.

[6] 于雅婷．舌尖上的豆类食物彩图版．南京：江苏科学技术出版社，2018.
[7] 陈伟琪．口岸常见水果和豆类识别图鉴．广州：广东科技出版社，2019.
[8] 宗绪晓等．带您认识食用豆类作物．北京：中国农业科学技术出版社，2019.

参考文献

[1] 张志华．豆类与豆制品．北京：科学出版社，2016.
[2] 于勇．粮食作物种植及产后加工．北京：中国农业出版社，2017.
[3] 本书编委会．粮食感官检验辅助图谱．成都：四川科学技术出版社，2017.
[4] 刘建霞．粮食作物种质资源开发与利用．北京：中国农业出版社，2018.
[5] 张敏．薯类吃个明白．北京：中国农业出版社，2018.
[6] 杨月欣等．中国食物成分表 标准版 第6版/第1册．北京：北京大学医学出版社，2018.

第三章 蔬菜原料

学习目标

知识目标

- 了解蔬菜的分类及烹饪应用特点；
- 掌握各类蔬菜典型品种的特性、烹饪应用及营养特点；
- 掌握常见蔬菜的感官检验方法。

能力目标

- 能识别和合理应用各种蔬菜，特别是稀特蔬菜；
- 能鉴别常见蔬菜的品质。

第一节 蔬菜原料概述

一、蔬菜原料的分类

蔬菜一般指可供佐餐的草本植物总称，也包括食用菌类、蕨类、藻类植物及少数可作副食品的木本植物的嫩茎、嫩芽、嫩叶（如竹笋、枸杞、香椿的嫩芽）。我国是世界栽培植物的起源地之一，也是最早引进外域蔬菜的国家之一，除人工栽培的蔬菜外，还有许多野生或半野生的蔬菜种类，如荠菜、马齿苋、枸杞、马兰和菊花脑等。

蔬菜的可食部分，有的是柔嫩的叶子，有的是新鲜的种子和果实，有的是膨大的肉质根或块茎，有的是嫩茎、花球或幼芽，其中许多是变态器官，如肉质根、块根、根茎、块茎、球茎、鳞茎、叶球和花球等，因此蔬菜的范围很广。蔬菜不同的食用器官在形态结构、特性和功能上均有很大的差异，也直接涉及烹饪加工利用，其食用器官或部位与植株的关系如图3-1所示。

从利用的角度来看，有些品种作为粮食和蔬菜兼用，如马铃薯、芋等；有些品种是蔬菜和水果兼用，如黄瓜、番茄等；有些品种是蔬菜和调味料兼用，如洋葱、茴香、芫荽、辣根、韭葱、大蒜、大葱、辣椒、香椿、欧芹等。

我国国土辽阔，地跨寒、温、热三带，气候类型复杂，在由此而形成的不同生态环境中，产生了极其丰富的蔬菜资源，形成了众多的良种。据统计，全世界的蔬菜种类大约有860多种，我国各地栽培的蔬菜（含食用菌和西瓜、甜瓜）至少有298种（含亚种、变种），分属于50余个科，按照商品名统计，在大中城市日常生产供应的蔬菜有70～80种。2019年7月中国蔬菜产业大会（宁夏银川）专家介绍，我国蔬菜种植面积已突破3亿亩，年产量超过7亿吨，人均占有量500多千克。

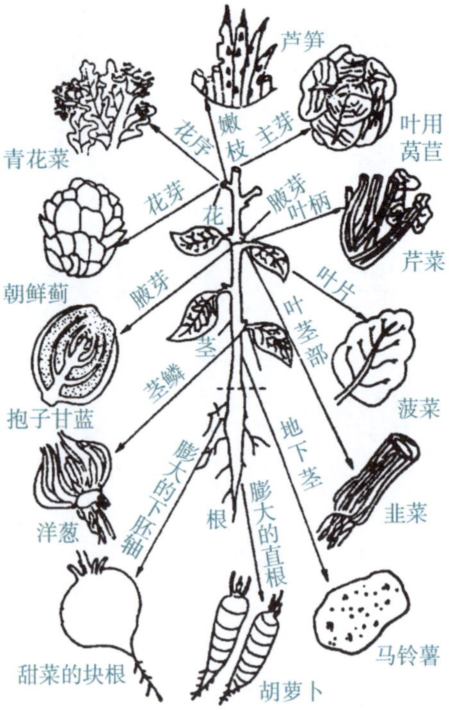

图3-1　蔬菜食用器官与植株的关系

为了便于学习、研究和烹饪应用，必须对种类繁多的蔬菜进行系统分类。蔬菜的常用分类方法主要包括植物学分类、食用器官分类和农业生物学分类，见图3-2。

植物学分类对指导蔬菜育种工作和防病治病有重要意义；农业生物学分类有利于指导蔬菜栽培和生产；食用器官分类与消费食用关系密切，适合于蔬菜商品流通和营销，但不包括食用菌、蕨类等低等蔬菜。本章参照农业生物学分类方法，结合“新鲜蔬菜分类与代码（SB /T 10029—2012）”，将蔬菜分为14类新鲜蔬菜及蔬菜制品。

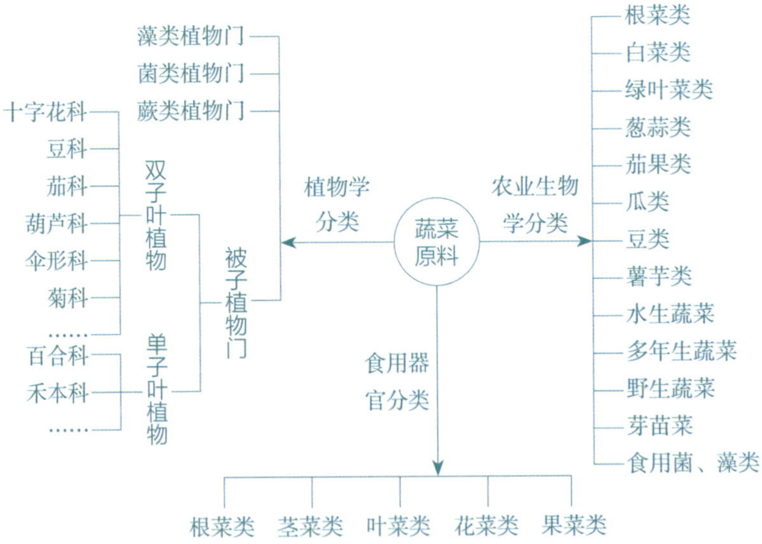

图3-2　蔬菜原料的三种分类方法

二、蔬菜原料的营养

（一）蔬菜中的化学成分

在蔬菜的成分中，含量最多的是水，大多数蔬菜含有至少80%的水分。蔬菜中的化学成分不仅有人体所需要的营养成分，也有决定蔬菜颜色、风味、质地、耐储性和加工适应性的必要因子。包括可溶性成分（如糖、果胶、有机酸、单宁、可溶矿物质、色素、水溶性维生素等）和非水溶性物质（如纤维素、原果胶、淀粉、脂肪、脂溶性维生素等），见表3-1。

表 3-1 蔬菜原料的化学成分

类别		成分
营养成分	含氮物质	蛋白质、氨基酸、酰胺及某些铵盐和硝酸盐
	脂类物质	油脂（含于蔬菜种子内）、蜡质（高级脂肪酸和酯）
	碳水化合物	糖（葡萄糖、果糖、蔗糖等）、淀粉、纤维素、果胶
	矿物质	以硫酸盐、磷酸盐、硝酸盐和有机酸盐状态存在
	维生素	以胡萝卜素（维生素A原）和抗坏血酸为最重要，还有维生素B_1、维生素B_2等
色素类物质	叶绿素	主要为叶绿素a和叶绿素b
	花青素	如飞燕草色素、矢车菊色素等
	类胡萝卜素	番茄红素及β-胡萝卜素、叶黄素、玉米黄素、隐黄素、辣椒红素
风味物质	香辛成分	主要成分为醇、酯、醛、酮、烃、醚、含硫化合物等
	辛辣成分	姜中的姜酮、姜脑；葱蒜含硫醚类化合物；芥菜中的芥子苷；辣椒中的辣椒素
	酸涩味成分	琥珀酸、酒石酸和草酸、柠檬酸、苹果酸、奎宁酸、单宁等

草酸过多的蔬菜（如菠菜、苋菜、蕹菜、竹笋、洋葱、茭白等），影响人体钙的吸收，所以对于婴幼儿、孕妇、骨折的病人，尽量减少食用或焯水后烹调食用。

（二）蔬菜的营养特点与保护

蔬菜是人们重要的食物资源，能补充人体所需的维生素、矿物元素、微量元素及膳食纤维，《中国居民膳食指南（2016）》建议，成人每天应摄入蔬菜300～500g，深色蔬菜最好约占一半。

1．提供人体必需的多种维生素

蔬菜含有对人体极为重要的各种维生素，所含维生素多少顺序排列为绿、黄、红、紫、白。例如辣椒、番茄、白菜、黄瓜、甘蓝、花椰菜等维生素C含量特别丰富；香菜、马铃薯、金针菜等含有较多的维生素B_1；菠菜、香菇、雪里蕻等含有维生素B_2；胡萝卜、白菜、韭菜、甘蓝、菠菜等红黄色及深绿色蔬菜中含有较多的维生素A原（胡萝卜素），在人体小肠黏膜内可变为维生素A。尤其是蔬菜中富含的胡萝卜素和维生素C，几乎不存在于粮食谷物中。因此，人们食用蔬菜，可不断地补充人体内的维生素，维持正常的新陈代谢，保证身体的健康。

2．人体矿物质的来源

人体组织中含有20多种矿物质，或是组织的组成成分，或参与正常生理功能的调节。蔬菜中含有人体需要的各种大量和微量元素，尤其是钙、镁、磷较丰富。菠菜、芹菜、白菜、甘蓝、胡萝卜等蔬菜中铁质含量较高；绿叶菜类含有较多的钙质。有些微量元素如碘、硒、铁等对人体的健康至关重要，缺碘易引起甲亢，硒对于防治癌症有独特作用，铁可以防止贫血。大蒜、洋葱和白菜含有较多的硒。海带、紫菜中含有较多的碘。此外蔬菜食物因含钾、钠、钙、镁等矿物质较多，可维持人体内的酸碱平衡。

3．膳食纤维的重要来源

膳食纤维可以使肠胃中的食物疏松，增加与消化液的接触面，刺激大肠蠕动，加速粪便从肠内排出，减轻有毒物质对人体的侵害，降低直肠癌和结肠癌的发病率，也可以促进消化、预防便秘。此外，膳食纤维还有减少胆固醇的吸收、降低血脂、维持血糖正常等作用。

4．蛋白质及碳水化合物的来源

有些蔬菜，还含有较多的碳水化合物和蛋白质，如地下块根、块茎、根茎类蔬菜大多富含淀粉，水果型瓜类含糖量较高，豆类蔬菜及食用菌含有大量蛋白质。这些蔬菜可作为杂粮食用，是人体热能的一种来源。

5．蔬菜营养的保护

蔬菜表皮下通常是维生素含量最丰富的部分，所以去皮时要削薄点。刀切形状越细，原料越小，与空气接触面越大，维生素C和无机盐等水溶性营养物质越容易氧化损失或流失。另外，生食类的蔬菜营养非常丰富，但要求蔬菜一定要非常的新鲜、清洁卫生，保证消费者食用安全。

对大多数的蔬菜而言，理想的烹煮时间是越短越好，如此才能保存它们的特性、味道及新鲜。蒸、炖、焖对糖类和蛋白质起到部分水解作用，有助于消化吸收，但水溶性维生素，特别是维生素C的损失较大，主要适用的菜类如萝卜、芋头、马铃薯、冬瓜等；炒是烹调蔬菜的常用方法，对蔬菜进行短时熟制的过程，营养损失比起煮、炖要小一些，此法大多用于一些快熟类的蔬菜，如菠菜、蕹菜、苋菜、木耳菜、青椒、韭菜、芹菜等；炸或焙烤主要用于薯类食品，经油炸或焙烤的薯类维生素C的损失达20%以上，油脂含量升高。压力锅及微波炉也能保存蔬菜中的大多数养分。不管选用何种烹饪方法，做好的蔬菜最好一次全部食用完毕，如果重新加热，则营养损失更大，未食用完的隔夜茎叶菜类，还会产生致病的亚硝酸盐。

总之，在烹饪的过程中应尽量保存蔬菜的营养，提高食用价值，在很多国家，多提倡鲜食或进行最少的加工，以使消费者从蔬菜中获得更多营养。

（三）蔬菜的保健功能

按照传统，既是食品又是中药材物质的蔬菜有山药、百合、海带、鱼腥草（蕺菜）、枸杞子、荷叶、姜、菊苣、紫苏（叶和籽）、葛根、蒲公英、马齿苋、薄荷、薤白、芫荽、菊花、玫瑰花、灵芝、人参等（见附录1）。山药能清热解毒、治疗泄泻等病症，兼具排毒养颜、润燥健脾的保健功效；百合能养阴润肺、清心安神、镇咳祛痰；海带有消痰软坚散结、利水消肿的功效；鱼腥草有抗菌、抗病毒、提高机体免疫力、利尿等作用；枸杞子能滋补肝肾、益精明目；荷叶广泛用于肥胖症和高脂血症，中国自古以来就把荷叶奉为瘦身的良药。

三、蔬菜的烹饪应用

蔬菜种类繁多，色泽各异，风味不同，是人们饮食生活中的主要食品，日不可缺。掌握蔬菜的烹饪特性和运用规律，才能正确运用蔬菜类原料烹制出营养丰富，且色、香、味、形俱全的菜肴。

（一）蔬菜在中餐中的应用

中餐蔬菜主要用于烹调，品种繁多，作用不同：如高淀粉的马铃薯可代替粮食做主食；绝大多数蔬菜可做菜肴的主料、配料和糕点、小吃的馅料；含有挥发油的辛香辣味品种可作调味料；有些还可为菜肴的调色料、配形料和装饰料等。以蔬菜为原料的另一个利用途径是食品加工，如图3-3所示。在工业化生产发达的国家，以蔬菜为原料进行加工的约占总产的60%，即使以鲜菜进入市场的都经过商品化处理或半加工处理，以鲜切蔬菜的形式出现在货架上。

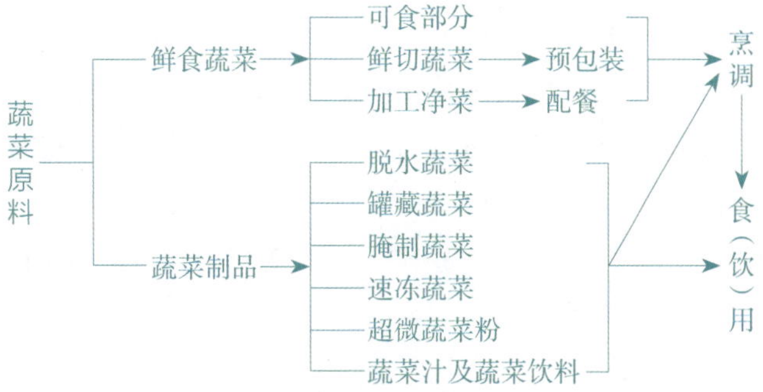

图3-3　蔬菜原料的应用

（二）蔬菜在西餐中的应用

西餐对加工处理好的蔬菜，常采用煮和蒸、炒和煎、炖、烤、炸的方法烹调。几乎所有蔬菜都要通过煮或蒸来制作，这是两种最常见的方法，因其简单、经济且适用。多数情况下，在蒸和煮之后再进行其他步骤，比如放入黄油、调料以及汤汁；或用黄油在很短的时间快炒；或再采用其他烹制方法。

芹菜、卷心菜在中餐多炒制成菜，西餐则可加工成炖卷心菜、炖芹菜，加热时间约要20～30min。对淀粉多的蔬菜，如马铃薯、冬南瓜、甜薯等从生到熟烤制，干性加热法能产生理想的效果，如上色或糖的焦化。茄子、青椒、蘑菇、番茄、洋葱、小胡瓜可以直接炸制成菜，菊苣心、芹菜、芦笋、黄瓜、花椰菜、茴香、球芽甘蓝、秋葵、胡萝卜、菜花等蔬菜采用炸的方法，一般要先烹制然后裹上面包屑或面糊再炸。蔬菜还可加工成蔬菜清汤和蔬菜浓汤。

与中餐相比，西餐最有特色的应用是制作蔬菜色拉。如色拉专用的绿色蔬菜有：冰山莴苣、长叶莴苣、波士顿莴苣、绿柠檬石莴苣、散叶莴苣、宽叶绿色蔬菜、菊苣或卷曲的苣荬菜、比利时苣荬菜、卷心菜、菠菜、蒲公英、水田芥、红卷心菜等，这些带叶的蔬菜常被提前洗好、切好，装在密封的大塑料袋里出售。其他蔬菜加工色拉，有的是生着用的，像芹菜、黄瓜、小萝卜、番茄和青椒等；有些则是经烹调的或经冷藏再用，像洋蓟、青豆、甜菜和芦笋等。

（三）蔬菜烹饪的风味控制

蔬菜不仅因为具有较高的营养价值，而且因其种类繁多、富含风味成分、美观诱人，还能为菜单增加优雅性和适宜的复杂性，变得广受欢迎。由于蔬菜极易腐烂，从收货到上桌食用，都需要精心处理。新鲜是蔬菜应具有的最吸引人的、最重要的特征，因而应格外小心。采用正确的烹饪蔬菜的方法，可以保持并加强蔬菜的味道、质地、色泽和营养。

1．蔬菜色泽的控制

在烹制蔬菜时，要尽可能地保持其原有颜色。有些蔬菜不论生鲜或煮熟，只要一接触空气就会变色，主要原因是多酚氧化酶催化多酚类底物所引起的氧化反应。可将鲜切根茎类、苹果等浸在加了含酸物的水里（厨师经常会在水中挤点柠檬汁），有显著的护色效果，因为柠檬酸是一种无毒抗氧化剂。

汆烫可以帮忙留住蔬菜的色泽，尤其是对绿色蔬菜最为有效，但有些蔬菜的色素却会流失。像紫色花椰菜含有叶绿素（绿色）及花青素（紫色），其中花青素是水溶性的，所以水煮过的紫色花椰菜会变成绿色。烹制红色和白色蔬菜时可放入少量的含酸物（如醋、柠檬汁），能保持原有的色泽。而酸却是绿色蔬菜中叶绿素的天敌，如果加酸或者烹制时间过长都会使绿色变成橄榄绿。保持蔬菜的绿色可以敞着锅煮，以使酸跑掉，烹饪时间尽量短，分小批量烹调，以免烹制时间太长。不要使用烘焙用的苏打保持蔬菜的绿色，苏打会破坏维生素C并使蔬菜成为一团乱糟糟的糊状物。

2．蔬菜质地的控制

大多数蔬菜最好是简单地旺火炒制，达到脆嫩状即可，此时蔬菜不仅具有最好的质地，还具有最佳的口感、最完美的色泽和最丰富的营养。有些蔬菜烹煮的主要目的，在于破坏它的淀粉质和纤维素，好让这些成分容易消化。蔬菜的纤维结构可以使蔬菜成形并增加其坚硬性，通过烹饪可以使这些成分软化。富含淀粉的土豆、芋头，通过煮制可以使淀粉颗粒变软。

3．蔬菜味道的控制

蔬菜烹饪的时间越长，其香味散失的越多，所以防止香味散失，烹饪时间越短越好，沸水中加入盐烹煮蔬菜或用蒸汽在合适的时间蒸蔬菜，也能防止香味的散失。对于大蒜、韭菜、洋葱、卷心菜、花椰菜、萝卜等气味浓郁的蔬菜，应使其气味散失一部分，以使其更加美味可口，烹饪时要开盖，以使气味散失。尤其烹制卷心菜，时间过长会产生难闻、浓烈的气味，因此应尽快烹制，且不应加盖。

四、蔬菜的品质与保鲜

（一）蔬菜的品质变化

蔬菜的品质是指蔬菜为满足食用价值全部有利特征的总和，主要是指食用时蔬菜外观、风味和营养价值的优越程度。蔬菜大多是以鲜活的形式上市的，采收后的蔬菜含水量高，营养丰富，生理代谢仍较旺盛。在保鲜贮存过程中，蔬菜自身一系列的生理生化变化会引起生理、风味、质地和营养成分的改变和降低；同时，微生物侵袭也极易引起蔬菜腐烂变质，失去良好的食用品质。

1. 失水萎蔫

水是新鲜蔬菜的主要成分，大部分蔬菜组织内的水分含量达90%以上，充足的水分可维持细胞内水的膨胀压力，使组织坚实挺直，保持蔬菜新鲜饱满的外观品质。膨胀压力是由水和原生质膜的半渗透性来维持的。由于采后蔬菜的蒸腾作用一直在进行，若贮藏运输中遇到高温、干燥和空气流速快，又无包装，会使蒸腾作用大大加强，失去水分，膨压降低，失水达到5%，这类蔬菜就会萎蔫、疲软、皱缩、光泽消褪、重量大大下降，失去蔬菜新鲜状态。

2. 色泽变化

由于蔬菜含有叶绿素、类胡萝卜素等色素，因此，任何一种蔬菜都有其自身固有的颜色，并在一定时间内保持其色泽。采收后的蔬菜因为叶绿体自身不能更新而被分解，叶绿素分子遭到破坏而使绿色消失。此时，其他色素如胡萝卜素、叶黄素等显示出来，蔬菜由绿色变为黄色、红色或其他颜色。有些蔬菜因酶、采收后有切口或碰伤，长期光的照射等，在流通过程中发生变色的现象，如褐变、伤口处的变色。

3. 发芽抽薹

蔬菜除了可食用部分以外，还有那些体积很小、所占比例极少的种子及潜伏芽。这些幼小器官对蔬菜的保鲜起着关键的调控作用，它是促进蔬菜衰老的重要因素。从生命活动强度看，这些幼小器官一旦活动起来比其他部分更为活跃，生命力更旺盛，因为这些器官是与延续后代相关联的；蔬菜的其他部分甚至会以自身器官的死亡来保证这一部分成活。如休眠芽（马铃薯）及鳞芽（洋葱、大蒜）的萌发和生长；花茎的伸长和生长，即抽薹现象。衰老的组织内所含的有机物质大量向幼嫩的部分或子代转移，这是生物学中的一个普遍规律，转移越快，消耗养分越多，蔬菜衰老得也越快。

4. 霉烂虫害

蔬菜是营养体，大多生长在土壤中，易携带微生物。新鲜的蔬菜抗病菌感染的能力很强，例如，用刀切割新鲜的马铃薯块茎，在切面会很快形成木栓层以防止块茎组织干燥及真菌的侵袭。若采收运输中的不当引起碰伤或是空气湿度过大，环境温度忽高忽低，菜堆大引起内外温差，形成蔬菜的水面凝结水滴，称为“发汗”，均易引起病菌的侵害、繁殖，然后随着蔬菜贮存时间的延长，病菌侵害率直线上升，感病率高达80%，使蔬菜发生霉烂、变质。优质的蔬菜完整饱满，无病虫斑；质次的蔬菜有病虫斑，经处理后仍可食用，若蔬菜出现严重虫蛀或空心现象，则基本失去食用价值。

5. 后熟和衰老

蔬菜可以在不同的时期采收，有些是未成熟的，有些是成熟的，皆可作为烹饪原料上市销售。凡是未成熟阶段采摘的蔬菜，例如豆类和甜玉米，其代谢活动高，常附带着非种子部分（如豆荚的果皮）。而完全成熟时采收的种子和荚果，其含水量低，代谢速率也低。种子在未成熟阶段要甜一些、嫩一些，新鲜的玉米就是如此；随着种子成熟度的增加，糖转化为淀粉，因而失去甜味，同时水分减少，纤维素增加。休眠种子则是在其含水量低于15%时采收的，而供人们当鲜菜食用的种子在其含水量约为70%时采收的，随着成熟过程的继续，则衰老加剧，产品形态变劣，组织粗老，品质下降。

6．风味变化

蔬菜达到一定的成熟度，会现出它特有的风味。而大多数蔬菜由成熟向衰老过渡时会逐渐失去风味。衰老的蔬菜，味变淡，色变浅，纤维增多。例如，幼嫩的黄瓜，稍带涩味并散发出浓郁的芳香，而当它向衰老过渡时，首先失去涩味，然后变甜，表皮渐渐脱绿发黄；到衰老后期则果肉发酸而失去食用价值，此时的黄瓜种子却达到了完全成熟。

（二）蔬菜的品质检验

蔬菜原料的品质检验是指依据一定的标准、运用一定的方法，对蔬菜原料质量优劣进行鉴别或检测。因为蔬菜原料质量的好坏不仅对菜肴质量有着决定性的影响，而且若原料遭到污染则可能会危及人体健康。高质量的菜肴必须以优质的烹饪原料作为基础，所谓优质的蔬菜原料必须是有营养的、新鲜的和安全卫生的。

国内外食品行业在生产上已经开始应用果蔬无损伤的检测方法，包括光学技术、电磁技术、力学技术及放射线技术等。如利用“近红外分析法”快速测定蔬菜表面附着的农药种类及浓度，以便鉴定出残留农药是否超标而不会损伤蔬菜表面；利用“力学成熟度空洞分析法”判断出西瓜的成熟度和有无空洞现象；利用“电子鼻分析法”测出果蔬腐烂过程中释放出的一氧化碳、乙烯、硫化氢等气体浓度，判断果蔬是否快要腐烂。在餐饮业，烹饪专业人员主要通过感官检验，反映蔬菜的新鲜度。

（三）蔬菜的贮藏保鲜

蔬菜的贮藏与保鲜原理主要就是提供适当的贮藏条件，控制原料新陈代谢作用、产品的衰老、水分的蒸发、抑制原料表面微生物的生长繁殖，从而阻止原料质量的变化。

1．常用的蔬菜保藏法

（1）简易贮藏法　包括堆藏、架藏、埋藏或假植贮藏等方法。堆藏是将蔬菜按一定的形式堆积起来，根据气候变化情况，用绝缘材料加以覆盖，以防晒、隔热或防冻、保暖，从而达到贮藏保鲜的目的，如大白菜、结球甘蓝、南瓜、生姜等；架藏是将蔬菜存放在搭制的架上进行贮藏保鲜，如葱、洋葱；埋藏是将蔬菜按照一定的层次埋放在泥沙等埋藏物内，以达到贮藏保鲜的目的，如胡萝卜、萝卜、马铃薯等；假植贮藏是将在田间生长的蔬菜连根拔起，然后放置在适宜的场所抑制其生理活动，从而保持蔬菜鲜嫩品质，如茎用莴苣、芹菜等。

（2）低温保藏法　低温对控制和延缓蔬菜萌芽、抽薹、后熟、老化、防霉烂等有积极作用。根据蔬菜的生理特性，以低温为主，再配以其他贮藏措施，是保证蔬菜在使用中良好品质的有效方法。我国北方地区常用冰窖贮藏蒜薹、茄子、豆类、瓜类、花椰菜、莴苣等蔬菜，这是利用天然冰降温的方法来维持蔬菜所要求的贮藏温度；发达国家普遍使用冷链维持蔬菜在商品流通中的低温条件，在生产地收获后，运输、贮藏、上货架到食用前，均为低温流通形式，人们称这种保藏方式为冷链。一些新鲜蔬菜（如豆角、甘蓝、菜花、菠菜、青豌豆、胡萝卜、甜玉米等）经清洗整理、高温烫漂后进行速冻，再低温贮藏保鲜。餐饮行业多用冰箱或冷库来降低或维持产品的低温（0～10℃），借以延长保存的时间，适用于绝大多数的蔬菜。但需根据蔬菜对温度的不同要求，设定不同的温度（如甜椒的贮藏适温为7～8℃），以达到较好的贮藏效果，应避免冷害或冻害的发生。

2．蔬菜贮存的注意事项

（1）防止水分过度蒸发，以免发生萎蔫　可通过预冷处理，尽量减少入库后蔬菜温度和库房温度的温差；增加贮藏期湿度；控制空气流速。可以采用塑料薄膜包装技术，如荷兰豆、豆角等用保鲜袋封固。

（2）防止表面“结露”，减缓腐烂　蔬菜贮存场所应有良好的隔热条件；贮存期间，维持稳定的低温；通风时，内外温差应小；蔬菜堆不应过厚、过大，保持堆内通风良好。

（3）防止表皮损伤，以免缩短贮存期　对蔬菜进行包装贮运，如用塑料薄膜纸或袋、纸箱等，但应保证通风透气。质地脆嫩的蔬菜容易挤伤，不宜选择容量过大的容器，如番茄、黄瓜等采用比较坚固的箩筐或精包装，容量不超过30kg。比较耐压的蔬菜如马铃薯、萝卜等都可以用麻袋、草袋或蒲包包装，容量可重20～50kg。

（4）最好不要混装，以免互相干扰　因为各种蔬菜所产生的挥发性物质会互相干扰，尤其是能产生乙烯的菜。微量的乙烯也可能使其他蔬菜早熟，例如，辣椒会过早变色。贮存时不要与水产、咸鱼、咸肉等堆放在一起，避免异味感染，更不应与垃圾、脏物放在一起。

餐饮业应用的蔬菜品种很多，数量通常不大，贮存时间不长，故不需要长期贮存，当天使用的蔬菜一般只要放在阴凉、通风的地方就可以了。发现腐烂的蔬菜应立即处理，以免病菌扩散污染。

第二节　新鲜蔬菜

一、绿叶菜类

绿叶菜类蔬菜是指以柔嫩的绿叶、叶柄、嫩茎或以柔嫩的植株作菜食用的速生性蔬菜。主要包括菠菜、叶菾菜、榆钱菠菜、芹菜、芫荽、香芹、油麦菜、莴苣、茼蒿、菊花脑、苋菜、苦荬菜、菊苣、落葵、蕹菜、冬寒菜、番杏、金花菜、白花菜、荠菜、紫背天葵、茴香、莳萝、紫苏、罗勒等30多种，其中引进国外的有西芹、生菜、香芹、菊苣、油麦菜等。

绿叶菜类蔬菜种类很多，性状不一，风味、色泽各异，生长期短，可周年供应市场。如遇自然灾害，补种的也多是绿叶菜。在食用方法上，绿叶菜可炒食、炖食、炝食、蒸食，还可以凉拌后生食、涮火锅等。江南俗称“三天不吃青，肚里冒火星”，“三日可无肉，日菜不可无”，形象地描述了绿叶蔬菜的重要性。

芹菜（*Apium graveolens*）

芹菜别名芹、旱芹、药芹菜、野芫荽等。原产地中海沿岸，最早由希腊人作为药材和香料栽培，经驯化后叶柄作菜食用。汉代通过“丝绸之路”传入中国，经千百年的栽培驯化，形成了许多地方特色品种。

（1）种类特征　芹菜株高60～100cm，叶柄肥大，为主要食用部分，包括叶用芹菜和根用芹菜两个变种，中国栽培食用的主要是叶用芹菜。依据叶柄形态又分为中国芹和西芹（见

图3–4）。①中国芹又称本芹，叶柄细长，药香味浓，依叶柄颜色分为青芹和白芹。青芹依据叶柄髓腔大小分为实心芹菜和空心芹菜，实心芹菜品质较好，春季不易抽薹，产量高，耐贮藏；空心芹菜品质较差，易抽薹，但耐热性强，适宜夏季栽培。白芹株型较矮小，叶细小浅绿色，叶柄较细，黄白色或白色，多数品种空心，品质好。②西芹又称洋芹，是近代引进的一种新的芹菜类型，叶柄宽而肥厚，味淡实心，纤维少，脆嫩，可生食或熟食，有青色种和黄色种。西芹多食用叶柄，所以商品西芹切除上部，一般保留35cm。

青芹　　白芹　　西芹

图3–4　芹菜种类

中国地理标志产品的芹菜有山东桂河芹菜、马家沟芹菜、高庄芹菜、鲍家芹菜、新泰芹菜、跋山芹菜、茶坡芹菜、王丕芹菜、祁家芹菜、涛雒芹菜、跋山芹菜、金口芹菜；常州溧阳白芹、内蒙古商都西芹、甘肃崇信芹菜、河南封丘芹菜、湖北蕲春芹菜等。

（2）烹饪应用　芹菜是一种香辛蔬菜，以肥嫩叶柄供食，鲜香、脆嫩。芹菜入馔，烹法多用炒、拌，或作为一些荤菜的配料，也可用来制作馅心。或腌、酱、泡、渍作为小菜。如芹菜水烫后，切碎再调味，可制成芹菜松；与涨发的虾米搭配即为黄绿相间的“虾米炝芹菜”。炒爆多切成段单炒或配荤、素料（切成丝状）均可，有时也用作荤菜的垫底、伴边。有些地方将芹菜切末，用作调味料，如用于拌凉粉、凉皮、凉面和拌凉菜等。芹菜烹调不宜长时间加热。芹菜叶维生素及矿物质的含量比叶柄高，焯水后调拌做菜很可口，也可切碎放入鸡蛋中煎制。

（3）营养价值　芹菜每100g鲜样中含维生素C 30mg，蛋白质和磷的含量比瓜类高1倍，铁的含量比番茄多20倍。芹菜中钙、磷含量较高，可增强骨骼健康。芹菜纤维素含量高，经过消化产生一种抗氧化剂，可以抑制肠内细菌，还可以加快肠的蠕动，促进排泄，降低致癌物与结肠黏膜接触时间，预防结肠癌。芹菜中富含钾，可预防浮肿，水肿病人宜多食新鲜芹菜汁。芹菜中富含铁，经常食用能起到补铁的作用。

芹菜中具有许多药理活性成分，如黄酮类物质（芹菜素）、挥发油化合物、不饱和脂肪酸、叶绿素、菇类、香豆素衍生物等。芹菜素可以扩张血管，平稳降压，经常食用芹菜可防治高血压。据检测，西芹中维生素C、总酚、总黄酮以及酚酸总和含量低于本芹及水芹，抗氧化活性也是最低。

（4）品质检验　新鲜芹菜等级及品质依据“芹菜流通规范”（SB/T 10714—2012）鉴别，适宜贮藏温度为0～2℃，相对湿度为95%以上，贮藏期不宜超过30～60d。

二、白菜类

白菜类蔬菜是十字花科芸薹属中的一类栽培种，原产中国。包括小白菜、大白菜、乌塌菜、芥菜、甘蓝、花椰菜、青花菜、芥蓝、球形甘蓝、雪里蕻等，以柔嫩的叶片、叶球、花球、肉质茎和花薹为食用部位，为南方主要秋冬蔬菜。晋代稽含在《南方草木状》中将白菜的某些较原始类型称“菘”。以后，亚种、变种及其品种也逐渐分化，现已形成栽培蔬菜中较庞大的群体。

大白菜（*Brassica pekinensis*）

大白菜又称结球白菜、黄芽菜、菘菜，为中国原产，是我国种植面积和食用总量最大、供应时间最长、食用最普遍的的大众蔬菜，并被人们视为菜中佳品。民谚“冬日白菜美如笋”“百菜不如白菜”“白菜是个宝，赛过灵芝草”“立冬白菜赛羊肉”“鱼生火，肉生痰，白菜萝卜保平安”等都是对白菜的赞美。

（1）种类特征　大白菜全国各地均产，主产区为长江以北，山东、河北等地种植最多。在长期的栽培和选育过程中，形成4个变种类型：①散叶白菜，原始类型，叶片披张，不形成叶球；②半结球白菜，外层顶生叶抱合成球，但球内松；③花心白菜，叶球顶端向外翻卷，形成白色或淡黄色的“花心”，俗称“黄芽菜”；④结球白菜，顶生叶完全抱合，又分为平头、卵圆、直筒3个类型，见图3-5。一般早熟品种中秋节前后上市，不耐贮藏；中熟品种抗寒、抗病的性都很好；晚熟品种耐寒，耐贮藏。

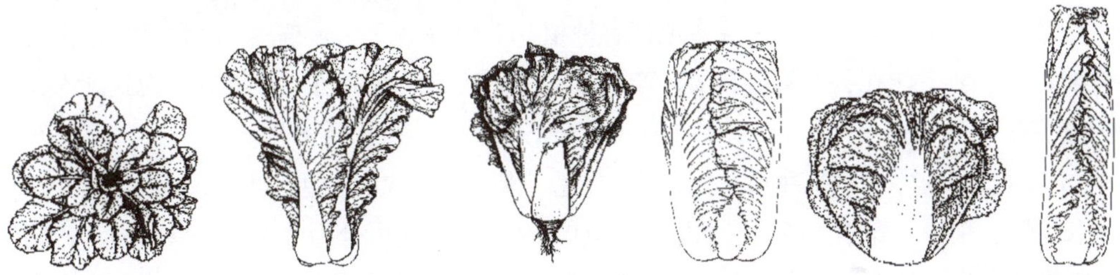

图3-5　大白菜变种类型

中国地理标志产品的大白菜有胶州大白菜、滕州大白菜、唐王大白菜、泰安白菜、许家桥大白菜、宁阳桥白；玉田包尖白菜、滏河贡白菜；浚县小河白菜、获嘉大白菜；大民屯白菜、化德大白菜等。

（2）烹饪应用　大白菜鲜食，洁白鲜嫩、质细味美。用于主食可做面点的馅料或做菜饭、菜粥；用于菜肴可做凉菜、热菜、汤菜，适用烹调方法除煸、炒、煮外，可生吃，以卷心叶包其他菜肴食用或切丝生拌；可氽、炝、熘、烧等，如开水白菜、醋熘白菜、蟹粉扒白菜等。大白菜本味鲜甘清美不抢味，故可以调配以任何味道。在刀工处理上，适用面也广，是中国烹饪中难得的理想原料。此外，白菜还可用于砂锅、火锅、涮锅。居家、筵席无不推崇。

大白菜深加工可腌、酱、糟、渍、泡等加工，主要产品有脱水大白菜、酸白菜、辣白菜、甜酸辣白菜、咸辣白菜和糖醋白菜等。

（3）营养价值　大白菜含有蛋白质、脂肪、多种维生素和钙、磷、铁等矿物质。白菜中还含有大量的粗纤维，可以促进肠壁蠕动，保持大便通畅。由于在秋、冬、春大白菜是人们餐桌上的重要蔬菜，甚至是主要蔬菜，所以，尽管大白菜中的维生素C、维生素B_2和钙的含量不很丰富，却仍然是人们所需维生素的重要来源之一。大白菜含锌的数量之高在蔬菜中是屈指可数的，含的铜、锰、钼和硒也很丰富。大白菜要先洗后切，并急火烹调，以防维生素的损失。

（4）品质检验　商品大白菜的品质与等级可依据“大白菜流通规范”（SB/T 10879—2012）鉴别。

（5）安全控制　大白菜是冬季贮藏最多的一种蔬菜，如保藏不好，容易腐烂，烂白菜中的硝酸盐在细菌作用下，会变成有毒的亚硝酸盐，而引起食物中毒。新鲜大白菜可依据“大白菜贮运技术规范”（NY/T 2868—2015）进行贮运。

三、根菜类

以肥大肉质根为产品的蔬菜称为根菜类蔬菜。中国各地大面积栽培的根菜类蔬菜有萝卜、胡萝卜、芜菁、芜菁甘蓝等，牛蒡、根菾菜、根芹菜、辣根、美洲防风、菊牛蒡、婆罗门参等只在部分地区零星种植，产品供出口或特需。根菜类蔬菜都起源于温带，其产品器官营养丰富，较耐贮、耐运，食用方法多样，可生食、炒食、做汤，以及腌渍、加工，在蔬菜周年供应中占重要地位。

萝卜（*Raphanus sativus*）

萝卜又称莱菔、芦菔，是世界上古老的栽培蔬菜之一，北魏贾思勰的《齐民要术》已有萝卜栽培方法的记载。萝卜在世界各地都有种植，中国各地广泛分布，是品种资源最多的蔬菜作物之一。萝卜能在各种季节栽培，产量高，又耐运输贮藏，可全年供应，为我国人民喜爱的重要蔬菜之一。

（1）种类特征　萝卜品种多，有不同的皮色、肉色和形状。皮色有红、绿、白、紫等；形状呈长、圆、扁圆、卵圆、纺锤、圆锥等，见图3-6；依用途可分为菜用、水果及加工腌制等类；依据品类主要分为中国萝卜（原产中国）和四季萝卜（原产于欧、亚温暖海岸）两大类。中国萝卜以大型萝卜为主，亚洲国家广泛栽培；四季萝卜以小型萝卜为主，适于生食和腌渍，欧美国家广泛栽培，中国有少量种植；按栽培季节分为春萝卜、夏萝卜、秋萝卜和冬春类型。

图3-6　不同形状和皮色的萝卜

中国地理标志产品的萝卜众多，遍布多省，较早获认证的有山东潍县萝卜、湖南金甲岭萝卜、湖北黄州萝卜、贵州威宁白萝卜、安徽枞阳萝卜、甘肃东湾绿萝卜、江西信丰萝卜、河南固始萝卜等。

（2）烹饪应用　明代李时珍评价萝卜，谓其“可生可熟，可菹可酱，可豉可醋，可糖可腊可饭，乃蔬中之最有利益者”，其实还可干可渍，可糟可熏，可蔬可果可药，应用甚广。在烹调中，萝卜可用于菜肴、面点、小吃。做菜肴，可用于冷盘、热炒、大菜、汤羹以至火锅类菜式；可与众多荤素原料相组合；适应各种烹调方法；适用多种味型，助味而不抢味，吸味而不乱味；宜于各种刀工，尤宜于食品雕刻，用于筵席装饰。制成馅料，可用于各种糕、饼、点心，也可刨丝制萝卜糕等。河南洛阳水席中的“牡丹燕菜”是以萝卜丝经处理后充代燕窝的名馔。

（3）营养价值　每100g新鲜萝卜含水分87～95g，糖1.5～6.4g，纤维素0.8～1.7g，维生素C 8～29mg。因其含淀粉酶，生食助消化；含芥辣油，具特有的辣味；肉质根和种子含莱菔子素，为杀菌物质，有祛痰、止泻、利尿等功效。萝卜中含有木质素，能使人体内的巨噬细胞活力增强，巨噬细胞可有效地吞噬致病细菌和癌细胞；萝卜还可解除烧焦肉类中的苯并芘等致癌物的毒性，抑制亚硝胺在人体内的合成。萝卜等新鲜蔬菜还含有干扰素的诱导物，能刺激人体细胞产生干扰素，但这种诱导物易在加热过程中损失，生食萝卜则可避免。值得一提的是在烹饪中多做下脚料的萝卜缨中所含的钙、磷和维生素A原、维生素C比萝卜本身的含量还多。

萝卜生吃可以止渴消胀气，热食可以化痰助消化。萝卜所含芥子油和淀粉酶，有促进新陈代谢、促进食欲和帮助消化的作用。吃了油腻食物后，可以吃些生萝卜帮助消化。民间有“冬食萝卜夏食姜，一年四季保安康”“上床萝卜下床姜，不用医生开药方”的说法。

（4）品质检验　生鲜萝卜的品质与等级可依据“萝卜流通规范”（SB/T 10880—2012）鉴别。

四、豆类

豆类蔬菜是以嫩豆荚或嫩豆粒作蔬菜食用的豆科草本植物栽培种群，包括菜豆、豇豆、扁豆、荷兰豆、豌豆、四棱豆、刀豆、菜用大豆、蚕豆、蔓生刀豆、黎豆等11个品种。豆类蔬菜除鲜食外，有的可加工速冻和制成罐头。不同的豆类蔬菜风味各异，具有丰富的营养和一定的保健作用。但有些种类含有的成分或因食用不当，可对人体造成一定毒害，要注意食用方法，确保食用安全。部分品种实现了周年栽培，均衡供应，丰富了菜篮子，所以，豆类蔬菜在整个蔬菜生产中占有重要地位。

普通菜豆（*Phaseolus vulgaris* L.）

普通菜豆又称四季豆、芸豆、豆角、青刀豆、饭豆等。原产美洲，16世纪传入我国。菜豆是世界上种植面积最大的食用豆类，中国菜豆种植总面积在2000万亩以上，是种植嫩荚用菜豆面积最多的国家之一，其总产量也占首位。以成熟种子供食用的菜豆仅在我国北方部分地区。

（1）种类特征　普通菜豆荚果呈圆筒或扁条形，直或略弯（见图3-7），长多为7.5～15cm。嫩荚绿、淡绿、绿白、紫红或紫红斑纹等色，每荚含种子4～10粒。种子呈肾形或卵形，紫红、白、黄、褐、黑和花斑等色。菜豆品种按生长习性可分为蔓生、半蔓生和矮生类型；按荚形分为宽扁形、圆棍形、念珠形以及介于它们之间的若干类型，按花色、荚色和种子大小又可分为若干类型。

图3-7 圆筒形及扁条形菜豆

（2）烹饪应用 菜豆嫩荚脆而且嫩，可择段、切丁、切丝、批片，可配荤素各料，可用拌、炝、炒、爆、煎、炸、焖、烩、熘、烧、煮、卤、瓤、蒸等法烹制。拌、炝或炒时，可先以盐稍腌一下，因其不易入味。调味则各种味型均可应用，如姜汁四季豆、葱椒四季豆、油焖四季豆、干烧四季豆等。在豆类中，菜豆筵席应用较多，且是良好的配色料。绿色菜豆荚过油后，色泽鲜艳，用于重荤菜品的垫底、围边或伴衬，十分醒目。菜豆还可烫熟后干制，也是速冻脱水蔬菜的重要品种。菜豆干籽粒可代粮制成豆粥、豆饭，也可制成豆沙，用于糕团点心做馅。

（3）营养价值 菜豆是一种营养比较全面的蔬菜，具有低脂、低热量特点，是一种理想的适于减肥瘦身的蔬菜；含有人体必需的18种氨基酸，且氨基酸营养比较全面；矿物质营养丰富，是典型的高钾低钠蔬菜；含有多种维生素和丰富的膳食纤维和抗性淀粉，具有降血脂的作用，是升糖指数极低的蔬菜之一，可改善人体血糖水平。菜豆含有很多具有生物活性的物质，具有降脂、降糖、抗氧化等作用。

（4）品质检验 菜豆的等级与品质可依据“菜豆等级规格”（NY/T 1062—2006）鉴别。

（5）安全控制 新鲜及未熟透的菜豆嫩荚含有一定量的抗营养物质，包括植物凝集素、皂苷、胰蛋白酶抑制剂等，易引起菜豆食物中毒。菜豆中还含有过敏蛋白质，易引起部分人群的过敏反应。食荚菜豆发生中毒事件通常发生在集体就餐场所，主要是因为豆没有充分均匀加热。通常100℃加热10min可将其80%的活性钝化。凉拌时先要焯熟，不要贪图其鲜艳的绿色；炒食、炖食时要充分加热并翻拌均匀，不要贪图其脆嫩。

五、瓜类

瓜类蔬菜是葫芦科中以果实器官供食的种群，起源于非洲、美洲和南亚等热带地区，主要食用嫩果，冬瓜、南瓜、笋瓜的嫩果和成熟果皆可食用。瓜类蔬菜中的黄瓜、西葫芦、南瓜、丝瓜等分布于全世界，种类和品种比较多，我国黄瓜的栽培面积居蔬菜栽培面积的首位；冬瓜、苦瓜、瓠瓜、佛手瓜等主要分布于亚洲各地和南美洲部分地区，是重要的区域性蔬菜，还有菜瓜、越瓜、黑籽南瓜、节瓜、蛇瓜、辣椒瓜等。西瓜、甜瓜列入果品类原料。

冬瓜（*Benincasa hispida*）

冬瓜又称白冬瓜、枕瓜等，为葫芦科植物冬瓜的果实。冬瓜起源于中国和印度，是盛暑季节的重要蔬菜之一，对调节蔬菜淡季供应有重要作用，我国各地均有栽培。

（1）种类特征　冬瓜果实短圆柱、长圆柱者居多，扁圆果极少（见图3-8），嫩瓜绿色或间有淡绿花斑，密生刺毛，老熟瓜刺毛脱落。多数品种表面有白粉，肉厚白色，厚3～6cm，其肉质细嫩，味清淡。冬瓜的品种按果皮白粉的有无分为粉皮种和青皮种。海南、广西一带的黑皮冬瓜，嫩瓜青绿色，成熟瓜为黑色，形状似炮弹，被称为炮弹形黑皮冬瓜；按果实的大小可分为大果型、中果型和小果型三类，小果型果重小于6kg，大果型单果重16kg以上，40～50kg者很普遍，极大果达100kg。

图3-8　不同形状的冬瓜

中国地理标志冬瓜有广东三水黑皮冬瓜、福建武平青皮冬瓜、海南琼海青皮冬瓜、山东瓦西黑皮冬瓜等。

（2）烹饪应用　冬瓜宜老不宜嫩，因其味清淡，本身无显味，多烧、煮、熘、烩、炖、蒸，或做汤、羹，吃口柔润而腴软。单用甚少，须借助其他料之味或高汤。烹制宜重油，大多配入荤、素各料成菜，常用于筵席。一般切成厚片或块、丁入烹，也可先蒸后刮取瓜蓉或先压泥蒸熟，配料成菜，调味以清淡为主，偶可用浓口重味，一般不可用酱油调味；净白色瓜肉也可批成薄片，焯水后做卷料。外皮可雕刻图案、花纹及吉祥词语做成冬瓜盅，用于筵席。东南亚一些地方还食用冬瓜嫩茎叶。

（3）营养价值　每100g冬瓜含蛋白质0.4g，糖类2.4g，灰分1.1g，钙19mg，磷12mg，铁0.3mg，胡萝卜素0.04mg，维生素C16mg，硫胺素0.01mg，钾135mg，钠9.5mg；此外，还含有维生素B_2、烟酸、丙醇二酸等。

冬瓜可以清热利水、生津止渴、润肺化痰、解暑，在夏日服食尤为适宜。冬瓜含维生素C较多，且钾盐含量高，钠盐含量较低，适合高血压、肾脏病、浮肿病等患者食之，可达到消肿而不伤正气的作用。种子和外果皮都可入药。

（4）品质检验　冬瓜品质与等级可依据“冬瓜流通规范”（SB/T 10576—2010）鉴别。

六、葱蒜类

葱蒜类蔬菜指百合科葱亚科葱属中，多种可食菜用植物之统称。它们的共同特点是每种蔬菜均含有近似的硫化物质，具有一种特殊的辛香味，且有开胃、杀菌、健肠胃、防疾病及调味之功能，在中国蔬菜中占有重要位置。包括普通韭、宽叶韭、野韭、分韭、葱（大葱、分葱、楼葱）、细香葱、胡葱、洋葱（分蘖洋葱、顶球洋葱、红葱）、藠头、薤白、大蒜、南欧蒜、韭葱等。

韭菜

韭菜是百合科葱属（*Allium*）中的多年生蔬菜，别名懒人菜、长生韭、扁菜等，原产中国，栽培于3600年前，《说文》云，“一种而久者，故谓之韭”。杜甫“夜雨剪春韭”；陆游“园畦剪韭胜肉美”；黄庭坚“韭黄照春盘”；苏轼“青蒿黄韭试春盘”等皆是唐宋咏韭诗文。韭菜适应性强，抗寒耐热，今各地到处都有栽培，一年四季都有韭菜生产，是流行全国的国民蔬菜。

（1）种类特征　中国食用的韭菜有①普通韭（*A. tuberosum*），以鲜嫩叶及柔嫩花茎为食；②根韭菜（*A. hookeri*），以肉质根、嫩花薹为食，品种少；③野韭（*A. ramosum*），叶为三棱状条形，常有细的糙齿，分布广；④分韭（*A.* Sp.）仅分布于湖北。按食用部位可分为根韭、叶韭、花韭、叶花兼用韭；按叶片宽窄分为宽叶韭和窄叶韭（见图3-9），宽叶韭叶片宽而厚，叶鞘粗，质地柔嫩，产量高，香味稍淡；窄叶韭叶片窄，叶色较深，叶鞘细高，纤维含量较多，产量稍低，辛辣味浓。韭菜在不见光的环境下经软化栽培后的黄化韭菜俗称“韭黄”，颜色鲜黄、风味独特，口感清爽。

图3-9　韭菜类原料

中国地理标志韭菜有山东柳店韭菜、寿光独根红韭菜、内蒙古新华韭菜、甘肃武山韭菜、河南南阳韭菜、黑龙江呼兰韭菜、山西连伯韭菜、贵州白旗韭黄、江苏沙塘韭黄、四川唐元韭黄和新津韭黄、河北南宫黄韭等。

（2）烹饪应用　韭菜是物美价廉、和谐百搭的食材，入馔可生食也可熟食，可切寸段单独炒食，或配豆干、土豆丝、百页、豆芽、粉丝、凉粉、肉丝、鱼片、鸡丁、鸡蛋等炒食，提鲜、增色，极大地提高菜肴的美感和美味，让人食过不忘；最普遍的吃法是切碎做成不同口味的馅，如韭菜鸡蛋、韭菜猪肉、韭菜虾仁等，再制作饺子、包子、馅饼、馄饨、锅贴、煎包、菜盒子等各种各样的面食小吃。烤韭菜也是别有一番风味，用竹签穿起来，刷上少许油，烤的过程中撒上孜然粉、辣椒粉等，烤制2 ~ 3min即可。名菜有山东的韭菜炒海肠、和田传统小吃韭菜馕、潮州的韭菜粿、福建的韭菜盒等。韭菜花多用于腌制，整腌或腌成韭花酱，前者供做小菜，后者多用于调味。

（3）营养价值　韭菜每100g可食部占90%，水分92.0g，能量为18kcal，总膳食纤维为3.3g，胡萝卜素1596μg，叶酸61.2μg，维生素C 2.0mg，还有钙、磷、镁等众多种类的矿物质。膳食纤维可促进胃肠蠕动、预防便秘、降低血糖、降低胆固醇，也能保护肠道，因此，韭菜被誉为“清肠草”。

韭菜热量较低，是铁、钾和维生素A的上等来源，“菜中之荤”的美称。韭菜的独特辛香味是其所含的硫化物形成的，这些硫化物有一定的杀菌消炎作用，有助于人体提高自身免疫力，还能帮助人体吸收维生素B_1及维生素A，有助于疏调肝气，增进食欲，增强消化功能。

（4）品质检验　初春时节的韭菜品质最佳，晚秋的次之，夏季的最差，有“春食则香，夏食则臭”之说。叶用韭菜的等级和品质可依据“韭菜”（NY/T 579—2002）检验。

（5）安全控制　韭菜不得检出剧毒或高毒农药。隔夜的熟韭菜不宜再吃。

七、茄果类

茄果类蔬菜是指茄科植物中以浆果供食用的蔬菜。茄果类蔬菜都起源于热带，主要包括番茄、茄子、辣椒三类，在个别地区还有酸浆等。这些蔬菜不仅是我国的重要蔬菜，在世界上的栽培面积也很大。茄果类蔬菜产量高，供应季节长，营养丰富，既可作为蔬菜烹调食用，也可以作为水果生食。

番茄（*Lycopersicum esculentum*）

番茄又称西红柿、洋柿子，为茄科番茄属植物的果实。番茄起源于南美洲的安第斯山脉，已经成为全球最广泛食用的食物之一，位列食用蔬菜第三位。我国自20世纪初开始栽培食用，现在全国各地均有种植。四季均有上市，以夏秋季较多。

（1）种类特征　番茄为肉质多汁的浆果，肉质部分主要由胎座发育而成。果实形状有圆形、扁圆形、梨形、长形、樱桃形等；果实的颜色系由表皮颜色与果肉颜色相衬而成，可分为红色、橘红色、粉色及黄色等类型，见图3-10。目前栽培的番茄有五个变种：栽培番茄、樱桃番茄（圣女果，有红、黄、绿等果色）、大叶番茄、梨形番茄（果实梨形，红色或橙黄色）和直立番茄（果实扁圆球形）。中国新疆由于其优越的气候条件，是全国番茄生产和加工的主要基地。

图3-10　不同形状和颜色的番茄

中国地理标志番茄有内蒙古河套番茄、喀喇沁番茄；辽宁盘锦碱地柿子、北票番茄；山东博兴西红柿、泗水西红柿；安徽中埠番茄；山西壶关旱地西红柿；江苏东海西红柿；甘肃金塔番茄；河北滦南安各庄番茄；云南元谋番茄；宁夏青铜峡番茄；广西百色番茄等。

（2）烹饪应用　番茄柔软多汁，口味酸中带甜，可当水果生食，需要时可拌糖。或可生切做凉菜，也可加鸡蛋、肉片、鸡丝等炒食，或与其他荤素料一起做汤等。番茄宜快速加热成菜，否则易烂糊。热菜很少单用，多配荤、素各料成菜。番茄也是配色和装饰的良好材料，也有的仅用番茄作盛器装入熟料即可供食。还可用于加工番茄酱调料、番茄汁饮料。

在西餐中，番茄的用途非常广泛，可制作开胃爽口的色拉，制作比利时开胃头盘北海灰虾配番茄，用番茄肉酱调制的意大利面条风靡世界。

（3）营养价值　每100g新鲜番茄中含有维生素C10～25mg；硫胺素0.3～0.4mg；核黄素0.01～0.02mg；烟酸0.5～0.7mg；钙8～10mg；磷22～26mg；铁0.6～0.9mg；镁15～18mg；钾240～270mg；钠8～10mg；碳水化合物2～4g；脂肪0.2～0.3g；蛋白质含量为0.7～0.9g；胡萝卜素0.3～0.5mg。所含的糖主要是葡萄糖和果糖，酸主要是柠檬酸和苹果酸。据实验研究，樱桃番茄营养物质特别是维生素C、可溶性糖、番茄红素（除黄色品种外）普遍高于大果番茄。

番茄中含有的果胶，能降低人体中胆固醇的质量分数，对高脂血症很有益处。维生素C含量丰富，番茄带酸性，有保护维生素C的作用，烹调煮熟过程中不易破坏。番茄红素是番茄中独有的一种类胡萝卜素，具有强抗氧化能力的活性物质之一，能达到β-胡萝卜素的2.0～3.2倍，可以预防癌症，能降低一些癌症的发病率。与鲜食番茄相比，番茄经过过油加工后，番茄红素更容易被人体吸收，利用率会大幅度提高。番茄中还含有对人体有益的多种黄酮类化合物及多酚类物质。

（4）品质检验　番茄的等级和品质可依据“番茄流通规范”（SB/T 10574—2010）检验。

（5）安全控制　贮藏适宜温度为8～10℃，相对湿度为85%～90%，贮藏期限最长不宜超过7d。未熟番茄含番茄碱较多，有一定毒性，不宜食用，亦不宜用作烹饪原料。

八、薯芋类

薯芋类蔬菜是以富含碳水化合物的植物地下的块茎、根茎、球茎、块根为产品的蔬菜总称。包括马铃薯、甘薯、木薯、芋、姜、山药、豆薯、葛、魔芋、菊芋（洋姜）、草石蚕、蕉芋等。其中有许多种类和品种是中国特产而享誉中外。如广西、福建、台湾的槟榔芋；浙江、江苏的芋艿；山东、山西的长山药；四川、云南的白魔芋；广东、安徽、山东的生姜；黑龙江、内蒙古的马铃薯等。薯芋类蔬菜最与众不同的营养特点是含有较多淀粉，含量为10%～25%。因此，在粮食不足的年代，薯类一度成为“救荒”食物，提供热量，兼具蔬菜和粮食的特点，还是工业原料，可制淀粉、酒精、糖浆等。因含水分较少，所以耐贮运，供应期长，便于地区间和淡季余缺的调剂，对全年均衡供应增加蔬菜花色品种起着重要作用。

山药（*Dioscorea* L.）

山药是薯蓣科、薯蓣属植物的概称，是人类食用最早的植物之一。据《山海经》载，远在先秦时代，山药已被民间作为杂粮及蔬食来食用，唐朝杜甫有“充肠多薯蓣”的名句。中国是亚洲群山药的重要原产地和驯化中心，现主产江苏北部和山东西南部。热带国家西非及尼日利亚以山药为主食，产量约占世界总产量的一半。

（1）种类特征　中国山药栽培类型有普通山药（*Dioscorea batatas* Decne.）和参薯（*Dioscorea alata* L.）两类，普通山药原产中国亚热带地区，块茎较小；参薯原产中国广东、福建、台湾等地，块茎特大，有的可重达50kg以上。

山药常用主栽品种约30余种，分三个类群：①北方山药群：垆土山药、铁棍山药、怀山药、济宁米山药、麻山药、长山细毛山药等15种；②南方山药群：野山药、大薯、紫薯山药等6种；③日本山药群：伊势芋、日本山药、大和芋等10种。

按山药块茎形状分3类：①扁块型，块茎形似脚掌，所以别称脚掌薯、脚板苕，大多分布在南方；②圆筒形，块茎呈短圆形或不规则团块状，分布在南方；③长柱形，块茎呈柱形，别名淮山药、家山药、小薯，长度30～100cm，直径3～8cm。叶间常生珠芽，俗称零余子或山药蛋，可食用或用来繁殖，分布于陕西、山东、河南、河北等省，见图3-11。

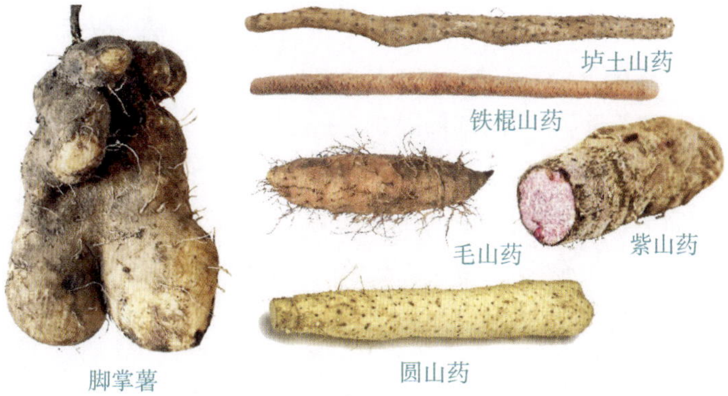

图3-11　不同形状的山药

中国地理标志山药有河南焦作怀山药和温县铁棍山药、河北蠡县麻山药、山东新城细毛山药、湖北利川山药和襄阳山药、云南姚安山药、江西瑞昌山药等。

（2）烹饪应用　山药质地细腻，作为蔬菜，能做出多种菜肴，可切成块、条、段、片、丁，还可制成蓉泥，既可做主料，又可配荤制成滋补性的美味菜肴，还可用来煲山药粥，制馅做包子、汤圆等之类的食品。适宜于煮、蒸、炸、炒、扒、蜜汁、拔丝等烹调方法，咸甜皆宜，山药切成片或丝下锅爆炒，因加热时间短，所含营养成分，尤其是维生素C丢失的也最少。山药入馔做主料者多为甜菜，如清蒸山药、蜜汁山药，做配料者，咸味菜居多，又是“炸猪排”“素香肠”“炖甲鱼”“素排骨”等“素菜荤做”的重要原料。由于山药本身含淀粉较多，故而煮熟后可以代替粮食充饥果腹。

山药在加工过程中容易褐变，这是酚酶催化酚类物质产生醌及醌的聚合物作用的结果。加工前对山药进行热处理，抑制山药表层酶的活性，可有效防止褐变；也可采用0.3%柠檬酸和0.1%D-抗坏血酸钠护色45min处理可以有效抑制山药变色。

（3）营养保健　山药不仅是上好的食材，干制后还是上等药材，具有很高营养价值和良好的保健作用。山药品种多，营养成分各不相同，以铁棍山药为例，主要营养为：淀粉15.2%，蛋白质4.24%，氨基酸总量1058.0mg/100g，多糖含量9.26%，高于其他山药品种，使山药具有有较强的抗氧化、抗肿瘤及降血糖作用。山药还富含黏液蛋白、薯蓣储藏蛋白、薯蓣素、薯蓣皂苷、尿囊素、脱氢表雄酮等多种生理活性成分以及丰富的多酚类物质。现代科学研究证明山药具有补脾养胃，生津益肺，补肾固精，抗衰降糖，养颜益寿，增强免疫，调节健康等独特的功效。

（4）品质检验　鲜食的长柱形山药等级及品质可依据“山药等级规格”（NY/T 1065—2006）鉴别。怀山药的品质可依据“地理标志产品 怀山药”（GB/T 20351—2006）鉴别。

九、多年生类

多年生蔬菜即一次种植可多年生长和采收的蔬菜种类，包括木本蔬菜和多年生草本蔬菜，而多年生草本蔬菜中又可分为旱生和水生两类。旱生的草本蔬菜有黄花菜、百合、芦笋（石刁柏）、菊花脑、朝鲜蓟、辣根、款冬、襄荷、霸王花、食用大黄等；水生的草本蔬菜有莲藕、茭白、荸荠、慈姑、蒲菜、水芹、豆瓣菜等；木本蔬菜有竹笋、香椿、龙牙楤木、枸杞、羽叶金合欢等。食用器官有花器、嫩茎、鳞茎、肥大叶柄、果实等。

多年生蔬菜中蕴藏着许多优良的品种，是一个十分宝贵的蔬菜遗传基因库。有的早已被开发利用（如韭菜、竹笋等）；有的却局限在个别地区栽培，只有少数人能够一饱口福（如龙芽楤木、羽叶金合欢、草芽等）；有的分布地区虽广，但仅有零星栽培，难以形成大规模现代化商品生产（如草石蚕、菊芋、薄荷等）；也有的处于野生或半野生状态，近年才开始栽培（如蕨菜、蒌蒿、鸭儿芹等）。多年生蔬菜的另一个特点是除鲜食外，很多种类适于脱水干制，如黄花菜干、百合干、笋干等；腌渍酱菜，如草石蚕、菊芋等；罐藏制品，如芦笋罐头、朝鲜蓟罐头等。

竹笋

竹系禾本科竹亚科（*Bambusoideae*）多年生常绿植物，原产于东南亚，中国是竹起源中心，文字记载有3000多年的历史。竹笋是竹子在地下或刚出土嫩茎的统称。清代郑板桥把竹笋誉为“寒士山珍”，日本人誉为“山菜之王”。在长江中下游，春笋旺产时期正是当地蔬菜淡季；在珠江流域产笋盛期是在7～8月高温期间，也正值蔬菜淡季，故竹笋对蔬菜均衡供应上有重要作用。

（1）种类特征　全世界已记载的竹有1250种，中国有300多种，是世界上竹种类和数量最多的国家，分布地区很广，以浙江西部、广东和广西一带，竹种类最多，生长最旺，面积最大。竹笋是从竹基部萌发出的幼芽，外层笋箨（笋壳）是一种变态的叶，食用部分是笋肉、横隔和笋箨的柔嫩部分。竹是世界上长得最快的植物，所以采笋要及时，特别是春笋生长很快，成语“雨后春笋”指春笋破土在一场春雨之后，24小时内竟能拔节1～2m而长成幼竹，不堪食用。任何竹子都能产笋，俗话说：“百种竹子百样笋”。中国可作菜用的竹笋主要有毛竹笋、绿竹笋、淡竹笋、麻竹笋、方竹笋、雷竹笋、苦竹笋等，以毛竹笋最多最大，应用最广，绿竹笋（马蹄笋）次之。由石竹、淡竹、刚竹、水竹、哺鸡竹等中小竹径的竹类抽生出的笋统称“小竹笋”。毛竹笋按采收季节不同有冬笋、春笋和夏初的鞭笋之别，冬笋是毛竹冬季生于地下的嫩笋，色洁白，质细嫩，味清鲜，品质最佳，素有“竹笋之王”的美称，春笋次之，鞭笋形似马鞭，较之春笋更纤细，笋色更白，口感更脆。笋类全年均有供应，四时不断，各地又有众多地方品种，成为中国蔬菜中颇具特色的一大类群，为中国烹饪经常应用的原料之一。

中国地理标志竹笋有福建闽笋干、尤溪绿竹笋；广东西牛麻竹笋、埔田竹笋；湖北崇阳雷竹笋、赤壁竹笋；安徽宁国笋干；贵州桐梓方竹笋；广西八渡笋；重庆南川方竹笋；湖南桃江竹笋等。

图3-12　不同形状的竹笋

（2）烹饪应用　竹笋味道鲜美，清脆香甜而爽口，既能与鸡、鱼、肉、蛋为伍，也能与豆制品、蘑菇、茎叶菜同烧，可谓“荤素百搭”。既可作主料，又可做配料，适于素炒、油焖、红烧等多种烹调方法，适用各种味型。竹笋可加工成片、丝、条、块、丁、米等形状，烹制出各式冷盘、热菜、大菜、汤羹，一支笋，因部位鲜嫩程度不一样，烹调应用也有所区别。如笋的顶部较嫩，宜用来炒食或做鱼圆、虾圆等配料；中部可切成笋片，供单烧或与其他料配合；根部质地较老，用于煮、煨或制汤。笋还可加工成笋干（含玉兰片、羊尾笋、笋衣、笋丝、笋片等）、酸笋、腌笋、糟笋、糖笋、熏笋及罐头等。

（3）营养价值　以毛竹春笋为例，营养成分为：水分90%左右、脂肪0.5%、总糖超过2.5%，还含有人体所需的蛋白质3%左右和17种氨基酸，尤其是赖氨酸、谷氨酸、精氨酸等含量比一般蔬菜（如油菜、大白菜、洋葱、胡萝卜等）高一倍以上。此外，还含有人体所必需的多种微量元素。

竹笋因纤维素含量较高，蛋白质的类型良好，脂肪含量低，因而是防治便秘、防止大肠癌、乳腺癌的佳蔬，对咳喘、高脂血症、高血压、冠心病、糖尿病及痔疮均有一定的食疗作用。春笋还具有吸附脂肪、促进食物的消化、增加排泄的功能，常食对单纯性肥胖者大有裨益。因鲜笋中草酸含量较高，故烹调时应先焯水，减少草酸的含量。

（4）品质检验　竹笋的等级与品质可依据“主要竹笋质量分级”（GB/T 30762—2014）鉴别；竹笋罐头可依据“竹笋罐头”（QB/T 1406—2014）鉴别。

（5）质量控制　鲜竹笋属于活机体，生理代谢比较旺盛，如水分流失和呼吸作用会加速笋体老化，木质化使笋硬度和韧性提升，食用品质下降，还极易发生腐烂变质的情况，一般4℃条件下冷藏可保鲜18d，-3℃微冻条件下冻藏可保鲜30d。

十、水生菜

水生蔬菜是一类长期在水田、池沼、低洼地栽培的蔬菜，在中国已有悠久的历史。在中国人的餐桌上，水生蔬菜历来以其清脆爽口的品质、独具特色的风味受到人们的喜爱。据考证，早在秦汉时期，蒲、菰（茭白）、莲、芡等已是人们喜食的蔬菜。《齐民要术》一书就较系统地介绍了多种水生蔬菜的种植方法，是中国历史上关于水生蔬菜的最早记载。中国水生蔬菜栽培面积之大，分布之广，产量之高、品质之优，在当今世界各国中仍属首屈一指。

中国水生蔬菜有14大类，包括莲藕、茭白、芋、水芹、蕹菜、慈姑、菱、荸荠、芡、豆瓣菜、蒲菜、莼菜、蒌蒿、海菜花，现芋头归入薯芋类，蕹菜归入绿叶菜类。除豆瓣菜的主要品种来自欧洲外，其余均为中国原产。水生蔬菜在蔬菜市场周年供应上起着巨大作用，在洪涝或旱灾年份，由于它抗逆力强，又含有较多的淀粉，是很好的以菜代粮作物，大部分具有良好的医疗保健作用，有的还兼具极高的观赏价值。

莼菜（*Brasenia schreberi*）

莼菜又称水葵、马蹄草、水荷叶等，为睡莲科莼菜属多年生水生草本植物，原产中国，已有2000年以上的栽培历史，民间采取野生或半野生的食用或出售。目前多零星分布在江南、中部和西南地区部分较浅的清水湖泊中，每年5～10月上市。由于环境条件的改变，莼菜的分布范围及自然种群数量正在急剧减少，已濒临灭绝，国务院1999年8月将莼菜列为国家Ⅰ级重点保护野生植物。

（1）种类特征　莼菜成熟后的叶子漂浮在水面上，与睡莲相似，呈椭圆形，表面深绿色或暗红，嫩茎、嫩芽及卷叶周围含有一层厚厚透明的胶状物，厚度≥2.5mm，如图3-13所示，外形晶莹剔透，是一种风味独特的珍贵蔬菜。主要产地以江苏太湖、杭州西湖、湖北利川和重庆石柱为主。2017年，利川莼菜种植面积3万余亩，年产量超过3万吨，面积和产量中国第一，被称为“中国莼菜之乡”。

图3-13　莼菜

中国地理标志莼菜有湖北利川莼菜、重庆石柱莼菜、四川马湖莼菜、苏州太湖莼菜、浙江西湖莼菜。

（2）烹饪应用　莼菜入烹，取其未舒展的嫩卷叶和嫩茎供用，以春夏之间产者为最佳，因其茎叶外包有一层黏液汁，除色绿、脆嫩，清香外，还具有滑润感，吃口极为舒适。烹调时，可与鱼、鸡、火腿、虾、蟹、鲜贝、蘑菇、面筋、腐竹相配，其叶柔嫩而爽滑，碧绿清香，多用于制汤，如西湖莼菜汤、莼菜汆塘鳢片等；又可作羹，如三丝莼菜羹、莼菜鱼片羹等，润滑鲜美，风味别致。还可用拌、炝、炒等法成菜。

（3）营养价值　据测定新鲜莼菜水分含量高达97%；总糖含量为0.86%，总糖是莼菜多糖，存在于莼菜茎叶上的透明黏液质中，这也是莼菜的主要特征成分；每克鲜莼菜蛋白质含量9mg，总蛋白含量占干重质量的34.15%，显著高于其他水生蔬菜；莼菜含27种微量元素，其中硒0.23μg/g、铁393μg/g、锌153μg/g ~ 288μg/g。莼菜对环境中的锌有较强的富集作用，富集能力远远超过其他植物，是一种强集锌植物，纯天然的补锌食品。莼菜还含有对人体有益的黄酮类化合物。

莼菜的黏液质含有多缩戊糖等成分，能抑制细菌的生长，具有较好的清热解毒、抗菌消炎的作用。同时，莼菜还具有清胃火、泻肠热和修复消化道黏膜的作用，捣烂外敷治疗痈疽疔疮也具有显著的疗效。莼菜还具有抗癌的作用，莼菜中含有丰富的锌元素，为植物中的“锌王”，可以作为药物防治小儿多动症，增强其免疫力，是小儿最佳的益智健体食品之一。莼菜还可以增强机体免疫功能，不仅能增加免疫器官脾脏的重量，而且还可以促进巨噬细胞吞噬异物，是一种较好的免疫促进剂，可以显著增强机体的免疫功能。

（4）品质检验　新鲜莼菜、水煮莼菜和醋酸莼菜的品质可参考“出口莼菜检验规程”（SN/T 0627—2014）鉴别。

十一、芽苗类

芽苗菜又称芽菜、活体蔬菜，是指利用植物种子或根茎、枝条等营养储存器官，在黑暗或光照条件下直接生长出可供食用的芽、芽苗、芽球、幼梢或幼茎。芽苗菜名称往往冠以“芽”“脑”“头”“梢”“尖”等。可以培育芽菜的种子很多，常用的有豆类的黄豆、黑豆、绿豆、豌豆、蚕豆、红小豆、花生等；谷类的大麦、小麦、荞麦等，萝卜、香椿、白菜、芥蓝、空心菜、苜蓿、芝麻等也能培育芽菜。我国是生产芽苗菜最早的国家，早在2000多年前的先秦时期就有芽苗菜作为蔬菜食用的记录。《神农本草经》称晒干了的黄豆芽为“大豆黄卷”，记有：“造黄卷法，壬癸日以井华水浸黑大豆，候芽长五寸，干之即为黄卷。用时熬过，服食所需也。”当时的黄豆芽是作药用的。但直到1990年《中国农业百科全书·蔬菜卷》才将芽苗菜列为独立菜类，并开始在国内流行。

芽苗菜按利用营养来源不同，有种（子）芽菜、体芽菜和软化芽菜之分。种芽菜是指用种子中储藏的养分直接培育的幼嫩芽苗，如黄豆芽、绿豆芽苗、萝卜苗、苜蓿芽等。用种子培育芽苗菜时，因其在形成芽苗菜过程中发育和显露的部位不同，又有不同的称谓。例如，大豆和绿豆等种子，在发芽过程中胚轴伸长，子叶肥嫩，胚芽生长，但不显露，叫豆芽。豌豆、蚕豆等在发芽过程中，胚轴不伸长，子叶不收缩，由胚芽生长形成肥嫩的茎和真叶称嫩苗，如豌豆苗等；体芽菜是指利用植物的营养器官，如宿根、枝条等储藏的养分直接培育的幼嫩芽苗，如花椒嫩芽、枸杞头等；软化芽菜是植物体在黑暗或弱光条件下培育成黄色的芽苗菜，如韭黄、蒜黄、石刁柏等。

芽苗菜作为新兴的特色蔬菜种类，口感鲜嫩清脆，营养丰富，品种越来越多，越来越受到宾馆、饭店及居家的重视。芽苗菜的生长不用使用任何肥料，也不产生任何污染，绿色、健康是芽苗菜最吸引人的地方之一。

芦笋（*Asparagus officinalis*）

芦笋又称石刁柏、龙须菜，原产欧洲，20世纪初传入中国。因其供食用的嫩茎形似芦苇的嫩芽和竹笋而得名，为百合科天门冬属多年生宿根草本植物，一次种植可以连续收获10多年，绿芦笋全年可采收3次，是一种长命菜。2017年中国芦笋收获面积141.20万公顷、总产量784.52万吨，均居世界第一，我国已成为世界最大的芦笋种植和出口国。

（1）种类特征　芦笋以抽出的笋状嫩芽供食用，3～6月是最佳食用期。按嫩茎抽生早晚分早、中、晚三类，早熟类型嫩茎多而细，晚熟类型嫩茎少而粗；芦笋有3种颜色，未出土的（或遮蔽阳光）呈白色，称白芦笋，中国人没有食用白芦笋的习惯，所种植的白芦笋加工成罐头制品出口，深受法国、比利时、意大利及德国喜欢；幼茎长出地面见到阳光，呈现绿色，称为绿芦笋，供应作鲜食用。中国芦笋绝大多数为绿芦笋，绿芦笋虽比不上白芦笋娇贵，但产量较高，香味较优，且节省劳力，价格便宜；紫芦笋是美国育成的第一个多倍体新品种，顶端略呈圆形，鳞片包裹紧密，嫩茎紫罗兰色，即使培覆土中不见日光，顶端也呈淡紫色或紫红色，滋味鲜美，气味浓郁，没有苦涩味，生食口感极佳。

中国地理标志芦笋有河北容城绿芦笋、山西永济白芦笋、福建东山芦笋、武汉黄陂芦笋、山西芮城芦笋、四川恩阳芦笋、河南娄店芦笋、四川涪城芦笋等。山东曹县是“中国芦笋之乡”。

图3-14　芦笋

（2）烹饪应用　芦笋具有味美醇香、脆嫩爽口、清淡开胃、食而不腻、具特有清香的特点。去根部老皮，用沸水略烫即可用于烹调。在烹饪应用中，可作主料单用，也可和其他原料配用；将其切成丝、片或丁后可炒、可拌、可汤，还可用于荤菜的垫底、围边等，是宴会上的稀珍菜肴。西餐中有黄油芦笋、色拉芦笋等。因其质地柔嫩，不宜长时间加热烹调，保持清新脆嫩的口感。在烹饪时不要将其苦涩之味除尽，因其苦涩味是一种特有的“苷”素，在炎夏盛暑食后，有保健强身之效。

（3）营养保健　不同品种、不同采收时间、不同部位的芦笋，营养成分均有差异。每100g鲜芦笋嫩茎含蛋白质2.5g、脂肪0.2g、碳水化合物5g、粗纤维0.7g、钙22mg、磷62mg、镁20mg、钾0.27g、铁0.1mg、铜0.04mg、硒0.056mg、维生素A0.027mg、维生素C33mg。芦笋中各种维生素、矿物质含量均优于普通蔬菜，硒含量与蘑菇相当。

芦笋还富含以芦丁为主的黄酮等次生代谢产物、多糖类成分及皂苷类等多种活性物质，因而具有防癌抗癌、降脂降血糖、提高免疫力、抗衰老等功能，对肝硬化、急慢性肝炎及糖尿病、结石病、膀胱炎、排尿困难等疾病有较好疗效的保健食品。

（4）品质检验　白芦笋和绿芦笋的等级和品质可依据“芦笋流通规范”（SB/T 10966—

2013）鉴别。

（5）质量控制　采收之后的芦笋嫩芽会继续成长，使芦笋风味变淡，汁液流失，木质化加深，质地变老，因此要尽快烹调。最适宜的贮藏温度为1～2℃，相对湿度90%～95%，贮藏期应为10～20d。具体贮藏方法可依据“芦笋贮藏指南”（GB/T 16870—2009）。

十二、野生菜

野生蔬菜是指藻类、蕨类、菌类、草本、灌木、藤本和乔木等植物的根、茎、叶、花、果或种子可供蔬食的非栽培的野生植物，多生长在田间、田埂、路旁、沟边或林木之下，人们历来有采食山野菜的习惯。

野生蔬菜在我国种类分布广，据对903种野菜的分析发现，630种野菜属于草本植物（69.8%）、117种野菜属于于灌木植物（13.0%）、98种野菜属于乔木植物（10.9%）、58种野菜属于藤本植物（6.4%）。多数野菜只有一个食用部位，有些野菜可食用两三个部位或更多。全株可食用的有蒲公英、苦菜、猪毛菜、鱼腥草、马齿苋、芥菜等嫩苗或嫩株，约占26.4%；以食用嫩叶为主的有藿香、蕨类、刺五加、北五味子等，约占33.4%；以食用花朵的有百合花、野黄花、霸王花、鸡冠花及一些豆科、菊科植物的花，约占17.4%；以食用果实的有酸浆、薏苡、苦荞、芡实、菱角等，约占18.2%；食根的品种有蕨菜、桔梗、野葛、马棘等，约占6.5%，还有食用茎部的野菜（60.9%）和食用种子的野菜（3.1%）。

在回归自然的呼声中，由于野生蔬菜是天然无公害，营养价值高（其营养成分大多高于栽培蔬菜），风味独特，吃法多样，且多具有一定的食疗价值，商品价值高，因而近几年野生蔬菜的开发在升温，有的野菜因消费者需求的增加，也在逐步转向人工栽培，如蕺菜、荠菜等。

马兰头（*kalimeris indica*）

马兰头别名马兰、紫菊、红梗菜、鸡儿肠、田边菊，菊科马兰属中以嫩茎叶供食用的野生种，为多年生宿根草本植物。原产于亚洲的南部及东部，中国长江流域分布较广，特别是安徽、江苏、浙江、上海等地较多，多分布于田埂、路边、溪边、旷野。采收期春季3～5月份，秋季10～11月份，夏季因高温品质较差，一般不采收。中国以马兰作野菜食用的历史已久，李时珍在《本草纲目》有：其叶似兰而大，其花似菊而紫。俗称物之大者为“马”也。明清时代并作为救荒菜之一。

（1）种类特征　野生马兰茎直立，分红梗与白梗两种（见图3-15），高30～70cm，叶绿色，长椭圆状披针形，边缘有粗锯齿，叶面平滑或有毛，茎头枝梢开花，浅蓝紫色，所以又名紫菊。马兰常连片丛生，耐寒性和耐热性均强，冬季-5℃～-7℃都不会冻死。喜冷凉湿润气候，耐瘠薄性也强，很少有病虫危害。

（2）烹饪应用　马兰作为菜用，以嫩茎叶供鲜食，是一种风味独特、清香鲜美、色泽鲜艳的绿色蔬菜。常用沸水焯后切碎凉拌或做馅料，或直接煸炒成菜，或做汤，或做火锅配料涮食。炒制时，可与多种荤素料配用，但马兰加热时间不宜过长，以旺火速成为佳。马兰还可以在沸水内滚过后晒干，制成马兰头干或速冻马兰头，利于久藏，随时可食用，以之烧肉，尤有风味。马兰还可用于点心馅，如马兰包子、马兰饺子、马兰肉馅饼等。

白梗马兰

红梗马兰

图3-15 马兰头

（3）营养价值　马兰嫩茎叶每100g含蛋白质5.4g，脂肪0.6g，碳水化合物6.7g，是白菜的4～5倍；维生素C36mg，超过柑橘类水果的平均值28mg；钾530mg，钙285mg，磷106mg，均高于其他常食用蔬菜。此外，马兰头中胡萝卜素、烟酸、核黄素等的含量也很高，还含有多种黄酮类化合物、水溶性粗多糖、酚酸和挥发油等。马兰全草入药有清热解毒，凉血止血，利湿消肿，退热止咳，消积食等功效。

（4）品质控制　马兰头采后贮藏过程中常出现黄化、萎蔫、纤维化等衰老和腐败现象，影响其食用品质。挽口包装于0℃环境下贮藏，可有效延缓马兰头组织衰老，延长马兰头的保鲜时间。速冻马兰头加工可参考“马兰头速冻加工技术操作规范”（DB3205/T 183—2009）。

十三、食用菌类

食用菌蔬菜一般是指真菌中能形成肉眼可见的肉质或胶质子实体并能供人们食用的大型真菌，常被称之为“蕈”“菌”“菇”“耳”等。虽然餐饮业将食用菌归为蔬菜类使用，其实食用菌不是真正的植物，而与霉菌、酵母菌一样，隶属另一个生物界——真菌。作为烹饪原料的食用菌有两个来源：人工栽培和野生采摘，原料类型有鲜品、干品、罐头制品和深加工产品。

全世界已知食用菌有14000种左右，50%左右具不同程度的可食性，但目前只有200种左右可人工栽培。我国较普遍采集食用的大型真菌有200余种，进行商业化栽培的有60余种。目前，我国形成了以平菇、香菇、木耳、双孢菇、金针菇为主导，鸡腿菇、滑子菇、茶树菇等30多个规模种植生产的食用菌品种共同发展的格局，成为世界食用菌栽培种类最多的国家。据中国食用菌协会统计，2018年全国鲜品食用菌总产量3842.04万吨。排在前7位的品种依次是香菇、黑木耳、平菇、双孢蘑菇、金针菇、杏鲍菇和毛木耳，总产量占51.89%，是我国食用菌生产的常规主品种。

食用菌是一类营养丰富并兼具食疗价值的蔬菜原料。其子实体高蛋白、低脂肪、低热量、富含维生素、矿物质及膳食纤维。蛋白质含量约为鲜重的3%～4%或干重的20%～40%，介于肉类和蔬菜之间，含氨基酸种类齐全，享有“植物肉”之称。食用菌是低钠膳食需要者的理想食品，也是理想的植物性补铁食物，新鲜的黑木耳每100g含铁98mg，含量是肉类的100倍以上。食用菌同时含有多种益于健康的生物活性成分，如真菌多糖、糖蛋白、萜类、甾醇类、多酚类、生物碱等。具有提高机体免疫力、抗肿瘤、抗病毒、抗炎症反应、抗细菌、抗辐射、降血糖、降脂肪栓、保肝、抗氧化、清除自由基、减肥、调节中枢神经等多种保健功效，是人类强身健体、抗衰老、益寿延年的理想食品，对维护人体健康具有极高的食用价值。这里介绍被欧洲人称为“世界三大珍肴”之一的松露。

松露（Truffle）

松露也称块菌、土茯苓（四川）、猪拱菌（云南），是一类只能与松树、橡树等乔木共生的外生菌根真菌，属于子囊菌门、块菌科、块菌属（*Tuber*）的真菌种类。和其他菌菇不同，松露始终藏身地下，它们散发一种气味，吸引松鼠、兔子和鹿等动物寻觅取食，于是孢子就随动物的粪便散布四方。也因此至今人们仍然训练犬、猪，靠它们帮忙采集松露，不然就要找出“松露苍蝇”出没之处，这种昆虫在松露生长地带的上空盘旋，把卵产在地面，往后幼虫就可以向下钻穴，吃地下的真菌。松露对生长环境的要求极其苛刻，加上其具有的独特香味，造成了它的珍稀昂贵、价值非凡、备受欢迎。

（1）种类特征　全球范围内报道的块菌属已超过200种，且多分布于意大利、法国、西班牙等欧洲地区，产自我国的块菌属有25种左右，云南、四川等地是国内块菌的主要产地，攀枝花市有“中国块菌之乡”称号。块菌属中，具有很高的商业价值的只是少数几种，如黑孢块菌（*T. melanosporum*）、白块菌（*T. magnatum*）、夏块菌（*T. aestivum*）等。

松露多在乔木树的根部着丝生长，散布于树底120～150cm方圆，块状主体藏于地下5～40cm。典型松露是布满疙瘩的致密团块（见图3–16），尺寸从胡桃到拳头甚或更大都有，球形、椭圆形、棕色或褐色。幼时内部初为白色，质地均匀，成熟后变成深黑色，经切片便露出内部构造：细致脉理网络在长孢子的细胞团块之间交错，类似大理石状纹理，并散发出森林般潮湿气味，带有干果香气。它不像一般的菌菇柔软多汁，反而质地较坚硬。松露偏好碱性土质，高品质的松露主要出产于石灰质地形区内。

白松露　　黑松露

图3–16　松露

（2）烹饪应用　松露因为价格高，而且味道浓烈，西餐常只用一点点作配料，即会使整道菜浓香四溢。在法国和意大利，松露经常是不经过烹调就食用的，为的就是保留其独特的香味。

黑松露、白松露风味迥异。法国佩里戈尔的黑松露被认为是最香的，而意大利的白松露被认为是香气最好的，夏块菌的香味比黑松露和白松露稍逊一些。白松露一般是削成纸张般的薄片上桌生食，或磨碎后撒在意大利面或煎蛋上。白松露容易变味，所以最好在享用前片刻再加工。黑松露的风味比较细致，混有十几种醇和醛类的味道，还有些二甲基硫。一般认为黑松露经文火烹煮可以提味，可以切成薄片加在肉里一同烤制，或用来烤鹅肝，有些奶酪中也可以添加松露，还可用来做松露盐或松露蜂蜜。过去松露要去皮，现在多采用研磨避免浪费。

（3）营养价值　研究数据显示，松露子实体中含有丰富的蛋白质、氨基酸、碳水化合物、麦角固醇、甾醇等营养物质和芳香成分。与其他食用菌相比，松露的蛋白质含量普遍较高，可谓素中之荤。同时含有Si、K、Na、Ca、Mg、Mn、Fe、P、S、Cu和Zn等多种矿质元素。铁、锌含量是一般水果的8～10倍。此外，块菌还含有抗衰老的微量元素硒。

松露除了具有优良的营养价值、独特的香气和风味，还含有甾醇、鞘脂、脂肪酸、雄性酮等生物活性成分，从而具有增强免疫力、抗氧化、抗病毒、抑菌、保肝、抗突变和消炎等功效。

（4）品质控制　松露的等级和品质可依据“块菌（松露）鲜品质量等级规格”（GB/T 38697—2020）检验。

（5）贮藏保鲜　新鲜松露非常容易变质，储藏时会释放出香气。最好置入密封容器4℃冷藏保存，里面放些吸水材料（通常是米粒），不使表面沾染湿气，以防微生物入侵导致腐败。这种保藏方法能够有效地减少由微生物引起的和内源的腐败变质，同时最大限度地保持松露的香气、营养和生物活性。

特别提示

被神化的冬虫夏草

在很多人的观念里，冬虫夏草是一种药食两用的保健品，各种商家宣传里也把它的功效夸得天花乱坠，被推崇为“传统名贵中药材”。某知名品牌“同×堂”的一款30g装的虫草售价高达19680元。

早在2010年12月，原国家质检总局就发布“关于冬虫夏草不得作为普通食品原料的通知（质检食监函〔2010〕243号）”，严禁使用冬虫夏草作为食品原料生产普通食品。2016年2月，原国家食品药品监管总局发布“关于停止冬虫夏草用于保健食品试点工作的通知（食药监食监三〔2016〕21号）”，含冬虫夏草的保健食品未经批准不得生产和销售。经监测检验，冬虫夏草砷含量为4.4～9.9mg/kg，服用虫草存在砷中毒的巨大风险。2018年2月，原国家食品药品监管总局再次提醒“这4种保健品不保健，千万别花冤枉钱了！”，第一个就直指冬虫夏草，功效不靠谱，重金属砷超标，连安全性都无法保证。因此，冬虫夏草作为药材，遵医嘱合理短期使用比较安全，不能药食两用，更不能大剂量长期服用。传统食谱上的名菜“虫草鸭子”“虫草汽锅鸡”等，餐饮企业均不能再生产经营了。

十四、食用藻类

可供人类食用的藻类植物（Algae）称为食用藻类蔬菜。藻类是自然界中低等的植物，它们的植物体没有根、茎、叶分化，含有光合作用色素，能进行光合作用，属自养植物。绝大多数藻类生活在水中，因此常称藻类为水藻或海藻。

藻类植物的大小和形态构造差异很大，有单细胞体（螺旋藻）、丝状体（发菜）、多细胞体（海白菜、紫菜）、拟薄壁组织体（石花菜）和薄壁组织体（海带、裙带菜）等多种类型；藻体的颜色也因所含的光合作用色素种类的差异，而呈现蓝、绿、红、黄、褐等变化。其中蓝藻门、绿藻门、红藻门及褐藻门中的一些种类具有食用价值，可作蔬菜。丝状体的发菜分布于我国宁夏、青海、甘肃、新疆、内蒙古等地，是宁夏传统的“五宝”之一，由于人们疯狂搂发菜，天然发菜资源已面临枯竭，国务院1999年 8 月将发菜列为国家Ⅰ级重点保护野生植物，禁止采集发菜，取缔发菜贸易。

葛仙米（*Nostoc sphaeroides*）

葛仙米是一种淡水野生藻类植物。《本草纲目》记载：“葛仙米，生湖广沿溪（今湖北鹤峰走马镇）穴中石上，遇大雨冲开口，此米随流而出。土人捞取，初取时如小鲜木耳，紫绿色，以醋拌之，肥绿可食，土名开仙菜，干则天仙米，晋葛洪（东晋炼丹家）隐此乏粮，采以为食，故名‘葛仙米’”。因其生长对其自然条件要求极高，当今世界上仅有极少量发现，我国目前的主要分布在湖南与湖北交界一带，有万亩之产地。2008年鹤峰走马葛仙米获得绿色食品认证和农业部农产品地理标志认证，已成为湖北省著名特产，堪称中国一绝，世界珍稀。

鲜品　干品

图3-17　葛仙米

（1）种类特征　葛仙米属蓝藻门、蓝藻纲、念珠藻科、念珠藻属、拟球状念珠藻植物，生长于清澈的山泉中，附生于稻田、浅水池沼、湖、溪的砂石间或阴湿的泥土上，对环境要求很高，水温在-5℃～5℃才能存活。葛仙米是单细胞，没有根、茎、叶，漂浮在水中，墨绿色球形胶质状，纯野生。外形像木耳，因此称之为“水木耳”或“田木耳”。采集干燥后颗粒圆形，见图3-17，象米粒一样，经晒干贮藏，低温可长期保存。

（2）烹饪应用　葛仙米是宴席上的珍稀佳品。清代《调鼎集》和《素食说略》中，均记载有对葛仙米的烹调制食法。食用方法多样，干、鲜宜烹，糖盐可调，蒸、煮、炒、做汤、凉拌不拘，与各种配料相处和谐。因它性淡而调味宜浓，用作辅料为佳。干品取需量，入水浸泡数小时，待充分复原成嫩绿的球状时，复原率数十倍。捞起沥干备用，低温可长期保存。热油下锅，翻炒要有爆声，放点酒去泥腥味，再放进肉末等配料和调味料即成，做汤，炒好后掺汤加调味料勾薄芡，堪称黑珍珠汤；甜汤不用炒，味道最佳；蒸是品味独特的烹调法，将复原葛仙米放入容器，加冰糖和水，要蒸发泡成立体形；凉拌，可放醋、香料等调料生食，古人称其味美绝。葛仙米食用广泛，除烹调外，还可加成葛仙米罐头、葛仙米酱和葛仙米饮料等系列食品，是一种具有开发利用价值的食品资源，值得大力推广食用。

（3）营养价值　葛仙米生长在不发达的山区水域，天然无公害，地道的绿色食品，营养价值高。据分析，野生葛仙米蛋白质含量高达48.61%，有17种氨基酸，包含7种人类必需氨基酸，总含量为44.619%，除色氨酸外，其他必需氨基酸均较高。含多种维生素，如维生素B_1、维生素B_2、维生素C、维生素E、β-胡萝卜素含量丰富，其中抗坏血酸的含量与鲜枣含量相近，相当于山楂的5倍，柑橘的15倍。葛仙米胞外多糖干重的含量可达80%，主要包含甘露糖、葡萄糖醛酸、葡萄糖、半乳糖和阿拉伯糖等，在抗炎抗菌中有广泛的应用前景。

葛仙米还具有一定食疗价值。《全国中草药汇编》记载：葛仙米性寒，味淡，可以清热、由敛、益气、明目，能治疗夜盲症、脱肛，外用可治疗烧伤、烫伤等疾病。

第三节　蔬菜制品

一、蔬菜制品的种类

以新鲜蔬菜为原料，经不同方法加工后的产品称为蔬菜制品。生产季节性强的蔬菜，通过加工，不仅可以调节蔬菜淡旺季供应，提高蔬菜的保藏性能，延长蔬菜的保藏期及消费时间，提高蔬菜资源的综合利用率，增加蔬菜的附加值，还可利于运输，调节和丰富食品市场，改进蔬菜的食用品质，减少环境污染。

按加工方法可分为脱水蔬菜、罐藏蔬菜、腌制蔬菜、速冻蔬菜、鲜切蔬菜、超微蔬菜粉、蔬菜汁及蔬菜饮料等，见图3-18。

蔬菜制品
- 腌制蔬菜
  - 发酵性腌制品
    - 干态发酵腌制：榨菜、酸白菜等
    - 湿态发酵腌制：各种泡菜、酸黄瓜等
  - 非发酵性腌制品
    - 盐渍菜类：青菜头、雪里蕻、大头菜、白萝卜等
    - 酱渍菜类：菜瓜、黄瓜、辣椒、草食蚕、芜菁等
    - 糖醋菜类：糖醋蒜、薤（头）、姜、青菜头等
- 脱水蔬菜：竹笋干、金针菜、干辣椒、香菇、黑木耳、胡萝卜、葱、老姜、马铃薯、洋葱、豇豆、刀豆等
- 罐藏蔬菜：清水竹笋、清水马蹄（即荸荠）、菜豆、青豌豆、蚕豆、金针菇、蘑菇、草菇、胡萝卜、芦笋罐头等
- 速冻蔬菜：速冻蘑菇、青豌豆、青刀豆、菜豆、甜玉米、朝鲜蓟、芹菜、胡萝卜、花菜、蒜薹、芦笋、青椒、甘蓝、青花菜、洋葱等
- 超微蔬菜粉：胡萝卜粉、番茄粉、土豆粉、南瓜粉、红甜菜粉、菠菜粉、芹菜粉、山药粉等
- 蔬菜汁及蔬菜饮料：胡萝卜汁、芹菜汁、圆白菜汁、黄瓜汁、番茄汁等

图3-18　蔬菜制品的分类及典型品种

中国地理标志产品的蔬菜制品有重庆大足冬菜、萧山萝卜干、余姚榨菜、涪陵榨菜、宜宾大头菜、香龙大头菜、英家大头菜、襄阳大头菜、横县大头菜、海盐大头菜、独山盐酸菜、成武酱大头、鄞州雪菜、四川泡菜、新都泡菜、宁固笋干、永安笋干、邵武笋干、高台辣椒干等。

二、蔬菜制品中的新资源

蔬菜制品很多，有的可直接食用，如酱腌泡菜多作粥、汤面的佐餐小菜或筵席的味碟，少量的可做菜肴的辅料；解冻的速冻蔬菜和罐头蔬菜与新鲜蔬菜烹饪应用基本相同；糖渍蔬菜、蔬菜汁及蔬菜饮料可直接食用或做菜肴面点的辅料，烹饪中应用较多的还是脱水蔬菜及部分腌制菜。这里介绍两种新资源食材——黑蒜和人参。

（一）黑蒜

黑蒜（Black garlic），又名黑大蒜、发酵黑蒜等，是由新鲜带皮生大蒜（*Allium sativum*）

在高温高湿的条件下自然发酵一定时间所形成的纯天然新型蒜制品。黑蒜自2003年在日本被发明以来，在许多国家和地区得到不同程度的推广，相比大蒜而言，黑蒜具有功效多样、口感甘甜、无刺激性气味且食用方便等多种优点，因而更易受到青睐。

（1）种类特征　大蒜在控制温度和湿度的情况下长时间发生酶促褐变、美拉德反应等，产生蛋白黑素，使大蒜鳞茎呈现黑色，故称之为黑蒜。我国的大蒜种类很多，外皮颜色上有白皮蒜、红皮蒜、紫皮蒜；蒜瓣形状上有独头蒜、四瓣蒜、六瓣蒜、八瓣蒜等，这些大蒜都可以用来生产黑蒜。

选择圆满充实、没有破损和伤痕的大蒜，保持在50～60℃、相对湿度85%左右发酵30d，之后在常温下，让大蒜进一步成熟发酵，经过90d，大蒜的蒜皮和蒜肉部分分离，蒜肉变成了墨褐色，硬度降低，质地变得比较柔软（见图3-19）。内在品质上，大蒜蒜肉的水分减少，质量变轻，没有生大蒜的辛辣味，蒜肉可以直接食用，有糖浆的味道，还带有香醋或酸角的味道。

图3-19　黑蒜及发酵过程

黑蒜的发酵过程无须任何添加剂，其本身有一种处于休眠状态的活性酶，达到一定的温度和湿度要求以后，会被激活，自我发酵，所以黑蒜形成与微生物无关。而大蒜蒜皮纤维素含量非常高，基本不产生酶促反应，这也是黑蒜外白里黑的奥秘之一。

（2）烹饪应用　黑蒜的氨基酸含量比普通大蒜增加了2.5倍，所以味道甜酸，美味可口，直接食用就像果冻一样柔软，且食后没有生大蒜所特有的气味，同时也不会对肠胃产生不良刺激。

黑蒜可做凉菜辅料，如黑蒜腰果、人参黑蒜果冻、凉拌黑蒜黄瓜等；做热菜辅料，如黑蒜芒果蒸鱼、黑蒜扇贝、黑蒜腊肠、黑蒜肉末豆腐、黑蒜辽参、黑蒜蜜汁山药等；可以煲汤，如黑蒜养生汤、黑蒜味噌金针菇汤；可加工成调味汁，如黑蒜黄油酱汁；可做主食面点，如黑蒜面条、黑蒜烧卖、黑蒜土豆饼等。西餐有：有机黑蒜沙拉、烤香蕉夹黑蒜酱沙拉、黑蒜大虾意大利面条、黑金日式猪扒饭、有机黑蒜天妇罗等。烹饪中，还可利用黑蒜的开发产品，如黑蒜粉、黑蒜泥、黑蒜酱、黑蒜汁、黑蒜醋、黑蒜酱油、黑蒜糖、黑蒜酒等。

（3）营养价值　黑蒜每100g含水分43.6g、热量1100kJ、糖41.4g、蛋白质10.4g、脂肪5.1g、钙13mg、镁52mg、铁2.1mg、钠36mg、钾930mg、锌1.4mg、维生素$B_6$10.726mg、维

生素$B_2$0.126mg、烟酸10.048mg等。

与鲜大蒜相比，黑蒜的还原糖、总酸、蛋白质、总酚及硒等含量逐渐增加，主要营养物质相对含量是鲜蒜的7.7倍以上，可溶糖含量较鲜蒜增加约20倍，所以吃起来味道香甜，口感软糯，且黑蒜低聚糖能够改变肠道菌群结构，有良好的润肠通便作用；黑蒜的抗氧化力是鲜蒜的1.8～11.4倍；大蒜素具有多种保健功能，但在高温下发生分解，黑蒜中含量降至零。因此，要发挥大蒜素的保健功能，则应以鲜蒜为主；反之，抗氧化、润肠通便等功能应以黑蒜为主。

（二）人参

人参（*Panax ginseng* C.A.Mey）为多年生草本植物，生长于北纬33～48°之间的海拔数百米的以红松为主的针阔混交林或落叶阔叶林下，产于中国东北、朝鲜、韩国、日本、俄罗斯东部。中国是世界上最早应用人参并用文字记载人参的国家，人参是闻名遐迩的“东北三宝”之一。吉林省是人参主产区，人参栽培总面积在3500万平方米左右，年产成品人参4000吨左右，人参产量已占全国的80%，占全球产量的70%左右。由于人参属于传统的中药材，用于中药和保健食品原料，客观上限制了人参食品、饮食等产品的研发和销售，所以我国的人参主要用于出口。2012年，原卫生部发布公告（第17号），批准人参（人工种植）作为新资源食品（后改为新食品原料）。2013 年国际食品法典委员会（CAC）正式颁布《人参制品》国际标准（CODEX STAN321—2015）。世界卫生组织（WHO）和粮农组织（FAO）也正式界定人参为食品。

（1）种类特征　人参主根高30～60cm，肥厚，肉质，黄白色，圆柱形或纺锤形，下面稍有分枝；根状茎（芦头）短，直立。世界上的人参有四大家族：即中国吉林人参、朝鲜高丽参、日本东洋参、加拿大与美国的西洋参。吉林人参又分为野山参（自然生长于深山密林下的人参）、移山参（移栽在山林中具有部分野山参特征的人参）、园参（人工栽培的人参）。作为食品原料用人参主要指5年及5年以下的园参。园参进一步分为鲜园参（从土壤中采挖出来，未经加工）、生晒参（以鲜园参为原料，经刷洗、晒干或烘干）和红参（以鲜园参为原料，经刷洗、蒸制、干燥制成），见图3-20。

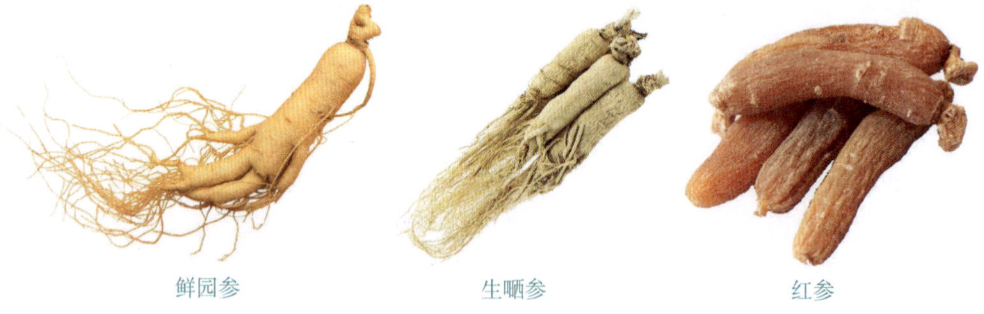

图3-20　食品原料用人参的种类

（2）烹饪应用　鲜品人参洗净后，通过刀工处理可以成为条、丝、粒、丁、末等料形。从养生的角度而言，最佳的成熟方法为炖、蒸。由于干制人参经过脱水等加工，在制作大多数菜点前，要经过蒸制处理，方法是：将人参洗净放入适量的冷水中浸软（水量以浸没参体为度），然后上笼蒸1小时左右，取出再加工。在制作菜肴时，为了食用的方便宜采用干的人参片，再配以其他原料配制成菜，比如“砂锅人参鸡”“人参胡桃汤”“人参山药炖猪腰”“人参莲肉汤”等。人参粉末在点心中运用较为广泛，比如“人参菠饺”“人参糕”等。

（3）营养价值　人参中的营养成分及功能因子包括蛋白质、氨基酸、多糖类、挥发油、核苷酸、人参皂苷、黄酮（异黄酮）、有机酸、维生素、无机元素、甾醇类等。其含量随人参的生长年限、产地、部位的不同而有较大差异，如6年生人参总皂苷59.77mg/g、氨基酸96.53mg/g、粗蛋170.11白mg/g；5年生人参总多糖含量为22.80mg/g；5年生人参不同部位有效成分中，须根的总皂苷含量（75.01mg/g）最高。人参被誉为“百草之王”，是我国传统中医药宝库中的明珠，有数千年的食用和药用历史。现代研究表明，人参具有大补元气、补脾益肺、生津养血、安神益智等功效，还有抗癌、抗糖尿病、抗衰老、抗抑郁、抗炎、增强免疫力等多种医疗功效。

（4）品质检验　干品人参（中药材人参、饮片）的鉴定依据“人参鉴定方法”（SN/T 5131—2019）；保鲜人参的分等与检验依据“保鲜人参分等质量”（GB/T 22534—2018）；蜜制人参的分等与检验依据“蜜制人参分等质量”（GB/T 22540—2018）；人参制品的品质可依据“人参制品”（NY 318—1997）检验；吉林野山参和移山参产品的感官鉴定可依据“人参感官鉴定管理通则”（DB22/T 2257—2015）；食品原料用吉林人参品质可依据“食品安全地方标准 食品原料用人参”（DBS22/ 024—2014）检验。

实训项目

稀特蔬菜的识别与调查

实训目的

认识常见稀特蔬菜品种的种类特征，了解其营养价值功能及烹饪应用。

实训内容

1　**素材准备**

稀特蔬菜也称“特菜”，是对非本土、非本季种植以及一些珍稀蔬菜的统称，包括国内和从国外引进的比较珍稀的名、特、优、新蔬菜品种。由于具有风味独特、外形新奇、营养丰富以及特殊的药用保健功效等特点，一时成为消费时尚。参考表3-2，提前准备各种稀特蔬菜原料的图片、视频或实物等直观素材，观察稀特蔬菜原料的形状、色泽、食用部位特征。

表 3-2　稀特蔬菜的种类

类别	品种
叶菜类	抱子甘蓝、羽衣甘蓝、球茎茴香、番杏、菊苣、紫背天葵、紫苏、菊花脑、荠菜、苦苣、京水菜、蕨菜、落葵、冬寒菜、乌塌菜、香芹菜、紫菜薹、马兰、罗勒、蒲公英等
根茎类	香椿、根芹菜、根甜菜、美洲防风、山葵菜、婆罗门参、辣根、鱼腥草、樱桃萝卜等
瓜果类	微型黄瓜、金丝瓜、蛇瓜、彩色甜椒、四棱豆、荷兰豆、樱桃番茄等
芽苗菜	香椿芽、萝卜芽、花生芽、苦荞芽等
其他	香椿、玉米笋、百合、芦荟等

2　稀特蔬菜的调查

利用课外时间去超市或菜场进行稀特蔬菜的调查，了解本地的稀特蔬菜资源及商品流通情况。也可通过网络调查了解非本地产的稀特蔬菜资源情况。

3　稀特蔬菜的研究

参考表3-2中的稀特蔬菜种类，进行任务分工，每个学生研究一个特菜品种，围绕指定特菜品种，利用网络搜集素材，通过不同的素材，学习研究稀特蔬菜。

实训要求

1　根据指定特菜品种的素材资源，从种类特征、烹饪应用、营养价值、贮藏保鲜等方面进行研究，完成1000字左右的特菜介绍。

2　在特菜介绍文本的基础上，结合搜集的图片、视频等素材，制作特菜PPT，用于课堂交流。

建议浏览网站及阅读书刊

[1]　http://www.cfvin.com 中国水果蔬菜网

[2]　[日]内田悟．蔬菜教室 秋冬应季蔬菜料理完全指南．北京联合出版公司，2017.

[3]　张明．蔬菜手册美味篇．南昌：江西科学技术出版社，2018.

[4]　张应华，郭晋．云南省野生蔬菜图鉴．北京：中国农业出版社，2017.

[5]　付彦荣．常见蔬菜图鉴．南京：江苏科学技术出版社，2017.

[6]　才晓玲．常见食用菌简介．北京：中国农业大学出版社，2018.

参考文献

[1]　王玉萍．蔬菜营养与功效分析．北京：中国农业出版社，2017.

[2]　严守雷，王清章．水生蔬菜保鲜加工学．北京：科学出版社，2017.

[3]　张海生．果品蔬菜加工学．北京：科学出版社，2018.

[4]　王羽梅．芳香蔬菜．武汉：华中科技大学出版社，2018.

[5]　杜连启．新型食用菌食品加工技术与配方．北京：中国纺织出版社，2018.

[6]　卢明．南方特色蔬菜．北京：中国农业大学出版社，2019.

[7]　陈丽雪等．不同年生和不同部位人参样品有效成分的比较．食品科学，2019（8）.

第四章 果品原料

学习目标

知识目标

- 了解果品的概念和分类；
- 掌握典型水果的风味特点、烹饪应用及营养价值；
- 掌握典型坚果的风味特点、烹饪应用及营养价值；
- 掌握典型果制品的风味特点、烹饪应用及营养价值。

能力目标

- 通过图片、实物能够识别、鉴别各种南北果品及进口果品；
- 能根据果品原料的特点选择适合的加工烹调方法。

第一节 果品原料概述

一、果品的性状与分类

果品是指木本果树和部分草本植物所产的可直接生食的果实或可制熟食用的种子植物所产的种仁以及它们的加工制品。目前我国果树分属59科694种，盛产的栽培果树有300多种，计1万多个品种。果品资源分布于全国各地，如北方盛产苹果、梨、桃、杏、山楂等；南方的盛产柑橘、菠萝、香蕉、荔枝、龙眼、芒果等；中部盛产梨、柿、板栗、银杏、枣、樱桃、草莓、西瓜等；西北盛产葡萄、核桃和哈密瓜等，质量均属上乘。

此外，野生的果品资源也很丰富，如刺梨、沙棘、黑加仑、猕猴桃、山枣、山葡萄等，这些野生果品资源由于无污染、营养丰富、风味纯正，在当今更受到消费者的青睐。

（一）果实的构造与类型

果实是独特的器官，从植物的花朵（特别是子房部位）发育而来，纯由子房长大而形成的果实，叫作真果，如桃和杏等；也有一些果实除子房以外，还有花的其他部分，如花托、花萼或花轴也参加形成果实的一部分，这种果实叫假果或称附果，如苹果、梨、菠萝和草莓等。子房壁的细胞分裂形成果皮，进一步增大体积分化成三层不同构造：外侧薄层是保护性表皮；内部则是保护性薄层，包覆着位于核心的种子；两薄层之间是风味十足又多汁的厚层果肉。各种果实组织的衍变关系如图4-1。

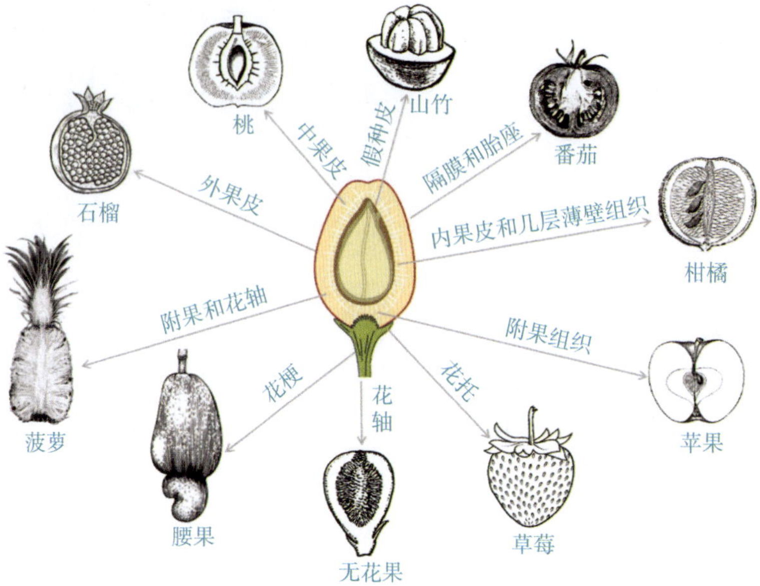

图4-1 各种果实组织的衍变关系

知识链接

果树的命名与历史

我国果树栽培至少有4000年以上的历史。现在食用的果品绝大多数是由野生种演变而来，或通过“丝绸之路”等途径由国外引种而来。古时候，人们对物种的命名是很有讲究的，凡原产于我国且栽培历史在2000年以上的果树，名称多是一字，如古称“五果”的桃、李、杏、梅、枣及栗、榛等；外来品种或后期增加的物种，名称则多是二、三字，如葡萄、核桃、石榴、阿月浑子等都是汉代以后从外地引进来的；很多从外国或外地引进来的果树，在名称上加以“胡”字（如胡桃、胡瓜）、“番”字（如番石榴、番木瓜、番荔枝）、“洋”字（如洋梨、洋桃）等，顾名思义可以了解其来源历史。

果实的构造分为三种：单果、聚合果和复果（见图4-2）。单果是植物一朵花中只有一个雌蕊，形成一个果实，如苹果、桃等；聚合果是植物一朵花有多个雌蕊，每个雌蕊可以形成一个小果实，许多小果实聚集在花托上，供食用的是肉质花托，如草莓。聚花果（又叫复果）是由整个花序发育而来的许多果实，每一小花形成一个单果，如桑葚是由很多子房发育成的许多小坚果和肥大的花萼。

单果根据果实的特点分为肉质果和干果两类。肉质果是果实成熟后肉质化，其果皮发育程度不一，又分为：浆果、核果、仁果、柑果等；干果是果实成熟后，果皮呈干燥状

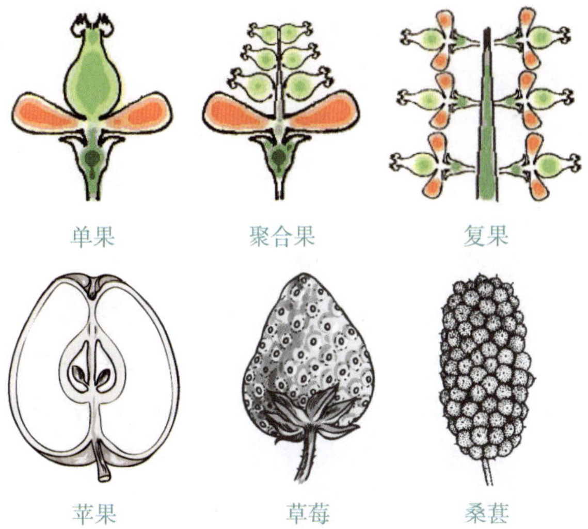

图4-2 果实的三种类型

态，开裂或不开裂，与果品有关的称为坚果，即果皮坚硬，仅种仁可食，如板栗、核桃、榛和白果等。

（二）果品的分类

依据“SB/T 11024—2013 新鲜水果分类与代码”，水果分为11大类；依据“NY/T 1940—2010 热带水果分类和编码”和“NY/T 2636—2014 温带水果分类和编码”，热带水果分11大类，温带水果分5大类。依据“SB/T 10671—2012 坚果炒货食品 分类”，坚果炒货分为13类坚果和7类果蔬籽类。

本教材按我国商业经营习惯，把果品分为鲜果、坚果以及它们的加工制品三大类介绍。

二、果品的营养与保健

果品是人们日常生活中必不可少的食物，也是一类需要量大、营养丰富的烹饪原料，除可满足人们消费时所带来的感官享受之外，更主要的是带来营养并增进健康。

1. 水果的营养

水果中富含人体所需的多种营养素与生物活性物质，包括糖类、有机酸、维生素、矿物质、膳食纤维（如果胶）、氨基酸，以及天然色素、黄酮类物质、类胡萝卜素、天然色素、槲皮素、儿茶素、生物碱、环磷腺苷、血清素、超氧化物歧化酶（SOD）等形形色色的生物活性物质。《中国居民膳食指南（2016）》建议成人每人每天应摄入水果200～350g。

水果中所含糖类物质非常丰富，如葡萄糖、果糖、蔗糖及低聚糖、果胶等。不溶性膳食纤维与果胶（可溶性膳食纤维）有助于克服便秘，帮助机体排除多余的胆固醇，对预防心脑血管疾病大有裨益。水果中富含有机酸类（又称果酸）。果酸不仅能够促进消化，增进食欲，某些果酸还能阻止糖转化成脂肪，有美容护肤的功效，对于减肥和健美也有一定作用。水果中含量最丰富有机酸是柠檬酸和苹果酸。

水果中的维生素含量极为丰富，其中维生素C的含量最为突出，比其他食物要高出许多倍。以每100g果实含维生素C计算，鲜枣中维生素C含量达540mg；新鲜猕猴桃的维生素C含量为

300～400mg；野生刺梨的果实中维生素C的含量高达2500mg，为百果之冠。水果中的矿物质含量也很丰富，普遍含有钾、镁、钙、磷等宏量元素及铁、锌、铜等多种微量元素。

水果中富含各种黄酮类物质，具有抗氧化、强化血管壁、促进肠胃消化、降低血脂、提高免疫力、防止动脉硬化与血栓形成的生物学作用，如陈皮中的陈皮苷、大枣中的双葡萄糖苷A、山楂中的槲皮素、多种水果含有的花青素等。

2．坚果的营养

坚果含蛋白质12%～36%、脂肪40%以上，多种维生素、矿物质及膳食纤维，并含有磷脂、多酚、黄酮等功能性成分。其中不饱和脂肪酸占总脂肪含量的85%～90%，包括亚麻酸、亚油酸等人体的必需脂肪酸。维生素当中的具有抗氧化效果的维生素E特别显著，在榛果和杏仁中含量特别丰富。这些不饱和脂肪酸与多种生物活性物质，对清除自由基、预防代谢性疾病、降低心脏性猝死率、调节血脂、补脑益智有助益作用，被现代营养学称为“健康食物”。

美国哈佛大学研究表明，与不吃坚果者相比，每天都吃坚果的人死亡风险会降低20%左右，不同种类的坚果对降低食用人群的死亡率而言基本没有差别。流行病学调查发现，每周摄入30g树坚果，可以使食用者患代谢综合征的风险降低7%。吃核桃或杏仁等坚果类食物会使心情舒畅，还会促进分泌有“幸福荷尔蒙”之称的血清素，有助于情绪的稳定和焦虑的缓解，有助于治疗抑郁症、情绪不安定或恐慌。

《中国居民膳食指南（2016）》建议，每天应摄入10g坚果。2017年我国人均每天摄入坚果约7g，且存在结构性不平衡，花生占我国总体坚果消费量的49.1%，不饱和脂肪酸更丰富的树坚果比例较低，杏仁、腰果、夏威夷果、碧根果均小于全球平均水平，远低于美国、日本等国家。

3．果品的保健功能

“遍食百果能成仙”是中国人民对果品健康功效的美好赞誉。中医第一部药典《神农本草经》已将大枣、酸枣、枸杞、葡萄、龙眼、杏仁、桃仁入药。历代《本草》也都记载了各种果品的食疗养生功效。我国历史上第一部医学专著《黄帝内经·素问》提出“五谷为养，五果为助，五畜为益，五菜为充，气味合而服之，以补精益气”的观点，确定了果品在中华民族传统膳食结构中的地位。

国内外许多研究显示，水果有助于预防慢性非传染性疾病，对人体代谢调节、疾病预防及增进健康，也发挥着独特的作用，坚果与各种果干也有很好的食疗功效。按照传统既是食品又是中药材的物品名单中（见附录1），果品原料占到20%，如桃仁、龙眼肉等是良好的滋补品；山楂、枣常入药；杏仁、桃仁、橘络等是重要的中药材；番石榴能降低血糖及胆固醇。山楂善于消化肉食，消导化食的中药“焦三仙”就是炒山楂、炒麦芽和炒神曲三者的统称。

三、果品的风味与品质

（一）果品的风味

果品的色泽、形状、大小、风味成分、硬度、汁液等共同构成果品的风味。

1．色泽

反映了果实成熟度和品质的变化的主要指标之一。色泽与果实的风味、质地、营养成分密切相关。通过色泽，在一定程度上可以了解果品的内在品质。果品绿色减褪，底色开始发白或发黄，说明果实已开始成熟；红色苹果着色良好，能够全红的，说明果实含糖量高，品质风味好；香蕉、菠萝果实颜色褪绿，变得橙黄或金黄，说明果实已完成后熟，风味品质达到最佳程度。色泽的变化和程度，有些果品可以作为果实成熟度的标志；而另外一些果品则可作为贮藏过程中质量变化的标志。不管何种情况，通过色泽的变化可以判断果实是否好吃，或者是否达到最佳食用期。

2．形状和大小

各种果品通常都具有其特征的形状和大小，可以作为我们识别品种和鉴别成熟度的一种参考。在同一批果品中，中等大小的个体恰恰表明在生长期中营养状况最良好，发育充实，营养物质含量高，风味品质好；个体大的组织疏松，呼吸旺盛，消耗营养物质快，风味差，品质易劣变；个体小的生长发育不充实，营养物质含量低，或者说明成熟度不够。所以，通常真正质量最佳的水果往往是那些中等大小的果实，选购果品时不要一味贪大。

此外，每种果品都有特征形状，如四川的锦橙，又名鹅蛋柑，以椭圆的果型最受欢迎；脐橙，则需要有明显的果脐；鸭梨，则要求具有其特征性的鸭嘴（果形呈倒卵圆形，近果柄处有一鸭头状突起，形似鸭头，故名鸭梨）。近些年来，由于肥水管理和全球气候变化的影响，驰名中外的天津鸭梨的鸭嘴特征变得不明显了，从而严重影响了鸭梨的出口，在香港市场上的售价也一落千丈。果品具有其特征的形状，一方面反映了品种的纯正性；另一方面也说明在生长发育中营养状况良好，发育充实。

3．风味成分

每一种果品或蔬菜具有自己特有的风味物质和呈香成分。果实的甘甜酸味形成的主要成分是各种糖和酸，果实含糖量和含酸量形成的糖酸比，形成了各种果实的风味特征，如柑橘、苹果、梨，依不同品种、栽培条件、区域位置，其果实的甜酸味可表现出纯甜、甜酸、酸甜等。令人愉悦的和谐的滋味，必定具有最佳的糖酸比值。因而很多国家均以糖酸比作为果实是否能采收、贮藏或加工的主要衡量指标之一。

果品的香气产生于它所含有的呈香物质，通常为油状的挥发性物质，主要是有机酸酯和萜类化合物。如柑橘中是以烯萜类的氧化衍生物如醇、醛、酮、酯构成各种柑橘的特殊香气物质。呈香物质在果品中的含量甚微，只有当水果成熟或后熟时才大量产生，没有成熟的水果缺乏香气。因此，在判别果品成熟度和是否已达到最佳可食期，香气是重要的标志之一。

4．质地

质地是人们对果品在口腔里被咀嚼时所产生的感觉的总评价，不同的果品质地给人们提供了多种多样的口感和享受，若鲜食有柔软、嫩脆、脆、绵、粉等感受，脆如苹果、大部分的梨；柔软多汁如桃、少部分梨、荔枝、龙眼、香蕉等。果品的质地主要由细胞间的结合力、细胞壁的机械强度、细胞的膨胀性、细胞的内含物等四个因素构成。它是由果品种类、品种的遗传因素决定的，也与其产地、栽培条件、生长期、成熟度等有关。

（二）果品的品质

果品的品质检验主要根据其成熟度、糖酸度、新鲜度以及有无机械损伤、生理病害、病虫害等方面加以评定。

1．成熟度

一般来讲，采收过早、还未成熟的果实，色泽浅、风味淡、酸度大、肉质中硬、品质较差；果实逐渐成熟时，外观上果面色泽更光彩夺目，蜡质形成，细胞组织和成分发生极明显变化：含糖量上升、含酸量下降、淀粉减少、涩味减退、果肉变软、维生素增加、芳香物质生成等；而过熟的果实，则组织变软，缺乏爽脆感，且不耐贮存。这些性状均作为果实是否可采收或贮藏或加工的指标。

对于香蕉、甜瓜、菠萝、猕猴桃、西洋梨、李子等水果而言，为了便于运输，大都提前采摘，有的甚至提早一个多月，因此需要贮存一段时间来完成果实的后熟。在此期间，果肉变软，淀粉转化为糖，甜味增加，而酸味、涩味、苦味减少，同时合成大量的芳香物质，绿色消失（也有例外）表现出各种成熟色彩和光泽，果实从而变得甘甜爽口，醇香宜人。在后熟的进程中，果实也都有一个最佳可食期，超过这个阶段，果实的风味品质又将变劣。

2．糖酸度

糖酸度能反映出固有的口味。我们在吃水果时，常用“甜酸适口”来形容它的风味。实际上水果“甜”的程度是取决于果实中含糖量与含酸量的比值。糖酸比高的水果，吃起来就觉得甜，而糖酸比低时，味道就酸。例如，苹果的含糖量一般在10%～12%，但糖酸比却可达20左右，故吃起来常感到很甜；而山楂的含糖量虽然高达20%左右，但糖酸比却小于10，这就是为什么山楂含糖量虽然超过苹果1倍，可是吃起来味道却很酸的原因所在。一般认为，纯甜或甜酸适口的水果，品质优良；若口味过酸或带有涩味，则表明品质较差，或成熟度不够，山楂、柠檬是例外。

3．新鲜度

新鲜度是反映品质的重要的感官标准。可通过形态、色泽、水分含量、重量、质地等方面的变化反映出来。如优质的苹果形态饱满，色泽鲜艳有光泽，多汁，重量与大小相称，软硬度适中。有些果品的风味品质要求有很高的新鲜度，如荔枝，尽管采用冷藏保鲜技术，荔枝大量涌入北方市场，外表看上去也十分鲜艳，但风味品质口感到底是赶不上在荔乡所吃到的刚下树的荔枝。对于干果，则以能够购买到当年加工上市的新货为好。陈年旧货外表看上去还可以，但内在品质往往已变劣，甚至变质、变味。

此外，优质的水果应具有完整无损的果皮，不应有碰伤、压伤、划伤等现象存在；不应有虫蛀、黑心、褐斑、霉斑等生理病害或病虫害现象的发生。

四、果品的烹饪应用

1．果品与蔬菜的不同

蔬菜多选未成熟植物鲜嫩的根、茎、叶、花，多半是风味清淡，少量的风味浓烈，如洋葱、蒜和甘蓝家族。通常都采用熟食，因为烹调可以提升蔬菜风味、软化构造，也比较好入口；而果实都是植物为了吸引动物才长出的部位，动物吃了就能帮植物散播果内的种子。因此，植物在成熟的果实里填满令人垂涎的糖分和酸质，果实还带有宜人的香气和光彩夺目的色泽，并且涩味减退、果肉变软，以供我们享用，所以果实无须烹调处理便很漂亮又很可口。若未成熟，果实往往不具吸引力，甚至无法入口。蔬菜是“生存型食物”，而果品则属于“享受型食物”。

2．果品入馔，古来有之

果品入馔，是采用时令果品搭配合适的肉类、海鲜或蔬菜，采用炖、煮、拌、炒、煎、蒸、焖、炸等不同烹饪技法，施以各种调料，烹出风味独特的美食。果品最初作为粥品进入食疗品而出现在诸多古籍中，如《圣济总录》的大枣粥、《饮膳正要》中的莲子粥与桃仁粥、《本草纲目》中的松仁粥、《老老恒言》中的龙眼肉粥等。果品入菜的有《本草权度》中的核桃腰子、《随园食单》中的栗子炒鸡与酱炒三果、《紫禁城秘谭》记载的荔枝肥鸭暖锅、一品枇杷鸭子等。流传下来的莲子羹、酸梅汤、枣糕、百果肘子、蜜汁苹果、拔丝香蕉及八宝饭等，都是得到认可的美味佳肴。

3．果品烹饪有讲究

果品入馔首先要考虑与相配材料的特性和味道是否协调，依据其特性选择可搭配的食材，看适合与肉类、海鲜、蔬菜搭配，还是适合制羹汤、熬粥、制作糕点等。如木瓜、菠萝这类含有植物蛋白酶的果品，可配牛肉、猪肚，通过酶解能令肉类口感鲜嫩。

其次是烹调方式的选择。果品入馔的方式有蒸、炖、炒、拔丝、煲汤、冷拼等多种烹饪方法。一般而言，质地紧实的水果适合蒸，如雪梨、木瓜、橙子、菠萝等；颜色鲜艳的水果适合用来入馔炒菜，如菠萝、芒果、草莓、猕猴桃等，不仅会让菜肴更漂亮，也会让菜肴更加清香；质地比较坚硬的果品，煮或炖的烹饪方式则比较适用，如雪花梨、甘蔗、木瓜、莲子、红枣等。

果品在西餐中主要制作色拉、派及甜点。水果色拉可用各种新鲜的、熟的、罐装、冷冻的水果，一般被用作开胃色拉、甜品色拉或是午餐的配菜。一小勺乡村乳酪或其他味道柔和的蛋白质食物常和它搭配。用水果、水果汁、糖、调味料以及淀粉加工成水果馅，可用于制作派。

果品也是食品工业的重要原料，在发达国家占产量45%～70%以上的果品用于加成各种加工品，大增其附加值。我国的果品加工业才在起步，加工量仅占总产的5%左右。

第二节　水果

一、水果的分类

水果也称“鲜果”，指新鲜的、可食部分肉质化、柔嫩多汁或爽脆适口的植物果实，具有独特的果香和甜味。水果是果品中最多和最重要的一类，按植物学分类，有蔷薇科、芸香科、葫芦科等38科。结合相关水果分类标准，可分为11类，见表4–1。

表4–1　水果的分类

序号	类别	品种
1	香蕉类	香蕉、大蕉（板蕉）、金香蕉（皇帝蕉）、粉蕉（糯米蕉）等
2	荔枝类	龙眼（桂圆）、荔枝、红毛丹（毛荔枝）等

续表

序号	类别	品种
3	果蔗类	甘蔗
4	荚果类	苹婆（凤眼果）、酸豆（罗望子）等
5	柑果类	甜橙、柠檬、柚（文旦）、柑橘、金橘等
6	聚花果类	菠萝（凤梨）、菠萝蜜（树菠萝）、面包果、无花果、桑葚（果桑）等
7	聚合果类	草莓、树莓（覆盆子）、番荔枝（释迦）、黑莓等
8	核果类	芒果、油梨（鳄梨）、余甘子、毛叶枣（印度枣）、橄榄（白榄和乌榄）、杨梅、桃、杏、枣、李子、梅、樱桃、洋梨、槟榔等
9	仁果类	苹果、山楂、梨、枇杷、木瓜、海棠果、沙果等
10	浆果类	番石榴、杨桃、火龙果、番木瓜、蒲桃、莲雾、人心果、黄皮、西番莲（百香果）、蛋黄果、柿子、猕猴桃、石榴、葡萄、蓝莓、穗醋栗、提子、葡萄柚、油桃、樱桃、胡桃、山竹、椰子、榴莲、蔓越橘（蔓越莓）等
11	瓠果类	甜瓜、西瓜、香瓜、哈密瓜、白兰瓜等

二、常见水果品种

1. 仁果类

仁果类又称梨果类，都属于蔷薇科果树的果实。果实是假果，食用部分是肉质的花托发育而成。其中经济价值最大的是苹果、梨、山楂等。

苹果（*Malus* spp.）

苹果是蔷薇科落叶乔木苹果树的果实，世界上栽培地区和产量较大的果树之一，它和葡萄、柑橘、香蕉一起并称为“世界四大名果”。我国的苹果资源丰富，产量居世界第一，主要集中在渤海湾、黄土高原、黄河故道和西南冷凉高地等四大产区，其中渤海湾产区和西北黄土高原是世界优质苹果生产的最大产区。

（1）种类特点　全世界苹果优良品种有10000个以上，我国引进和选育的品种有250个，用于商品栽培的主要品种仅有20个左右。

按成熟期可分为早熟种（如嘎拉、鲁丽等）、中熟种（如金冠、红星等）、晚熟种（如国光、富士等）。其中富士系品种产量占全国苹果总产量的70%以上。苹果果面均有艳丽的色泽，紫色、深红色、红色、绿色、黄色等（见图4-3），果肉多为黄白色，肉质细而脆、汁多、芳香，其甜酸度各品种也有差异，有浓甜、甜、甜酸适宜，大多数品种较耐贮藏。

图4-3　不同品种的苹果

我国地理标志产品的苹果约60个，山东有烟台苹果、威海苹果等13个；甘肃有花牛苹果、庆阳苹果等12个；陕西有延安苹果、洛川苹果等10个；辽宁兴城苹果、瓦房店红富士等5个；还有河北富岗苹果、山西芮城苹果、河南灵宝苹果、北京昌平苹果、新疆阿克苏苹果、黑龙江宝清苹果、云南昭通苹果、四川盐源苹果、内蒙古宁城苹果、贵州威宁苹果等，其中，陕西是联合国粮农组织认定的世界苹果最佳优生区，是全球集中连片种植苹果最大区域，产量约占中国的四分之一和世界的七分之一。陕西苹果2015年4月获中欧“10+10”地理标志国际互认，成为全球知名品牌，被誉为国礼，产量、品质居中国第一。

（2）烹饪应用 苹果主要用于鲜食，取清香、脆甜之本味。去皮、核后即可整用，或切成块、丁、条、片作果盘供直接食用。烹调多做甜菜，如整只苹果去核后酿上豆沙或枣泥馅，笼蒸至酥烂后浇甜汁，即成“瓤苹果”；将苹果切块挂糊油炸后，挂上熬好的糖浆，即成为金丝缕缕的“拔丝苹果”；将苹果蒸熟制泥，加其他果料及白糖、桂花经油炒即成为甜糯细软的“炒苹果泥”；将苹果切片，夹上山楂糕片或枣泥，然后挂上蛋泡糊经炸后即为外酥松里甜润的“高丽苹果”。苹果也是良好的配料，适合做熘鸡丁、熘鱼片等酸甜味型热菜的配料。此外，还可制成果汁、果酒、果醋、罐头、果干、果脯、果泥、果糕、果酱等。

西餐中根据苹果的不同特点来选用，如欧洲原生种类的苹果只用来榨汁；味甜不脆的金冠（Golden delicious）是西餐主要点心用苹果之一；英国布蓝莱（Bramley）果肉酸涩多汁，是烹调用苹果的主角，多做成苹果派；澳洲青苹果史密斯奶奶（Granny smith），果肉脆质、有独特的酸涩味，是生食或熟食皆宜的两用苹果。

（3）营养价值 苹果除含有80%的水分以外，果实中还含有糖（总糖含量10%～17%）和有机酸（苹果酸0.38%～0.63%）。此外，还含有类黄酮等抗氧化成分，B族维生素、维生素C、维生素E、胡萝卜素等多种维生素，以及钾、钙、磷、镁、铁、锌等矿物质。苹果果实中蛋白质和氨基酸含量较少（0.3%～0.4%），但游离态的氨基酸可与果实中的糖、酸、芳香物质等一起形成不同品种苹果的独特风味。

现代医学认为，苹果对胃肠功能有双向调节作用，既能止泻，又可通便。苹果中含有鞣酸、果胶等成分，它们具有抑制和消除细菌毒素以及收敛的作用，因而能止泻。而苹果中的有机酸和纤维素有刺激、促进肠道蠕动的作用，因而可通便。苹果还能降血脂和胆固醇，因此十分适合高血压、高血脂、冠心病和动脉硬化等患者食用。民间有谚语“一日一苹果，医生远离我”，说明苹果具有特殊的保健功效。

（4）品质检验 鲜苹果的等级和品质可依据“GB T 10651—2008 鲜苹果”检验。

2．核果类

核果泛指所有的李属（*Prunus*）果实，如李、杏、桃等，隶属种类繁多的蔷薇科，和仁果类是近亲。核果类的英文名Stone fruits，是因为果实核心有坚硬如石的“核”（由内果皮硬化而成），里面包覆着单一大型种子。尽管李属在北半球共有15种，重要的品种却大多原产于我国。核果不会储藏淀粉，因此收成之后甜味不会增加，不过果实确实会变软并发出香气。核果若放太久，内部组织往往会变得粉粉的，甚至整个瓦解，因此，如果和能够储藏较久的苹果、梨相比，新鲜核果更具季节性，是消费者喜爱的鲜食水果。

桃（*Prunus* spp.）

图4-4 桃子

桃是蔷薇科植物桃树的果实，原产我国，是古老的水果之一，分布很广，在全国各地都有栽培，其中以浙江栽培最多，河南次之。中国人习惯于把桃子作为福寿祥瑞的象征，素有“寿桃”和“仙桃”的美誉。

（1）种类特征　我国是世界上桃类资源最丰富的国家，栽培的约有800多种，且质量之好，举世闻名。桃按果皮有无茸毛，可以分为有毛的普通桃与无毛的油桃；按果实形状，可以分为普通圆形桃与扁形蟠桃；按果肉质地，可以分为硬肉桃和软肉桃；按果肉颜色则可分为白肉桃和黄肉桃等。

我国地理标志桃有无锡阳山水蜜桃；山东的青州蜜桃、肥城桃、蒙阴蜜桃；上海的奉贤黄桃、金山蟠桃、南汇水蜜桃；广东的九仙桃、连平鹰嘴蜜桃；甘肃的秦安蜜桃；河北的顺平桃；贵州的梭筛桃；北京的平谷大桃；湖北的三湖黄桃；福建的古田水蜜桃等。

（2）烹饪应用　桃色泽鲜艳，果味甜美，多生食，也可制作甜菜或水果拼盘。鲜桃表面有茸毛，在淡盐水中略浸泡易去净细毛。适宜于蜜汁、拔丝、炸、蒸、烩等烹调方法。蜜汁法中多将桃子切块装碗，加冰糖、桂花等蒸后，浇稠汁上热吃，夏季则可冰镇后冷吃，风味更佳。炸法多见于挂蛋泡糊，经油炸后食用。将桃子整只去核，酿上枣泥或豆沙等馅心，蒸熟后浇汁，用于祝寿筵席很受欢迎。另外，取桃片、丁、块等配以鸡丁、虾球、鱼片等炒、熘，体现其充当配料的良好性能。桃子还可制成桃干、桃脯、桃酱、蜜饯、糖水罐头及饮料等，其中的桃脯在甜菜、甜点和糕点中运用很广泛。糖水桃是世界水果罐头中的大宗商品，生产量和贸易量均居世界首位，年产量近百万吨。

（3）营养价值　桃一般含糖（果糖、葡萄糖等）7%～15%，有机酸（苹果酸、柠檬酸等）0.9%，果肉柔软多汁、酸甜适口、香甜味美。桃中铁含量丰富，故吃桃能防治贫血；桃中富含果胶，经常食用可预防便秘；桃性温，适合瘦弱而体质虚寒者食用。古话说“桃饱人，杏伤人”，多食桃易带来口干、口渴、咽喉疼痛等症状。

（4）品质检验　鲜桃的等级和品质可依据“NY/T 586—2002 鲜桃”检验。

3．浆果类

浆果类果实形状较小，果肉成熟后呈浆状，故称为浆果。如葡萄、猕猴桃、柿等。其中葡萄与香蕉的经济价值最大，而龙眼、荔枝则是我国的珍贵果品。

葡萄（*Vitis* spp.）

葡萄是葡萄属木本藤蔓植物的浆果，因含易被人体吸收的葡萄糖而得名，原产于黑海、地中海沿岸。在世界的果品生产中，葡萄种植面积和产量都居世界首位。葡萄是一种很古老的植物，迄今已有5000多年的种植历史。中国古时在陇西、敦煌的山谷原野中早就有野生的葡萄，但正式栽培是在汉朝张骞出使西域后引种传入的。现全国广有栽培，以西北、华北风土适宜，栽培最盛。

（1）种类特征　全世界葡萄有上万个品种。按用途分三类：①酿酒葡萄，多源自欧洲，较小串，皮厚，酸度高，足以控制酵母发酵，我国有雷司令、霞多丽、赤霞珠等20多个优良品种。②鲜食葡萄，多来自西亚，较大串，酸度小，制成葡萄干的品种表皮薄、含糖量较高，葡萄串的结构松散，利于干燥作业。包括早熟种夏黑、黑皮特、京香玉等；中熟种巨峰、藤稔、巨玫瑰、金手指等；晚熟种魏可、美人指等；见图4-5。③无核与制汁品种：如无核白、无核紫、红脸无核等。

图4-5 鲜食葡萄品

我国地理标志葡萄有户县葡萄、凯里水晶葡萄、段园葡萄、萧县葡萄、红岩葡萄、敦煌葡萄、丁庄葡萄、饶阳葡萄、长沟葡萄、张家湾葡萄等。

（2）烹饪应用 全世界葡萄产量的71%用于酿酒，27%用于鲜食，2%用于制作葡萄干。烹调中主要用鲜食葡萄和葡萄干。鲜葡萄适用于拔丝、甜羹、油炸等烹调方法。由于葡萄柔软多汁，拔丝、油炸时要挂上一层糊，以保持其浆液不外溢。取鲜葡萄汁用于一些甜菜的汤汁，利用其天然的甜酸味和多彩的色泽取胜。葡萄干广泛用于甜点以及糕点中，除作馅心外，还兼有点缀装饰功效。

（3）营养价值 葡萄是一种营养丰富的多汁浆果，含糖量为15%～30%，并且大部分是易被人体吸收的葡萄糖、果糖，少量蔗糖和木糖。欧洲称葡萄为“百果园中之尊”，葡萄汁被誉为“植物奶”。葡萄皮富含多羟基酚类化合物白藜芦醇，具有降血脂、抗血栓的作用，皮中的单宁能抗过敏，葡萄颜色越深含生物活性物质黄酮类越多。葡萄汁可降血压；葡萄子含低聚原花青素、丰富的亚油酸、维生素、植物固醇及白藜芦醇等，具有很好的抗氧化、抗衰老、抗疲劳、抗癌及抗诱变作用。法国科学家发现：葡萄能有效阻止血栓形成，吃葡萄可降低血液黏度，降低血小板的凝聚力，对预防心脑血管病有一定作用，其效果优于阿司匹林。将葡萄皮和籽一起食用，健康作用更佳。

（4）品质检验 鲜葡萄的等级和品质可依据“GH/T 1022—2000 鲜葡萄”检验。

4．柑橘类

柑橘类属芸香科，现世界上柑橘栽培品种均原产于我国，有文字记载的柑橘栽培历史已有3000年。目前，我国柑橘栽培面积居世界第一位，产量居第三位，仅次于巴西和美国。国内柑橘90%用于鲜食（其中30%贮藏保鲜），10%用加工；在美国、巴西等国80%柑橘用于加工制汁，并对外输出，创造高附加值。

柑橘类主要特征是外果皮革质，内含芳香油；中果皮疏松，呈白色海绵状；果实是由合生心皮发育而成的浆果，每个心室（即果实中的囊瓣）含有特殊的汁胞。这种果实在植物学上称“柑果”。因品种繁多，成熟早晚各异，鲜果供应期长，又较耐贮藏运输，基本可做到周年供应。其分类见图4-6，其中柑橘属是分布最广、种类最多、栽培价值最大的一属。

柑橘类citrus（芸香科*Rntaceat*）
- 枳属*Poncirus*
- 金橘属*Fortunella*
- 柑橘属*Citrue*
  - 宽皮柑橘类——柑和橘
  - 柚类——普通柚（文旦）和葡萄柚
  - 枸橼类——柠檬、香橼
  - 橙类——甜橙、香橙、酸橙
  - 大翼橙类
  - 宜昌橙类
- 其他10属

图4-6　柑橘类果品分类

甜橙（*Citrus* sinensis）

甜橙又名黄果、金球、广柑等，原产我国东南部，是我国主要柑橘类栽培品种之一，也是世界上栽培最多的柑橘类水果。在世界柑橘生产中，甜橙占的比例最大，年产量约占橘类总产量的2/3。我国主要产于广东、湖北、湖南、福建、四川等地。

（1）种类特征　甜橙果实比橘大，果实圆形或长圆形，果皮橙红或橙黄色，紧密光滑，不易剥离，囊瓣也不易剥离，肉质细嫩，多汁化渣，味浓芳香，酸甜适口，品质优良，大多品种耐贮藏，见图4-7。在柑橘类中，甜橙品种最丰富，全世界品种达400个以上。依季节可分为冬橙和夏橙，依果实性状可分为4个类型：①普通甜橙，甜橙中数量最多的种类，也是中国甜橙的主栽品种；②糖橙（无酸甜橙）；③脐橙，果顶有孔如脐，内有小果瓤囊露出；④血橙，果面红色，果肉赤红色或橙色而有赤红色斑条。

图4-7　甜橙

我国地理标志产品的橙有赣南脐橙、琼中绿橙、德保脐橙、廉江红橙、秭归脐橙、奉节脐橙、萝岗甜橙、平远胶橙等。

（2）烹饪应用　甜橙一般作为水果鲜食，也可用于制作菜肴、面点、小吃；还可作为菜肴盛器，如“香橙鸭子”之类，可用作装饰料；又可用作酸味调味料。宋代对橙在烹调中应用的认识已很广泛，《山家清供》中载有“蟹酿橙”“橙玉生”“持螯供”等名馔，“蟹酿橙”是以橙作盛器；“橙玉生”是取橙肉捣烂拌雪梨而成；“持螯供”是以酸橙汁调食蟹肉。用作菜肴，多用于甜菜。西餐中常将甜橙果实细切加在沙拉中、切片用于饮料里，或当作菜的配饰；它的果汁可用在调味酱及糊状物中；果皮可以磨碎用于烘焙，也可以整个拿来当作沙拉或冰品的外壳，或是切片糖渍。

橙子可制果汁、果酱和蜜饯等。橙汁是世界产量最大的果汁，尤以冷冻浓缩橙汁为多。

（3）营养价值　橙子富含糖类、柠檬酸、苹果酸、琥珀酸、橙皮苷、果胶、维生素及挥发油，挥发油包含醛、酮、酚、醇、酯、酸及香豆精等70多种成分，经常食用有降低胆固醇、增强毛细血管壁韧性的作用，有助于预防心脑血管疾病。橙子的果肉和络含有丰富的纤维素与果胶类物质，有助于肠道有益菌群的增殖。橙色类水果大都有清肺养肺功效，常吃橙子对肺热引起的咳喘、咳痰等症都有较好的效果。

（4）品质检验　脐橙的等级和品质可依据“GB/T 21488—2008 脐橙”检验。不同品种的橙可依据相应的标准检验，包括“GB/T 20355—2006 地理标志产品 赣南脐橙”“GB/T 22440—2008 地理标志产品 琼中绿橙”“NY/T 453—2001 鲜红江橙”“NY/T 697—2003 锦橙”等。

5．瓠果类

瓠果是果实的一种类型，属于单果，是葫芦科植物特有的果实类型。很多瓠果被人类作为水果、蔬菜或者中药食用，包括西瓜、哈密瓜、白兰瓜、黄瓜、丝瓜、冬瓜、葫芦等。瓠果的外果皮与花托合生形成较坚韧的果实外皮，中果皮与内果皮的界限不甚分明，常肥厚多汁，冬瓜、甜瓜等水果蔬菜可供食用的就是这个部分。瓠果的胎座异常发达，这是其他类型果实所不具有的，发达的胎座常在果实内占据很大的空间，西瓜供食用的部分就是胎座。

西瓜（*Citrullus lanatus*）

西瓜为葫芦科一年生草本蔓生植物的果实，又名水瓜、夏瓜、寒瓜等。原产非洲南部，埃及人在5000年前就吃西瓜，唐、五代时引入契丹，后由新疆一带引种到内地。因其从西方传入，故名西瓜。现除少数寒冷地区外，我国南北各地都有栽培，总产量居世界首位，品种之多也为世界之最。

（1）种类特征　西瓜按用途一般可分为：食用西瓜和子用西瓜。食用西瓜作为水果可直接生食，瓜形大、细胞也大，果肉含糖量高，汁多味甜，重量可达30kg以上。这类西瓜品种很多，瓜形上有圆形、椭圆形、筒形（枕形）等，见图4-8，正方形西瓜能节省空间，并耐贮藏和运输；瓜皮颜色有白皮、黑皮、花皮、豆青、黄皮五类；瓜瓤色泽有红瓤、白瓤、黄瓤之分，红瓤西瓜含有能抗氧化的茄红素，含量还超过番茄；瓜子颜色有黑子、白子、褐子等，20世纪30年代日本首度育成无籽西瓜，实际上也含有未发育的小型种子。

红瓤西瓜　　黄瓤西瓜　　方形西瓜　　心形西瓜

图4-8　西瓜

我国地理标志产品西瓜有大兴西瓜、黑水西瓜、新乐西瓜、板子房西瓜等。宁夏中卫是闻名全国的“中国硒砂瓜之乡”，生产的香山硒砂瓜富含锌、硒、钙等微量元素，汁多爽口，甘甜如蜜，兼具个大、皮厚、质硬、耐储存、易运输，被认证为A级绿色食品，是2008年北京奥运会绿色食品专供产品。

（2）烹饪应用　西瓜除鲜食外，也可入馔。可整用，也可分成瓤、皮用。整用西瓜多做盅式菜，如“西瓜盅”“西瓜鸡”等，与食雕结合，于瓜皮外雕成各式图案或吉祥花纹，赏心悦目，扬州、浙江平湖等地的西瓜灯有较高艺术欣赏价值。西瓜瓤可切块挂糊做成“炸西瓜”或“拔丝西瓜”；以瓜瓤搅汁加琼脂制成水晶状块而成“冰糖水晶西瓜”；还可制成“西瓜酱（甜）”“西瓜冻”“西瓜汁”等。西瓜皮刮净瓤层与表皮蜡质层，可切成块、丁、条、片、丝等，配荤素各料，用拌、炝、炒、爆、烧、烩等法成菜，剁碎也能做馅料，可腌、酱、渍、泡制成小菜，或做瓜干、蜜饯。北京大兴区宾馆根据西瓜的不同部位（如西瓜皮、瓜子、瓜瓤、瓜叶）及不同形态创制而成精美的“西瓜宴”。

（3）营养价值　西瓜是消暑解渴的夏令佳果，被誉为“天生白虎汤”。西瓜水分含量一般在94%以上，除不含脂肪外，几乎含有所有的营养素。西瓜所含的无机盐有利尿作用，可消除泌尿系统感染，对急性热病与发烧均有缓解作用；所含的配糖体具有降压作用。西瓜瓤还含有番茄红素，其是高效抗氧化剂，能保护心脏、降低血压。西瓜皮和西瓜子均有一定的药用价值。

（4）品质检验　西瓜的等级和品质可依据“NY/T 584—2002 西瓜（含无籽西瓜）”检验。无籽西瓜分等分级和品质可依据“GB/T 27659—2011 无籽西瓜分等分级”检验。

6. 复果

复果由一个花序上所有的花，包括花序轴共同发育而成，如菠萝、无花果、桑葚等。菠萝的果实是由肥厚肉质的中轴、肉质的苞片和螺旋状排列的不发育的子房共同形成球果状体；无花果的果实是由隐头花序形成的复果，称为隐头果。

菠萝（*Ananas comosus*）

菠萝别名凤梨、番梨，为凤梨科植物凤梨所结的大型松球状果实（见图4-9），是一种热带植物，原产巴西，16世纪传入我国，主要产于广东、广西、云南、福建、海南和台湾等地，是我国岭南四大名果（菠萝、荔枝、香蕉、木瓜）之一。

图4-9　菠萝

（1）种类特征　菠萝外形为长圆形，有鱼鳞似的表皮，果肉呈淡黄色或白色，由无籽小果螺旋排列而成，每个凤梨有100～200个小果，直接与中央核相连聚集，在小果融合过程中，也会把细菌和酵母菌包入果内，这让菠萝内部有可能腐败。菠萝不储存淀粉，一旦采收甜度便不再提高，风味也不再改进，不过质地还是会变软。菠萝果肉柔嫩、脆软、多汁，具有特殊香气，甜酸爽口，为人们喜爱的水果之一。根据菠萝果实、叶片和植株性状的差异等主要分为三个类型：①卡因类，果大，圆筒形，适宜制罐，汁多，糖酸含量中等，香味较淡，品种有夏威夷、沙捞越、台湾无刺等；②皇后类，果小，卵圆形，汁少，含糖量高，香味浓郁，适宜鲜食，品种有神湾、金皇后等；③西班牙类，果实呈球形，果肉纤维较多，汁少，含酸量高，香味浓，主要品种有红西班牙、有刺土种等。

我国地理标志产品的菠萝有广东中山神湾菠萝和徐闻愚公楼菠萝，徐闻县是“中国菠萝之乡”，所产愚公楼菠萝很早就以香、脆、甜闻名于世，美国相关历史书籍把“愚公楼菠萝”列为世界名果。

（2）烹饪应用　成熟的菠萝非常甜又相当酸（柠檬酸），浓郁的香气来自复杂的混合物质，包括果香酯类物质、香料的硫化物、香荚兰香精和丁香香精等。菠萝基部附近的小果最早形成，因此肉质最老也最甜，酸度则从核心往外递增，表面可达核心的2倍。由于菠萝风味强烈，果肉又很坚实，且含些许纤维，因此菠萝可以去皮入馔。可直接切片、块鲜食；可做"拔丝菠萝""蜜汁菠萝""菠萝酪"等甜菜、甜羹；也可切块、条、片等做酸甜味型菜肴的配料，如"菠萝咕噜肉""菠萝鱼片"；用菠萝汁调制"菊花鱼""松鼠鱼"，果味浓郁；可做点心"八宝菠萝饭""菠萝凉糕"等；还可用菠萝做容器盛装菜肴。西餐中常用来切块烘焙、烧烤或油炸，制作菠萝布丁、菠萝馅饼，或将其与肉一起烹煮，可以使肉类变得软嫩。

需注意的是，少数人对菠萝蛋白酶有过敏反应，可将菠萝切片，用淡盐水浸泡后再食用。菠萝中含5-羟基色胺，吃多了会使血压升高，故高血压患者应慎食。菠萝不要空腹吃，以免菠萝蛋白酶伤害胃黏膜。

（3）营养价值　菠萝果肉中除水分外，还含有还原糖、有机酸、蔗糖、蛋白质、膳食纤维、维生素C、胡萝卜素、硫胺素、烟酸等，以及钙、镁、铁等矿物质与微量元素。新鲜的菠萝含菠萝蛋白酶与苷类，能帮助消化蛋白质，可增进食欲，尤其是过食肉类及油腻食物之后，吃些菠萝更为适宜。菠萝榨汁后加盐饮用，可缓解中暑症状。便秘的孩子吃盐渍的新鲜菠萝，能起到通便作用。菠萝还具有减肥作用，秘密在于菠萝汁能有效降解脂肪。夏季食用菠萝或菠萝汁，有解暑、缓解嗓子疼和止咳的效果。菠萝的芳香有养心安神的作用。研究显示，菠萝与蜂蜜等协同作用具有止咳的功效。适当吃菠萝对肾炎小便不利、高血压、热咳、咽喉肿痛、支气管炎、消化不良、酒醉等有相当好的食疗效果。

（4）品质检验　菠萝的等级和品质可依据"NY/T 450—2001 菠萝"检验。

知识链接

食肉的果实：植物蛋白酶之谜

说起食肉植物，恐怕多数人脑海中立刻闪现出影视作品中对它们形形色色的夸张描述。其实，食肉植物分布于10个科约21个属，有630余种。它们能够吸引和捕捉猎物，并能"吃掉"昆虫和其他小动物，其秘诀就在于这些植物分泌的消化液中含有能分解肉类的消化酶。

菠萝的茎、叶、皮及果实都含有多种活性蛋白质消化酶，品质最佳的蛋白酶是利用菠萝的中茎加工而成的。肉制品烹饪加工中，利用提纯的菠萝蛋白酶（肉类嫩化剂的成分）分解肉的胶原蛋白，可以使肉类嫩滑。如果用菠萝制作果冻类的甜点，必须先经过烹煮，让蛋白酶失去活性，才能用来制作。此外，在含有牛奶或奶油的混合料中放入菠萝，菠萝蛋白酶会破坏酪蛋白成分，产生带苦味的蛋白质碎片。只要先将菠萝煮过就可以避免这种现象。

第三节　坚果

一、坚果的分类

坚果又称干果（Nut），是指外被坚硬壳皮，需剥去硬壳方能食用的果实（或种子），主要食用种仁。我国地域广袤、地形复杂、气候多样，造就了目前丰富多彩的坚果资源。我国作为人工栽培和商业用途的坚果树种，主要包括裸子植物：银杏（白果）、香榧、果松；被子植物：核桃、榛子、板栗、腰果、阿月浑子、澳洲坚果等。按营养特点分为高淀粉坚果，如板栗、莲子、白果等；高油脂、蛋白质坚果，如世界著名的四大坚果核桃、榛子仁、腰果和甜杏仁，这类干果稍微烘烤便会转呈褐色，香气浓郁，质地略带酥脆，润泽的油脂令人满口生津，备受青睐。

商品上也将瓜、果、蔬菜、油料等植物的籽粒归入坚果，称为“种子坚果”，把具有坚硬外壳的木本类植物的籽粒称为“树坚果”，见表4–2。

表4–2　坚果的分类

序号	类别	品种
1	树坚果	核桃、榛子、杏仁、腰果、松子、板栗、夏威夷果、澳洲坚果、蛇皮果、香榧、银杏、开心果、扁桃仁（巴旦木）、鲍鱼果、碧根果、橡果等
2	种子坚果	葵花子、西瓜子、南瓜子、瓜蒌子、花生、蚕豆、豌豆、莲子、芡实等

二、常见的坚果品种

1．核桃

核桃（*Juglans regia*），为核桃科落叶乔木胡桃的果实，原产于亚洲西部的伊朗，汉张骞出使西域时传入我国，现已分布我国各地。核桃可食部分为除去果壳后的种仁，即核桃仁。核桃仁营养丰富，在干果之中，享有“干果之王”的美誉，是人们喜食的保健食品之一。我国是世界核桃种植面积最大的国家，全国核桃种植面积达1亿多亩，产量占全球的48%。云南核桃种植面积和产量均居全国第一。

图4–10　核桃（仁）

（1）品种特征　我国现有核桃分核桃、泡核桃、核桃楸、野核桃、麻核桃、吉宝核桃、心形核桃、黑核桃、北加州黑核桃9类1000多个品种，生产中栽培的食用核桃主要是核桃和泡核桃。①核桃是国内外栽培最广泛的一种，我国栽培的多为此种，分布广，果实为坚果，圆形或椭圆形，表面具刻沟或光滑，种仁呈脑状，被浅黄色或黄褐色种皮，主要供食用或榨油。②泡核桃又称漾濞核桃、茶核桃、铁核桃，抗寒力弱，主要分布于云南，为我国第二大主栽种，果大、壳薄、仁白、味香、出仁率和出油率高。

我国地理标志产品的核桃约有54个，云南有大姚核桃、漾濞核桃等9个；陕西有黄龙核桃、洛南核桃等8个；四川有南江核桃、朝天核桃等5个；河北有涞水麻核桃、临城薄皮核桃5个；其他有甘肃麦积核桃、山西汾州核桃、辽宁建昌核桃、新疆和田薄皮核桃、贵州水城核桃、湖北郧阳核桃、山东寨里河核桃、河南卢氏核桃、广西凤山核桃、西藏加查核桃、天津黄花山核桃等。

（2）烹调应用　烹调时取鲜或干核桃仁供用。干桃仁经温水浸泡去皮后即可进行烹制加工。可作冷盘，常见的是油炸或挂霜，甜香酥脆。核桃仁用糖汁粘在一起堆成假山石，可作为花色冷盘中的假山装饰，既可食又美观。热菜中核桃仁多充当配角，适用于炸、炒、蒸、炖等多种烹调方法。如“炸芝麻桃仁鸡”“桃仁虾排”“核桃丸子”“桃仁鸡丁”等；核桃仁炒热后碾成末，可做成“雪花核桃泥”“核桃酪”等名菜，也可作为糊状食品的主料或配料；江苏盐城的名点“藕粉圆子”的馅心中便少不了核桃仁。此外，核桃仁在糕点制作中也有其重要的地位。核桃仁还可作为冬令滋补食物，有很好的滋补功效。

（3）营养保健　核桃仁中蛋白质含量一般为15%，含有18种氨基酸，且8种必需氨基酸种类齐全，构成与人体氨基酸模式近似而被美国农业部评为优质蛋白；脂肪为60%～70%，脂肪酸中的不饱和脂肪酸占90%，其中，亚油酸和亚麻酸含量较高（约为72%），而胆固醇的含量为0，核桃仁磷脂对脑组织非常有益，有“天然脑黄金”之称；碳水化合物含量12.8%～15.93%，膳食纤维含量为4.2%～5.2%。种仁中维生素含量由多到少分别是烟酸、泛酸、维生素B_1、维生素B_2和维生素B_6，维生素E含量为4.74mg/100g；核桃中富含钾、镁、钙、锌、铬、锰等人体所必需的矿物质元素。

除营养成分外，还含有许多功能性成分，如核桃内种皮酚类和黄酮类含量较高，加工食用核桃时要注意保护内种皮，充分保留黄酮、总酚的抗氧化功能，核桃是褪黑激素的良好来源，含量为2.5%～4.5%，能够促进人体睡眠。现代医学研究认为，核桃能健脑益智、护肝降糖、降血脂、抗氧化防癌、预防心血管疾病、调节体质等功能。

（4）品质检验　核桃的等级和品质可依据“GB/T 20398—2006 核桃坚果质量等级”检验。

2. 白果

白果（Ginkgo nut）是银杏树（*Ginkgo biloba*）所结坚果的淀粉质种仁。银杏是银杏科乔木的遗种，该科在恐龙时代十分显赫，如今全世界只剩下银杏1种，因此被当作植物界中的“活化石”。中国的银杏主要分布在温带和亚热带气候区内，资源丰富，拥有世界70%左右的银杏资源，年产白果约19万吨。江苏泰兴市拥有百年以上银杏树6000多株，常年产量4000吨，约占全国白果产量的三分之一。

（1）种类特征　银杏树栽培品种有核用、叶用、观赏、雄株、材用五类，其中核用（种仁）品种是各银杏产区多年来选育出的优良品种，如泰兴大佛指、西山洞庭皇、洞庭佛手、郯城金坠、圆铃、诸暨大梅核、大马铃等。9～11月，当银杏果实呈橙黄色时，可采集果实堆放在阴湿处（或浸泡在缸里），使肉质外种皮腐烂，除去外种皮，在清水中冲洗干净后，呈现坚硬的骨质中种皮（果壳呈漂亮的白色，故称白果）。晒干，贮存备用。打碎外壳，剥去红褐色膜皮（内果皮），呈现的种仁称为生白果仁，可用于烹调加工或晒干备用，见图4-11。如白果以蒸、炒等方法加工后，再打碎外壳，取出种仁，即为熟白果仁。

我国地理标志白果有江苏泰兴白果、邳州银杏；陕西华胥大银杏、留坝白果；湖北安陆银杏、随州古银杏；山东郯城银杏、新村银杏；贵州妥乐白果、甘肃徽县银杏等。其中，泰兴白果99%为上品“大佛指”，果大、壳薄、仁饱满、浆水足，出核率、出仁率高，壳细紧密，贮藏期长，80%以上直接出口东南亚等地。

图4-11　白果及果实构造

（2）烹饪应用　生白果仁肉质脆嫩，味清香略苦，因果蒂部分含有氢氰酸，生食易中毒，所以很少生食。种仁熟食，柔软清香，非常可口，我国宋代白果已广泛用于烹饪。烹饪中可做主料制成甜味菜，如桂花白果、蜜汁白果等；白果仁做配料则用途更广，多与猪、牛、羊及禽、蛋类原料相配，采用炒、蒸、煨、炖、焖、烩、烧、熘等多种烹饪方法，制成美味佳肴，如蜜腊银杏、诗礼银杏（孔府名菜）、银杏鸡豆花、白果猪肘炖鸡、椒盐白果、白果鸡丁等。白果仁还可用于主食及糕点小吃。民间以铁丝笼装之于小炭炉上烘烤成熟，去壳后其肉翠绿而半透明，入口香糯，稍带苦香味，是长江下游一带冬令传统名小吃。在日本、美国的餐厅及副食品店也有白果凉拌菜及副食品出售。

（3）营养保健　白果富含碳水化合物（60%～70%）与蛋白质，并有少量的脂肪、多种维生素及矿物质元素。银杏还含有多种活性成分，如白果酸、氢化白果酸、白果酚、白果醇、银杏内酯、戊聚糖、甾醇等成分，具有软化血管、延缓大脑衰老、增强记忆力、防治脑供血不足和老年痴呆等功效，是药食兼用的食材。白果对于肺病咳嗽、老人虚弱体质的哮喘及各种哮喘痰多者，均有辅助食疗作用，研究发现，白果还有助于减轻器官移植的排异作用。

（4）品质检验　白果的等级和品质可依据“GB/T 20397—2006 银杏种核质量等级”检验；泰兴白果可依据“GB/T 21142—2007 地理标志产品 泰兴白果”检验。

（5）安全控制　白果中含有致毒成分会导致人体出现间歇性痉挛、呕吐、全身性惊厥等中毒症状，严重的甚至造成死亡，多发于抵抗力较弱的孩童和老人群体。《本草纲目》中记载“食多则收令太过，令人气壅胪胀昏顿”。据研究发现，生白果中主要致毒物质为4′-O-甲基吡哆醇（MPN）；熟白果中致毒物质主要为4′-O-甲基吡哆醇-5′-葡萄糖苷（MPNG），合称“银杏毒”。MPN毒性大，MPNG毒性小，加热可以促进MPN转化为MPNG，所以生白果比熟白果具有更高的毒性，因此不建议生食白果。白果中致毒物质除银杏毒外，还有氢氰酸、致敏蛋白、银杏酚酸等物质，充分加热，可使毒性物质分解或挥发。

第四节　果制品

一、果制品的分类

果制品是指将鲜果制成果坯后，干制、取汁或用糖煮制或腌渍而得的制品。水果与蔬菜一样，通过加工利用，能延长保存时间，延长消费及市场买卖的时间，调节果品淡旺季供应及满足异地需求等。果类的加工途径如图4-12。

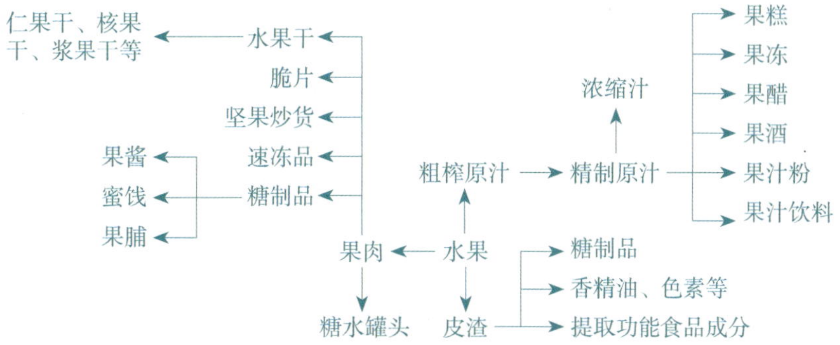

图4-12　果类制品的种类及加工途径

按照加工方法的不同，果制品可分为果干类（Dried fruit）、蜜饯类、果酱类、果汁类、速冻品和糖水渍品，见表4-3。

表 4-3　果制品的分类

序号	类别	品种
1	果干类	荔枝干、桂圆干、葡萄干、柿饼、干枣、杏干、包仁杏干、香蕉片、无花果干、酸梅（乌梅）干、山楂干、苹果干、菠萝干、芒果干、梅干、桃干、猕猴桃干、草莓干、酸角干等
2	蜜饯类	如苹果脯、杏脯、橘饼、冬瓜条、蜜饯樱桃等
3	果酱类	有浓稠的果酱、较浓稠的果泥、凝胶状的果冻和较干燥的果丹皮等
4	果汁类	原汁、浓缩汁、果冻；干燥后成果汁粉；发酵后为果酒、果醋
5	速冻品	如草莓、桃、樱桃、葡萄、杏、李、醋栗、树莓、龙眼、荔枝等速冻品
6	糖水罐头	如桃、杨梅、菠萝、龙眼、荔枝、枇杷等，整果或果片装罐

同一种果制品可以由许多果品来加工，如可以加工成果酒的果品有沙棘、刺梨、中华猕猴桃、山葡萄、五味子、黑加仑、越橘、野刺梅、酸枣等，再如可以加工成果粉的有无花果粉、山枣粉、橄榄果粉、橘子粉、番茄粉、猕猴桃粉、山楂粉等。同一种果品也可加工成不同的制品，如柿子，可以加工成柿子糖、柿饼、柿子脯、柿子皮制果冻、柿子皮制软糖、柿子果丹皮、柿子酱、柿子皮制果胶、柿干、糖水柿子罐头、柿子皮提取果胶后制膳食纤维添加粉、柿子皮制果酒、柿叶茶、柿子酒、柿片、柿角等；再如苹果，可以加工成苹果冻、苹果干、苹果酒、苹果酱、苹果汁、苹果脯、苹果脆片、苹果渣提取果胶、苹果渣制食醋、苹果制润肤化妆水、苹果制果丹皮、糖水苹果罐头、膨松冷冻干燥苹果干等。

二、常见果制品

（一）水果干

由鲜果经过干燥处理后制成的产品。干燥的方法有晒干、风干、红外、微波烤干及真空冷冻干燥等。真空冷冻干燥不加热，在−50℃~−40℃的真空条件下去除水分，水分在8%以下，可以保存维生素C和多种B族维生素；而晒干时，水分含量通常为15%~32%，维生素C几乎损失殆尽。

（1）种类特征　依据“NY/T 1041—2018 绿色食品 干果”，常见的水果干有葡萄干、桂圆干等20种，见表4-4。一般2.5kg的新鲜水果只能制造出0.5kg水果干，整个制作过程中，既不加糖，也不加盐，没有任何香精、色素、防腐剂等的参与。所以，水果干属于天然食品。因为水分含量降低，大量糖分得到高度浓缩，有较强的防腐性能，可以在常温下长期保存而不会腐败。

表4-4　常见果干的种类、特征与产地

名称	图例	基原	地理标志产品
葡萄干		为葡萄科植物葡萄（*Vitis vinifera*）浆果的干制品	新疆吐鲁番葡萄干
红枣干		以成熟新鲜枣（*Ziziphus jujuba*）为原料，经干制后制成的加工品	稷山板枣、和田大枣、阜平大枣、太谷壶瓶枣、若羌红枣、宁阳大枣、阿克苏红枣、延川狗头枣、大荔冬枣、临泽小枣、临县红枣、延川红枣、民勤红枣、清涧红枣、葫芦岛大红枣、柳林红枣、吴堡红枣等
熏枣（乌枣）		以成熟新鲜枣（*Ziziphus jujuba*）为原料，经水煮、窑熏、阴凉等工序制作而成	
桂圆干		以龙眼（*Euphoria longan*）鲜果为原料，经干制而成的干制品	莆田桂圆、博白桂圆肉、高州桂圆肉、白县桂圆、张坝桂圆等
柿饼		用柿树（*Diospyros kaky*）的浆果柿子经加工后制成的干制品	青州柿饼、富平柿饼、林州茶店柿饼、仰韶柿饼
杏干		用鲜杏（*Armeniaca vulgaris*）晾晒或高温烘干而成	库车小白杏、仰韶大杏、张夏玉杏、福洪杏、和田杏干、蔚县木瓜杏干等
包仁杏干			
无花果干		新鲜无花果（*Ficus carica*）加工的干制品	威远无花果、威海无花果、荣成无花果等
桃干		用桃（*Amygdalus persica*）或山桃（*A. davidiana*）的未成熟干燥而成	平谷大桃、金州黄桃、衡山红脆桃、衡东大桃、肥城桃、大竹秦王桃、姚庄黄桃、永乐桃、梭筛桃、武台黄桃、泗阳鲜桃、孟家原桃、马湾白桃、枝江桃
荔枝干		用鲜荔枝（*Litchi chinensis*）加工干制而成	南山荔枝、东莞荔枝、灵山荔枝、合江荔枝、北流荔枝、从化荔枝、海口火山荔枝、麻垌荔枝、永兴荔枝、北流荔枝、增城荔枝、庞寨黑叶荔枝、莆田荔枝等

续表

名称	图例	基原	地理标志产品
香蕉片		将香蕉（*Musa nana*）去皮、切片后干制而成	浦北香蕉、麻涌香蕉、天宝香蕉、河口香蕉、高州香蕉、金平香蕉、南宁香蕉等
乌梅干		用新鲜梅子（*Prunus mume*）近成熟果实，经烟火熏制而成	上杭乌梅、达县乌梅等
山楂干		选用山楂（*Crataegus pinnatifida*）大颗粒果实，经切片、烘干而成	天宝山山楂、青州山楂、辉县山楂、新开岭山楂、德保山楂、靖西大果山楂、清河山楂、兴隆山楂
苹果干		用苹果（*Malus domestica*）切片，再干制而成的脆片	见“苹果”
菠萝干		用新鲜菠萝（*Ananas comosus*）切片后，再风干的制品	见“菠萝”
芒果干		新鲜芒果（*Mangifera indica*）的深加工产品	三亚芒果、百色芒果、永德芒果、攀枝花芒果、华坪芒果、昌江芒果等
猕猴桃干		由鲜猕猴桃（*Actinidia chinensis*）切成片经干制的制品	修文猕猴桃、湘西猕猴桃、蒲江猕猴桃、江山猕猴桃、博山猕猴桃、赤壁猕猴桃、苍溪红心猕猴桃、宜昌猕猴桃、周至猕猴桃、马边猕猴桃、察隅猕猴桃、金寨猕猴桃、乐业猕猴桃、水城猕猴桃、和平猕猴桃、泰顺猕猴桃等
草莓干		新鲜草莓（*Fragaria* × *ananassa*）经脱水烘干以后得到的干品	昌平草莓、双流冬草莓、腾鳌温泉草莓、姜格庄草莓、长丰草莓、荣成草莓、黄川草莓、长安草莓、长丰草莓、崔家庄草莓、庄河草莓、中坝草莓等
酸角干		酸角（*Tamarindus indica*）的干制品	

（2）烹饪应用　水果干糖分集中，比新鲜水果甜，味道也较为浓郁，一般可作零食、点心直接食用。入馔时宜用蒸、炖、煨、煮等长时间加热法，且多为甜味。红枣还可用于调味，有时也作菜肴的装饰调色料。如“冰糖莲子枣”“冰糖炖柿饼”“炖桂圆山药”等；水果干在糕点、小吃中应用甚广，如红枣是传统糕点不可缺少的原料，可以整用，也可以制枣泥作馅料，还可做“红枣粥”等药膳。葡萄干可用于面点的点缀或各色糕点的馅料，或用来煮粥。桂圆干去壳去核后所得的桂圆肉，可用于制作多种糕点的馅心，或用来做药膳。

西餐烹调中，水果干是烘焙食物或甜点的珍贵材料，偶尔也用在馅料里。可以单独食用、做成糖渍水果、混合谷物一起吃，也可以淋一层鲜奶油、优酪乳或软冻配合享用。水果干放在水中复原，常用来制作各式各样有趣的布丁。烹煮的水果干可以当作水果热食，做成水果糊可当作甜的酥脆糕饼或蛋糕中的馅料，也可加进早餐的谷片、色拉和面包用填料，或为咖喱之类的菜肴添加风味。

（3）营养价值　水果制品中，营养价值最高的是水果干。干燥过程会浓缩水果中的糖分、蛋白质、脂肪和多种矿物质，膳食纤维、维生素和耐热的抗氧化成分也会被浓缩，仅维生素C、维生素B_1会减少。各种水果干的碳水化合物含量都非常高，占干重的60%以上、无水重量的80%以上。其中的蛋白质含量约占总重量的3%，脂肪含量常在1%左右。水果干是膳食纤维和矿物质的好来源，特别是钾含量极为丰富。和粮食类相比，水果干可以提供不少的铁，而且因为有机酸的存在，铁的吸收利用率高于谷类和豆类。水果干的维生素C损失比较大，不过干枣略高，可达13mg/100g。水果干保留了大部分抗氧化成分，如杏干、柿饼和橘饼等黄色水果干可以保存大部分胡萝卜素；桑葚干、提子干和蓝莓干等紫色、黑色的水果干可以保留较多的花青素和其他多酚类成分。

桑葚干蛋白质含量高达21%，锌含量高达6.15%，钙、铁、镁的含量都遥遥领先其他普通水果干，所以，传统上将桑葚干作为一种保健产品来食用。此外，桂圆干、柿饼、红枣均有一定的滋补作用。

（4）品质检验　水果干的品质可参考“NY/T 1041—2018 绿色食品 干果”检验；水果干的等级可依据“SB/T 11027—2013 干果类果品流通规范”检验。

（二）蜜饯

蜜饯（Preserved fruit）指以果蔬等为主要原料，添加（或不添加）食品添加剂和其他辅料，经糖或蜂蜜或食盐腌制（或不腌制）等工艺制成的制品。我国制作蜜饯已有1000多年的历史，古籍中关于用蜂蜜腌制果实的记载很多，皆是把鲜果放在蜂蜜中熬煮浓缩，去除大量水分，借以长期保存，故称为“蜜煎”，以后逐步演变成“蜜饯”。

（1）种类特征　依据农业农村部制定的“NY/T 436—2018 绿色食品 蜜饯”标准，蜜饯产品分6类；根据不同的风味流派，又可分四大风味，见表4–5。

表4–5　蜜饯产品的分类

分类		特点	产品
制作工艺	糖渍类	原料经糖（或蜂蜜）熬煮或浸渍、干燥（或不干燥）等工艺制成的带有湿润糖液面或浸渍在浓糖液中的制品	糖青梅、蜜樱桃、蜜金橘、红绿瓜、糖桂花、糖玫瑰、炒红果等
	糖霜类	原料经加糖熬煮、干燥等工艺制成的表面附有白色糖霜的制品	糖冬瓜条、金丝蜜枣、糖橘饼、红绿丝、金橘饼、姜片等
	果脯类	原料经糖渍、干燥等工艺制成的略有透明感，表面无糖霜析出的制品	杏脯、桃脯、苹果脯、梨脯、枣脯、海棠脯、地瓜脯、胡萝卜脯、番茄脯等
	凉果类	原料经盐渍、糖渍、干燥等工艺制成的半干态制品	加应子、西梅、雪花梅、陈皮梅、丁香榄、福果、丁香李等
	话化类	原料经盐渍、糖渍（或不糖渍）、干燥等工艺制成的制品，分为不加糖和加糖两类	话梅、话杏、甘草榄、九制陈皮、话李、甘草金橘、盐津葡萄等
	果糕类	原料加工成酱状，经成形、干燥（或不干燥）等工艺制成的制品，分为糕类、条类和片类	山楂糕、山楂条、果丹皮、山楂片、陈皮糕、酸枣糕等
风味流派	京式蜜饯	起源于北京。果体半透明，表面干燥，配料单纯，但用量大，入口柔软，口味浓甜	以苹果脯、桃脯、梨脯、金丝蜜枣、山楂糕最为著名

续表

分类		特点	产品
风味流派	广式蜜饯	起源于广州、潮州一带，包括糖衣果脯和凉果两类。表面干燥，甘香浓郁或酸甜	糖莲心、糖橘饼、奶油话梅享有盛名
	苏式蜜饯	起源于苏州，配料品种多，以酸甜、咸甜口味为主，松软可口，富有回味	有160多种，以蜜饯无花果、金橘饼、白糖杨梅最有名
	闽式蜜饯	起源于福建的泉州、漳州一带，配料品种多、用量大，味甜多香，富有回味	以橄榄制品为代表，以大福果、加应子、十香果最著名

（2）烹饪应用　蜜饯一般直接作休闲食品或开胃食品利用。烹调中多用于甜菜和甜点的混合用料或糖馅心，在其中起着调味、增色和增果香的作用，可作“八宝饭”“西瓜果盅”等的用料，有时也作菜点的点缀和装饰用料。如“蜜枣扒山药”“拔丝山楂糕”“拔丝金枣”等。

（3）营养价值　蜜饯类制品酸甜咸可口，风味浓郁，有生津止渴、增进食欲的效果。特别是用山楂、橘皮之类做成的蜜饯，饭前饭后少量吃一点，有助于消化。

果脯是水果经过切分、热烫和糖煮工艺生产，大量的糖在加热条件下慢慢渗入水果块当中，替代了水果中原有的水分，让果脯变成半透明状态，甜味增加，糖提供了防腐性能，如果有65%以上的糖分，果脯就无须添加防腐剂；如果是低糖果脯，往往就要加防腐剂。为了保证苹果、梨、桃的果脯色泽，要用二氧化硫来熏制，容易超标。所以果脯的营养除了糖分增加外，只有损失。

其他蜜饯制品不仅加糖，还加酸、盐以及其他风味配料。为了降低成本提高风味，蜜饯中往往会添加多种甜味剂，减少白糖的用量，还会使用乙基麦芽酚一类增香剂及一些水果香精。因为减少了糖，而甜味剂没有防腐作用，所以通常要加入防腐剂。除了矿物质和膳食纤维之外，蜜饯的营养价值明显低于新鲜水果，而且盐含量往往比较高。糖尿病、高血压人群慎选，儿童建议适量选择食用。

（4）品质检验　一般蜜饯类产品可依据国家强制标准“GB 14884—2016 食品安全国家标准 蜜饯”进行检验；绿色食品的蜜饯类产品可依据“NY/T 436—2018 绿色食品 蜜饯”检验；苹果脯、山楂蜜饯可依据“GH/T 1155—2017 苹果脯”“GB/T 31318—2014 蜜饯 山楂制品”检验。

实训项目

果品的识别与调查

实训目的

认识南北果品及进口果品的种类特征，了解供食部位的营养特点及烹饪应用，掌握市场果品情况。

实训内容

1 素材准备

参考表4-1～表4-5，提前准备各种果品原料的图片、视频或实物等直观素材，观察果品原料的形状、色泽、食用部位特征。实物原料可切为两半，观察内部结构及供食的部位。

2 果品资源调查

利用课外时间通过“京东商城”“天猫商城”“中粮我买网”等网店，了解国产水果及进口水果的种类、产地、价格等情况。也可去附近的大型超市了解本地果品流通情况。

3 果品的研究

根据表表4-1～表4-5进行任务分工，每个学生研究一个果品原料，围绕指定果品，利用网络搜集素材，学习研究指定果品。

实训要求

1 根据各种果品原料的观察及资源调查，了解进口水果的种类、进口国家、价格等，掌握既有进口又有国产的水果品种。

2 根据指定果品的素材，从种类特征、烹饪应用、营养保健、贮藏保鲜等方面进行研究，完成800～1000字的果品原料介绍。

3 在果品介绍文本的基础上，结合搜集的图片、视频等素材，制作果品PPT，用于课堂交流。

建议浏览网站及阅读书刊

[1] http://www. china-fruit. com. cn/（中国果品网）

[2] ［英］彼得·布拉克本·梅兹著；王晨译. 水果一部图文史. 北京：商务印书馆，2017.

[3] 曹建康，张静. 水果吃个明白. 北京：中国农业出版社，2018.

[4] 张明. 水果手册美味篇. 南昌：江西科学技术出版社，2018.

[5] 丁兆平，丁明升. 果品食养全家健康. 北京：中国医药科技出版社，2019.

[6] 陈伟琪. 口岸常见水果和豆类识别图鉴. 广州：广东科技出版社，2019.

参考文献

[1] 赵霖，赵和. 果品营养健康. 北京：人民卫生出版社，2017.

[2] 聂继云. 农产品质量与安全果品卷. 北京：中国农业科学技术出版社，2017.

[3] ［加］塞萨尔丁·阿拉萨尔瓦等著. 干果的植物化学成分及其保健作用. 北京：中国质检出版社，2018.

[4] 马骥，唐旭东. 药用干果系列. 广州：中山大学出版社，2018.

[5] 田建军，张开屏. 吃出营养吃出健康果品的科学吃法. 呼和浩特：内蒙古人民出版社，2018.

[6] 彭淼，徐丰. 果品营养学. 北京：北京工业大学出版社，2018.

第五章　畜类原料

学习目标

知识目标

- 了解畜类原料的种类、畜肉的品质特点、化学组成和营养特点；
- 了解猪肉、副产品及制品的种类与品质特点，掌握其烹饪应用方法；
- 掌握牛肉、副产品及制品的种类与品质特点，掌握其烹饪应用方法；
- 掌握乳及乳制品的种类与品质特点，掌握其烹饪应用方法；
- 掌握其他畜肉及制品的种类与品质特点，掌握其烹饪应用方法。

能力目标

- 能识别猪肉、牛肉的分档部位，并在烹饪中能正确选用；
- 能通过感官鉴别常用畜肉的新鲜度；
- 能正确识别注水肉。

第一节　畜类原料概述

一、畜类原料的分类

畜类原料是指可供人们烹饪利用的哺乳动物原料及其制品。地球上有3000多种哺乳动物，但常供肉食消费的只有几十个品种。由于世界各国的动物品种、来源及食用习惯不同，食用动物的种类也有一定的差异。大多数国家和地区以牛、猪、羊为主要肉类来源，在欧洲有些国家也消费马肉、鹿肉等。但有些国家食肉比较特别，例如爱斯基摩人食用海豹和北极熊；中非地区的部族食用犀牛、河马和象；澳大利亚土著居民食用袋鼠；挪威和日本食用鲸。

自有原始农业以来，由于自然气候环境的关系，中国大体上形成黄河流域以粟麦及杂粮为主的旱地农作区、长江流域及其以南以水稻为主的稻作农耕区以及西北以马牛羊为主的畜牧业区。畜牧业在西北草原地区落地生根，养猪业则成为两河流域农耕的支柱，它决定了中国人的肉食必定是以猪肉为主，这是历史的延续。尽管世界经济走向全球化，中国人开始消费牛肉，西方人也消费猪肉，但双方各以猪肉、牛肉为主的格局始终未变。目前，中国是世界上最大的猪肉生产国，又是全世界猪肉消费量最高的国家。除猪肉外，我国可供烹饪食用的畜类原料还包括牛、羊等动物的肉、乳、副产品及其制品，见图5-1。

- 畜类原料
  - 畜肉
    - 不同温度：热鲜肉、冷鲜肉、冷冻肉
    - 不同畜类：猪肉、牛肉、羊肉、驴肉、马肉、兔肉等
    - 不同部位：猪五花肉、猪肋排等；牛里脊肉、牛胸肉等
  - 畜类副产品（可食部）
    - 头、尾、蹄爪
    - 内脏：心、肝、肺、肾、胃、肠等
    - 其他：血、皮、骨、髓、筋、板油、网油等
  - 畜肉制品
    - 腌腊肉制品：咸肉、腊肉、腌猪肘、生培根等
    - 肠类肉制品：香肠、腊肠、红肠、香肚等
    - 火腿肉制品：安福火腿、撒坝火腿、盘县火腿等
    - 油炸肉制品：炸猪皮、油发蹄筋、炸肉丸等
    - 其他肉制品
  - 乳及乳制品
    - 生乳类：牛奶、羊奶、马奶、驼奶等
    - 乳制品：发酵乳、炼乳、乳粉、干酪、奶油等

图5-1 畜肉原料的分类

国家统计局数据显示，2019年全国全年猪肉产量4255万吨，牛肉产量667万吨，羊肉产量488万吨。受非洲猪瘟的影响，猪肉产量下降21.3%，而牛肉增长3.6%，羊肉增长2.6%。猪肉作为我国传统肉食选择，其蛋白质含量不及牛羊肉，脂肪含量也高于牛羊肉，弊端性在注重养生的当下显露无遗，2014年以来，我国人均猪肉消费量持续下降，而蔬菜消费量开始提升。

牛肉蛋白质含量高，肉质鲜美不肥腻，是优于其他肉类的营养食材。近年来，由于欧、美、日本等发达国家相继发生“疯牛病”疫情，而中国属于“无疫区”，中国产牛肉逐渐得到世界消费者的青睐，肉牛产业得到重视，自2013年至今，年产量占比持续增加，但牛肉消费量低于世界人均水平，2018年我国人均牛肉消费量为6kg，与乌拉圭、阿根廷等牛肉主产国家差距更大。羊肉在我国常作为一种冬令补品肉类食用，民间有“伏狗冬羊”之说。除在牧区以羊作为肉食畜外，其他地区，主要在冬季食用，加上羊肉的膻味，被一部分人所冷落，所以占全国肉食总消费量的比例较低。

我国民间可供消费食用的其他畜类还包括肉用兔、肉用驴、马肉、骆驼及特畜动物梅花鹿、马鹿、驯鹿等。狗已从传统家畜“特化”为伴侣动物，国际上已普遍不作为畜类。

特别提示

“人造肉”可以吃吗?

“人造肉”是非自然生产、有类似肉品口感食品的代名词，通常分为植物蛋白肉和细胞培育肉两大类。“人造肉”的出现，一方面是为满足消费者快速增长的肉品需求，另一方面为有效减少畜牧业占地、水资源使用和温室气体排放，解决环保和可持续发展问题提供了一种途径。

近年来，植物蛋白肉的加工技术在国内外日趋成熟，多家企业已开发出以植物蛋白为原料的植物蛋白肉制品。利用动物干细胞生产细胞培育肉的研究也取得重大进展，多家企业已宣布可以在实验室内研发细胞培育肉。植物蛋白肉生产市场潜力大、商品化程度高，未来开发与真肉更加相似的产品，成为食品行业和科技界发力的一个方向。

科学、严谨的标准是行业健康发展的基石。目前但现有的法规标准与产品的创新及行业发展不相适应。专家建议，应尽快开展其标准的研制工作，明确定义、分类方法、生产工艺等内容，形成严密的标准和法规体系，为政府监管提供便利，为行业生产、创新产品的方向提供参考。此外，还要开展公众科普，引导消费者正确认识、理性消费“人造肉”。

二、畜肉的营养特点

任何畜肉都含有蛋白质、脂肪、水分、维生素、矿物质等，其含量依动物的种类、性别、育龄、营养与健康状态、部位等而不同。畜肉中的蛋白质消化吸收率高，属于完全蛋白，但结缔组织中的胶原蛋白缺乏色氨酸、酪氨酸和蛋氨酸，属于不完全蛋白质，营养价值较差；脂肪是决定畜肉风味的重要因素，并供应热量；肉类是铁和磷的良好来源，铁在肉类中主要以血红素铁的形式存在，消化吸收率较高，不易受食物中的其他成分干扰；畜类肝脏是多种维生素的重要来源，但其是解毒器官，所以不宜常食。

畜肉在满足人类食欲和营养的同时，现在却反过来破坏我们的健康。肉类摄取量高，会增加罹患心脏疾病及癌症的风险。现代人体力活动降低，而对肉类的食欲又能获得无限度满足，肉类原本极富价值的能量供给，反而导致肥胖，增加罹患数种不同疾病的风险。饱和脂肪是典型的肉类脂肪，会提高血液中的胆固醇含量而引发心血管系统疾病。在人类的餐桌上，肉类大幅取代可协助抵抗心脏疾病和癌症的蔬果，导致我们对心脏疾病和癌症的抵抗力降低。因此，肉类的摄取要适度，同时也要以蔬果补足肉类缺乏的营养成分。

三、畜类的组织结构与烹饪

家畜宰杀后屠体的可利用部位粗略地划分为肌肉组织、脂肪组织、结缔组织和骨骼组织。

1. 肌肉组织

肌肉组织是构成肉的主要组成部分，是决定肉质量的重要组成部分，包括骨骼肌、平滑肌和心肌三种，见图5-2。

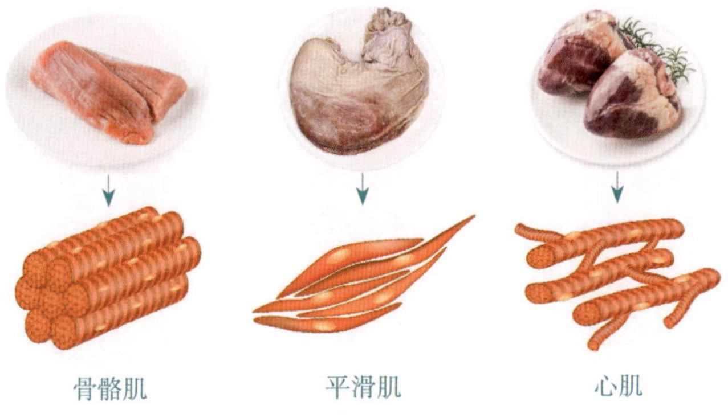

图5-2 畜肉的肌肉组织

用于烹饪加工的主要是骨骼肌，骨骼肌除由大量的肌纤维组成之外，还有少量的结缔组织、脂肪组织、血管、神经、淋巴等按一定的比例构成。其食用品质主要决定于肉的颜色、气味、滋味、嫩度、保水性和多汁性等物理性状，它们常被作为人们识别肉品质量的依据。肌纤维的粗细随动物的种类、年龄、营养状况、部位等而有所差异，如猪肉的肌纤维比牛肉细，老龄动物比幼龄的粗等。通过肌纤维的粗细可评定肉的嫩度。将屠宰后胴体后腿吊挂，借本身重力作用，使相应部分肌肉肌节拉长，是提高肉的嫩度的重要方法之一，行业所说的“牛肉要挂”，即是此道理。此外，牛骨骼肌在加热时一般是硬度增加，这是由于肌纤维蛋白质遇热凝固收缩，使单位面积上肌纤维数量增多所致。例如当温度达到61℃时，1mm^{2}面积上有317条肌纤维，加热到80℃时则增加到410条。

平滑肌主要存在于畜类内脏系统的管壁，由于组成平滑肌的肌纤维之间有结缔组织的伸入，从而使得肉质具有脆韧性，烹饪利用上，可采用炒、卤、熘、煮、蒸等方法，也可采用烫、涮、爆的快速加热法，烹制脆嫩的菜肴。此外，还常利用肠、膀胱等的韧性来加工香肠、香肚。心肌是组成心脏的肌肉组织，质地通常较细嫩，适于快速烹调法如炒、爆，体现其脆嫩的质感，如爆羊心、炒心花；也常采用卤、拌、酱等较长时烹调法，体现其绵软的口感，如酱猪心、卤猪心等。

2．结缔组织

结缔组织是构成肌腱、韧带、肌束膜、血管、淋巴、神经、毛皮等的重要成分，主要成分为基质（黏性多糖、黏蛋白、水分等）和纤维（胶原纤维、弹性纤维和网状纤维）。畜类富含结缔组织的原料有驼掌、猪爪、蹄筋、猪皮等，见图5-3。

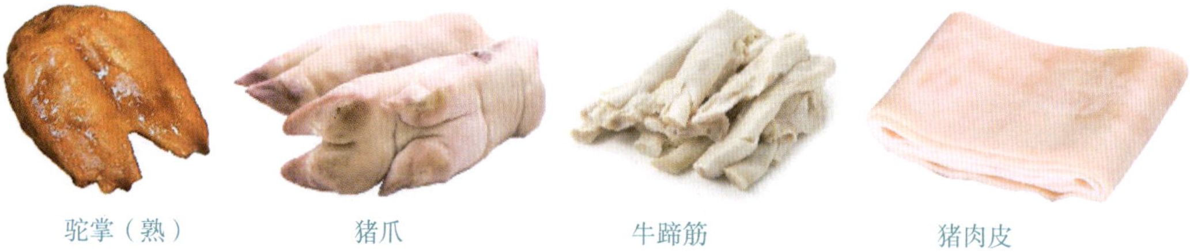

驼掌（熟）　猪爪　牛蹄筋　猪肉皮

图5-3　富含结缔组织部位

由于胶原纤维、弹性纤维、网状纤维具有一定的弹性和韧性，因此不便于刀工处理，加工性能较差。结缔组织坚硬、难溶，烹制时不容易熟烂，不易于咀嚼，因而适口性较差。所以含有较多结缔组织的肉，一般品质较差。不过中国烹饪比较擅长烹制富含结缔组织的原料，主要是利用胶原蛋白于80℃水中长时间加热具有转变成明胶的能力，从而能形成菜肴醇厚的美味。弹性蛋白在烹调的时候不会被分解，只有在捣碎和切块的时候去掉弹性蛋白或人为地分解纤维，肉才能变嫩。此外，也可利用植物蛋白酶对肉类的结缔组织进行嫩化处理。

3．脂肪组织

脂肪组织具有一定的食用价值，对于改善肉的品质，形成肉的风味具有重要作用。一般可分为储备脂肪和肌间脂肪。储备脂肪是分布于皮下、肾、肠周围、腹腔内等易剥离部分的脂肪，包括肥肉、板油、网油，见图5-4；肌间脂肪夹杂在肌纤维之间，随动物的肥育而蓄积，使肌肉的横断面呈大理石纹状（见图5-4雪花牛肉），并可防止水分在加热过程中的蒸发，使肉的质地柔软细嫩多汁，风味独特。另外，当肌束膜、肌外膜中有脂肪蓄积时，则结缔组织失去弹性，肌束易分离、易咀嚼，肉的嫩度提高。动物脂肪组织沉积的部位、性质、化学成分与动物的种类、年龄、饲料等有关，如老龄牲畜的脂肪多沉积于腹腔内和皮下，而肌肉间少，幼龄牲畜则多积存于肌肉间，皮下和腹腔内较少。

猪肥膘

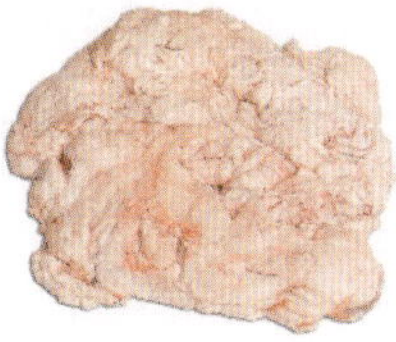
猪板油

猪网油

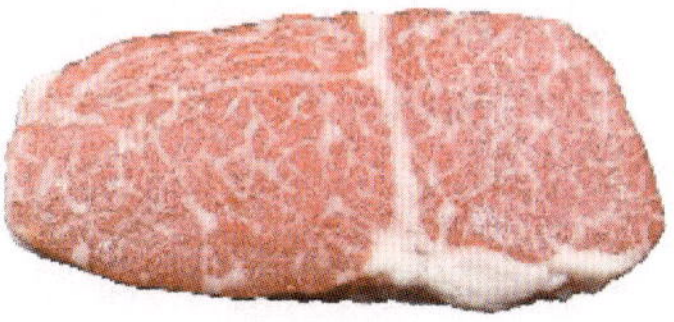
雪花牛肉

图5-4　畜肉的脂肪来源

4. 骨骼组织

肉中骨骼占的比例大小，是影响肉的质量和等级的重要因素之一。畜骨一般可分成头骨、前肢骨、躯干骨和后肢骨四大部分，以猪骨为例，见图5-5。畜骨占家畜活体重的6%～12%，占胴体重的13%～20%。骨骼的构造一般包括骨膜、骨质和骨髓三部分。由于骨骼中含有大量胶原纤维，为10%～32%，并且含有15%的脂肪、13%的其他有机物，在烹饪中常用于制汤，熬制时产生大量的骨油和骨胶，可使汤汁更加的鲜美醇厚。

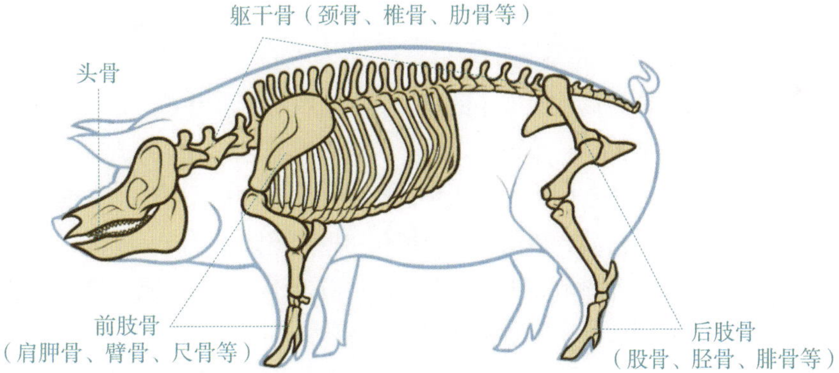

图5-5　猪的骨骼

四、畜肉的贮藏保鲜

（一）畜肉的宰后变化

宰后的畜肉，体内平衡被打破，肌肉组织内的各种需氧性生物化学反应停止，转变成厌氧性活动。因此，肌肉在死后所发生的各种反应与活体肌肉完全处于不同状态、进行着不同性质的反应，研究这些特性对我们了解肉的性质、肉的品质改善以及指导肉类菜品的加工烹调有着重要的作用。

1. 肉的僵直

屠宰后畜胴体失去弹性而变得僵硬，这一过程称为僵直（或称尸僵）。屠宰后马上将肌肉切下，就会出现收缩现象。僵直是由于肌肉纤维的收缩引起的，但这种收缩是不可逆的，因此导致僵直。僵直期的肌肉在进行加热时，肉会变硬，肉的保水性小，加热损失多，肉的风味差，不适合烹饪加工。

当含有较高ATP（Adenosine triphosphate的简称，为肌肉中储藏能源的物质“三磷酸腺苷”）的肉冻结后，在解冻的时候由于ATP发生强烈而迅速的分解，使肌肉产生的僵直现象称为解冻僵直。解冻僵直所产生的肌肉收缩非常剧烈，并伴有大量肉汁的流出，从而影响肉的质量。在刚屠宰后立即冷冻，然后解冻时，这种现象最为明显。因此，要在形成最大僵直后再进行冷冻，以避免解冻僵直的发生。

2. 肉的成熟

肌肉达到最大僵直以后，继续发生着一系列生物化学变化，逐渐使僵直的肌肉变得柔软多汁，并获得细致的结构和美好的滋味，这一过程称为肉的成熟或僵直解除。解僵所需要的时间因动物、肌肉、温度以及其他条件不同而异。在0～4℃的环境温度下，鸡需要3～4h，猪需要2～3d，牛则需要7～10d。

处于未解僵状态的肉加工后，咀嚼有如硬橡胶感，风味低劣，持水性差，不适宜作为烹饪原料。充分解僵的肉，嫩度有所改善，肉的保水性又有回升，肉汁的流失减少，肌肉中许多酶类对某些蛋白质有一定的分解作用，从而促使成熟过程中肌肉中盐溶性蛋白质的浸出性增加。伴随肉的成熟，蛋白质在酶的作用下，肽链解离，使游离的氨基增多，这些氨基酸都具有增加肉的滋味或有改善肉质香气的作用。可以说，肌肉必须经过僵直解僵的过程，才能成为烹饪原料所谓的“肉”。

3. 肉的变质

肉的变质是成熟过程的继续。肌肉中的蛋白质在组织酶的作用下，分解生成水溶性蛋白肽及氨基酸，完成了肉的成熟。若肉被一定数量的腐败细菌污染，肉的保存温度又适合于细菌的生长繁殖，蛋白质进一步被分解，生成胺、氨、硫化氢、酚、吲哚、粪嗅素、硫化醇，则发生蛋白质的腐败。在蛋白质、氨基酸的分解代谢中，酪胺、尸胺、腐胺、组胺和吲哚等对人体有毒。同时发生脂肪的酸败和糖的酵解，产生对人体有害的物质，称之为肉的变质。肉类腐败变质时，往往在肉的表面产生明显的感官变化。

（1）发黏　微生物在肉表面大量繁殖后，使肉体表面有黏液状物质产生，拉出时如丝状，并有较强的臭味，这是微生物繁殖后所形成的菌落，以及微生物分解蛋白质的产物。

（2）变色　肉类腐败时肉的表面常出现各种颜色变化。最常见的是绿色，这是由于蛋白质分解产生的硫化氢与肉中的血红蛋白结合后形成的硫化氢血红蛋白，这种化合物积蓄在肌肉和脂肪表面即显示暗绿色。另外，黏质赛氏杆菌在肉表面所产生红色斑点，深蓝色假单胞杆菌能产生蓝色，黄杆菌能产生黄色。有些酵母菌能产生白色、粉红色、灰色等斑点。

（3）霉斑 肉体表面有霉菌生长时，往往形成霉斑，特别是一些干腌制肉制品，更为多见。如枝霉和刺枝霉在肉表面产生羽毛状菌丝；白色侧孢霉和白地霉产生白色霉斑；扩展青霉，草酸青霉产生绿色霉斑；蜡叶芽枝霉在冷冻肉上产生黑色斑点。

（4）变味 肉类腐烂时往往伴随一些不正常或难闻的气味，最明显的是肉类蛋白质被微生物分解产生的恶臭味，主要成分是吲哚、甲基吲哚、甲胺、硫化氢等。除此之外，还有乳酸菌和酵母菌的作用下产生挥发性有机酸的酸味；霉菌生长繁殖产生的霉味等。

畜肉的腐败变质是一个非常复杂的过程，同时受多种因素影响，因此要准确判定腐败的界限是相当困难的，尤其判定初期腐败更是复杂。一般情况下，以测定肉腐败的分解产物及引起的外观变化和细菌的污染程度，同时结合感官检验，对带骨鲜肉、剔骨包装及解冻肉进行新鲜度检查，以决定其利用价值。在餐饮业，主要通过感官检查来鉴定畜肉的新鲜度。借助人体的感觉器官，对畜肉进行整体简单的观察来评定其新鲜度，包括：色泽、黏度、弹性、气味、肉汤等指标。该法是国家认可和法定的最基本、最快速的检验方法之一，具有快速、简便、无须仪器、不用固定检验场所等优点，但存在结果非量化、缺乏精准、主观性和片面性强等问题，所以需经验丰富和训练有素的人担任检测工作。

肉在腐败变质时，由于组织成分的分解，首先使肉品的感官性状发生令人难以接受的改变，如强烈的臭味、异常的色泽、黏液的形成、组织结构的分解等，因此，借助人的嗅觉、视觉、触觉、味觉来鉴定肉的卫生质量，简便易行，具有一定的实用意义。

感官检验方法简便易行，但是有一定局限性，如人的眼睛只能分辨0.1mm以上的物体；嗅觉也有一定限度，有毒气体二氧化硫的浓度达到1～5ppm时才可嗅到，浓度至10～20ppm时才会咳嗽、流泪。只有深度腐败时才能被察觉，并且不能反映出腐败分解产物的客观指标。故只有采取包括感官检查和实验室检查在内的综合方法，才能比较客观地对其变质的性质或卫生状态作出正确的判断。

（二）畜肉的贮存保鲜

畜肉是易腐败食品，处理不当就会变质，为延长肉的货架期，不仅要改善原料肉的卫生状况，而且要采取控制措施阻止微生物生长繁殖。原料肉的贮藏保鲜方法正确与否直接影响肉品质量。

1. 短期贮藏——冷却保鲜

冷却保鲜的肉即本章第二节知识链接中提到的“冷却肉”，在一定温度范围内使屠宰后的肉温度迅速下降，使微生物在肉表面的生长繁殖减弱到最低程度，并在肉的表面形成一层皮膜；减弱酶的活性，延缓肉的成熟时间；减少肉内水分蒸发和汁液流失，延长肉的保存时间。经过冷却的肉类，一般存放在-1℃～1℃的冷藏间（或排酸库），一方面可以完成肉的成熟（或排酸），获得美好芳香滋味、多汁柔软、容易咀嚼、消化性好的肉；另一方面达到短期贮藏的目的。运输、零售保持在0～4℃左右。

2. 长期贮藏——冷冻保鲜

冷却肉由于其贮藏温度在肉的冰点以上，微生物和酶的活动只受到部分地抑制，贮藏期短。当肉在0℃以下冷藏时，随着冻藏温度的降低，肌肉中冻结水的含量逐渐增加，使细菌的活动受到抑制。当温度降到-10℃以下时，冻肉则相当于中等水分食品，大多数细菌在此条件下不能生长繁殖。当温度下降到–30℃时，霉菌和酵母的活动也受到抑制。所以冷冻能有效地延长肉的保藏期，防止肉品质量下降，在餐饮业、食品工业、家庭中得到广泛应用。冻藏间的温度一般保持在–21℃～–18℃，冻结肉的中心温度保持在–15℃以下。为减少干耗，冻结间空气相对湿度保持在95%～98%，堆放时也要保持周围有流动的空气。为了延长冻结肉的贮藏期限，并尽可能地保持肉的质量和风味，世界各国的冻藏温度普遍趋于低温化，就是从原来的–21℃～–18℃降为–30℃～–28℃。冻肉在冻藏期间会发生一系列的变化，如质量损失、冰结晶长大、脂肪氧化、色泽变化等，关键是要控制好冻肉的贮藏期。

食品工业中肉类的保鲜方法除冷藏、冷冻外，还有利用X、γ射线的辐射保鲜，与外界隔绝的真空包装保鲜，气调包装保鲜，利用化学合成的防腐剂和抗氧化剂的化学保鲜等。

第二节　畜肉

一、猪肉

猪又名豕、豚等，是偶蹄目猪形亚目猪科（*Suidae*）野猪属的野猪（*Sus scrofa*）经驯化选育获得的主要肉用家畜，见图5–6。我国是世界上驯养动物及利用肉食较早的国家，考古发现河南省舞阳县贾湖遗址的猪骨化石及桂林甑皮岩遗址下层的猪骨化石，均是我国迄今发现的最早的家畜，其年代距今约9000年，显示出原始猪在中国农耕开始若干年前已成为最早驯化的肉食动物。

图5–6　猪驯化示意图

（一）猪品种

原农业部2016年发布的《全国畜禽遗传资源保护和利用“十三五”规划》显示，我国猪地方品种有90个。全世界猪的地方品种有350多种，中国约占1/4，是世界上猪种资源最丰富的国家。产猪地区分布很广，各地均有饲养，所养猪的品种也有所差异，见表5–1。

表 5-1 猪的品种及特点

分类		品种	特点
地方猪种	华北型	东北民猪、淮猪、莱芜猪等	繁殖率高、耐粗饲、适应性强、肉质风味好，主要缺点是个体小、日增重低、饲料报酬低、瘦肉率低等
	华中型	金华猪、宁乡猪、大花白猪等	
	华南型	广西陆川猪、两广小花猪等	
	江海型	太湖猪、姜曲海猪、阳新猪等	
	西南型	内江猪、荣昌猪、乌金猪等	
	高原型	藏猪、合作猪等	
培育品种		上海白猪、湖北白猪、北京黑猪、苏太猪、松辽黑猪、鲁莱黑猪、汉中白猪等	繁殖力高、肉质好，胴体瘦肉率和肥育性状等得到提高
引进猪种		长白猪、大白猪、英国巴克夏猪、美国杜洛克猪、英国汉普夏猪、比利时皮特兰猪	体型大，日增重高，瘦肉率高；但繁殖力低，耐粗饲性能差，适应性差，肉质差

近年来，随着洋猪的引进及规模化养殖的推进，地方猪种不适应于现代化、工业化的生产特点和一些老百姓的饮食要求，许多地方猪种群体数量呈下降趋势。《全国畜禽遗传资源保护和利用“十三五”规划》显示，横泾猪、虹桥猪等8个品种已灭绝；岔路黑猪、碧湖猪等5个品种濒临灭绝；淮猪、华中两头乌猪等24个品种处于濒危状态。优秀畜禽遗传资源是保证中国和世界人民食物安全和经济产业安全的重要保障。

中国地理标志产品猪（或猪肉）有岳西黑猪、从江香猪、巴马香猪、恩施黑猪肉、东海（老）淮猪肉、乐都藏香猪、屯昌黑猪、江口萝卜猪、雷波芭蕉芋猪、襄阳黑猪、邛崃黑猪、沂蒙黑猪、罗代黑猪、陆川猪等。

（二）猪分割肉

在古代，由于社会生产力水平低下，牲畜从活体宰杀到烹饪上桌，均可能由厨师独立完成，先秦《庄子·养生主》中典故“庖丁解牛”，说的就是厨师替梁惠王宰牛的故事。如今，由于冷冻保鲜技术的进步，食物原料的加工深度越来越大，劳动分工也进一步细化，动物原料的宰杀分割多由专门的人员完成，省去了厨师繁重的粗加工任务，传统的分档取料技术已退出餐饮业的舞台。

除乳猪外，经屠宰加工的生猪（又称“白条肉”），体积大、分量重，一般由销售厂商根据有关标准，对猪胴体按不同部位分割成肉块，以利于进一步加工或直接应市零售，见图5-7。餐饮业从业人员需要了解猪胴体分割后的各部位名称、特点，以便方便采购、合理加工烹调。

根据分部位分割猪肉的国家标准（GB/T 9959.3—2019），猪分割肉包括三类：瘦肉类去骨分割肉、非瘦肉类去骨分割肉和带骨分割肉，见表5-2。

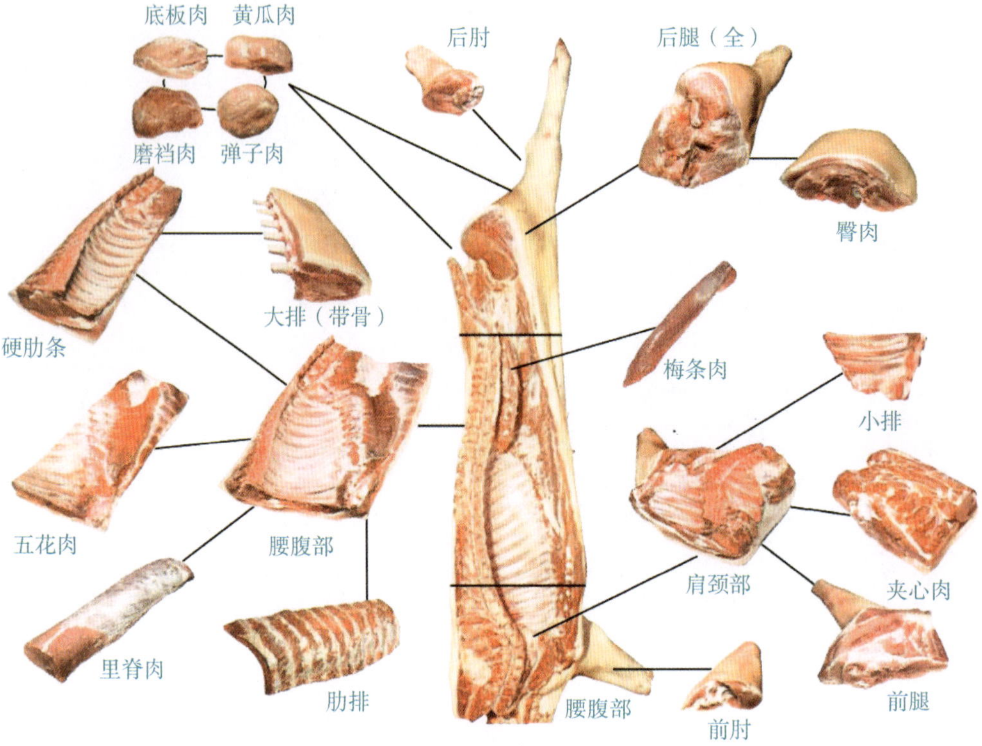

图5-7 猪胴体分割部位图

表 5-2 猪分部位分割肉品种

分类	品种
瘦肉类去骨分割肉	颈背肌肉、前腿肌肉、大排肌肉、后腿肌肉以及筋腱肉、腱子肉、小里脊肉、横膈肌等
非瘦肉类去骨分割肉	去骨方肉、五花肉、腹肋肉、腮肉、去骨前腿肉、去骨后腿肉、碎肉、脊膘等
带骨分割肉	带骨方肉、前腿、后腿、肘、大排、肋排、前排、无颈前排、小排、通排、脊骨、颈骨、月牙骨、前腿骨、后腿骨、扇子骨、三叉骨、尾骨、寸骨等

猪分割肉标准除国家标准外，还有行业标准“NY/T 3388—2018 猪肉及猪副产品流通分类与代码”、地方标准“DB13/T 1319—2010 超市生猪肉分割销售规范”、团体标准“T/CAAPP 00002—2018 苏淮猪胴体分级分割”，都可以参考应用。

（三）烹饪应用

1. 猪肉在中餐中的应用

猪肉是中国烹饪中应用最多、最广泛、最经常的肉食原料。猪肉的结缔组织比其他家畜少，质地细嫩柔软，一般无膻臊异味，烹调后滋味较好，气味醇香。在烹调中，可切成块、片、条、丝、末、肉糜等多种形状；可与任何原料组配，适宜任何味型的调味。除不能生食外，适于任何烹调方法，可用以制成众多菜肴（冷盘、热炒、大菜、汤羹、甜菜、火锅、砂锅等）、面点（馅料、臊子）、小吃等食品。猪肉还可供制咸肉、腊肉、肉脯、肉松、风干肉、香肠等。以猪腿制作的火腿，是中国的特产，享誉世界。中国猪肉菜品很多，各地方和部分少数民族，均有各具特色的猪肉菜品，数以千计。清代《调鼎集》所收以猪为原料的肴馔即近300款。满汉全席以专门搜罗山珍海味出奇制胜，也少不了里脊、猪腰、火腿、乳猪。从中国猪肉菜中，可以反映出中国烹饪经验技术之丰富，花色品种之繁多，为世界烹饪所罕见。

不同部位的猪肉特点不一样，烹调应用也有较大的差异，见表5-3。

表 5-3 不同分割猪肉的特点及应用

部位名称	特点	烹饪应用
前颈肉（槽头、血脖）	多血污，肉间夹杂脂肪与较多结缔组织，质老	常作馅料
肩颈肉（上脑肉）	质地较嫩，有肥有瘦	宜于炸、熘、烧
夹心肉	结缔组织多，肉质较老，吸水量大	适于制肉糜
肘子（蹄髈）	包括前肘和后肘，筋皮与瘦肉多，富含胶质，质地老	适于扒、酱、炖、焖等长时间烹法，常带皮烹制
里脊肉（扁担肉）	肌纤维长，结缔组织与脂肪少，质嫩	宜于炒、熘、炸、氽等快速烹法
大排	带骨瘦肉，细嫩，加热过度质地易变老	可红烧、卤等
五花肉	包括硬肋和软肋，脂肪与肌肉相夹成五层，组织疏松	宜于烧、烤、扒、粉蒸等，硬肋可制肉糜
肋排（小排）	带夹层肌肉	适用于烧、煮、炸、焖、煨、蒸等烹法
臀腿肉	包括臀尖、黄瓜肉、弹子肉、磨裆、底板肉等，肌肉剔除筋膜后，质厚实细嫩	宜于炒、熘、炸、煎等，也常用作火腿、咸肉等腌肉材料

2. 猪肉在西餐中的应用

畜肉类在西餐中用量最大的是牛肉，特别是小牛肉，其次是羊肉和猪肉。猪肉在西餐烹调中，制作简单，速度快，多使用烧烤、煎炸等烹调方法，与中餐相比，加工烹饪技法单一。一般欧美擅长炸技法制作菜肴，如“香炸猪排”“吉利猪排”等；亚洲、南美洲擅长烤技法制作菜肴，其中以韩国、巴西烤肉最为出名。小乳猪在西餐中是作为上等原料使用的，整只“烤小乳猪”可以做高级宴会的主菜。

德国人酷爱吃猪肉，讲究猪肉的各种烹制和加工方法，这是他们与其他西方人饮食特色的一个显著差别。大部分有名的德国菜都是猪肉制品，最有名的是红肠、香肠和火腿，如“黑森林火腿”销往世界各地，可以切得像纸一样薄，味道奇香；德国的国菜是在酸卷心上铺满各式香肠和火腿，有时用一整只猪后腿代替香肠和火腿。德国香肠的种类很多，有1500种以上，主要的原料是猪肉、牛肉、蔬菜或动物的内脏，搭配各类的香料制成独特的口味。多数香肠以地区来命名，如法兰克福香肠、维也纳香肠、纽伦堡香肠等。吃法上，德国香肠也呈现出多样化，可以水煮、油煎或烧烤，也可以做成沙拉、煮汤或直接吃。

（四）营养价值

猪肉的营养成分因部位不同而有所差异，《中国食物成分表 标准版》列出猪分割肉、副产品及制品共102种原料的营养数据，现引用常见分割肉的主要营养成分，见表5-4。

表 5-4 猪肉不同部位主要营养成分（以每 100g 可食部计）

名称	水分 /g	能量 /kcal	蛋白质 /g	脂质 /g	碳水化合物 /g	胆固醇 /mg	灰分 /g
猪里脊肉	74.7	150	19.6	7.9	0.0	55	1.2
猪前肘肉	56.2	287	17.3	22.9	2.9	79	0.7
猪硬五花肉	53.0	339	13.6	30.6	0.0	77	0.6
猪皮	46.9	363	27.4	28.1	0.0	100	0.5

中国传统的猪种因为脂肪含量很高，现在被视为极大的缺点，脂肪和高胆固醇联系在一起，成为高血压、动脉硬化的罪魁祸首。过去的红烧肉、蹄髈及名菜东坡肉，都是以肥而不腻见长，现在已被酒店排除在宴会菜谱以外，在市场经济的冲击下，中国的土种猪面临难以为继的处境。

（五）品质检验

片猪肉品质可依据“GB/T 9959.1—2019 鲜、冻猪肉及猪副产品 第1部分：片猪肉”检验；分割猪肉的品质可依据“GB/T 9959.2—2008 分割鲜冻猪瘦肉”检验；猪肉的分级可依据“NY/T 3380—2018 猪肉分级”评定；乳猪肉的品质可依据“NY/T 3355—2018 乳猪肉”检验。

（六）安全控制

1．瘦肉精猪肉

凡是能明显促进动物生长、提高瘦肉率及减少脂肪生成的药物都可以称为“瘦肉精”，比较常见的有盐酸克仑特罗、沙丁胺醇、莱克多巴胺等。“瘦肉精”残留在动物毛发和眼睛内的量最多，肝脏、肺脏、肾脏以及骨髓等器官中次之，肌肉中的残留量最低。“瘦肉精”对人的副作用很大，食用被“瘦肉精”污染的肉会间接危害身体健康，且社会影响恶劣，我国任何类型的“瘦肉精”均被禁止使用。

感官检验法可粗略判断含有“瘦肉精”的猪肉，主要通过对肉颜色和品质进行判断。猪肉中如果含有“瘦肉精”，肉色鲜艳，且相对较深，有非常薄的脂肪层，肉皮与瘦肉紧贴，二者之间的肥肉厚度在1.5cm以下，且瘦肉纤维较为疏松，有时会在肉面渗出少量的“汗水”；而健康猪肉通常呈淡红色，肉质弹性好，不存在“出汗”情况。另外，瘦肉精猪胴体两侧腹股沟的脂肪层内分布比较密的毛细血管，甚至呈现充血；肝脏、心脏、肾脏发生肿胀、充血，用手指触摸质地酥软，出现脂肪变性；气管、肺脏切面存在泡沫，并发生气肿等病变。购买时一定要看清该猪肉是否加盖有检验检疫印章。

2．猪肉的烹调温度

猪肉是囊尾蚴的良好寄主，人吃了受其感染的未熟猪肉（俗称米猪肉、痘猪肉）就非常容易得寄生虫病，所以中、西餐对猪肉的烹调都必须到熟透状态才可以食用，让寄生虫的危害性降到最低。

美国农业部（USDA）食品安全检验局（FSIS）制定的新烹饪指引认为，为确保安全食用，猪肌分切肉（如腰部肉、猪扒和烘烤用肉）的中心温度应烹煮到63℃后静置3min再食用，可以保持肉质的湿润和嫩度；而绞肉（猪肉糜）则要烹煮到中心温度达70℃才可食用。此外，热猪肉菜肴的保存温度须达到60℃或以上，冷菜肴的保存温度须在4℃或以下，烹制好的肉品不可在室温下放置超过2h（室温32℃以上，则不可放置超过1h）。

二、牛肉

牛是偶蹄目牛科牛族（*Bovini*）牛属（*Bos*）、水牛属（*Bubalus*）美洲野牛属（*Bison*）等六个属的大型草食性动物的统称，包括对人类非常重要的家牛、黄牛、水牛和牦牛。牛的驯化约在9000年前，现代牛的祖先是野牛或原牛，过去曾分布在气候温和的欧亚大陆森林和平原中。牛是体形最大的供肉动物，长到成兽的时间也最久，大约是两年。所以它的肉色相对较深，气味也较重。

（一）牛品种

世界已知牛的品种有800多种，我国牛地方品种有94个（《全国畜禽遗传资源保护和利用“十三五”规划》）。其中舟山牛、蒙山牛濒临灭绝，太行牛、复州牛、徐州牛、温岭高峰牛、樟木牛、阿勒泰白头牛、海仔水牛、大额牛（独龙牛）处于濒危状态，上海水牛、荡脚牛已灭绝。

根据《中国畜禽遗传资源志：牛志》，中国的牛种分普通牛、水牛、牦牛和大额牛四类，见表5-5。按生产方向的不同，牛又可分为役用、肉用、乳用和兼用四种类型，地方品种的普通牛、水牛和牦牛多为役用或肉役兼用牛；中国荷斯坦牛也叫“黑白花奶牛”，是中国唯一的乳牛品种；培育品种的夏南牛、延黄牛、辽育白牛、雪龙黑牛、布莱凯特黑牛、秦宝牛等是肉用牛；科尔沁牛、中国西门塔尔牛、三河牛、新疆褐牛、中国草原红牛为培育的乳肉兼用牛。

表5-5　牛的品种

分类		品种
普通牛	地方品种	秦川牛、早胜牛、南阳牛、鲁西牛、晋南牛、延边牛、冀南牛、太行牛、平陆山地牛、蒙古牛、复州牛、徐州牛等53种
	培育品种	中国荷斯坦牛、中国西门塔尔牛、三河牛、新疆褐牛、中国草原红牛、夏南牛、延黄牛、辽育白牛
	引入品种	荷斯坦牛、西门塔尔牛、夏洛来牛、利木赞牛、安格斯牛、娟姗牛、婆罗门牛、德国黄牛、南德文牛、皮埃蒙特牛、短角牛
水牛	地方品种	海子水牛、信阳水牛、滨湖水牛、德昌水牛、德宏水牛、盱眙山区水牛、温州水牛、东流水牛、江淮水牛、福安水牛、鄱阳湖水牛等26种
	引入品种	摩拉水牛、尼里-拉菲水牛
牦牛	地方品种	九龙牦牛、麦洼牦牛、木里牦牛、中甸牦牛、娘亚牦牛、帕里牦牛、斯布牦牛、西藏高山牦牛、甘南牦牛、天祝白牦牛、青海高原牦牛
	培育品种	大通牦牛、巴州牦牛
大额牛		独龙牛

世界肉用牛主要品种有40余个，品质上乘的有日本神户牛肉（Wagyu beef）和安格斯牛肉，其次是阿根廷牛肉、澳大利亚牛肉和新西兰牛肉等。其中日本神户牛肉更以超特柔嫩和丰富的味道闻名于世，它肉质细腻，纹理清晰，红白分明，肥瘦相间，是目前世界上品质最好的牛肉。

中国原无肉用牛品种，近年来利用国外优良品种改良国产牛的肉用性能已取得较好的效果。如“科尔沁牛”是用中国西门塔尔牛改良蒙古牛，在科尔沁地区形成的乳肉兼用的草原类型，已有30年的历史；“秦宝牛”是选用日本和牛、澳大利亚安格斯牛与中国五大黄牛之尊秦川牛三元杂交培育形成，牛肉品质足以与日本神户雪花牛肉相媲美；“雪龙黑牛”是引进的和牛血统与利复牛进行三元杂交改良选育而成，是2008年北京奥运会及2010年上海世博会的牛肉指定品种；河南泌阳的夏南牛是以法国夏洛来牛为父本，以南阳牛为母本培育而成，是中国第一个具有自主知识产权的肉用牛新品种。

中国地理标志产品牛（或牛肉）有延边黄牛肉、通榆中国草原红牛肉、固原黄牛、恩施黄牛肉、类乌齐牦牛肉、公安牛肉、南盘江黄牛、和顺肉牛、大厂肥牛、大通牦牛肉、科尔沁肥牛肉等。

（二）牛分割肉

根据“牛胴体及鲜肉分割”（GB/T 27643—2011），牛胴体可分为13个部位的肉块，见图5-8。

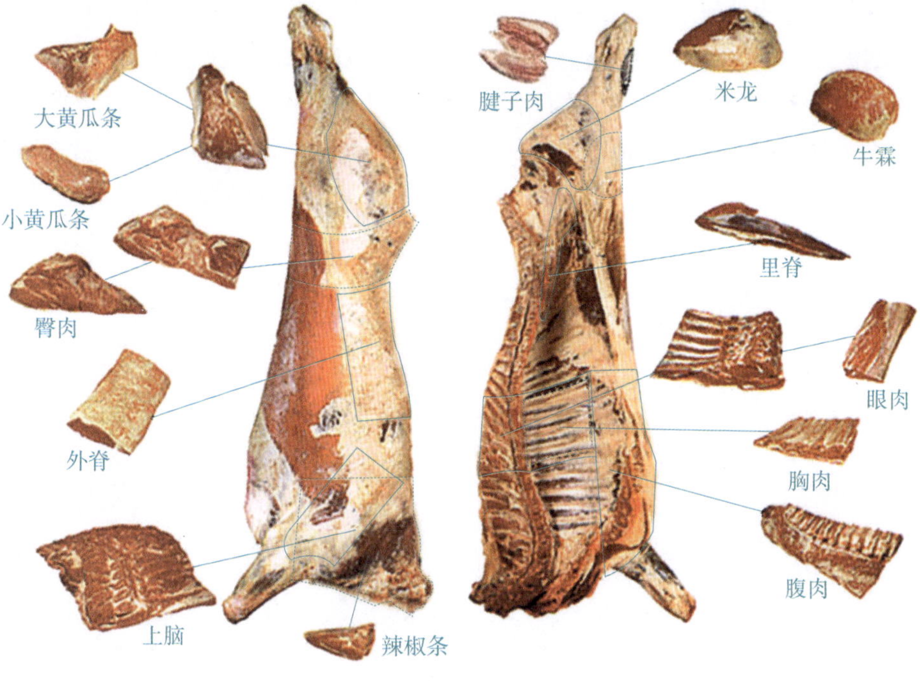

图5-8 牛胴体分割部位图

肉块的商品名、别名、英文名、部位及等级见表5-6。这些肉块很小，在厨房中很容易处理，可根据不同的菜肴的要求切成不同大小、各种形状的肉，可以用作烤肉、肉排、炸肉饼、炖肉等。

表5-6 牛胴体分割肉块名称及部位、等级

商品名	别名	英文名	部位	等级
里脊	牛柳、菲力	Tender loin	取自牛胴体腰部内侧带有完整里脊头的净肉	特优级

续表

商品名	别名	英文名	部位	等级
外脊	西冷、纽约克	Strip loin	取自牛胴体第6腰椎外横截至第12~13胸椎椎窝中间处垂直横截，沿背最长肌下缘切开的净肉，主要是背最长肌	高档
眼肉	沙朗	Rib eye、Cube roll	取自牛胴体第6胸椎到第12~13胸椎间的净肉，前端与上脑相连，后端与外脊相连，主要包括背阔肌、背最长肌、肋间肌等	高档
上脑	—	High rib	取自牛胴体最后颈椎到第6胸椎间的净肉，前端在最后颈椎后缘，后端与眼肉相连，主要包括背最长肌、斜方肌等	高档
辣椒条	嫩肩肉、小里脊、牛前柳	Chuck tender	位于肩胛骨外侧，从肱骨头与肩胛骨结节处紧贴冈上窝取出的形如辣椒状的净肉，主要是冈上肌	优质
胸肉	牛腩	Brisket	位于胸部，主要包括胸升肌和胸横肌等	一般
臀肉	臀腰肉、尾扒、尾龙扒	Rump	位于后腿外侧靠近股骨一端，包括臀中肌、臀深肌、股阔筋膜张肌	优质
米龙	针扒	Topside	位于后腿外侧，主要包括半膜肌、股薄肌等	优质
牛霖	膝圆、和尚头、霖肉	Knuckle	位于股骨前面及两侧，被阔筋膜张肌覆盖，主要是臀股四头肌	优质
大黄瓜条	大米龙、烩扒	Outside flat	位于后腿外侧，沿半腱肌股骨边缘取下的长而宽大的净肉，主要是臀股二头肌	优质
小黄瓜条	小米龙、鲤鱼管	Eye round	位于臀部，沿臀股二头肌边缘取下的形如管状的净肉，主要是半腱肌	优质
腹肉	牛腩、牛小排、肋条肉	Thin flank、Short ribs	位于腹部，主要包括肋间内肌、肋间外肌和腹外斜肌等	一般
腱子肉	牛展、金钱展、小腿肉	Shin shank	分前后两部分，前腱取自前小腿肘关节至腕关节外净肉；后腱取自后小腿膝关节至跟腱外净肉	一般

除国家标准外，牛胴体的分割也可参考行业标准“NY/T 3389—2018 牛肉及牛副产品流通分类与代码”、地方标准“DB37/T 1084—2008 鲁西黄牛牛肉分割标准”“DB65/T 3275—2011 新疆地方民族特色牛肉分割技术规范”、团体标准“T/GGI 020—2018 思南黄牛鲜、冻分割牛肉”、“T/SDDB 001—2020 阳信肉牛屠宰流程与分割标准”等。

由于每一个大块肉都可以用不同方式处理，会使我们很容易识别每块肉。学会识别肉块的名称及它们在整个畜体中的位置、一些最重要的肉的出处，那么无论何时见到一块肉，都能准确地区分它。骨骼的独特形状经常是识别肉类切割的最好线索，骨骼的外面通常都是被肉包着的，即使看不到这些骨骼，也应该知道它们的位置，记住骨骼的结构会有助于我们的识别，见图5–9。

（三）烹饪应用

1. 牛肉在西餐中的应用

牛肉是西餐烹调中最常用的原料，西餐对牛肉原料的选用非常讲究，主要以肉用牛作为原料。一般根据可利用的肉和所含脂肪的比例，把牛肉分为六级，根据不同的肉质恰当应用，见表5–7。

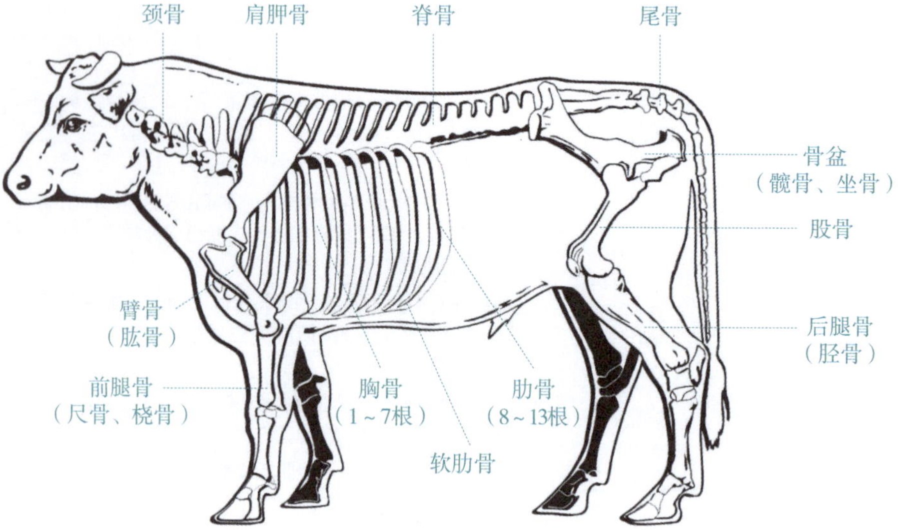

图5-9 牛骨骼结构图

表 5-7 西餐牛肉的分级及应用

名称	部位	特点	烹法
特级肉	里脊	运动少，肉纤维细软，瘦肉多，油花极少，是牛肉中最嫩的部分	做各种高级的菜，如煎里脊扒、铁扒里脊等
一级肉	外脊、上脑	肥瘦相间，肉质软嫩，仅次于里脊优质原料	上脑肉扒、带骨肉扒、烤外脊等
二级肉	米龙盖	肉质较硬	适宜焖烩
	米龙心	肉质较嫩	可代替外脊使用
	和尚头	肉质稍硬，但纤维细小，肉质也嫩	可做焖牛肉卷、烩牛肉丝等
三级肉	前腿	肉纤维粗糙，肉质老硬	一般用于制牛肉糜，做各种肉饼
	胸口、肋条	肉质虽老，但肥瘦相间，香硕味美	焖牛肉、煮牛肉最为合适
四级肉	脖颈、肚脯和腱子	肉纹较乱，筋皮较多，肉质粗老	可制馅或煨汤，腱子肉可酱制
五级肉	牛尾	皮和骨节间富含胶质，肉质坚硬，有肥有瘦，筋很多，结缔组织丰富	需长时间煮和焖，才能变软。做汤或烩牛尾、咖喱牛尾等

西餐选用的小牛肉，几乎没有什么脂肪，没有评级标准。其里脊除适宜煎炒外，更适合做炭烤里脊串；小牛的后腿，除用于煎、炒、焖、烩外，还可以做烤小牛腿；小牛的脖颈和腱子可以煮吃，清爽不腻，十分佳美。牛排是牛肉的特色切件，具有多个部位、多种形状的组合，常见的有上肩胛里脊牛排、带骨肋排、T骨牛排、肉眼牛排、西冷牛排、牛柳等，见图5-10。

西餐对上述牛排（包括牛肉）的烹调，可以根据顾客的偏好进行不同成熟度的烹饪，如三成熟（肉块最厚部分的中间达54℃）、半熟（60~63℃）、全熟（71℃）等。

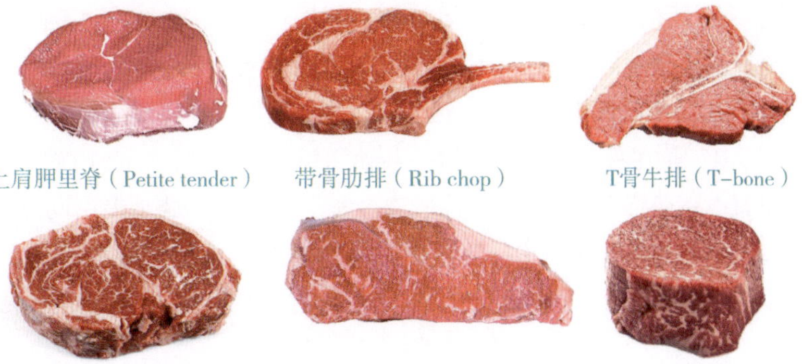

图5–10　不同部位的牛排

2．牛肉在中餐中的应用

中餐使用牛肉，多作主料，极少用作配料。可制成冷盘、热炒、大菜、汤羹、火锅等，也可做馅料用于包子、饺子、馅饼等，或做臊子用于面条、面片等。由于牛肉结缔组织多（这与传统上使用的农区淘汰的老牛和残牛有关），加热后蛋白质凝固时收缩性强，失水量大，使肉质老韧。因此，中餐烹调时多使用切块炖、焖、煨、卤、酱等长时间加热的烹调法。仅牛的背腰部及部分臀部肌肉肌纤维斜而短，筋膜等结缔组织少，顶刀切成丝、片等形状，用旺火速成的炒、爆等法成菜，可获得柔嫩的效果。

（四）营养价值

以生鲜瘦牛肉为例，每100g可食部分含水分75.2g、能量106kcal、蛋白质20.2g、脂肪2.3g、碳水化合物1.2g、胆固醇58mg、维生素A6μgRE、维生素$B_1$0.07mg、维生素$B_2$0.13mg、烟酸6.30mg、钙9.0mg、磷172mg、铁2.8mg、锌3.71mg、锰0.04mg、铜0.16mg、硒10.55μg等。

牛肉蛋白质含量高，氨基酸组成比猪肉更接近人体需要，而脂肪含量低，所以味道鲜美，受人喜爱，享有“肉中骄子”的美称，能提高机体抗病能力，对生长发育及手术后、病后调养的人在补充失血、修复组织等方面特别适宜。寒冬食牛肉，有暖胃作用，为补益佳品。中医认为，牛肉有补中益气、滋养脾胃、强健筋骨、化痰息风、止渴止涎的功效，古有“牛肉补气，功同黄芪”之说。

（五）品质检验

牛肉品质可依据“GB/T 17238—2008 鲜、冻分割牛肉”“GB/T 9960—2008 鲜、冻四分体牛肉”检验；牛肉的分级及感官品质可依据“NY/T 3379—2018 牛肉分级”检验；牦牛肉的品质可依据“NY/T 3356—2018 牦牛肉”检验；牛排及质量等级可依据“QB/T 5442—2020 牛排”“QB/T 5443—2020 牛排质量等级”检验。

（六）安全控制

注水牛肉的鉴别

多年来，受经济利益驱使，市场上“注水肉”屡禁不止，注水手段从简单的“注水肉”发展到“注胶肉”“注药肉”，令消费者防不胜防。“注水肉”是在牲畜屠宰前0.5～1h内强制性地用塑料水管从口腔灌注大量的水到其体内，使其体内充满大量的水，直到其自然孔（耳、鼻、眼、肛门等部位）流出水时宰杀；或在宰杀后用塑料水管从心脏内直接高压灌注大量的水，待其尸肉中充满大量水后再上市销售。“注胶肉”是用食用胶、水、胭脂红的混合液注入牲畜体内，然后利用胶的凝固性将水分“锁”住，甚至还加入一些食盐和防腐剂，以延长肉的保质期。“注药肉”是在牲畜屠宰前注射一种动物用违禁药物——沙丁胺醇，起到保水作用，增加肉体重量。一般感官很难辨别“注胶肉”和“注药肉”，需要专用设备和专项检测技术，如采用沙丁胺醇快速检测试剂卡检测“注药肉”，采用近红外光谱（NIR）剖析技能和低场核磁共振技能（LF-NMR）鉴别“注胶肉”。这里介绍注水牛肉的感官鉴别，见表5-8。

表 5-8　注水牛肉的感官鉴别

项目	正常牛肉	注水牛肉
观肉色	表面微干有光泽，新切面光滑呈暗红色且富有弹性，以手按压很快能恢复原状，无或很少汁液渗出	切面有明显不规则淡红色汁液渗出，肉呈浅红色，肌肉很湿润，表面有水淋淋的亮光，横切面可见到淡红色的肌肉，严重者泛白色，以手按压，切面呈水淋状有汁渗出，且难恢复原状
手触摸	富有一定的弹性，用手指肚紧贴肉的切口部位，然后离开时，有一定的粘贴感，感觉油滑，无异味	用手指按下的凹陷很难恢复原状，因含有大量的水分，破坏了肌纤维的强力，使之失去了弹性。在触摸时有水滑感，没有黏性
纸试	用干净吸水纸附在牛肉的新切面上，放置5～15s，吸水纸可完整揭下，且可点燃，完全燃烧	吸水纸不能完整揭下，且揭下的吸水纸不能用火点燃，或不能完全燃烧
闻气味	牛肉的正常气味	注水肉在气温20℃以上条件下，能嗅到非新鲜肉的不良气味，存放时间稍长就会出现氨味、酸味

注水肉不仅影响原有的口味和营养价值，同时也加速了肉品腐败速度，会给人们的健康造成严重的危害。经检验为注水肉后，如果注入少量水、品质正常、无异色、异味的肉类，可作高温烹调处理后食用；因注入不洁水质而引起严重污染、外观明显异色、异味的肉类，以及“注胶肉”和“注药肉”一律不得作为烹饪原料使用。

三、羊肉

羊属偶蹄目牛科羊亚科（*Caprinae*）绵羊属（*Ovis*）、山羊属（*Capra*）等动物的统称。羊的体积小，重量大约只有牛的1/10，再加上天生易于牧养，绵羊和山羊是较早被驯服的动物。

（一）羊品种

世界已知羊的品种有780多个，我国羊地方品种有101个（《全国畜禽遗传资源保护和利用“十三五”规划》）。其中兰州大尾羊、汉中绵羊、岷县黑裘皮羊、承德无角山羊、马关无角山羊处于濒危状态，临沧长毛山羊已灭绝。

中国各类羊主要分布于北方、西北、西南和西藏的牧区、半农半牧区，农业区和南方山区也有少量分布。根据《中国畜禽遗传资源志：羊志》，中国的羊种分绵羊和山羊两类，见表5-9。按生产方向的不同，羊又可分为肉用、乳用、绒用、毛用、羔皮（裘皮）用和兼用等类型，肉用羊品种约54种。

表 5-9　羊的品种

分类		品种
绵羊	地方品种	蒙古羊、西藏羊、哈萨克羊、小尾寒羊、晋中绵羊、湖羊、苏尼特羊等42种
	培育品种	新疆细毛羊、东北细毛羊、内蒙古细毛羊、甘肃高山细毛羊等21种
	引入品种	夏洛来羊、考力代羊、澳洲美利奴羊、萨福克羊、特克赛尔羊、杜泊羊等8种
山羊	地方品种	西藏山羊、新疆山羊、都安山羊、辽宁绒山羊、贵州白山羊、吕梁黑山羊等58种
	培育品种	南江黄羊、陕北白绒山羊、文登奶山羊、柴达术绒山羊、罕山白绒山羊等8种
	引入品种	萨能奶山羊、安哥拉山羊、波尔山羊
肉用羊	肉用绵羊	乌珠穆沁羊、苏尼特羊、呼伦贝尔羊、阿勒泰羊、小尾寒羊、湖羊、藏羊等16种
	肉用山羊	黄淮山羊、麻城黑山羊、成都麻羊、龙陵黄山羊、贵州白山羊、湖北乌羊等17种
	培育品种	巴美肉羊、昭乌达肉羊、察哈尔羊、简州大耳羊、南江黄羊
	引入品种	波尔山羊、夏洛莱羊、杜泊绵羊、萨福克羊、无角道赛特羊、肉用美利奴羊等10种
乳用羊	培育品种	关中奶山羊、崂山奶山羊、西农萨能奶山羊、文登奶山羊、雅安奶山羊
	引入品种	瑞士萨能奶山羊、瑞士吐根堡奶山羊、非洲努比亚奶山羊（乳肉兼用）

中国地理标志羊（或羊肉）有横山羊肉、海门山羊肉、定边羊肉、靖边羊肉、察哈尔羊肉、柯坪羊肉、乾安羊肉、苏尼特羊肉、西旗羊肉、靖远羊羔肉、盐池滩羊、马山黑山羊、民勤羊肉、郧西马头山羊肉、槐山羊肉、水城黑山羊、务川白山羊、贵南黑藏羊、东山羊、多玛羊肉、达茂羊肉等。

（二）羊分割肉

我国在2007年首次颁布标准“羊肉分割技术规范”（NY/T 1564—2007），将羊胴体分为9大部分，见图5-11，在部位肉的基础上进一步分割成零售肉块，包括带骨分割羊肉25种、去骨分割羊肉13种。与猪、牛不一样的是，羊肉可以不需要纵切，而是直接从第12到第13根肋骨处将其切成前扇和后扇。

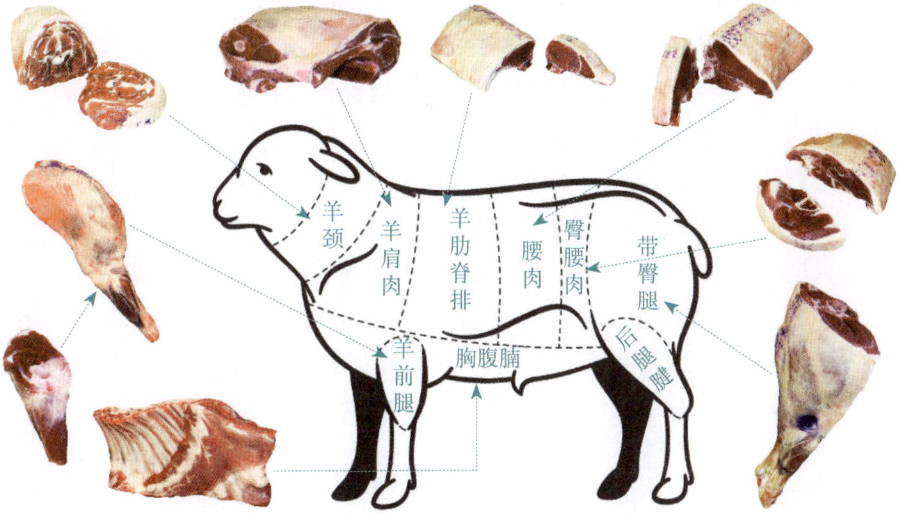

图5-11　羊胴体部位分割

我国羊胴体的分割标准起步较晚，与发达国家差距较大。一方面羊肉在畜肉消费中的比例不到10%，其次市场上的分割羊肉以冻羊肉卷为主，鲜羊肉分割不均匀、标准不统一、分割过程中易将相近部位的分割肉混合，影响餐饮业的选择。肉类的分割是基于烹饪、饮食习惯和偏好等因素，羊肉的适口性依赖于胴体肌肉的位置，应根据其适口性的特点及烹饪、饮食习惯和偏好进行分类分割。如嫩度和多汁性较差的部位不应该用于煎或烧烤，适口性较差的分割肉应选择炖煮或其他时间较长的烹饪方式，通过适当的烹饪方式保证分割羊肉的价值。

（三）烹饪应用

1. 羊肉在中餐中的应用

羊肉用于中餐烹调，适于各种刀工与工艺加工，适应任何烹调方法，可做任何调味，能做菜肴、小吃、点心，也用于主食。菜肴可做冷盘、热炒、大菜、汤羹、火锅，也可做臊子、馅料。还可经腌、酱、熏、干、风制成各式加工肉制品。整用，可制成“烤全羊”；分用可根据羊胴体分割肉的不同性质，分别施用，从头至蹄无不可烹调应用。羊的后腿肉和背脊肉是用途最广泛的部位，适于炸、烤、爆、炒和涮等，制作出烤羊肉串、葱爆羊肉、酱爆羊肉、羊方藏鱼的名肴，成菜都讲究细嫩；羊的前腿、肋条、胸脯肉质较次，适于烧、焖、扒、炖、卤等，如红烧羊肉、扒茄汁羊肉条、酱五香羊肉，成菜讲究熟软。由于羊肉膻味重，烹调中更注重对香辛料的使用，也常用洋葱、胡萝卜、萝卜、西红柿、香菜等合烹去膻，还可用焯水处理去膻。

我国各族人民积累并创造了多种多样、丰富多彩的羊肉烹调技艺和食用方法，尤其是回族厨师创造了风味独特的清真食品和各种风味小吃，其中又以北京和西安饶具特色。西安同盛祥牛羊肉泡馍制作技艺；北京东来顺涮羊肉制作技艺、鸿宾楼全羊席制作技艺、月盛斋酱烧牛羊肉制作技艺、北京烤肉制作技艺及内蒙古烤全羊技艺均为国家级非物质文化遗产。

2. 羊肉在西餐中的应用

西餐选用羊肉以羔羊为主，也就是12个月以下的小绵羊。刚结束哺乳期不久的小羊被称为春羊（Spring lamb），肉质柔嫩而不膻，还会带有淡淡的甜香，是复活节餐桌上隆重的节日佳肴；过了复活节，就成为平时常用的羔羊（Lamb），肉质柔嫩带有少许膻味，脂肪均匀，性价比高；超过12个月就成为肉味浓郁的龄羊（Yearling lamb）；再过一年便会成为肉质比较粗糙的成年羊（Mutton）。越嫩的羊肉越受西餐的青睐，因此尚未断奶的乳饲羊（Milk-fed lamb）是羊肉里的高级食材。

肋排和肋脊排是西餐用的最多的羊排，一般都经过精修，去除多余脂肪、软骨和边肉后露出肋骨，称法式切割羊排，用香料慢烤或香煎至六七成熟即可；腰肉也属于嫩肉，不宜久煮，适合烧烤或者轻煎；颈肉、腹肉和羊小腿需要慢煮细炖，用红酒搭配洋葱、胡萝卜、西芹等蔬菜来炖，是西餐常用的美味做法；肩肉和羊大腿则慢烤更出风味，用一些薄荷、迷迭香、大蒜、海盐、黑胡椒和橄榄油来调味便能制作出香气喷人，肉软多汁的香烤羊肉。在西方的盛大宴会中，还常推出“烤整小羊”，以增添宴会的隆重气氛。

（四）营养价值

以生鲜瘦羊肉为例，每100g可食部占99%，含水分74.2g，能量118kcal，蛋白质20.5g、脂肪3.9g、碳水化合物0.2g，胆固醇60mg，维生素A11μgRE，维生素$B_1$0.15mg，维生素$B_2$0.16mg，烟酸5.20mg，钙9mg，磷196mg，铁3.9mg，锌6.06mg，锰0.03mg，铜0.12mg，硒7.18μg。

羊肉蛋白质含量较高，钙、磷等矿物质含量比较丰富，类似于中等肥度的牛肉，且高于猪肉。其所含的赖氨酸、精氨酸、组氨酸、丝氨酸等必需氨基酸均高于牛肉、猪肉和鸡肉。羊肉的胆固醇含量较低，脂肪不易被人吸收，吃羊肉不易发胖。羊肉肉质细嫩，容易被消化，多吃羊肉可以提高身体素质，提高抗疾病能力。

中国历来视羊肉为冬日补品，寒冬常吃羊肉可益气补虚，促进血液循环，增强御寒能力。羊肉还可增加消化酶，保护胃壁，帮助消化。中医认为，羊肉具有补虚劳形衰、祛寒冷、益肾气、开胃健力、通乳治带、助元阳、生精血等功效，可治肾虚腰痛、形瘦怕冷、病后虚弱、产后大虚或腹痛、出血等症。其中祛寒助阳均可见实效。羊肉属大热之品，凡有上火症状者都不宜食用。

（五）品质检验

羊肉品质可依据“GB/T 9961—2008 鲜、冻胴体羊肉”检验；羊肉的分级可依据“NY/T 630—2002 羊肉质量分级”评定；羔羊肉和冷却羊肉的品质可依据“NY 1165—2006 羔羊肉”“NY/T 633—2002 冷却羊肉”鉴别。我国对羊肉的制作加工缺少鉴别真假羊肉的标准，检测机构无法出具有法律效应的检测报告，导致不法商贩敢于大量造售假羊肉。

由于真假羊肉成本存在巨大差价，为了牟取暴利，不法分子制假售假不断，部分低端的火锅店、串串店、自助餐厅、烤肉店及街头烧烤摊点等为了降低成本，明知是假羊肉，还铤而走险，为制假者提供销售渠道，导致假羊肉的生产、流通、销售已形成了完整的黑色产业链。目前，市场上的假羊肉主要有羊肉卷与羊肉串，主要原料为劣质的鸭肉、鸡肉、猪肉、羊尾油等，甚至还有未经检验检疫的狐狸肉、水貂肉和老鼠肉等，最常见的是用鸭肉冒充羊肉。这些肉与羊肉按比例混合在一起，加入约0.8%黏结剂高效谷氨酰转氨酶（TG 酶），促使肉与肉之间蛋白质分子发生交联，使得不同肉连接在一起，保留羊肉膻味，达到以假乱真的效果。还有通过添加胭脂红、红曲红、番茄红、羊血蛋白等弥补颜色，加入羊肉香精或羊尾油增加膻味，添加防腐剂如苯甲酸钠等，保水剂复合磷酸盐也常被加入假羊肉中，可使假羊肉加水重量增加20%～30%。

目前鉴别羊肉真假的方法有DNA检测法、电泳分析法、免疫分析法、色谱分析法等，这里介绍感官法检测，见表5-10。

感官法鉴别羊肉真假存在一定的局限性，它需要有经验的人员进行辨别，且其准确率相对不高。有些制假者的手段较为高明，在猪、鸭肉中加入羊血蛋白模仿羊肉颜色，使假羊肉能够达到以假乱真的程度，再加上麻辣等风味调料的掩盖，让一般消费者对于假羊肉难以辨别。这就需要加强科研攻关，研发快速、稳定且成本低廉的假羊肉检测技术。

表 5-10 假羊肉的感官鉴别

项目	真羊肉	假羊肉
看纹理	肥肉一丝丝夹在瘦肉里，条纹清晰，分布自然均匀，用手撕，肥瘦肉相粘连。解冻后水分少	肥瘦各占一边，互相没有包融，肉片花纹混乱，无明显纹路。解冻后，水分多，用手一捏就会分开，烧熟后更是碎成一片片的

续表

项目	真羊肉	假羊肉
用水煮	羊肉卷下锅后肉质变紧实，颜色依旧为粉红色，浮沫较少	假羊肉卷下锅后易被沸腾的热水冲击后散开，颜色会变黑，并产生很多浮沫
用火烧	用火烧肉片上的脂肪部位或筋膜，马上闻气味，呈现羊脂肪的味道	猪肉烧后是猪大油的味道；鸭肉烧后是鸭油的味道
用嘴尝	虽有膻味但嚼起来香	煮熟后膻味基本没有，吃到嘴里口感发硬

第三节　畜副产品

畜类副产品俗称“下水”，是指猪、牛、羊等经检验检疫、屠宰加工后所得头、蹄、尾、血、骨、脂肪及内脏等部位，约占猪活体重的25%，占牛、羊活体的40%。其中不可食用的部分包括毛皮、毛、蹄壳、胆囊、胆汁、甲状腺、肾上腺、淋巴结等。畜类下水，意为“下脚货”，难登大雅之堂，中国却有办法化腐朽为神奇，使西方人不喜欢的下水成为令人垂涎欲滴的美味佳肴，有些下水菜甚至可以堂而皇之地搬上高档宴席，这是中国烹饪的一大特色。

畜类副产品均有一定的蛋白质、脂肪、维生素及矿物质等营养成分，蛋白质多为胶原蛋白，属不完全蛋白，消化吸收率低，故在烹饪与食用时，多与其他富含完全蛋白质的原料搭配，以充分发挥蛋白质的互补作用，提高其营养价值。畜类内脏有一定的食疗作用，明代李时珍根据食猪的经验，总结出“以脏补脏”学说，成为中国饮食养生学说的重要组成部分之一。

畜类可食副产品的生鲜品及熟制品可参照“NY/T 1513—2017 绿色食品 畜禽可食用副产品”检验（部包括骨及血类）；其中，猪副产品的品质也可依据国家标准（GB/T 9959.4—2019）检验。

一、猪副产品

根据猪副产品的国家标准（GB/T 9959.4—2019），猪可食用的副产品包括猪平头（或三角头）、猪舌、猪舌根肉（舌咽肌）、猪耳、猪天梯（上颚）、猪脑、猪尾、猪蹄、猪板油、猪花油（肠外侧呈鸡冠状）、猪网油（胃外侧呈网状）、猪食管、猪心管、猪心、猪肝、猪沙肝（猪脾）、猪腰、猪肺、猪气管、猪肚、猪小肚（膀胱）、猪胰脏、猪大肠（包括直肠、盲肠和结肠）、猪小肠（包括十二指肠、空肠、回肠及肠黏膜）、猪花肠（子宫）等，见图5-12。

（一）猪头、尾、蹄

（1）结构特点　猪的头、尾、蹄都富含大分子胶原蛋白，质地老韧。猪头由猪舌、猪耳、猪脑、猪嘴、猪眼、猪天梯等部位组成。猪脑质如豆腐，外被血筋、薄膜与黏液，有臊味，是猪产品中胆固醇含量最高的部位；猪舌肉质细腻致密，表层有一层粗糙硬皮，经沸水

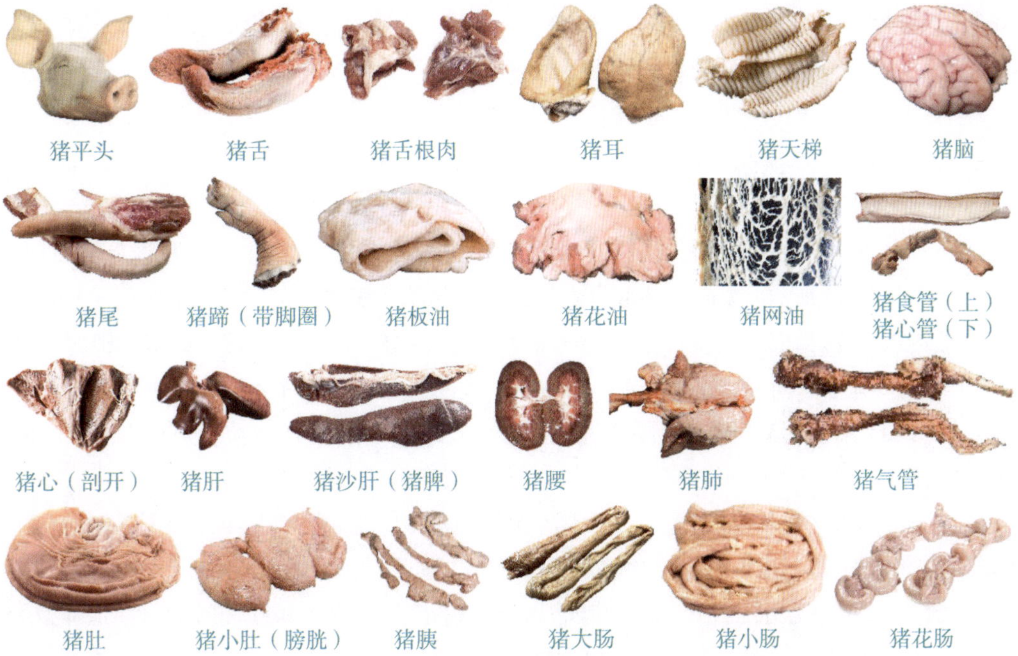

图5-12　猪副产品

烫后可褪除；猪嘴熟制后，质地挺韧而富弹性，耐咬嚼，富胶质，滋感独特；猪耳由两层皮夹一层白色软骨构成，富胶质，无肌肉，质地挺脆爽适。猪尾由尾椎骨以肌肉、韧带连接被以外皮而构成，根部较粗，末端较细，一般长20～30cm。猪前爪又称猪手、前蹄，后爪又称猪脚、后蹄，为猪腿膝以下部分，由皮、筋、骨、肉及部分胶质脂肪组成。

（2）烹饪应用　猪的头、尾、蹄都富含大分子胶原蛋白，适合长时间加热的烹调方法，如卤、酱、炖、焖、煨、烧、扒等。猪头一般要先放在清水中浸泡12～24h，再用火燎去头上的毛，刮净猪耳、嘴、鼻孔上的污物和黏液至外表洁白清爽，可带骨或出骨整烹，也可分割为猪舌、猪耳等部位，单独烹调，名菜有扬州扒烧整猪头、浙江奉化酱烤猪头、四川豆渣猪头、黑龙江扒猪脸和宿迁猪头肉等。猪蹄去除皮毛，撬去蹄甲，治净后带骨整用，多卤煮做冷荤，或清炖做汤菜，名菜有广州白云猪手、上海糟脚爪等。猪尾常用于卤、酱后做凉菜，按尾骨一节节啃食，颇有意趣，多见于熟食摊档，如甘肃红枣烧摆摆、广东花生焖猪尾等。

（3）安全控制　猪的头、尾、蹄以及禽类表面，往往残留硬毛、小毛，影响这类食材的加工。一般可采用水烫脱毛、火燎脱毛或刮净毛茬等方法。大批量脱毛，可采用食品级松香甘油醋脱毛。个体熟食摊点常非法使用《食品安全法》明令禁止的沥青、松香拔毛，松香是从松树的含油树脂蒸去了挥发的松节油后的透明固体物质，有一定毒性，是重要的化工原料；2017年10月，沥青及其排放物被世界卫生组织国际癌症研究机构列入2B类致癌物清单。用松香或沥青脱毛，虽效率高，脱毛干净，但在加热时会持续释放出有毒物质，通过皮层及刀口渗透并残留在食材内，被调料掩盖，给消费者的识别带来很大困难，严重危害人体健康。

（二）猪内脏

（1）结构特点　猪内脏包括白内脏（胃、肠、脾）和红内脏（心、肝、肺、肾）。猪胃俗称“猪肚子”，呈椭圆形囊状，由贲门部、胃体和幽门部三部分组成，幽门部与十二指肠连接，肌层厚实，俗称肚头或肚仁，胃壁有较多的黏液，腥臊味较大；猪肠的结构与胃相同，但肌层没有胃肌层厚，分大肠、小肠和直肠，大肠、直肠的肌层较小肠为发达，应用较多，小肠多制作肠衣，猪肠具较强臊臭气，治理时应予去除异味；猪脾窄而长，色深红，横切面呈三角形，壁面扁平，为重要的造血器官和最大的淋巴器官，因横长在腹部，又似舌头样，广东称“猪横脷”。

猪心由心肌构成，呈梨形，心肌纤维短而有分枝，富含肌红蛋白，故呈深红色，肌肉坚实，弹性强，肉质细嫩而柔软；猪肝呈红褐色，有光泽，细嫩柔软，富有弹性，其表面覆盖浆膜；猪肺由肺泡构成，呈左右分布，表面有浆膜，柔软光滑，有弹性，易破，肺内布满血管，血管内有血液，所以肺呈粉红色，烹制前，要从气管中反复注入清水，去除血污，直至肺呈近洁白的颜色；猪肾即“猪腰子”，呈豆形，表层为红褐色的皮质，是食用部位，深层为髓质，有较浓重的臊味，俗称“腰臊”，在加工时通常要去掉这部分。

（2）烹饪应用　猪腰常采用炒、氽、爆、炝等快速成熟的方法烹制，以保证其脆嫩的质感，如爆腰花、炝腰片等，也可用炖、烩等的方法来制作，如冬菇炖酥腰，加工时不去腰臊，只在整猪腰上剞花刀，泡去血水，经长时间炖制而成，成品不仅全无臊味，且口感酥烂，味道鲜美；猪肚质感脆嫩，可用爆、炒等方法加工，也可制作酱卤菜；猪大肠适于烧、熟炒、卤、炸等烹调方法，如山东九转大肠、陕西葫芦头、吉林白肉血肠、四川火爆肥肠等都是名菜；猪心在烹饪中常以炒、爆、炝、卤、酱等方法制作菜肴，如炒猪心、卤猪心等；猪肝多采用爆炒、氽煮等快速加热方式成菜，初加工时，需小心去除胆囊。猪脾烹饪中应用甚少，广东多煲汤。

（三）猪其他副产品

其他副产品包括猪血、猪皮、猪髓、猪食管、猪气管、猪骨、猪筋、猪板油、猪网油、猪小肚系（尿管）等。

（1）结构特点　猪血占其体重的3.5%，经加热后即凝结成块状，俗称“血旺”“血豆腐”；猪皮富含胶原蛋白，一般洗净表面污垢，刮净里层油脂后供用；猪脊髓是脊椎中的髓体，也包括其他骨髓，脊髓全体呈长柱状，内部是神经细胞体集中的灰质，包括多种神经组织，骨髓组织柔软，充满骨内腔隙，分红骨髓和黄骨髓。猪食管即黄喉，主要由黏膜层、肌层和外膜组成，肌层甚发达，柔韧而富弹性，加热后发硬而变脆，吃口挺脆，很有特色；猪气管即环喉，为皮膜包被若干个U状软骨和肌肉、韧带连接构成的管状体，质地挺韧而脆，有一种特殊的质感，一般连同猪肺一起销售。

（2）烹饪应用　猪血凝块与豆腐同烩，称为“红白豆腐”，也可做成羹式菜，满族习俗以猪血灌肠，煮后切片与白肉片共炖成白肉血肠，也可制成火锅菜式等。猪皮应用较广，可鲜用、熟用、熬冻用和干制再涨发用。如凉拌猪皮、三丝彩冻、烩皮肚等；猪食管、气管及猪心管，可卤酱做凉菜，也可做火锅食材。

二、牛副产品

根据行业标准“牛肉及牛副产品流通分类与代码”（NY/T 3389—2018），牛可食副产品包括大牛、小牛、犊牛、乳牛、黄牛、水牛、牦牛经屠宰加工后所得的牛头、牛脑、牛舌、牛心、牛肺、牛肝、牛肚、牛百叶、牛腰、牛肠、牛尾、牛蹄筋等部位。

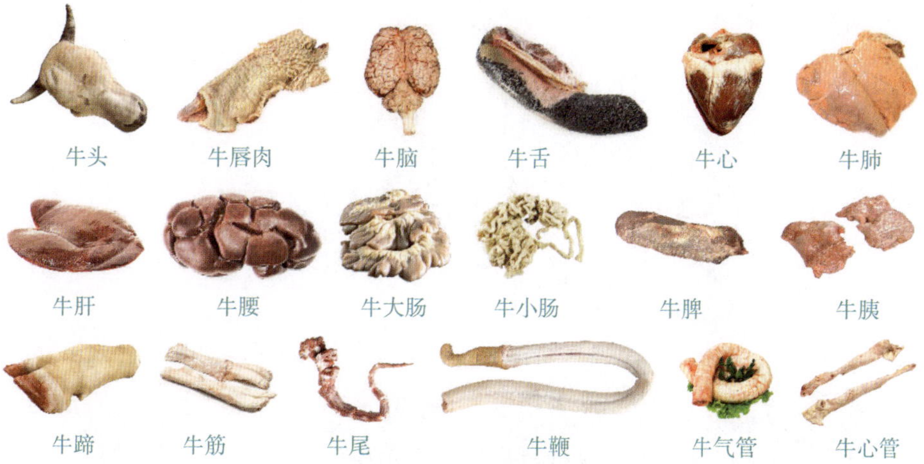

图5-13　牛副产品

牛的副产品各部位都具有不同的特点，如牛肝嫩度高、口感良好、保水性好，水分不易流失、熟肉率较高，加工过程中不易损失；牛肝中的蛋白质含量与牛肉接近，矿物质及糖原含量丰富，脂肪含量较低，是一种高蛋白、低脂肪的营养食品。牛肝中的脂肪酸种类较丰富，主要由饱和脂肪酸中棕榈酸、硬脂酸和单不饱和脂肪酸油酸为主，尤其牦牛肝中含具有保健功效的EPA、DHA等脂肪酸；同时，牛脏器中还含有多种生物活性物质，主要有左旋肉碱、牛磺酸、肝素钠及谷胱甘肽等。牛血水分80.9%、蛋白质17.3%、脂肪0.23%、矿物质0.62%，营养丰富，且各成分的含量较稳定，是含有高蛋白低脂肪低糖分的动物蛋白资源，除了矿物质铁以外，牛血的组成与肉的组成非常接近，同时还含有核黄素、硫胺素及泛酸等生理活性物质以及丰富的超氧化物歧化酶和血红素等。这里介绍反刍动物的特色胃——牛肚。

牛肚

牛肚即牛的胃，是牛副产品中运用最广的食材，我国商周时期就有食用牛肚的记载。牛是反刍动物，共有四个胃，前三个胃包括瘤胃、网胃、瓣胃，总称为前胃，为食道变异，都没有胃腺，不分泌胃液，功能类似于食道，暂时贮存饲料、磨碎食物，进行微生物发酵。最后一个皱胃才是能分泌消化液的真胃，见图5-14。

（1）结构特点　①瘤胃：又称毛肚、草肚，胃壁由内至外是黏膜层、黏膜下组织层、肌膜层和浆膜层，其中肌膜层最为发达，由内环行肌和外纵行肌两层平滑肌组成，是毛肚的主要食用部分。浆膜层色浅，其表面有疙瘩状的突起，口感比较韧。瘤胃与网胃交错的地方形成像领子一样的褶皱，俗称牛肚领，把牛肚领外层的浆膜撕掉，保留黏膜，呈现出来的白色肉质，俗称牛肚仁；②网胃：又称金钱肚、蜂巢胃、蜂窝肚、麻肚，表面有蜂窝状的突起，口感也较韧，因为巢状的结构可以有效留住汁水，容易入味；③瓣胃：又称百叶肚、重瓣胃，外层肚板包裹着一页一页大小不同的叶瓣，将肚板去掉，呈现出来的单独一叶，表面带小突起，口感爽脆，也称毛肚；④皱胃：又称为牛肚、沙瓜肚，色泽较深，肉质比较柔软，既有瘤胃的韧性，又有丰富多褶皱的结构。

（2）烹饪应用　瘤胃、网胃、皱胃受热易变老，多采用烧、焖、炖、卤的方式，小火

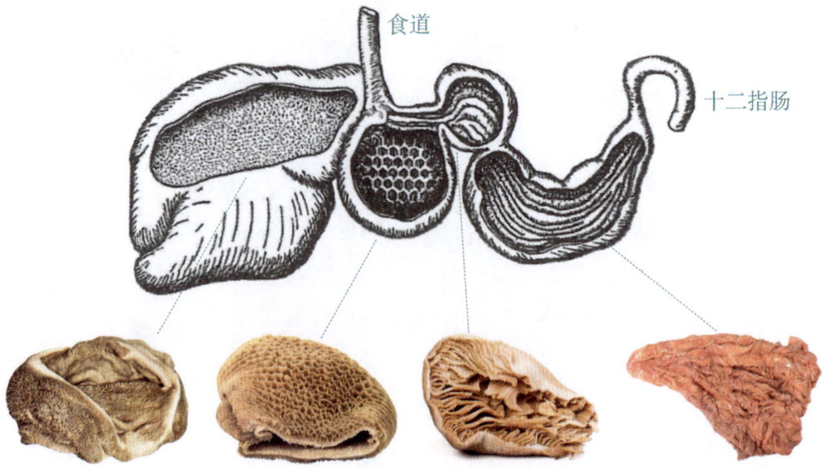

图5-14　牛肚

长时间加热，使牛肚口感软烂，入味可口，凉食、热食均可，如酱牛肚、牛杂汤、卤水金钱肚等。百叶、肚领与肚仁容易成熟，口感脆嫩，而且因为多瓣的结构和小突起，保留汁水的能力相当强，多采用旺火、宽汤的方式，进行白灼、氽烫或爆制，如毛肚火锅、老北京水爆肚等，烹调时需要注意，瓣胃比较薄，容易煮过头。

（3）安全控制　由于牛肚粘接度值和色度值的评分很低，国外很少作为重组肉制品的原料，多丢弃或出口到我国。随着火锅的普及，牛肚的需求量逐年递增。牛肚的内表面是黏膜层的黏膜上皮，呈黑色、细胞角质化且乳突较多，影响食用品质，因此要去除，常用方法有热水处理法、碱水处理法、乳酸处理法和柠檬酸处理法等。部分生产者违法使用工业双氧水或工业级生石灰浸泡制作个体饱满、新鲜水灵、吃口更脆的“毒牛肚”，造成食品安全问题。

三、羊副产品

根据行业标准“羊肉及羊副产品流通分类与代码”（NY/T 3390—2018），羊可食副产品包括大羊和羔羊经屠宰加工后所得的羊头、羊心、羊肺、羊肝、羊肚、羊腰、羊肠、羊蹄等部位。

羊的副产品主要在牧区，食品加工及餐饮业利用均较低，主要是经营羊肉产品的餐饮店附带特色菜肴或小吃。羊副产品古已食用，《汉书·食货志》有“胃脯，今大官以十日作沸汤爆羊胃”，说明秦汉时羊肚已成名品，到了明代，爆肚还是宫廷的吃食。北魏《齐民要术》中以羊蹄、羊肠、羊肚、羊肝等烹制的菜肴近10种。唐咎殷的食疗专著《食医心鉴》有蒸羊头肉方。元忽思慧的《饮膳正要》卷二“兽品”中专门从食疗价值、物性特点列举了羊头、羊心、羊肝、羊五脏、羊肾、羊骨、羊脑、羊酪等菜品，特别是记述了用羊肺制作各种灌肺的方法，现今新疆维吾尔族的风味食品“面肺子”就是沿用了传统灌肺的制法。

清代《调鼎集》可谓羊副产品的烹调大全，收有羊肚菜13款、羊肠肴7款、羊蹄馔5款、

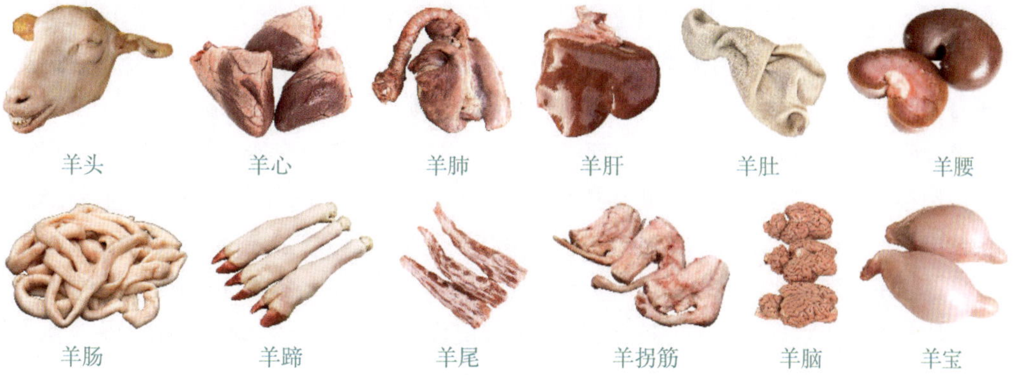

图5-15　羊副产品

羊尾菜4款、羊耳菜3款；羊头菜、羊舌菜、羊脑菜、羊血菜、羊筋菜、羊腰菜、羊胰菜各2款；羊唇菜、羊眼菜、羊肺菜各1款。此外，《随园食单》《清稗类钞》等都有大量羊副产品肴馔的记述，均值得现代餐饮研究开发。

现在羊副产品的名食虽少，但莫不闻名遐迩。北京名食“白水羊头”已有300余年历史，经七分煮，三分焖制，用刀批成半透明薄片，蘸专用味料食用，挺韧柔脆，鲜香适口，京味浓郁，是冬季防寒温补的美味之一。河南永城市的芒山羊头肉，用高汤和香料烧制，不膻不腻、温汤烂肉、鲜嫩可口、食后留香；河南民权县伯党羊头肉，作为地方特产，常被当作礼品赠送给客人。宁夏固原“五香羊羔头”有23年历史，选用宁夏五宝之一的滩羊头，烹制精细，料重味醇，肥而不腻，香气四溢，是当地著名的特色小吃。沧州羊肠汤也叫“羊肠子”，是华北平原东部沧州的著名小吃，品种繁多，各有特色，冬天喝上一碗热腾腾的羊肠汤，不仅解饿，而且全身温暖。山东德州羊肠子是地方最为经典的特色美食，有100多年历史，用洗干净的羊肠灌入羊血、淀粉及秘制调料系紧，再与羊骨与羊杂一起熬制而成，一年四季不断。宝丰羊蹄是银川北部的名食，黄灿灿、油津津，吃一口满嘴流香，是回民喜食的传统佳肴。以羊脏杂所制的“杂碎汤”，则是北方及西北人民所喜爱的著名小吃之一。

而羊副产品的烹调集大成者首推“全羊席”，除羊肉外，全羊席要用的副产品原料有羊心、肝、肺、大肠、小肠、肾、羊舌、羊眼、羊耳朵、羊肚、羊蹄、羊血、血清等材料，宴席以羊首开始，以羊尾结束，依次上菜，有条不紊。仅就羊首部位，可分头顶肉焖制、后脑肉扒制、羊脑为烩制、耳中段炝制、眼皮肉灼制、羊耳的后边肉炸制、羊鼻骨下面的肉烹制、鼻脆骨蒸制等，可以说是羊副产品造就了全羊席。其中北京鸿宾楼全羊席、辽宁兴城全羊席的制作技艺均被列入非物质文化遗产名录，还有蒙古族全羊席、锡伯族全羊席等。

第四节　畜肉制品

畜肉制品是以畜肉或其可食副产品为主要原料，添加或不添加辅料，经腌、腊、卤、酱、蒸、煮、熏、烤、烘焙、干燥、油炸、成形、发酵、调制等有关工艺加工而成的生或熟的肉类制品。我国肉制品加工历史悠久。早在奴隶社会时期，我国劳动人民就已经掌握了使用陶瓷器封闭保藏食品的技术。《周礼》中有“腊人掌干肉”和“肉脯”的记载。在先秦诸子百家的著述中，“脯”“腊”“腌”“熟”等字更是屡见不鲜。那时在腌腊、熟肉制品行业中就有“腊人”这一类的技术谓称。西汉《盐铁论》中有“熟食遍地，肴旅城市”的记载。当时熟肉类食品已广泛在酒楼、饭店中售卖。到了北魏末期，《齐民要术》一书就将2500多年前熟肉生产作了综合叙述。宋代的《东京梦华录》中记载了熟肉制品200余种，使用原料范围广泛，操作考究。中式火腿加工始于宋代。元朝《饮膳正要》重点介绍了牛、羊肉加工技术。清朝乾隆年间袁枚所著《随园食单》一书记载的肉制品有50余种，现在的肉类制品传统工艺基本是那时方法的沿袭。

一、畜肉制品的种类

畜类制品的类型和品种十分庞大。我国传统名优特产肉制品有500余种；德国的香肠产品有1500多种，仅热烫类香肠就有240种；瑞士的巴塞尔等色拉米厂有750种色拉米香肠。由于肉制品品种繁杂，从世界范围看还没有一个统一的分类方法。不同国家，分类标准不一。如日本JAS标准将肉制品分为培根、火腿、压缩火腿、香肠和混合制品五类；美国将肉制品分为午餐肉、香肠和肉冻类产品、煮火腿和罐头肉三类；德国将肉制品分为香肠和腌制品两大门类，香肠又分为生香肠、蒸煮香肠和熟香肠三类；腌制品分为生腌制品和熟腌制品两类。

我国肉类总产量虽然稳居世界首位，肉类制成品的产量占肉类总产量的比重还不到10%，而发达国家熟肉制品已占到肉类总产量的50%以上。目前我国肉制品深加工产品的比重仅为肉类总产量的4%，远低于国外的40%，发展的空间很大。根据国家标准“肉制品分类”（GB/T 26604—2011），畜肉制品主要分为：腌腊肉制品、酱卤肉制品、熏烧焙烤肉制品、干肉制品、油炸肉制品、肠类肉制品、火腿肉制品、调制肉制品等。上述八类制品也可分为即食与非即食两类，即食类制品无须加热，直接食用，也有部分可作烹饪原料使用，如肉松可作为面点制作的原料；非即食类制品都可以作烹饪原料使用，主要包括腌腊制品（咸肉、腊肉、香肠、腊肠、中式火腿等）和生干制品（风肉、吹肝、缠丝兔、干蹄筋、干肉皮等）。

二、烹饪中常用的畜肉制品

（一）中式火腿

中式火腿为腌腊制品的代表，因呈鲜红色或酱红色，色如火烤，故名。火腿在制作过程中经过发酵，蛋白质分解为多种氨基酸，加上其他因素，形成火腿所独具的鲜香风味，在中国烹饪中发挥了重要作用。因而为各地方风味所经常应用，是餐饮业必备的烹饪原料之一。

（1）种类特征　火腿一般选用皮薄骨细、瘦多肥少、肉质细嫩的猪后腿作原料，经修坯、腌制、洗晒、整形、发酵、堆叠、分级等10余道工序，经冬过伏，历时10个月制成。20世纪80年代以来，已采取低温腌制、中温脱水、高温催熟、堆积后熟的新工艺，缩短了生产周期，已可常年生产。

金华火腿又称“南腿”，主要产于浙江金华，已有千年左右的历史，南宋时已被列为贡品。以当地“两头乌”猪腿所制，每只2.5～5千克，爪小骨细，肉质细嫩，皮色光亮，外观呈金黄色或棕红色，表面干燥，手感坚实，香味浓郁，形似竹叶，是火腿中的上品，在国内外享有盛誉。宣威火腿又称“云腿”，主要产于云南宣威，净腿每只6～9千克，表面棕色，皮面光亮，皮薄爪细，瘦肉切面呈鲜红色或桃红色，骨呈桃红色，脂肪洁白，入口回味略甜。

中国地理标志火腿除金华火腿、宣威火腿外，还有云南诺邓火腿、撒坝火腿；贵州盘县火腿、威宁火腿及湖北宣恩火腿。

（2）烹饪应用　火腿在制作的过程中，经过发酵，产生多种氨基酸，因此用火腿烹制的菜肴，滋味鲜香，风味独特。火腿入馔，能够起到调味、增香、提鲜、去腥、配色等作用，可做冷盘、热菜、甜菜、汤、羹或面点馅料，可做菜肴的主料、配料、配色或配形料。火腿可成咸、甜味菜肴，既可单独成菜，也可配以水产、禽、肉、蛋等多种高低档动植物原料成菜。整个菜肴以突出火腿的鲜香为好。由于火腿鲜香味浓，常为燕窝、海参等本味不显的原料赋鲜香滋味。此外，还可用于制汤（常与鸡、猪肘等配用），用作菜肴鲜味调味剂。用作面点馅料，如五芳斋火腿粽子、上海火腿月饼等。

原只火腿按质量分档可分为五部分（见图5-16）：上方质量最好，精肉多、肥肉少、骨细，可供制作火方及切大片、花刀片；中方质量接近上方，但其中有大骨不易成形，常用于切丝、片、条、丁、块；蹄髈有皮紧裹，多带皮食用，整段用，也可切块或切圆片等；油头（滴油）、小爪（火爪）用于炖汤，或与其他原料同炖。

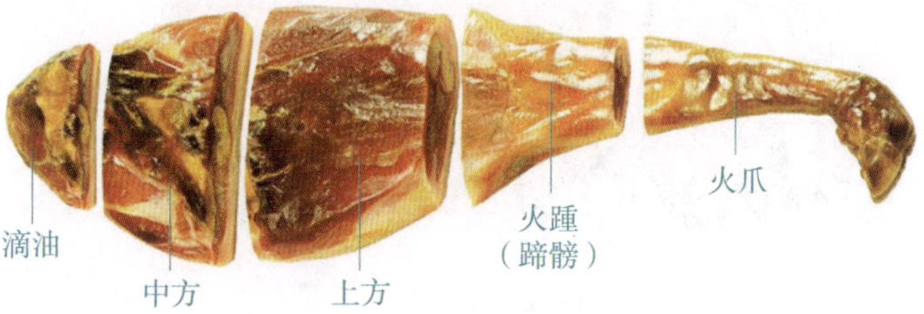

图5-16　火腿及分档部位

食用火腿前应注意要洗净、去皮、去骨，削除火腿表层深黄色的肥膘和褐色的瘦肉，再用温开水加少量食碱，洗刷清爽，避免发生哈喇味或涩味。火腿不宜熟制后久贮，否则易致发干、变色、失味。在烹调中为了取其鲜香和突出本色，食用方法有炖、蒸和烧汤等，切忌红烧、酱制、卤制或无汤烹调，也切忌用酱油、辣椒、茴香、桂皮等调味料，这些浓味会冲淡或压倒火腿特有的清香。

（3）营养价值　火腿内含丰富的蛋白质和适度的脂肪，十多种氨基酸、多种维生素和矿物质。据分析，每100g金华火腿肉中，含热能528kcal，含蛋白质30.29g，脂肪26.28g，灰分8.57g，磷777.5mg，铁3mg，钾673mg，钙88mg，盐6.96g，水分23g。火腿制作经冬历夏，经过发酵分解，各种营养成分更易被人体所吸收。

（4）品质检验　火腿的品质可依据“SB/T 10004—1992 中国火腿”检验。不同地域的火腿可参考相应的标准检验，有国家标准：GB/T 19088—2008 地理标志产品 金华火腿、GB/T 18357—2008 地理标志产品 宣威火腿；有地方标准：DB53/T 891—2018 地理标志产品 撒坝火腿、DB52/T 863—2013 地理标志产品 盘县火腿、DB36/T 1117—2019 安福火腿；有团体标准：T/ZZB 0374—2018 金华火腿、T/JHHTA 0002—2019 金华市金华火腿等。

（二）中式香肠

中式香肠又称腊肠、风干肠，以畜禽等肉为主要原料，经切碎或绞碎后按一定比例加入食盐、酒、白砂糖等辅料拌匀，腊渍后充填入肠衣中，经烘腊或晾晒或风干等工艺制成的非即食生干肠制品。香肠制作是一种非常古老的肉食生产和食物保存技术，南北朝以前即已出现，北魏《齐民要术》中的“灌肠法”是用羊肠灌入切细并调好味的羊肉，加工成香肠，其法流传至今。

（1）种类特征　香肠肠衣传统上是取自动物消化管中的各个部位。目前大部分的天然肠衣都是猪小肠或羊小肠薄薄的结缔组织层，以高温和高压剥除内膜层和外在肌肉层，半干燥后加盐包装备用。也有以动物胶原蛋白、植物纤维素和纸做成的人工肠衣。中式香肠是中华传统特色食品之一，一般指猪肉香肠，不加淀粉干制而成，可贮存很久，熟制后食用，风味鲜美，醇厚浓郁，回味绵长，越嚼越香，全国各地均有生产，见图5-17。

图5-17　中式香肠

中国地理标志产品的香肠有黄圃腊味、东陂腊味和梧州腊肠。黄圃腊味是广东中山市黄圃镇特产，广式腊味的典型代表，黄圃镇有腊味食品企业约80家，是中国最大的“广式腊味”生产基地，腊肠呈完整的圆柱形，肥肉乳白，瘦肉枣红或玫瑰红，肠体干爽，表面有自然皱纹，断面组织紧密，咸甜适中，鲜美适口，腊香浓郁；东陂腊味是广东连州市东陂镇特产，其腊肠利用产地自然条件进行风干，不经烘烤或烟熏，不添加亚硝酸盐和防腐剂，腊香浓郁，外表更加干爽、组织结实有弹性；梧州腊肠是广西梧州市特产。

（2）烹饪应用　中式香肠可蒸熟后直接切片当凉菜食用，也可搭配其他食材一同炒食，富含维生素C的蔬菜是最佳搭档。如尖椒炒辣香肠、芥蓝炒香肠、圆白菜炒香肠、彩椒炒香肠、香肠烧菜花、荷兰豆炒香肠、香肠蒸蛋、香肠蒸鲫鱼等。生香肠要小火慢烹，能增加香肠的风味和口感，防止香肠内部达到水的沸点而使肠衣爆裂、水分渗出，导致风味流散且质地变硬。

（3）品质检验 中式香肠的品质可依据“GB/T 23493—2009中式香肠”检验；香肠类熟肉制品的品质可依据“SB/T 10279—2017熏煮香肠”检验。

第五节 乳及乳制品

一、乳

乳是乳畜在产犊（羔）后由乳腺分泌出的一种具有胶体特性的生物学液体，呈白色或略带黄色，不透明，味微甜并具有特有的香味，含幼畜生长发育所需的各种营养成分和保护幼畜免受感染的抗体，是哺乳动物出生后最适于消化吸收的全价食物。《中国居民膳食指南（2016）》建议成人每天饮用乳液300g或相当量的乳制品。

（1）乳的种类 人们经过对产乳动物长期的定向选育，育成了专门为人类提供乳品的产乳家畜，所产的乳主要分为牛乳、山羊乳、绵羊乳、水牛乳、牦牛乳、驼乳及马乳，其中以牛乳产量最高。在世界畜产品（肉蛋乳）生产结构中，乳类生产一直位居前列，其总产量是世界肉类总产量的2倍多，是鸡蛋总产量的10倍，其中，牛乳占85%以上，水牛乳约占10%，羊乳及其他乳约占5%。发达国家的乳99%来自奶牛，而发展中国家的乳有三分之一来自其他家畜，如水牛、绵羊、山羊、牦牛、骆驼等。印度、巴基斯坦生产了世界90%以上的水牛乳，水牛乳甚至约占印度乳类总产量的一半，这是与印度的高温潮湿气候相适应的。

（2）烹饪应用 牛乳一般均于煮沸消毒后作为营养食品直接饮用。烹饪中使用的乳为袋装（或瓶装）消毒牛乳或纸盒装（屋顶包）的保鲜牛乳，羊乳、马乳等极少用于烹调。牛乳可用于制作菜肴，方法有：①用作主料，如炒牛奶，广东配蛋清、虾仁、蟹肉、鸡肝、橄榄仁等；上海配蛋清、烧鸭肉、鲜蘑菇、核桃仁等；亦有添加火腿、青椒、竹笋等；炸牛奶，有脆皮炸、芙蓉炸等；牛奶调鸡蛋煎制成牛奶蛋卷等；②用作甜菜，如奶糊、山楂奶酪、杏仁豆腐、牛奶鸽蛋羹、鲜奶莲蓉、牛奶豆瓣酥、杏仁奶露等，广东著名的有凤凰奶糊、椰子奶糊、双皮牛奶、山楂奶皮卷、姜汁撞奶等；西北著名的有牛奶醪糟等，既是甜菜，也是美味小吃；③用作汤汁，如牛奶白菜、奶油豆腐，直接加牛乳烧制，色泽乳白，吃口鲜香；④用作兑汁，如奶汁鸡丝、牛奶菜花，色泽素雅，香醇可口。

牛乳用作面点，可在调制面团时，添加一定比例的牛乳，制作馍馍、饼子、面条或其他点心小吃。发酵面点在暄软膨松之中更显得乳香滋润，口感更好，也更富于营养。牛乳加米，可制成乳粥、乳饭，特别鲜香。牛乳还可做成多种饮料（含冷饮），牛乳配制奶茶，是藏族同胞每日不可或缺的饮料。

（3）营养价值 乳的成分十分复杂，至少含有上百种化学成分，包括水分、脂肪、蛋白质、乳糖、盐类、维生素及酶类等。不同的哺乳动物所分泌乳的成分各不相同，如绵羊乳的蛋白质、脂肪和全固形物含量高，其次为牦牛乳。正常牛乳的主要成分见图5-18，各种成分的含量大致稳定，因此可以根据这一标准来辨别乳的好坏。当受到各种因素的影响时，其含量在一定范围内会有所变动，其中脂肪变动最大，蛋白质次之，乳糖含量通常很少变化。

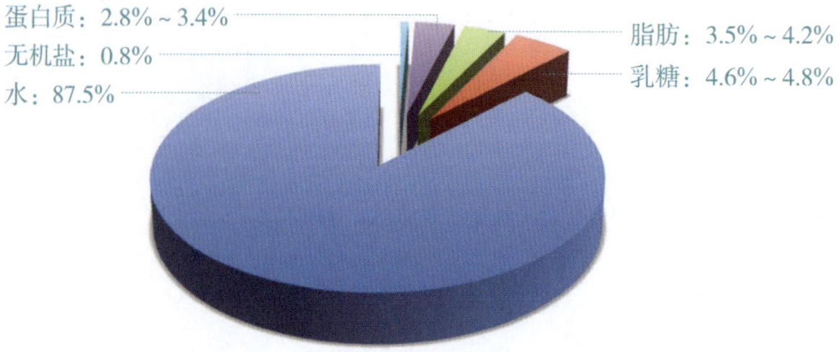

图5-18 牛乳的主要营养成分（平均值）

牛乳中含有成人体所需的20 种氨基酸，胆固醇含量较低，其中的碳水化合物几乎都是乳糖，有助于婴儿智力发育。并且，牛乳含有较丰富的矿物质，主要包括钙、磷、钾、铁等。由于牛乳中的钙远比其他各类食物的钙容易被人体吸收，因此常喝牛乳可以预防佝偻病。牛乳中钙与磷比例合适，是促进儿童、青少年骨骼、牙齿发育的理想营养食品。

（4）品质检验 商品乳一般用生鲜牛乳，通过乳品厂均质、巴氏杀菌或超高温灭菌、冷却、包装之后的乳品，保质期不同。产犊后7天的初乳、应用抗生素期间和休药期间的乳汁、变质乳不应用作生鲜原料乳。可依据“GB 25190—2010 食品安全国家标准 灭菌乳”“GB 19645—2010 食品安全国家标准 巴氏杀菌乳”检验；其中，学生饮用奶可参照“T/DAC 003—2017 学生饮用奶”“T/DAC 004—2017 学生饮用奶 纯牛奶”“T/DAHEB 005—2019 河北课间奶 纯牛奶”检验。

二、乳制品

乳制品也称奶制品，是指以生鲜牛（羊）乳及其制品为主要原料，通过一定的加工工艺（如干燥、发酵、浓缩、分离等）进行改制后得到的各种产品。

（1）种类特征 乳制品的形态多种多样，见图5-19。

图5-19 乳制品种类

一般将乳制品分为七类，见表5-11。

表5-11　乳制品的分类

分类			特点
液体乳类 Liquid milk	纯牛（羊）乳	巴氏杀菌乳	灭菌乳又称长久保鲜乳，分超高温灭菌乳和保持灭菌乳，保质期比巴氏杀菌乳长。超高温灭菌乳（UHT）是在连续流动的状态下，加热至132℃以上并保持很短时间灭菌的产品
		灭菌乳	
	发酵乳	酸乳	以生鲜乳或乳粉为原料，经杀菌、发酵制成
		风味酸乳	以80%以上的生鲜乳或乳粉为原料，添加辅料制成
	复原乳		又称“还原乳”，是以乳粉为主要原料，加水制成
	调制乳		以不低于80%的牛乳为原料，添加辅料，再杀菌的产品
乳粉类 Milk powders	是否脱脂	全脂乳粉	生鲜乳经杀菌、浓缩、干燥制成的粉状产品
		脱脂乳粉	以不低于80%的生鲜乳或复原乳为原料，经脱脂、浓缩、干燥制成，蛋白质含量≥34.0%，脂肪≥2.0%
	是否添加	乳粉	生鲜乳通过冷冻或加热，除去全部水分的产品
		调制乳粉	以生鲜乳或加工乳为原料，添加其他原料，制成乳固体含量不低于70.0%的产品
干酪类 Cheese	产品质地	硬质干酪	牛乳经杀菌、添加发酵剂、凝乳、成形、发酵制得的产品
		软质干酪	乳或乳产品经杀菌、凝乳、分离乳清、发酵、水分占非脂肪成分67.0%以上的产品
	加工深度	原干酪	在凝乳酶作用下，使乳、脱脂乳、部分脱脂乳、稀奶油、乳清稀奶油、酪乳中一种或几种原料的蛋白质凝固，排出凝块中的部分乳清而得到的产品
		再制干酪	以大于15%的干酪为原料，加入乳化盐，经加热、搅拌、乳化等工艺制成的产品
炼乳类 Condensed milk	淡炼乳		以生鲜乳或复原乳为原料，添加或不添加辅料，经杀菌、浓缩制成的黏稠态产品。添加食糖的为甜炼乳；添加辅料的为调制炼乳
	甜炼乳		
	调制炼乳		
乳脂类 Milk fats	稀奶油		脂肪含量10%~80%
	奶油（黄油）		脂肪含量≥80.0%
	无水奶油		脂肪含量≥99.8%
乳清类 Whey	乳清		以生乳为原料，采用凝乳酶等生产乳酪类制品时，将凝乳块分离后而得到的液体为乳清。乳清干燥后为乳清粉。乳清经分离、浓缩、干燥制成的蛋白含量≥25.0%的产品
	乳清粉		
	乳清蛋白粉		
其他乳制品	乳糖		从牛（羊）乳或乳清中提取出来的碳水化合物
	干酪素		以脱脂牛乳为原料，用盐酸或乳酸使其所含酪蛋白凝固，然后将凝块过滤、洗涤、脱水、干燥而获得的产品

需要注意的是，含乳饮料和冰淇淋不属于乳制品。含乳饮料指以乳或乳制品为原料，加入水及适量辅料，经配制或发酵而成的饮料制品，分为配制型含乳饮料和发酵型含乳饮料，容易与调制乳和发酵乳混淆。冰淇淋指以饮用水、乳和（或）乳制品、蛋制品、水果制品、豆制品、食糖、食用植物油等的一种或多种为原辅料，添加或不添加食品添加剂和（或）食品营养强化剂，经混合、灭菌、均质、冷却、老化、冻结、硬化等工艺制成的体积膨胀的冷冻饮品。

（2）烹饪应用　乳制品中的炼乳常作为焙烤食品、糕点和冷饮品等食品加工的原料，淡炼乳在烹饪中可用于制作布丁和牛乳蛋糊；甜炼乳在烹饪中可用于制作甜食、布丁、奶油馅饼和蘸料味碟等。奶油是一种高能量食品，具有特殊的奶香食品，可直接涂抹于面包、糕点上食用，在面点中常作起酥油使用，奶油还是大型食品雕刻“黄油雕”的重要原料。乳酪可嵌面包食用，也可调制其他食品，在烹调中用于烤制菜肴或点心。

（3）营养价值　甜炼乳是在鲜乳中加约16%蔗糖进行减压浓缩，使体积降到原来的1/3，产品中蔗糖浓度可达40%以上。但由于含糖量大，加水冲淡的同时也使蛋白质含量下降，不宜作婴幼儿食物；奶油是经离心搅拌器分离制得的以乳脂肪为主的一种乳制品，约含20%的脂肪和30%的蛋白质与50%的乳糖。黄油（俗称白脱油）是将奶油进一步离心搅拌制成。黄油约含85%的脂肪和少量水分，它不含乳糖，蛋白质含得也极少，但含有维生素A；乳酪是一种发酵的牛乳制品，每100g含有水分31.4g，脂肪35.6g，蛋白质29.3g，糖类0.4g，还含有维生素A和丰富的无机盐，是纯天然的食品，就工艺而言，乳酪是发酵的牛乳；就营养而言，乳酪是浓缩的牛乳。因而乳酪有“乳品之王”和“乳品黄金”之称。我国内蒙古等地的“奶豆腐”等食品就类似于乳酪，但一般是由牛的初乳制成，其中含有大量的维生素和免疫球蛋白类物质，而脂肪的相对含量较低；酸奶是以鲜牛乳为原料，经杀菌后加入活性乳酸菌经发酵而成的，其内的乳酸菌可发酵乳糖，产生大量的乳酸，使蛋白质凝固。脂肪水解产生多种风味物质，更有利于人体消化吸收；乳酸能刺激肠胃蠕动、激活胃蛋白酶、增加消化机能、预防老年性便秘及提高人体对矿物质元素钙、磷、铁等的吸收利用率。

（4）品质检验　乳制品的品质可参照“NY/T 657—2012 绿色食品 乳制品”检验。

实训项目

猪肉新鲜度的感官检验

实训目的

了解猪肉的品质特点，掌握其新鲜度的感官检验方法。

实训条件

市售鲜猪肉（也可用牛肉、羊肉）、烧杯、酒精灯、剪刀、镊子、表面皿、电炉、锥形瓶。

实训内容

1　样品制备

准备新鲜、不新鲜、腐败的三种猪肉用于感官检验（提前采购猪肉，自然存放一定时间，促其变质）。

2　检查方法

①用视觉在自然光线下，观察肉的表面及脂肪的色泽，有无污染附着物，用刀顺肌纤

维方向切开，观察断面的颜色。

②用嗅觉在常温下嗅其气味。

③用食指按压肉表面，触感其指压凹陷恢复情况、表面干湿及是否发黏。

④称取切碎肉样20g，放在烧杯中加水100mL，盖上表面皿置于电炉上加热至50～60℃时，取下表面皿，嗅其气味。然后将肉样煮沸，静置观察肉汤的透明度及表面的脂肪滴情况。

⑤为了比较全面确切地判断肉的气味和肉汤的感官指标，可将被检样品切成小块，取50g左右放入锥形瓶中，盖严，加热至沸腾时立即开盖嗅气味，并观察肉汤透明度和表面浮游脂肪的状态；或者把洁净的刀先置于热水中加温后，迅速刺入肉内，然后拔出，嗅其气味，再判断肉的新鲜度。

3 评定标准

依据“GB/T 9959.1—2019 鲜、冻猪肉及猪副产品 第1部分：片猪肉”中猪肉的感官指标。

实训要求

根据感官检验情况，记录描述所检验肉的色泽、黏度、弹性、气味等情况。

感官项目	新鲜肉	次鲜肉（可疑肉）	腐败肉（变质肉）
色泽			
弹性（组织状态）			
黏度			
气味			

建议浏览网站及阅读书刊

[1] www.chinafarming.com（中国畜牧网）

[2] 黄庆轩. 牛肉料理地图：55道全球牛肉料理[M]. 北京：中国轻工业出版社，2017.

[3] ［美］哈洛德·马基. 厨艺之钥（上）[M]. 南京：江苏文艺出版社，2017.

[4] ［日］日本旭屋出版. 牛肉诱惑：日本名店人气烤牛肉秘笈[M]. 北京：中国轻工业出版社，2018.

[5] ［日］日本旭屋出版. 居酒屋肉料理全书[M]. 郑州：河南科学技术出版社，2018.

[6] ［英］尼古拉·弗莱彻. 肉的料理[M]. 武汉：华中科技大学出版社，2018.

[7] ［日］笠原将弘等. 厨神的家庭餐桌·猪肉料理[M]. 北京：中信出版社，2019.

[8] ［日］川手宽康. 肉的火制料理技术[M]. 北京：中国纺织出版社，2019.

[9] ［法］亚瑟·勒凯恩. 肉料理，原来是这么回事儿[M]. 北京：中信出版社，2019.

参考文献

[1] 国家畜禽遗传资源委员会. 中国畜禽遗传资源志：猪志[M]. 北京：中国农业出版社，2011.

[2] 国家畜禽遗传资源委员会. 中国畜禽遗传资源志：牛志[M]. 北京：中国农业出版社，2011.

[3] 国家畜禽遗传资源委员会. 中国畜禽遗传资源志：羊志[M]. 北京：中国农业出版社，2011.

[4] 徐宝才. 猪肉产品加工与流通[M]. 北京：中国农业大学出版社，2018.
[5] 张德权. 羊肉加工品质学[M]. 北京：中国轻工业出版社，2018.
[6] 孔保华，陈倩. 肉品科学与技术（第3版）[M]. 北京：中国轻工业出版社，2018.
[7] 周光宏. 畜产品加工学[M]. 北京：中国农业出版社，2019.
[8] 王卫，张佳敏. 中国传统特色腌腊肉制品加工技术[M]. 北京：化学工业出版社，2019.
[9] 郑姗姗等. 牛肉及其产品养分数据参考指南[M]. 北京：中国农业科学技术出版社，2019.
[10] 杨月欣等. 中国食物成分表标准版（第6版）（第2册）[M]. 北京：北京大学医学出版社，2019.

第六章　禽类原料

学习目标

知识目标

- 了解禽类烹饪原料的概念和种类；
- 了解禽肉和禽类副产品的组织结构特点及化学成分；
- 掌握常见禽类、禽肉制品、蛋制品的种类、特点及烹饪应用；
- 掌握禽类原料品质检验与贮藏保管。

能力目标

- 能根据家禽原料各部位品质特点合理选择烹饪加工方法；
- 能根据不同的烹调方法和菜点制作要求选择不同的禽类原料；
- 能正确识别家禽肉的新鲜度和几种变质蛋。

第一节　禽类原料概述

一、禽类原料的分类

禽类原料是指禽鸟类的肉、蛋、副产品及其制品的总称。禽类属于鸟纲，全世界鸟纲有9800多个物种，我国有1100多种，其中只有极少数适合人类生活资料需要的物种才被驯化成家禽，见图6-1，而野生种群主要是保持生物多样性，维持人类赖以生存的环境和生态系统平衡。

传统的禽类原料包括未被列入国家《野生动物保护法》的野生禽鸟。2020年2月24日全国人民代表大会常务委员会会议通过《关于全面禁止非法野生动物交易、革除滥食野生动物陋习、切实保障人民群众生命健康安全的决定》，全面禁止以食用为目的猎捕、交易、运输在野外环境自然生长繁殖的陆生野生动物，因此所有野生的禽鸟均不能作为烹饪原料。人工繁育、饲养的陆生野生动物，未被列入国家畜禽遗传资源目录，也不能作为烹饪原料使用。

依据《国家畜禽遗传资源目录》（附录3），作为烹饪原料使用的家禽包括鸡、鸭、鹅、

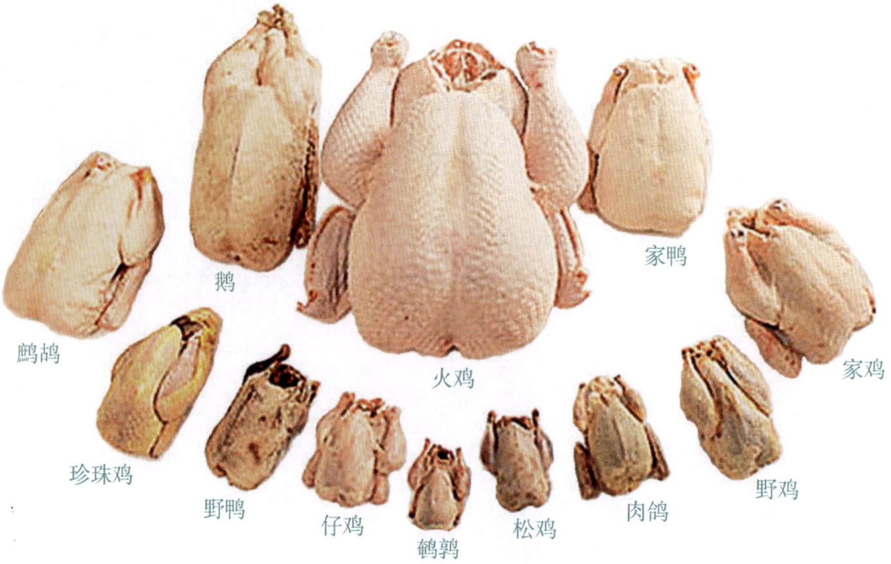

图6-1 烹饪中常用的家禽与特禽

鸽和鹌鹑；特禽包括火鸡、珍珠鸡、雉鸡、鹧鸪、番鸭、绿头鸭、鸵鸟和鸸鹋。这些养殖禽类的肉、蛋、副产品及其制品构成了餐饮业的禽类烹饪原料，见图6-2。

- 禽类原料
  - 家禽肉
    - 胴体肉鸡、蛋鸡；鸡脯肉、鸡腿肉、鸡翅、鸡爪、鸡脖、鸡头
    - 胴体肉鸭、蛋鸭；鸭胸肉、鸭腿肉、鸭翅、鸭掌、鸭脖、鸭头
    - 胴体肉鹅、蛋鹅；鹅胸肉、鹅腿肉、鹅翅、鹅掌、鹅脖、鹅头
    - 其他禽肉
  - 可食禽内脏
    - 鸡肝、鸡肫、鸡心、鸡血、鸡肠等
    - 鸭肝、鸭肫、鸭心、鸭血、鸭舌等
    - 鹅肝、鹅肫、鹅心、鹅血、肥鹅肝等
  - 禽肉制品
    - 腌腊禽制品：板鸭、咸鸭、风鸡、腊鸡、风鹅等
    - 调制禽制品：冷藏调味鸡丁、冷藏调味鸡翅、冷冻鸡肉串等
  - 禽蛋及蛋制品
    - 鲜蛋类：各种禽类的鲜蛋、清洁蛋、营养强化蛋等
    - 蛋制品：再制蛋、干蛋、液蛋、冰蛋、调制蛋制品等

图6-2 禽类原料的分类

禽类原料的多用性、普遍性及相对低的成本使它们成为各餐饮企业的理想原料。从星级酒店到咖啡屋再到快餐店都大量使用禽类原料。

二、禽类的组织结构与食用品质

禽类是常用的烹饪原料之一，可作为菜肴主料和配料，适用于多种烹调方法，在烹饪中用途广泛。行业俗语有“鸭肉最丰，鹅肉最香，鸡肉最嫩，鸽肉最奇”。禽肉的组织与畜类一样，从烹饪加工及可利用的程度来看，包括肌肉组织、脂肪组织、结缔组织和骨骼组织。

（一）肌肉组织

禽类的肌肉发达，纤维又非常柔细，是禽肉最有食用价值的部分，也是家禽肉中营养最高的部分。喂养很好的家禽，肌肉柔嫩多汁，味道鲜美。禽肉的食用品质特点如下：

1．禽肉的颜色

禽肉的颜色影响食欲和商品价值，因为消费者将它与产品的新鲜度联系起来，决定购买与否。浅色或白色的禽肉称为“白肌”；颜色发红一些的禽肉称为“红肌”。一般来说，红肌有较多量的肌红蛋白，富有血管，肌纤维较细；白肌的肌红蛋白含量较少，血管较少，肌纤维较粗。不同的禽或同一种禽的不同部位，红肌与白肌的分布不同。如鸭、鹅等水禽和善飞的禽类（如鸽）红肌纤维较多；飞翔能力差或不能飞的禽类，有些肌肉则主要是由白肌纤维构成，如鸡的胸肌。

2．禽肉的风味

禽肉中含有大量的含氮浸出物，如含有较丰富的肌酸和肌酐，所以具有特殊的香味和鲜味。同一禽类随年龄不同所含的浸出物有差异，幼禽所含浸出物比老禽少，公禽所含浸出物比母禽少，所以老母鸡适宜炖汤，而仔鸡适合爆炒。野禽肉比家禽肉含有更多的浸出物，使肉汤带有强烈刺激味，不宜炖汤。有人对鸭肉的滋味成分进行了研究，认为鲜味氨基酸天冬氨酸和谷氨酸、甜味氨基酸丙氨酸以及风味核苷酸5′–肌苷酸钠（IMP）和5′–鸟核酸钠（GMP）对鸭肉制品的滋味贡献显著。

3．禽肉的嫩度

禽肉的嫩度是消费者最重视的食用品质之一，它决定了禽肉在食用时口感的老嫩，是反映禽肉质地的指标。一般老龄禽肌纤维较粗，公禽比母禽肌纤维粗；水禽肌纤维比鸡粗；不同部位肌纤维粗细也不一样，活动量大的部位肌纤维粗。

4．禽肉的保水性

一般鸡肉的保水性比猪肉、牛肉、羊肉差，对禽肉菜肴的质量有很大影响。例如鸡脯肉肌间脂肪少，在加热时，蛋白质受热收缩，固定的水分减少，肉汁流失，使菜肴的质感变老。所以要通过一定的烹调技术，如控制加热温度、腌渍、上浆、挂糊等，增加禽肉的保水性，保证菜肴的质量。

（二）脂肪组织

禽类的脂肪组织除了在体腔内部或皮下（除水禽外）沉积外，还均匀地分布在肌肉组织中。禽类脂肪中亚油酸多，熔点低，使得禽肉比畜肉更鲜嫩味美，且易消化。许多消费者习惯地将鸡体腔内部鲜亮的金黄色或橘黄色脂肪视为草鸡优质和优味的标志。脂肪的黄色来源于类胡萝卜素或叶黄素，散养或圈养的鸡，食用含黄玉米、紫花苜蓿草粉等色素含量丰富的青绿饲料，都可使鸡皮肤和脂肪呈令人喜爱的金黄色或呈橘黄色，从而可提高鸡肉商品等级。

（三）结缔组织

禽肉中的结缔组织含量比畜肉低，所以禽肉比畜肉更柔软更鲜嫩，易于人体消化吸收。结缔组织在禽肉中的含量与部位有关：一般白肌中含结缔组织较少，红肌含结缔组织相对较多；腿的下部及前肢比其他部位多。

（四）骨骼组织

禽类的骨骼轻便而坚固，骨髓中有少量风味成分，在烹饪中除了制汤，用途不大。

第二节 禽肉

一、鸡肉

（一）鸡品种

鸡是鸟纲（*Aves*）鸡形目（*Galliformes*）原鸡属（*Gallus*）动物。鸡的祖先是“原鸡”，中国、印度、缅甸和马来西亚等地是原鸡的故乡。家鸡最初的驯化作为家禽目的是为人们提供蛋、肉等廉价优质的动物蛋白食品。河北武安县磁山遗址出土了大量鸡骨骼，说明早在7000多年前，我国驯养家鸡已较发达。在西方，直到19世纪大型中国禽鸟进口，欧洲和北美才兴起一阵狂热的养鸡风潮，到了20世纪，鸡开始大规模生产。

家禽中消费量最多的当属鸡，袁枚曾把鸡肉尊为羽族之首，认为“鸡功最巨，诸菜赖之”。鸡肉以营养丰富、肉质鲜嫩而成为各民族美食。不光是中国人对吃鸡情有独钟，欧美等外国也是以“鸡”为主菜之一。从“肯德基”到“麦当劳”，洋快餐的财源莫不随“鸡”而来。中国养鸡经漫长历史积淀，良种甚多，其中地方鸡种107种、培育品种4种、引入品种5种。截至2019年，获得国家地理标志保护的鸡约有58种，按用途可分为肉用、蛋用、肉蛋兼用、食药兼用四大类型，见表6-1。

表6-1 中国商品鸡种类

类型	地理标志保护产品	特点
蛋用型	仙居鸡、广丰白耳黄鸡、济宁百日鸡等	以产蛋多为主，亦可供食，风味一般
肉用型	清远鸡、东安鸡、文昌鸡、湛江鸡、岑溪古典鸡、美姑岩鹰鸡、攀枝花当当鸡、黑水凤尾鸡、镇龙山瓦灰鸡、七百弄鸡、凉亭鸡、霞烟鸡、灵山香鸡、深沟鸡、武定壮鸡、尼西鸡、龙门三黄胡须鸡、怀乡鸡、榕江小香鸡、六盘水乌蒙凤鸡、湖南桃源鸡、安义瓦灰鸡、城口山地鸡、开县桑叶鸡、宁海梅林鸡、王店三园鸡、茶乡鸡、康县太平鸡、舟曲从岭藏鸡、赤峰绿鸟鸡、琅琊鸡等	均为以黄羽肉鸡为主选育的地方土鸡，体形分大、中、小三类，出栏时间90天以上，脂肪含量高，风味物质多，滋味鲜美
肉蛋兼用型	旧院黑鸡、崇仁麻鸡、南川鸡、竹山郧阳大鸡、寿光鸡、卢氏鸡、固始鸡、庄河大骨鸡、汶上芦花鸡等	不仅内质肥美，年产蛋也在百只以上
食药兼用型	泰和乌鸡、峰岩乌骨鸡、东兰乌鸡、凌云乌鸡、无量山乌骨鸡、他留乌骨鸡、赤水乌骨鸡、略阳乌鸡、洪江雪峰乌骨鸡、郧阳乌鸡、镇坪乌鸡、沐川乌骨黑鸡、兴文山地乌骨鸡、德化黑鸡、朝那鸡	我国特有的珍禽，兼备药用、肉用、观赏价值，闻名中外

2019年，我国商品代白羽肉鸡、黄羽肉鸡出栏量分别为44亿只、49亿只，同比分别增加约5亿只、10亿只。白羽肉鸡是源于欧美国家的生长快速的品种，喂食时间短、饲料用量

少。3.6kg的饲料在6周内便可养出一只1.8kg重的鸡，这种鸡生长迅速，肉质相当乏味，其中生长期更短的“小母鸡”或“童子鸡”肉更是如此。为了扭转工业化鸡肉的形象，美国现在也开始销售“自由放养”的鸡肉，不过这个标签只代表鸡有机会在户外的鸡场活动。根据联合国粮农组织（FAO）的计算，世界商品肉鸡大部分都是在42～48日出栏的，其中最常见的是45日出栏。

（二）鸡胴体分割

活鸡屠宰、放血，去除羽毛、脚角质层、趾壳和喙壳后的鸡体称“鸡屠体”，进一步去除头、爪和内脏后的整个躯体称“鸡胴体”。鸡胴体可进一步分割成不同部位，见图6-3。

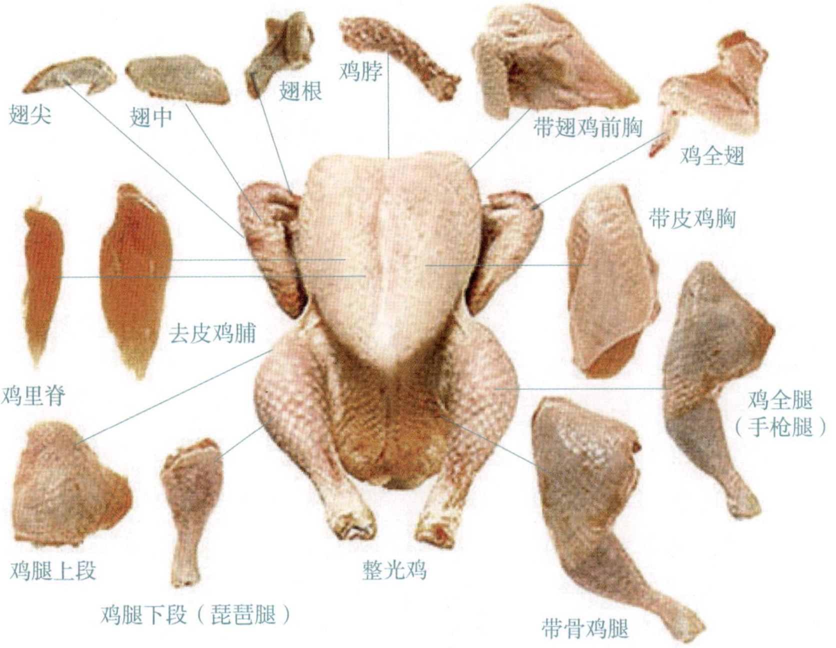

图6-3　鸡的不同分割部位

依据“GB/T 24864—2010 鸡胴体分割”及“NY/T 3391—2018 禽肉及禽副产品流通分类与代码”，鲜、冷却或冻肉用鸡（或蛋鸡）胴体可分为白条鸡类、翅类、胸肉类和腿肉类，见表6-2。

表6-2　鸡胴体分割产品类别

部位	商品鸡产品类型	特点
白条鸡类	带头带爪白条鸡、带头去爪白条鸡、去头带爪白条鸡、净膛鸡及各类1/2胴体；半净膛鸡（带有心、肝、肫和颈）、其他	外形丰满，腿围粗，整个胴体有一定的膘度；全身皮肤色泽为金黄色或乳白色
胸肉类	带皮鸡大胸、去皮鸡大胸、鸡小胸肉（胸里脊）、带里脊鸡大胸	禽肉最厚、最大的一块整肉，肉质细嫩、香鲜，持水性好。小胸肉是紧贴胸骨的一长条肌肉，是全身最嫩的肉

续表

部位	商品鸡产品类型	特点
鸡翅类	整翅、翅根、翅中、翅尖、上半翅、下半翅	又名风翅，皮多肉少，质地鲜嫩
腿肉类	带皮带骨、去皮去骨、带皮去骨、带骨去皮的鸡全腿、鸡大腿、鸡小腿	腿部骨粗，肉厚，结缔组织偏多，质老

从销售方式和消费地区来看，白羽肉鸡主要经屠宰分割为鸡胸肉、鸡腿肉和鸡翅等形式销售，或加工为熟食后上市。分割产品价格相对低廉，主要用于快餐类消费，消费群主要在我国北方；而黄羽肉鸡主要以活鸡形式流通，现场宰杀，基本不需要分割加工。一般用整鸡煲汤或做白切鸡、烧鸡、扒鸡等，价格高于白羽肉鸡，目前消费群体以南方居民为主。

（三）烹饪应用

鸡肉在肉类中以味道鲜美著称，中国烹制鸡的肴馔近千种，各有风味。中国历代烹鸡技法非常丰富，清代食籍《随园食单》收鸡肴30款，《调鼎集》则达到108款。“贵妃鸡”“叫化鸡”，从这些有趣的名称中可以看出，上至皇亲国戚、下到平民百姓，人人闻鸡垂涎欲滴，个个吃鸡大快朵颐。在中国，各民族对鸡均不忌口，以鸡为主料的菜肴多达数百种，各地方均有本地的招牌鸡菜。广东更有“无鸡不成席”之说，在粤菜里有白切鸡、盐焗鸡、清平鸡、太爷鸡、葱油鸡、手撕鸡、脆皮鸡等著名品种。在广东吃筵席，几乎餐餐都有鸡。没有鸡的筵席就如同北方没有酒的筵席一样，索然无味。

一般仔鸡多用于炸、烤；成年鸡多用于扒、烧、煮、焖；老鸡多用于炖、煨，由于鸡肉含有大量的呈鲜物质，具有浓郁的鲜香味，是制汤最理想的原料之一。分档选用，鸡脯最宜加工成片、丝、丁、条、肉糜等形状，用于炒、熘、煎、炸等烹调方法，用鸡脯做的菜特别多，用途较广；鸡翅可带骨煮、炖、焖、烧、炸、酱等，也可抽去骨填入其他原料烹制成菜；鸡腿整只最宜炸、烤，肉味香美，亦可斩块炖、焖、煮、烧，还可切丁、条用于炒、熘、爆、烹等方法；鸡爪又名凤爪，肉鸡爪趾部分较为发达，皮厚筋多，含胶原蛋白丰富，质地脆嫩，可烧、煮、烩、煨、卤、酱等。整鸡经整料出骨后，可制作工艺难度大的出骨菜，如八宝鸡、糯米鸡、蛤蟆鸡等。

（四）营养价值

家养的土鸡和肉鸡（肥）的主要营养成分见表6-3。

表6-3　土鸡和肉鸡的主要营养成分（以每100g可食部计）

	食部/%	水分/g	能量/kcal	蛋白质/g	脂肪/g	糖类/g	胆固醇/mg	灰分/g	视黄醇/μg	烟酸/mg	钙/mg	磷/mg	铁/mg	锌/mg	硒/μg
土鸡	58	73.5	124	20.8	4.5	0.0	106	1.2	64	15.7	9	141	2.1	1.06	12.75
肉鸡	74	46.1	389	16.7	35.4	0.9	106	0.9	226	13.1	37	102	1.7	1.10	5.4

鸡肉蛋白质的含量比例较高，氨基酸种类齐全，而且消化率高，很容易被人体吸收利

用，有增强体力、强壮身体的作用，另外含有对人体生长发育有重要作用的磷脂类，是中国人膳食结构中磷脂的重要来源之一。鸡肉对营养不良、畏寒怕冷、乏力疲劳、月经不调、贫血、虚弱等有很好的食疗作用，是老年人及心血管疾病患者的理想蛋白类食物。民间常用老母鸡炖食作病后虚弱、产后调养的滋补品。

乌骨鸡是传统的名贵“药鸡”，含有大量蛋白质和氨基酸、乌鸡肽、乌骨鸡黑色素等活性成分，其全身均可入药，如骨、肉可补虚劳、治消渴，特别适用于产妇恢复身体；肝具有补血益气、帮助消化的作用；血有祛风活血、通经活络的作用等。以乌骨鸡为原料开发研制的中成药和保健食品有妇科良药乌鸡白凤丸、参茸白凤九、乌鸡调经丸、乌鸡羹、乌鸡饼干、乌鸡营养面、乌鸡天麻酒等。

（五）品质检验

活禽一般由产地动物卫生监督机构检验并出具《动物检疫合格证明》，屠宰加工企业再进行宰前检验鸡的健康状况及生长期，餐饮业主要检验胴体鸡及分割部位的品质。鸡肉的质量分级及品质可依据“NY/T 631—2002 鸡肉质量分级”检验；鲜鸡肉、冷却鸡肉及冷冻鸡肉可参照“NY/T 753—2012 绿色食品 禽肉”检验；注水鸡可依据“GB 18394—2001 畜禽肉水分限量”鉴别，一般鸡肉水分含量≤77%；病死鸡可参照地方标准“DBS22/ 019—2013 食品安全地方标准 病死畜禽肉鉴别技术规范”或“DB13/T 1482—2011 病死动物产品鉴别技术规范”由专业人员检验。

（六）贮藏保鲜

保藏鸡肉最常用的方法是低温保藏法。因为低温能抑制酶的活性和微生物的生长、繁殖，可以较长时间保持鸡肉的组织结构状态。在保藏前应注意要去尽光禽的内脏，如果是冻禽，应立即冷藏。

光鸡和鸡肉如能在一星期内用完，可在冷却状态下保存。如鸡肉，在温度为0℃，相对湿度85%～90%的条件下，可保藏7～11d。成批的光鸡或鸡肉，如果需要保藏较长时间，必须要进行冻结保藏。即先在-28℃以下，相对湿度85%～90%的条件下冷冻24～48h，然后在-20℃～-15℃、相对湿度90%的环境下冷藏库保存。一般在-4℃时禽肉可保存1个月左右，在-12℃时可保存4个月左右，在-18℃时可保存8～10个月，在-23℃时可保存12～15月。

其他禽类原料储藏保鲜可参照鸡的储藏保鲜。

二、鸭肉

（一）鸭品种

鸭是鸟纲雁形目（*Anseriformes*）鸭科（*Anatidae*）动物，家鸭系由野生绿头鸭演变而来，现世界各地均有分布。我国是世界上养鸭最早的国家，春秋战国《吴地记》中就有筑地养鸭的记载，到了两汉时期，鸭已经成为我国三大家禽（鸡、鸭、鹅）之一。

中国所产鸭之地方品种有32种，引入品种2种。截至2019年，获得国家地理标志保护的鸭有22种，按用途可分为肉用、蛋用和肉蛋兼用三大类型，见表6-4。

表 6-4　中国商品鸭种类

类型	地理标志保护产品
肉用型	北京鸭、西林麻鸭、融水香鸭、百济芝麻鸭、靖西大麻鸭、甲子绿头鸭、枞阳媒鸭
蛋用型	绍兴麻鸭、福建金定鸭、攸县麻鸭、监利荆江鸭、贵州三穗鸭、福建连城白鸭、文登黑鸭等
兼用型	微山麻鸭、高邮鸭、四川建昌鸭、郴州临武鸭、巢湖麻鸭、沔阳麻鸭、古田黑番鸭（瘤头鸭）、丰城麻鸭等

北京鸭又称填鸭，是著名的北京烤鸭原料；高邮鸭为南京板鸭的主要原料，以产双黄蛋著称；福建连城白鸭属中国麻鸭中独具特色的白色变种，被称为“全国唯一的药用鸭”，连城当地有首童谣：“黑丫头，水中游；唯一药用拔头筹；皇帝吃了不发愁”；枞阳媒鸭是由野鸭驯化而来，过去枞阳当地人为了网捕更多的野生水禽，利用驯养的野鸭为诱饵吸引猎物，这种作为“媒介”的野鸭经过长期驯化，形成了枞阳媒鸭这种独特的家禽资源。

（二）鸭胴体分割

鸭胴体可整用，也可进一步分割成不同部位，见图6-4。

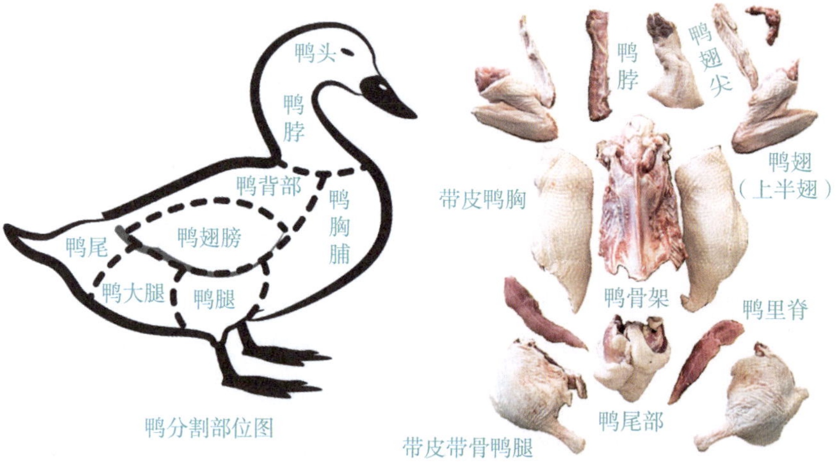

图6-4　鸭分割图及胴体不同分割部位

依据“NY/T 3391—2018 禽肉及禽副产品流通分类与代码”，鲜、冷却或冻鸭（肉用鸭和蛋用鸭）可分为胴体鸭、鸭胸肉、鸭腿肉和鸭翅膀，见表6-5。

表 6-5　鸭胴体分割产品类别

部位	商品鸭产品类型
胴体鸭	带头带爪鸭、带头去爪鸭、去头带爪鸭、净膛鸭及各类1/2胴体；半净膛鸭（带有心、肝、肫和颈）、其他
鸭胸肉	带皮鸭大胸、去皮鸭大胸、带里脊鸭大胸、鸭小胸（胸里脊肉）
鸭腿肉	带皮带骨、去皮去骨、带皮去骨、带骨去皮的全鸭腿、鸭大腿、鸭小腿
鸭翅膀	整翅、上半翅、下半翅、翅根、翅中、翅尖

（三）烹饪应用

中国是世界上养鸭最多的国家，食鸭历史亦已很久，数千年食鸭经验积累，至今于鸭的利用之充分，烹制技法之精，鸭肴数量之多，均为世界之冠。清代《随园食单》收有鸭馔“蒸鸭”“鸭糊涂”“卤鸭”“鸭脯”“烧鸭”“挂卤鸭”“干蒸鸭”“徐鸭”等8款，《调鼎集》所收鸭馔（包括鸭舌、鸭掌等）则达58款之多。现已有“全鸭宴”之制，全聚德烤鸭名满天下，鸭制品驰誉海内外。

鸭肉纤维较鸡为粗，熟品呈灰棕色，但较鸡肉柔嫩，味清鲜，河湖放养者有清香，填鸭则以肥润不腻见长。以鸭入馔，除毛、嘴外，全身均可食用，其食法同鸡相似，一般以突出其肥嫩、鲜香的特点为主。整只烹制，最宜烧、烤、卤、酱，也宜蒸、炖，用扒、煮、煨、焖、熏、炸等烹调方法。冷菜如南京盐水鸭、安徽无为熏鸭、苏州酱鸭、绍兴酱鸭、湖南常德卤鸭等；热菜名品有北京全聚德挂炉烤鸭、苏州母油船鸭、扬州三套鸭、浙江严州干菜鸭、杭州武林爊鸭、北京锅烧鸭、四川樟茶鸭和虫草鸭子等。又可将鸭加工成小件，采用熘、爆、烹、炒等方法制作，适应多种调味。此外，鸭还参与调制高级汤料，其提鲜增香的作用十分明显。老鸭肉的含氮浸出物较幼鸭肉多，野鸭肉含氮浸出物更多，因此，老鸭的汤比幼鸭鲜美，野鸭滋味更比老鸭好。

（四）营养价值

鸭的主要营养成分见表6-6。

表6-6　鸭的主要营养成分（代表值）（以每100g可食部计）

食部/%	水分/g	能量/kcal	蛋白质/g	脂肪/g	胆固醇/mg	灰分/g	视黄醇/μg	维生素B_1/mg	维生素B_2/mg	烟酸/mg	钙/mg	磷/mg	铁/mg	锌/mg	硒/μg
68	63.9	240	15.5	19.7	94	0.7	52	0.08	0.22	4.2	6	122	2.2	1.33	12.25

鸭肉的营养价值很高，蛋白质含量比畜肉高得多。而鸭肉的脂肪、碳水化合物含量适中，特别是脂肪均匀地分布于全身组织中。鸭肉中的脂肪酸主要是不饱和脂肪酸和低碳饱和脂肪酸，含饱和脂肪酸量明显比猪肉、羊肉少。有研究表明，鸭肉中的脂肪不同于黄油或猪油，其饱和脂肪酸、单不饱和脂肪酸、多不饱和脂肪酸的比例接近理想值，其化学成分近似橄榄油，有降低胆固醇的作用，对防治心脑血管疾病有益，对于担心摄入太多饱和脂肪酸会形成动脉粥样硬化的人群来说尤为适宜。

（五）品质检验

商品肉鸭胴体和鸭主要分割产品的等级规格及品质可依据“NY/T 1760—2009 鸭肉等级规格”检验。

三、鹅肉

（一）鹅品种

鹅是鸟纲雁形目鸭科雁属（*Anser*）的大型水禽动物，目前普遍认为中国家鹅起源于鸿雁（*A. cygnoides*），而欧洲家鹅起源于灰雁（*A. anser*）。我国是世界上养鹅历史最早的国家之一，也是世界上饲养数量最多的国家之一，饲养量与出栏量约占世界90%左右。据历史考证，在3000多年前，我国就开始驯化养鹅，从古到今，由于我国人民一直就有养鹅、爱鹅、吃鹅的习惯，再加上我国幅员辽阔，各地自然生态条件复杂多样，不同时期的经济文化背景不同，对鹅的选择和利用目的不同，就逐步形成了有30余种具有不同外貌特征、遗传特性和生产性能的地方良种鹅。

我国地理标志产品的鹅有浙江湖州太湖鹅、永康灰鹅、象山白鹅；山东金乡百子鹅、莱阳五龙鹅；湖南溆浦鹅、武冈铜鹅；广东马冈肉鹅、饶平狮头鹅、清远乌鬃鹅；四川荣昌白鹅、西昌钢鹅、南溪白鹅、开江白鹅；江西兴国灰鹅；贵州平坝灰鹅；云南大理永平鹅；辽宁昌图豁鹅；海南定安鹅；黑龙江依安大鹅；安徽皖西白鹅等。

（二）鹅胴体分割

商品鹅以胴体鹅为主，少见分割产品。与鸡、鸭胴体一样，可整用，也可进一步分割成不同部位使用，见图6-5。

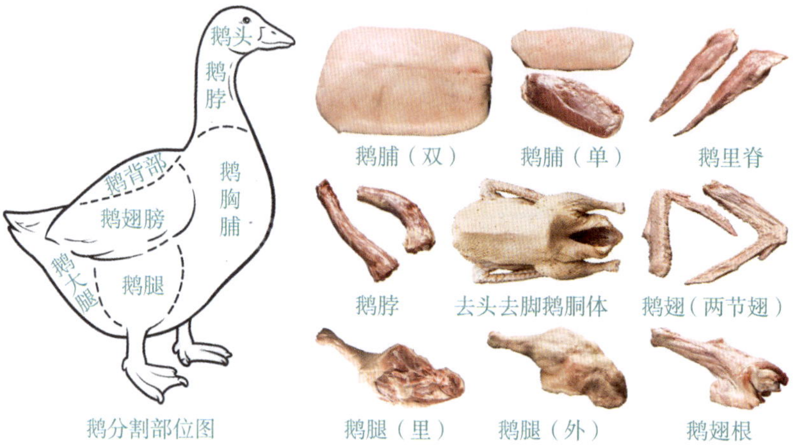

图6-5　鹅分割图及不同分割部位

（三）烹饪应用

元代大画家倪瓒（号云林子）所著的《云林堂饮食制度集》中记有烧鹅的方法。清代袁枚在《随园食单》中对倪瓒所述之法极为推崇，并冠以“云林鹅”雅称，从此云林鹅声名远播，为世人所熟知。至今数百年间，用太湖母鹅制作的无锡传统名菜“云林鹅”，鹅肉肥嫩，酥烂脱骨，香气扑鼻，口味清鲜。

鹅肉鲜美，肥嫩可口，是筵席佳肴，食用方法很多：切块红烧，也可制作色泽淡雅、鲜嫩爽口的盐水鹅；醇香入肉美味迷人的糟鹅；风味独特、肉香味美的风鹅；五味俱全、香味浓郁的五香鹅；骨中带香、肉中有味的酱鹅；远香近亮、外脆内酥的烤鹅；紫里透红、油香四溢的腊鹅等。一般其价格要高于鸡、鸭产品的1～3倍，而且不起眼的鹅头、鹅爪、鹅翅、鹅肠加工后其价格还高于鹅肉。鹅的肝、皮、血、胆等还可加工制成高级营养品、药品。与鸡、鸭相比，鹅的肉质稍粗，且有腥味；但与家畜相比，鹅肉结缔组织少，肉纤维较细，故肉的硬度较低，易消化吸收；加之鹅肉的组胺酸含量又高于其他肉类，尤其是水解氨基酸数量多，具较多鲜味。

以鹅入馔，从南到北有不同的消费习惯。广东汕头地区，以食肉为主，节日、红白喜事和待客是消费主导方式，市场加工鹅主要是红烤和白切，鹅头、鹅脚的在饭店销售价格高，属高档消费食品；福建、浙江、江西等省市以红烧鹅为主，加上一些麻辣风味，近年来消费不断增加，传统的腊鹅是广大农村消费的主导，长盛不衰，多少年来逢年过节，腊鹅是农家餐桌上的主菜；江苏以常熟（包括常州、南京等市）的红烧鹅，扬州的盐水鹅为代表。在扬州，卖老鹅的摊点，大街小巷，遍地开花，盐水鹅年消费达1600万只以上；北方各省市鹅蛋的消费是重要的组成部分。因而北方的鹅种产蛋多、蛋重大。使用鹅的填肥技术生产鹅肥肝，向西方国家出口也是东北各省发展养鹅的主要发展方向。

（四）营养价值

鹅的主要营养成分见表6-7。

表6-7　鹅的主要营养成分（以每100g可食部计）

食部/%	水分/g	能量/kcal	蛋白质/g	脂肪/g	胆固醇/mg	灰分/g	视黄醇/μg	维生素 B_1/mg	维生素 B_2/mg	烟酸/mg	钙/mg	磷/mg	铁/mg	锌/mg	硒/μg
63	61.4	251	17.9	19.9	74	0.8	42	0.07	0.23	4.9	4	144	3.8	1.36	17.68

鹅肉是理想的高蛋白、低胆固醇的营养健康食品，富含呈味物质、必需氨基酸及不饱和脂肪酸，是人类较好的动物肉食原料。民间有谚“吃鹅肉，喝鹅汤，一年四季不咳嗽”，是因为鹅肉能补益五脏，利肺气，止咳平喘化痰，对感冒、慢性支气管炎患者有效。喝鹅汤对糖尿病患者较有助益。此外，鹅是食草动物，以饲喂青绿饲料为主，很少使用药物，在消费者心目中已逐步将鹅肉列为绿色、安全食品。

四、其他禽类

其他禽类名称及分类，见表6-8。

表6-8　其他禽类名称及分类

生物名	俗名	学名	分类
鸽	原鸽、乳鸽、肉鸽	*Columba livia*	鸽形目、鸠鸽科、鸽属
鹌鹑	普通鹌鹑	*Coturnix coturnix*	鸡形目、雉科、鹌鹑属
火鸡	吐绶鸡、普通火鸡	*Meleagris gallopavo*	鸡形目、雉科、火鸡属
珍珠鸡	珠鸡	*Numididae*	鸡形目、珠鸡科、非洲鸟类
雉鸡	环颈雉、野鸡	*Phasianus colchicus*	鸡形目、雉科、雉属
鹧鸪	中华鹧鸪、越雉	*Francolinus pintadeanus*	鸡形目、雉科、鹧鸪属
番鸭	香鹑雁、麝香鸭、阳新屯鸟、红嘴雁	*Cairna moschata*	雁形目、鸭科、栖鸭属
绿头鸭	大绿头、大红腿鸭	*Anas platyrhynchos*	雁形目、鸭科、鸭属

续表

生物名	俗名	学名	分类
非洲鸵鸟	鸵鸟	*Struthio camelus*	鸵鸟目、鸵鸟科、鸵鸟属
美洲鸵鸟	大美洲鸵	*Rhea americana*	美洲鸵鸟目、美洲鸵鸟科、美洲鸵鸟属
鸸鹋	澳洲鸵鸟	*Dromaius novaehollandiae*	鹤鸵目、鸸鹋科、鸸鹋属

第三节　禽类副产品

一、鸡副产品

鸡屠体经过分割，除鸡胴体外，剩下的头、爪和内脏即为鸡副产品，见图6-6。其中可食副产品有：鸡心、鸡肝、鸡胃、鸡肠、卵巢（雌）、睾丸（雄）、鸡血等。

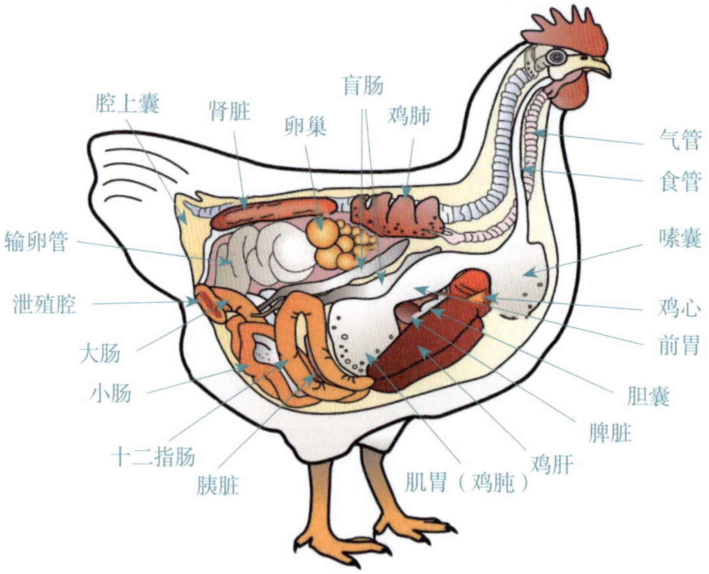

图6-6　鸡（母）内脏器官分布图

在鸡的尾部有一个腔上囊，俗称“鸡屁股”，由于被意大利解剖学家H·法布里奇乌斯发现，又称法氏囊，是一个淋巴器官，显微镜观察发现囊内有淋巴球细胞及吞噬细胞、细菌、病毒及各种有害物质，所以不宜食用。鸡的肺及颈部两侧呈白色串状的胸腺也不宜食用。

1．鸡肫

即鸡的胃，或称“肌胃”，肌肉组织由环行的平滑肌纤维构成，其肌纤维中富含肌红蛋白，肉质坚，呈暗红色。肌膜在肌胃两侧以厚而致密的腱相连。肌胃黏膜上皮的分泌物与脱落的上皮细胞一起硬化形成一片厚的胃角质层，紧贴于黏膜上，俗称“鸡内金”，主要成分是酸性黏多糖—蛋白复合物，具有明显的药用价值，按照传统既是食品又是中药材物质（见附录1）。鸡的胃质韧，适于卤、爆、炒、炸等烹调方法，如炒鸡杂、油爆花肫、汤爆兰花肫肚。鸭肫及鹅肫的烹饪应用同鸡肫。

2．鸡肝

鸡肝是鸡屠宰后的主要副产品之一，鸡肝占每羽鸡体重的2.0% ~ 2.5%。鸡肝位于腹腔前下部，烹饪加工时应去掉附着的胆囊。鸡肝呈淡褐色至红褐色，质地细嫩，适于爆、炒、熘、炸、卤等烹调方法，如酱卤鸡肝、清炸鸡肝等。科研人员开始研发各种口味的鸡肝酱和鸡肝肠产品，这些属于低温肉制品，是鸡肝制品主要发展方向之一，也是利用鸡肝最好的加工形式。

鸡肝中蛋白质含量高，氨基酸构成均衡，且8种必需氨基酸含量高，不饱和脂肪酸和磷脂含量高，富含维生素A、铁、硒等多种人体必需的营养成分，同时也含有大量的胆固醇（260 ~ 410mg/100g），高于瘦肉3 ~ 5倍。可用于老年人眼花、夜盲症、原发性视神经萎缩和贫血的食疗。

鸭肝及普通鹅肝（非人工填饲）烹饪应用同鸡肝。

3．鸡心

鸡心表面附着油脂，质韧，宜爆、炒、熘、炸、卤等，如炸心花、软熘鸡心等，常与鸡肝共同成菜，如玲珑鸡心、火燎鸡心等。鸡心能补心、镇静，鸡肾常常用于头晕眼花、咽干、盗汗等症辅助食疗。

鸭心及鹅心烹饪应用同鸡心。

4．鸡腰

雄鸡腹腔内被一片短的薄膜悬挂于肾脏前部腹侧、呈卵圆形的部件，因与畜类的肾很相似，故被称为“鸡腰”，实际上是雄鸡的一对睾丸。其大小因年龄和季节而变化，性成熟后较大，颜色转为乳白色。可制作各种菜肴，如鸡丝烩鸡腰、炒鸡腰、芙蓉鸡腰、清汤鸡腰、烩奶汤鸡腰等。

二、鸭副产品

烹饪中常用的鸭副产品，见图6-7。

图6-7　鸭副产品

1．鸭舌

鸭舌软骨组织丰富，没有骨质结构，一根整舌带着舌根两条波状如弹簧钢丝的软骨，嚼起来极具韧性，舌尖部分脆软香滑，富含磷、钙、铁、锌、硒等微量元素，不仅鲜嫩香醇，而且还具有养胃、滋阴、补血、生津等功效，是营养、方便、快捷的新型休闲食品，消费量与日俱增。酱鸭舌是温州小吃的“后起之秀”，源于台湾著名“香熏鸭舌”，颜色酱紫，香气扑鼻，味道醇厚甜美，在各大小酒店必不可少，每天卖出的鸭舌数以“吨”计，在当地形成了“无舌不成宴”的习俗。

2．鸭血

鲜鸭血为液体，加热后可凝固成灰褐色块状，俗称“血旺”（图6–7）。可制作青蒜（炒）鸭血、豆腐鸭血羹、辣血旺、鸭血烩豆腐等菜肴。南京鸭血粉丝汤由鸭血、鸭肠、鸭肝等加入鸭汤和粉丝制成，以其口味平和、鲜香爽滑以及南北皆宜的口味特色，成为南京的地标美食小吃，风靡全国，鸭血粉丝汤连锁店遍地开花。鸡血与鹅血的烹饪应用同鸭血。国外食品工业将这些禽血加工生产血香肠、血饼干、血点心、血罐头等，比利时、丹麦、荷兰等国常在制作红肠时掺入20%～30%的禽血，法国的美食家倡议把动物血制成新的微量元素添加剂，更有西方发达国家利用血粉生产色、香、味俱全的保健面包。

鸭血富含铁、钙等各种矿物质，是补血佳品；含有维生素K，能促使血液凝固，有止血的功效；脂肪含量非常低，适合血脂高的人食用。鸭血还是人体污物的“清道夫”，可以利肠通便，清除肠腔的沉渣浊垢，对尘埃及金属微粒等有害物质具有净化作用，以避免累积中毒。因此贫血患者、老人、妇女和从事粉尘、纺织、环卫、采掘等工作的人可常吃鸭血。鹅血含有较高浓度的免疫球蛋白、超氧化物歧化酶等生物活性物质，临床可用于消化道肿瘤的辅助治疗，对艾氏腹水癌的抑制率达40%以上，可增强机体的免疫功能，升高白血球，促进淋巴细胞的吞噬功能，强化人体的免疫系统，达到治疗癌症的目的。

农业农村部针对食用畜禽血原料的收集、检疫、储藏和运输等制定了“畜禽血液收集技术规范”（NY/T 3471—2019）。市场的假鸭血多用劣质的猪血或牛血冒充，还可能加入甲醛、工业色素等，易对人体造成伤害。餐饮业可参考地方标准检验鸭血（包括其他畜禽血）品质，包括重庆食用畜禽血产品（血旺）（DBS50/ 017—2014）、河南“食用畜禽血制品”（DBS41/011—2016）。

3．鸭肠

鸭肠质韧，色浅红，外附油脂，初加工去异味后，适于爆、炒、涮等烹调方法，如芫爆鸭肠、炝鸭肠、青椒鸭肠、香芋炒鸡肠。鸡肠与鹅肠的烹饪应用同鸭肠。

禽肠主要成分有蛋白质、多肽类和微量元素等。据对鸡肠、鸭肠和鹅肠测定，均含有6种金属微量元素，含量从高到低均为Ca>Fe>Zn>Mg>Mn>Cu。除了Ca元素以外，鸡肠中其他5种元素均高于或约等于鸭肠和鹅肠，其中Mn、Cu和Fe元素高于鸭肠和鹅肠，Zn和Mg元素与鸭肠和鹅肠相当，而Ca含量仅为鸭肠和鹅肠的1/7～1/5。《神农本草经》载有鸡肠“主遗溺”，《山东省中药材标准》将新鲜或干燥鸡肠收录为中药材，用于治疗遗尿、遗精、白浊和痔漏。

三、鹅副产品

烹饪中常用的鹅副产品，见图6–8。这里重点介绍鹅肝。

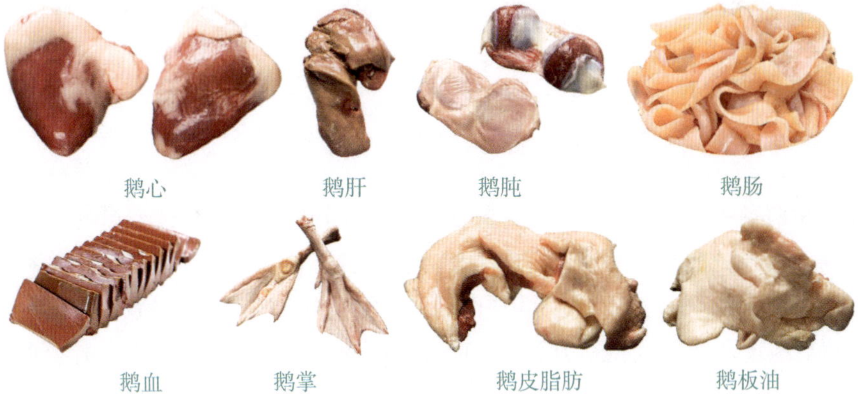

图6–8　鹅副产品

（一）肥鹅肝

在自然环境下，大雁等鸟类在迁徙前，为了满足长途跋涉的能量储备需求，会在短期内大量进食使多余脂肪沉积在肝脏而形成脂肪肝；长途迁徙后，肝脏中脂肪被消耗并恢复到正常形态，且整个过程是可逆的，不会出现肝硬化或坏死现象。鹅和鸭等水禽作为鸟类的后代，也具备这一特性。最先发现这个现象的古埃及人由此发明了强行灌食以获得肥鹅肝。中世纪，欧洲中部的犹太人将人工填喂的做法传到法国，法国才逐渐将肥鹅肝的制作工艺发扬光大。法国目前年产2万吨肥鹅肝，约占全世界产量的75%，是名副其实的第一肥鹅肝帝国。不过，由于喂养更便利，鸭子逐渐垄断了市场，全球约96%的肥鹅肝其实是填鸭得到的肥鸭肝。

由于营养长期过剩，原本小而精瘦的红色内脏会长到正常尺寸的8～10倍大，达700～800g，质地细嫩、风味浓郁奇特，含脂量高达50%～65%，绝大部分为不饱和脂肪酸，还含有对人体有保健功能的卵磷脂、脱氧核糖核酸和核糖核酸。油脂分散在肝细胞内极其细小的微滴内，完美融合了光滑、丰润和美味的细腻口感，创造出无与伦比的滋味。因此，鹅肝在欧美发达国家是美味极品，在食品市场上是十分畅销的高档食品。欧洲人将鹅肝与鱼子酱、松露并列为“世界三大珍馐”。凡盛大庆典或宴请贵客，肥鹅肝作为一道久负盛名的传统菜，总是以法式套菜中的头牌身份出现。

由于肥鹅肝以“迫害”动物的方式生产，受到动物保护组织的抵制。目前，英国、以色列、印度等国以及美国加利福尼亚州和纽约明令禁止鹅肝生产销售。

（二）鹅肝酱

鹅肝酱既不是呈糊状、稀稀软软的“酱”，更不是用于调味的“酱”，而是生鲜鹅肝的加工品。在西餐料理中，“原始状态”的鹅肝一般不会直接入菜，原因是其腥味比较重，分布在肝脏内的血管也会影响口感。通常需将鹅肝经过漂洗剔筋、腌渍入味、塑形、低温煮、冷冻定型等加工形成系列产品，见图6–9。因为肝里的油脂太多，在火候掌控上必须非常小心，一不留神，油脂就会迅速流失，使肥肝严重“缩水”，因此，最重要的是控制温度。一般将腌渍好的生鲜鹅肝浸入65～70℃的水中12～15min，即可达到质地滑嫩、入口即化的效果。

鹅肝酱　切片鹅肝酱　真空鹅肝酱　罐装鹅肝酱

图6-9　鹅肝酱产品

鹅肝酱在西餐中，做开胃菜最为普遍，将冷冻的鹅肝酱直接切成较厚的片，配蘸碟上桌；也可插入水果做成冰淇淋；若做成热菜，因为前期有制熟过程，可以大大缩短煎制时间，能更好地避免鹅肝油分的流失，再搭配两面烤得金黄酥脆的面包片即可；还可以捣成泥状，放入葡萄等水果拌匀，冰冻后用玻璃杯子盖着上桌，或调味后抹在面包片上食用。

（三）营养价值

以人工辅助机械填饲的朗德鹅鲜鹅肥肝为例，营养测定结果显示，鹅肥肝的干物质含量为55.89%，粗蛋白含量为9.06%，粗脂肪含量为55.51%，高出猪肝、牛肝10～12倍多，粗灰分含量为0.70%，钙含量为0.01%，磷含量为0.10%。各种必需氨基酸含量均较高，与风味关系密切的谷氨酸为4.47%；不饱和脂肪酸含量高达73.94%，表明鹅肥肝具有较高的营养价值。

（四）品质检验

农业农村部制定了“鹅肥肝生产技术规范”（NY/T 3182—2018），从源头规范了肥鹅肝的生产。鹅肥肝的品质可参考山东地方标准“鹅肥肝质量与分级”（DB37/T 3876—2020）检验。

第四节　禽类制品

一、禽类制品的分类

禽肉制品是以鲜、冻禽为主要原料，运用物理或化学的方法，配以适当的辅料和添加剂，对禽肉原料进行工艺处理最终所得的产品。

我国禽肉制品生产加工历史悠久，大都以整禽加工制品为主。20世纪80年代以来相继推出了鸡肉火腿肠，鸡肉松、鸡肉串等。但我国的禽肉制品人均消费量低于世界平均水平，目前市场上的禽肉制品品种少，人们食用以鲜、活家禽为主，厨房事务费时费力；在日本、美国等发达国家居民家里，家庭厨房主要用来简单加工（如微波加热保温）和保鲜贮存食品（如冰箱），人们越来越多地直接享用禽肉制品。

常见的禽类制品有：①腌腊制品，将生禽用盐和硝经过一定时间的腌渍和修整而制成的一种腌制品，如板鸭、咸鸭、风鸡、腊鸡、风鹅等。该类产品属于生制品，需进一步熟制后才能食用；②酱卤制品，将生禽类和各种配料一同放在锅内烧煮而制成的熟肉制品，其中有酱烧、酱汁、盐水煮、卤等工艺，如酱鸭、卤鸡、盐水鸭等，可直接食用；③烧烤制品，将禽类生制品经过加工整理，加入各种配料后用烤炉制成的，成品呈现外焦里嫩，别具风味，如广东的烤鸭、烤鸡翅等；④熏煮肠类制品，将禽类生制品腌渍后绞碎，加入各种调料和淀粉混拌，灌入天然肠衣或人造肠衣中，经过烘烤、煮制、烟熏、干燥等工序制成的熟肉制品。一般需低温保存，如烤鸡肠等。此外，还有油炸制品，如炸鸡；生干制品，如燕窝；熟干制品，如鸡松；糟醉制品，如糟鹅、醉鸡等。

我国地理标志产品的禽类制品有安徽符离集烧鸡、花果山风鹅、武冈卤铜鹅、昆山周市爊鸭、十里风干鸡、河南道口烧鸡、金陵盐水鸭等。

二、常用的禽类制品

禽类制品大多数为可直接食用的方便食品，作为烹饪原料使用的主要是腌腊生制品及生干制品。

（一）板鸭

板鸭以健康育肥鸭宰杀、去毛、净膛后经腌渍、复卤、定型、晾晒或烘干而成的腌制品。因其肉紧密板实或干制时将鸭体剖开压成平板状，故名，见图6-10。有些地方压制后形似琵琶，又称琵琶鸭。

晾晒板鸭　　板鸭成品

图6-10 板鸭

（1）种类特征 我国传统板鸭有四大名品：江苏南京板鸭、江西南安板鸭、福建建瓯板鸭和四川建昌板鸭。

南京板鸭驰名中外，素有“六朝风味，白门佳品”“北烤鸭，南板鸭”之美名，明清两代时新制板鸭都要作贡品，也是当时官吏商贾绅缙馈赠之品。分腊板鸭（小雪至立雪加工品）和春板鸭（立春至清明加工品）两种，质量以前者为佳。从选料制作至成熟，有一套传统方法和要求。其要诀是“鸭要肥，喂稻谷，炒盐腌，清卤复，烘得干，焐得足，皮白、肉红、骨头酥”。南京板鸭外形较干，状如平板，肉质酥烂细腻，香味浓郁，故有“干、板、酥、烂、香”之美誉。南安板鸭原名“泡腌”，以肉质肥嫩的大余麻鸭做成，是赣南的食中珍馐，皮酥、骨脆、肉嫩、咸淡适中，瘦肉酱色、肥肉不腻，有“腊中之王”的美誉。建瓯板鸭产于福建建瓯市，形如龟体，色泽白嫩光润，肉质肥厚，味道香美，在武夷山及闽北一带属颇有名气的风味食品。建昌板鸭主产在西昌、德昌等县、市，具有体大、膘肥、油多、肉嫩、气香、味美等特点。

我国地理标志产品的板鸭有安徽无为板鸭、雷官板鸭；江西共青城板鸭、遂川板鸭；

常德酱板鸭；广东南雄板鸭；湖北宜城板鸭；四川建昌板鸭；福建建瓯板鸭；江西南安板鸭等。

（2）烹饪应用　板鸭制作肴馔须烹制得法，始鲜嫩香酥，肥美可口，否则食之既咸又硬。煮前，用温水洗净表面皮层，浸泡3h以上，以减轻咸度，使鸭肉回软。先将锅中放入适量的葱、姜、绍酒的冷水烧开，停火后将鸭放入锅内，使水浸过鸭体，使锅中汤水不能沸腾，用小火焐熟。煮熟后的板鸭待冷却后再切块；以免流失油卤，影响口味。板鸭除供作冷盘外，也可再制成热菜，风味亦佳，广东有“腊鸭饭面焗，香气传三屋”之说。可用炖、蒸、炒等法成菜。另外，《调鼎集》中的“热切板鸭”“糟板鸭”“醉板鸭”“煨板鸭”“煨三鸭（与鲜鸭、野鸭配）”“套鸭（以鲜家鸭套板鸭）”等均可参考。

（3）品质检验　板鸭的品质可依据“GB 2730—2015食品安全国家标准 腌腊肉制品”检验，其中过氧化值（以脂肪计）≤1.5g/100g。产地板鸭的品质也可依据行业标准或地方标准检验，如“NY/T 628—2002 板鸭”“DB43/T 815—2014 常德酱板鸭”“DB44/T 732—2010 南雄板鸭”“DB32/486—2001 南京板鸭”“DB35/T 120.6—2001 沙阳板鸭”“DB42/T 263—2003 宜城板鸭”等。

（二）风鸡

风鸡是将鸡胴体或其分割体为原料，经腌制、风干、蒸煮或不蒸煮、真空包装或简易包装、杀菌或不杀菌等工艺制成的禽肉制品。传统制作风鸡一般多在农历腊月初，此时气候比较干燥，温度在0℃左右，微生物不易滋生，也易于生成特有的腊香。现在多采用自然晾晒或封闭室内机械通风，使产品的水分和脂肪适量降低，并产生特有风味，经风干后的制品，可供贮存，利于携带，食用方便。

（1）种类特征　中国风鸡因制作技法的不同，分三大类：①煺毛光风干鸡（见图6-11），主要品种有湖北风干鸡、湖南风鸡（又称南风鸣）、成都元宝鸡等。湖北风干鸡表皮洁净呈淡黄色，味鲜、肉嫩、皮爽；湖南风干鸡成品造型美观，表面色泽鲜艳，肉质细嫩，味香且甜；②带毛风干鸡，主要品种有江苏带毛风干鸡、河南固始风鸡、云南封鸡、贵州带毛风干鸡、四川成都带毛风干鸡等，制法大同小异。固始风鸡是河南固始县民间的传统美味食品，已有悠久历史。每当进入寒冬腊月，在固始县许多家庭的屋檐下，常常可以看到吊着的肥硕公鸡或母鸡，其样子栩栩如生，这便是风鸡。风鸡在屋檐下存放一两个月也不变味；③泥风鸡，多见于湖南一带，制法：鸡腌渍后，取出外裹黄泥，置于通风阴凉处1～2月即为成品，可存放半年左右。食用时将泥壳敲碎，羽毛即随泥壳一起被拔掉。

（2）烹饪应用　风鸡腊香馥郁，清炖、蒸煮、烹炒均可，以蒸或煮为佳。蒸法取净风鸡加绍酒、姜、葱，以足汽蒸透，斩块、条食之或取肉撕丝，拌以芝麻油食用。煮法取治净风鸡放在冷水锅中，稍放姜、葱、绍酒，先用旺火煮至近沸，撇去浮沫，再以小火慢煮长焖，至鸡腿酥透离火，剁块装盘，冷、热食均可。风鸡也可与肉类同炖，鲜香四溢，味厚纯美；煮熟的风鸡外表油亮至淡

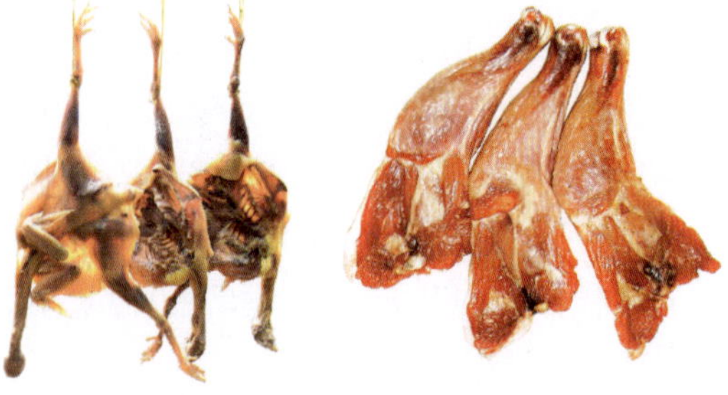

图6-11　煺毛风干鸡（左）与风干腊鸡腿（右）

黄色，肉质红润结实，鲜香可口，有回味。其独特风味主要由于肌肉中的组织蛋白酶缓慢分解，产生游离氨基酸，使鸡肉香鲜味美。煮鸡之汤亦甚鲜美，江苏民间常于春节期间用之加风鸡肉丝、粉丝煮作汤菜，或作点心，甚有特色。

（3）品质检验　风鸡的品质可依据“GB/T 31319—2014 风干禽肉制品”检验。

第五节　蛋及蛋制品

一、禽蛋

禽蛋是雌禽所排出体外的卵，与其他动物卵的区别在于具有蛋壳、蛋清、蛋黄三大特殊结构。禽蛋是烹饪原料中应用最为广泛的原料之一，营养较全面，使用很方便，成本不算高，应用极普遍，是日常厨房中不可或缺的烹饪原料。2019年，全国禽蛋总产量3309万吨，人均23.6kg，增长5.8%。

1．种类与结构特征

禽蛋的品种有鸵鸟蛋、火鸡蛋、鸡蛋、鹌鹑蛋、鹅蛋、鸽蛋、鸭蛋等，见图6-12。

图6-12　禽蛋的品种

其中鸡蛋是最常食用的蛋；鸭蛋与鸡蛋相比，质地稍老，并带有一些腥异味，从而影响了它的使用范围；鹅蛋，个头较大，质地比较粗老，稍具腥味，一般在家庭菜中使用；鸽蛋，价格较高，质量较好，高档菜中应用稍多；鹌鹑蛋质量好，蛋型小巧玲珑，常用于菜肴造型；其他蛋品因日常供应数量有限，只在少量特殊菜肴中使用。

我国地理标志产品的禽蛋有辽宁黑山褐壳鸡蛋、公主屯鸡蛋、闾山鸡蛋；湖北桃花鸡蛋、钟祥长寿村鸡蛋；贵州长顺绿壳鸡蛋；四川旧院黑鸡蛋；扬州沙头绿壳鸡蛋；甘肃清水粉壳蛋；西藏唐嘎藏鸡蛋；钦州海鸭蛋；北海海鸭蛋；六枝月亮河鸭蛋；五大连池鸭蛋等。

禽蛋主要由蛋壳、蛋白和蛋黄三部分构成，见图6-13。

禽蛋不同的部位，由不同的成分构成，功能和作用不同，且决定了禽蛋的加工、贮藏保鲜、品质检验等，见表6-9。

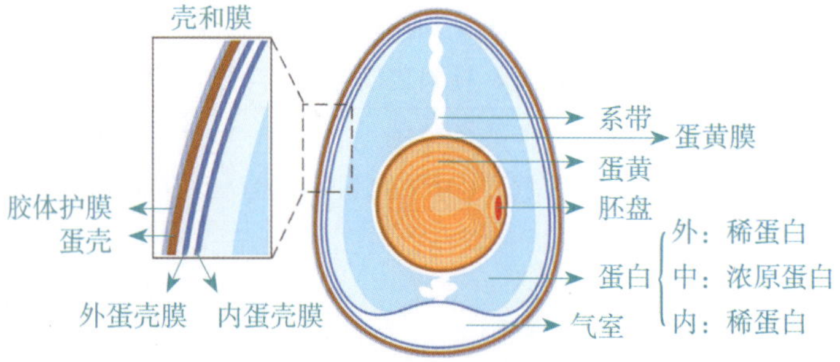

图6-13 禽蛋的构造

表 6-9 禽蛋的结构

结构		成分特征	作用
蛋壳（12%~13%）	胶体护膜	一层无定形的可溶性黏蛋白胶体，肉眼观察为霜状粉末样物质	防止微生物的侵入和蛋内水分的蒸发
	蛋壳	主要成分为碳酸钙和磷酸钙，不耐碰撞和挤压，有透视性，还密布着许多微小的气孔	保护蛋白、蛋黄和固定禽蛋形状
	外蛋壳膜 内蛋壳膜	在大头边，两膜分离而形成一个空隙，称为气室，蛋的存放时间越长，气室越大	对微生物均有阻止通过的作用
蛋白（55%~66%）	蛋白层	一种无色、透明、黏稠的半流动胶体物质，以不同的浓度分布于蛋内	食用部位
	系带	粘连在蛋黄的两端，由浓稠蛋白构成，形状似粗棉线，具有弹性	固定蛋黄位置，随着保管时间的延长变细
蛋黄（32%~35%）	蛋黄	是呈黏稠状不透明的乳状液，蛋黄内容物的颜色，取决于其中的胡萝卜素的含量	食用部位
	蛋黄膜	介于蛋白与蛋黄之间的一层透明薄膜，由纤维状角质蛋白组成，有韧性和通透性	使蛋黄紧缩成球形，如破裂，则形成散黄蛋
	胚盘	直径约3mm的白色斑点，位于蛋黄表面	受精的胚盘会发育，使鲜蛋的品质下降

2．烹饪应用

禽蛋是烹饪中常用的原料之一，可单独制作菜肴，也可以与其他各种荤素原料配合使用；适应于各种烹调方法，如煮、煎、炸、烧、卤、糟、炒、蒸、烩等，制作多种菜肴，如蛋松、鸽蛋紫菜汤、糟蛋、鱼香炒蛋、炸蛋卷等；适应于各种调味。由于蛋本味不突出，所以可进行任意调味，咸鲜、酸甜、麻辣、鱼香、五香、香辣、纯甜等味均能适应，如糖醋蛋、柠檬蛋、糟蛋、醉蛋、卤蛋、糖水荷包蛋、三不粘、酸辣蛋汤等；可以用于制作各种小吃、糕点，如金丝面、银丝面、蛋糕；蛋类还可以用于各种造型菜，如将蛋白、蛋黄分别蒸熟后制成蛋白糕和蛋黄糕，通过刀工或模具造型后，广泛用于各种造型菜式中；蛋还可以作为粘合料、包裹料，广泛用于煎、炸等烹饪方法中。

在禽蛋中以鸡蛋的用途最为广泛，可整用，也可将蛋黄、蛋清分开用，或将蛋清、蛋黄搅匀用；可生用，也可熟用；可作主料，也可作佐助料，在调制蛋泡糊、蛋清糊、全蛋糊、蛋黄糊、蛋清浆及羹汤勾芡、拍粉粘料中应用广泛。此外，鸡蛋还可用在肉糜加工、菜肴点缀及面点制作中。

3．营养价值

以鸡蛋为例，鸡蛋的营养成分（代表值）见图6–14。

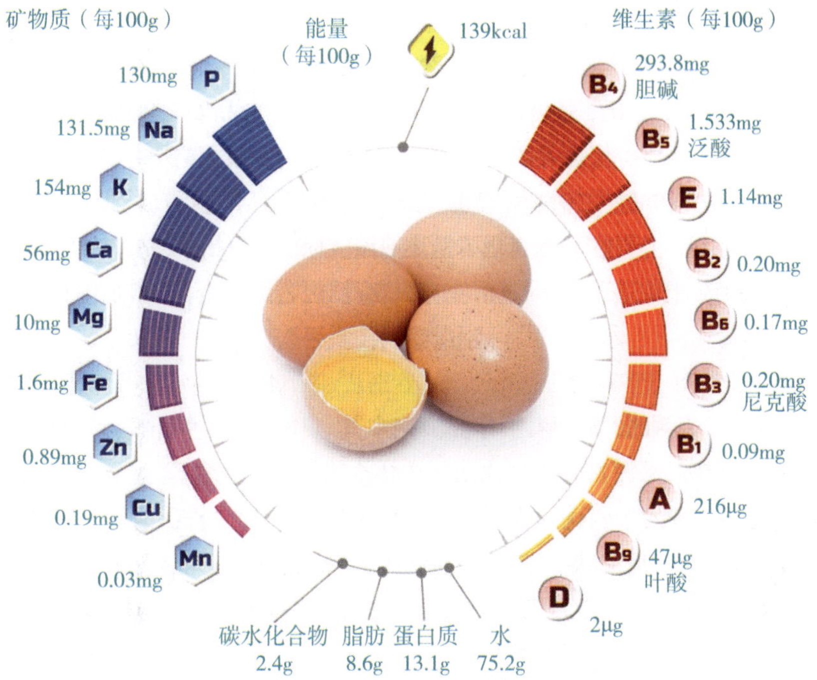

图6–14　鸡蛋的营养成分

鸡蛋蛋白质不但含有人体所需的各种氨基酸，而且氨基酸的组成模式与合成人体组织蛋白质所需的模式十分相近，生物学价值达95以上，吸收利用率高达99.6%，为天然食物中最理想的优质蛋白质，故在进行各种食物蛋白质的营养质量评价时，多以全蛋蛋白质作为参考蛋白。孕妇、产妇、婴幼儿、老人、病人都把它视为理想的补品。全蛋脂肪主要在蛋黄中，其中除中性脂肪外，还含有丰富的卵磷脂和许多胆固醇，其中鸡蛋黄中胆固醇含量是1500mg/100g，而蛋清中几乎不含胆固醇。蛋类也是无机盐的良好来源，钙、磷、铁含量都比较多，蛋黄中的含量多于蛋清，蛋黄中铁含量较高，但因为铁与磷蛋白结合而使吸收率受到影响。蛋类含有丰富的维生素主要存在于蛋黄中，蛋中缺乏维生素C。

各种蛋类的营养成分大致相当，但也存在一些细微的不同：鸭蛋中蛋氨酸和苏氨酸含量最高，咸鸭蛋中钙含量高出鸡蛋的一倍，与鸽蛋中的钙含量相当；鹅蛋中的脂肪含量最高，相应的胆固醇和热量也最高，并含最丰富的铁元素和磷元素；鸽蛋中蛋白质和脂肪含量虽然稍低于鸡蛋，但所含的钙和铁元素均高于鸡蛋；鹌鹑蛋的蛋白质、脂肪含量都与鸡蛋相当，然而它的维生素B_2含量是鸡蛋的2.5倍。而鸡蛋中的胡萝卜素却是所有蛋类的蛋黄中最多的。

4．注意事项

禽蛋不易生吃。禽蛋中的蛋白质具有抗原活性，如果生吃，具有抗原活性的蛋白质进入血液后，会使人体发生不良反应。蛋白中含有0.05%的抗生物素蛋白，能与生物素结合，使肠道不能消化吸收，从而引起体内生物素缺乏；蛋白中含有的卵类黏蛋白和卵抑制剂，对胰蛋白酶活性有抑制作用，使蛋白质难以被消化吸收等。但通过加热方式，可以使这些蛋白质的抗原活性失活，消除其不利影响。因此，蛋类应熟吃。据研究，生鸡蛋或未熟鸡蛋，其消化率仅有50%～70%，而熟鸡蛋的消化率则达90%以上。此外，生吃鸡蛋不安全、不卫生。

5．品质检验

各种家禽生产的、未经加工或仅用冷藏法、液浸法、涂膜法、消毒法、气调法、干藏法等贮藏方法处理的带壳蛋品质可依据“GB 2749—2015 食品安全国家标准 蛋与蛋制品”检验。鲜蛋的等级及品质可依据“NY/T 1758—2009 鲜蛋等级规格”检验；普通鲜鸡蛋、鲜鸭蛋分级依据“SB T 10638—2011 鲜鸡蛋、鲜鸭蛋分级”（不包括乌鸡蛋、柴鸡蛋等禽蛋分级）。土鸡蛋、柴鸡蛋、保洁蛋可参考地方标准或团体标准，包括“DB13/T 549—2004 柴鸡蛋”“T/HBPA 001—2019 土鸡蛋”“DB42/T 547—2009 洁蛋（保洁蛋）”“T/LYFIA 002—2019 无抗鲜鸡蛋”等鉴定。

鲜蛋的鉴别方法有感官鉴别法、光照透视鉴别法、相对密度鉴定法等。感官鉴别法主要凭检验人员的技术经验来判断，靠眼看、耳听、手摸、鼻嗅等方法，从外观来鉴别蛋的质量。

光照透视鉴别法是采用灯光透视法对鲜蛋逐个进行选剔，称作“照蛋”。禽蛋蛋壳具有透光性，由于蛋内容物发生变化形成不同的质量状况，在灯光透视下，可观察蛋壳、气室高度、蛋白、蛋黄、系带和胚胎状况，对蛋的品质作出综合评定。该法准确、快速、简便。我国和世界各国经营鲜蛋和蛋品加工时普遍采用这种方法。各种照蛋器的结构如图6-15。

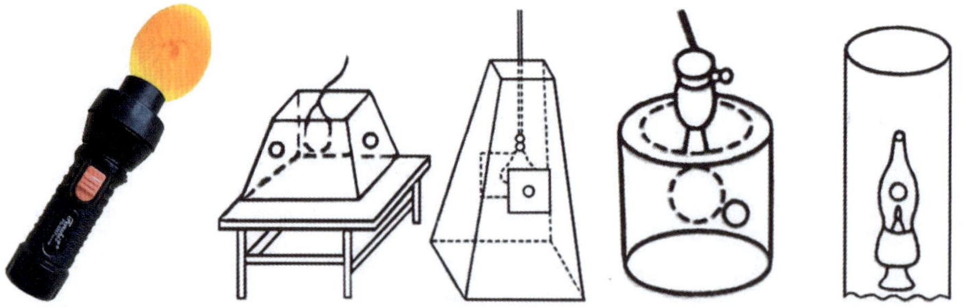

图6-15 照蛋器示意图

相对密度鉴定法是将蛋置于一定相对密度的食盐水中，观察其浮沉、横竖情况来鉴别蛋新鲜程度的一种方法，见图6-16。新鲜蛋随贮存时间的延长，蛋内水分不断蒸发，全蛋相对密度也日趋下降。要测定鸡蛋的相对密度，须先配制各种浓度的食盐水，以鸡蛋放入后不漂浮的食盐水的相对密度来作为该蛋的比重。质量正常的新鲜蛋的相对密度在1.08～1.09之间，若低于1.05，表明蛋已陈腐。

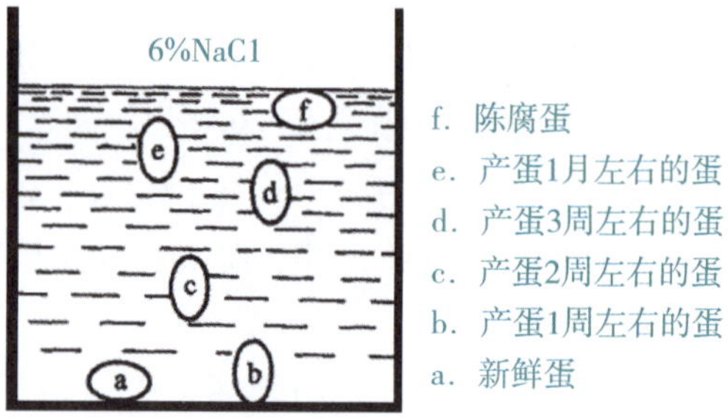

图6-16 蛋品的相对密度鉴定法

6．贮藏保鲜

引起蛋类腐败变质的是温度、湿度和蛋壳上气孔及蛋内的酶。所以保管蛋品时，必须设法闭塞蛋壳上的气孔，防止微生物侵入，并保持适度的温度、湿度，以抵制蛋内酶的作用。鲜蛋的保管方法很多，餐饮业主要采用冷藏法。

利用冷藏环境中的低温抑制微生物的生长繁殖和蛋内酶的作用，延缓蛋内的生化变化，以保持鲜蛋的营养价值和鲜度。由于蛋纵轴耐压力较横轴强，鲜蛋冷藏时应纵向排列且最好大头向上。此外，蛋能吸收异味，尽可能不与鱼类等有异味的原料同室冷藏。

鲜蛋在冷藏期间，室内温度低可以延缓蛋的变化。但温度过低也会造成蛋的内容物冻结，并且膨胀而使蛋壳破裂。根据实际情况，温度一般控制在0℃左右合适，最低不得低于−2℃，相对湿度为82%～87%。在冷藏期间，要特别注意控制和调节温度、湿度，温度忽高忽低，会增加细菌的繁殖速度或使盛器受潮而影响蛋的品质。

冷藏虽然比其他保藏方法好，但时间不宜过长，否则同样会使蛋变质。一般在春、冬季，蛋可贮存 4 个月；在夏、秋季，蛋最多不超过 4 个月就要出库。

此外，还有利用不溶性沉积物质堵塞蛋壳气孔的保藏法，多采用石灰水或水玻璃（又名泡花碱，化学名为硅酸钠Na_2SiO_3）浸渍，也可用液体石蜡、聚乙烯醇等涂膜保藏。

二、蛋制品

（一）蛋制品的分类

依据“GB/T 34262—2017 蛋与蛋制品术语和分类”及国外蛋制品种类，禽蛋制品可以分为7类，见图6–17。

蛋制品
- 再制蛋：皮蛋、咸蛋、咸蛋黄、糟蛋、醋蛋等
- 方便蛋制品：风味熟制蛋、蛋肠、蛋干、蛋类果冻、蛋类罐头等
- 液蛋制品：全蛋液、蛋黄液、蛋白液
- 冰蛋制品：冰全蛋、冰蛋黄、冰蛋白
- 干蛋制品：全蛋粉、蛋黄粉、蛋白粉、蛋白片、皮蛋粉
- 蛋品饮料：乳酸发酵蛋品饮料、鸡蛋酸奶、蛋液冷饮、其他蛋品饮料等
- 其他：鸡胚蛋、蛋黄酱、蛋黄油、蛋黄卵磷脂、溶菌酶、蛋清蛋白肽等

图6–17　蛋制品的分类

世界上禽蛋产量最大的前5个国家依次是中国、美国、日本、俄罗斯、印度。我国禽蛋生产发展极其迅速，已连续多年位居世界第一，2018年，我国禽蛋总产量3128万吨，占世界的39.6%，是第二位美国的5倍多。但是，我国的蛋制品加工量仅为5%～7%，而发达国家的蛋制品加工率很高，美国加工蛋制品占33%，欧洲约占20%～30%，日本占50%。发达国家已开发深加工蛋制品有60多种，如丹麦研制的发酵蛋白粉、速溶蛋粉，日本的加碘蛋，美国的浓缩蛋液、鱼油蛋等。我国蛋制品业前景广阔。

（二）烹饪中常用的蛋制品

1. 皮蛋

皮蛋也称变蛋、松花蛋等，是我国独特的风味产品，已有数百年的生产历史，不仅为国内广大消费者所喜爱，在国际市场上也享有盛名，见图6–18。

硬心皮蛋　　溏心皮蛋

图6–18　皮蛋

（1）种类特征　皮蛋按加工时所用禽蛋种类的不同，可分为鸭皮蛋、鹅皮蛋、鸡皮蛋和鹌鹑皮蛋等，以鸭皮蛋最多；按蛋黄中心状态不同，可分为溏心皮蛋和硬心皮蛋，溏心皮蛋是指皮蛋的蛋黄呈现出黏稠的饴糖状态，硬心皮蛋指蛋黄凝结而呈现出较硬的状态。经过特殊的加工方式后，皮蛋会变成半透明的褐色凝固体，黝黑光亮，蛋白表面有松枝状花纹，闻一闻则有一种特殊的香气扑鼻而来。切开后蛋块色彩斑斓，食之清凉爽口，香而不腻，味道鲜美。

在我国传统的皮蛋加工配方中，都加入了氧化铅（黄丹粉），因铅是一种有毒的重金属元素，因此，传统的皮蛋中的铅含量使人望而生畏。为此，有关科研部门研究了氧化铅的代用物质，其中EDTA（乙二胺四乙酸）和FWD（镁、锰合成物质）的使用效果较好。

我国地理标志产品的皮蛋有白洋淀皮蛋、余姚皮蛋、广安盐皮蛋、宜城松花皮蛋、荆门钟祥皮蛋等。

（2）烹饪应用　松花蛋口感鲜滑爽口，色香味均有独到之处。皮蛋在烹饪中多作凉菜，也可作热菜或小吃。作冷菜可用麻油、香醋、酱油等调味，也可不调味食用，如皮蛋拌豆腐；作热菜，宜炸、熘、烩等烹调方法，如醋熘变蛋、上汤鲜蔬等。广东等地常用皮蛋制作地方小吃，如皮蛋粥、皮蛋瘦肉粥、咸蛋皮蛋粥等。此外，皮蛋也可作为药膳原料使用。

（3）品质检验　皮蛋的品质可依据“GB 2749—2015 食品安全国家标准 蛋与蛋制品”及“GB/T 9694—2014 皮蛋”检验。

2. 咸蛋

咸蛋是用鲜蛋经食盐腌制而成的一类蛋制品，蛋白如玉，蛋黄红艳，为传统出口产品，见图6–19。腌制的方法一般有包泥法和盐水法两种。

图6–19　咸蛋

（1）种类特征　咸蛋的生产极为普遍，全国各地均有生产，尤以江苏高邮咸鸭蛋最为著名。高邮双黄蛋是高邮的土特产，袁枚的《随园食单》小菜单中“腌蛋”条留下了记载：“腌蛋以高邮为佳，颜色细而油多，高文端公最喜食之”。高邮麻鸭产蛋多，蛋头大，蛋黄比例大，尤以善产双黄蛋而驰名中外，其蛋质可用蛋白“鲜、细、嫩”，蛋黄“红、沙、油”概括。1909年高邮双黄鸭蛋参加南洋劝业会，获得国际名产荣誉，现出口十余个国家和地区。

我国地理标志产品的咸蛋有高邮咸鸭蛋、白洋淀咸鸭蛋、余姚咸蛋、集安鸭绿江咸鸭蛋、江西瑞金咸鸭蛋、广东阳西红心鸭蛋、山东河岔口咸鸭蛋等

（2）烹饪应用　咸蛋在烹饪中主要供蒸、煮后制作冷盘；也可制作咸蛋蒸猪肉、咸蛋蒸鱼、咸蛋紫菜鱼卷、芦笋咸蛋、咸蛋黄瓜筒、咸蛋拌豆干、咸蛋黄玉米粒、咸蛋蒸肉饼、百页咸蛋黄卷等菜式，咸蛋黄还可用于“赛蟹粉”“蟹黄”豆腐一类菜中代替蟹黄，色、形几可乱真。还可作粽子、月饼的馅料，或作咸蛋粥等。

（3）营养价值　咸蛋的蛋白质可提供人体所必需的极为丰富的8种必需氨基酸，而且组成的比例非常适合人体需要。咸蛋中的脂肪也绝大部分在蛋黄内，极易被人体吸收。咸蛋中的矿物质和维生素含量比鲜蛋多，主要集中在蛋黄内，其中钙、磷、铁都很丰富，特别是咸鸡蛋中的含钙量高，是鲜鸡蛋的10倍，接近食品中含钙量最多的虾米。维生素中，以维生素A含量最高，硫胺素和核黄素也较多。

（4）品质检验　咸蛋及咸鸭蛋黄的品质可依据“GB 2749—2015 食品安全国家标准 蛋与蛋制品”及“SB/T 10651—2012 咸鸭蛋黄”检验。

实训项目

禽蛋品质检验

实训目的

了解蛋品的物理性质，掌握蛋品新鲜度检验方法，能鉴别各种变质蛋。

实训内容

1　蛋品的物理性质检验　包括蛋的重量、蛋的形状测定、蛋的耐压度测定、蛋壳厚度、蛋壳结构观察、壳内膜与蛋白膜的结构、蛋内容物的观察、禽蛋的组成等。

2　蛋品的新鲜度检验　1）感官法：感官鉴别法主要凭检验人员的技术经验来判断，靠眼看、耳听、手摸、鼻嗅等方法。2）透视法：在灯光透视下，可观察蛋壳、气室高度、蛋白、蛋黄、系带和胚胎状况，对蛋的品质作出综合评定。

3　不同新鲜度蛋的光照透视特征，见表6-10。

表6-10　不同新鲜蛋的光照透视特征

类别	光照透视特征	产生原因	食用性
陈蛋	壳色转暗，透光性差，蛋黄呈明显阴影，气室大小不定，不流动	放置时间久，未变质	可食用
散黄蛋	蛋体呈雾状或暗红色，蛋黄形状不正常，气室大小不定，不流动	受振动后，蛋黄膜破裂，蛋白同蛋黄相混	未变质者可食用
贴皮蛋	贴皮处能清晰地见到蛋黄呈红色。气室大，或者蛋黄紧贴蛋壳不动，一面呈红色，一面呈白色，贴皮处呈深黄色，气室很大	储藏时间太长且未加翻动	不能食用和加工

续表

类别	光照透视特征	产生原因	食用性
热伤蛋	气室较大，胚盘周围有小血圆点或黑丝黑斑	未受精的蛋受热后胚盘膨胀增长	轻者可食用
霉蛋	蛋体周围有黑斑点	受潮或破裂后霉菌侵入所致	霉菌未进入蛋内，可食用
腐败蛋	全蛋不透光，蛋内呈水样弥漫状，蛋黄、蛋白分不清楚	蛋内细菌繁殖所致	不能食用

实训要求

观察、记录、描述蛋品的物理性质及主要特征。

建议浏览网站及阅读书刊

[1] http://www.caaa.cn 中国畜牧业信息网

[2] 徐巍. 鸡香如意：最好吃的食材. 青岛：青岛出版社，2016.

[3] 任芸丽. 蛋的料理. 北京：中信出版社，2018.

[4] ［日］猪股善人等. 我要吃肉2：鸡肉料理. 凤凰科学技术出版社，2018.

[5] ［法］安娜·埃尔姆·巴克斯特. 蛋奶素食. 北京：北京美术摄影出版社，2018.

参考文献

[1] 国家畜禽遗传资源委员会. 中国畜禽遗传资源志：家禽志. 北京：中国农业出版社，2012.

[2] 李晓东. 蛋品科学与技术. 北京：化学工业出版社，2014.

[3] 韦冬妹. 安全买菜经：禽肉篇. 成都：四川人民出版社，2018.

[4] 迟玉杰. 蛋制品加工技术（第2版）. 北京：中国轻工业出版社，2018.

[5] 徐幸莲. 禽肉科学与肉品加工. 北京：中国农业大学出版社，2018.

[6] 常海军，周文斌. 畜禽肉制品加工工艺与技术. 哈尔滨：哈尔滨工程大学出版社，2018.

第七章 水产原料

学习目标

知识目标

- 了解水产原料的分类、营养特点和安全控制；
- 掌握典型水产品的烹饪应用、品质检验和贮存保鲜。

能力目标

- 通过实物、图片、视频能够识别各种水产原料；
- 能够鉴别常见水产原料的新鲜度；
- 能针对不同水产原料选择合适的烹饪加工方法。

第一节 水产原料概述

一、水产原料的分类

水产原料也称“水产品”，是指淡水或海洋渔业生产的鱼类、甲壳类、软体动物类、藻类和其他水生生物的统称。我国是世界渔业大国，也是世界水产品进出口贸易大国。2019年我国水产品年产量达6450万吨左右，其中养殖约5050万吨，捕捞约1400万吨，淡水产品约占总产量的近1/2，从1989年起连续30年产量世界第一，从曾经的“吃鱼难”到如今的“年年有鱼”。

我国海疆和内陆水域面积都很辽阔，水产资源丰富，种类繁多，其中鱼类3000多种，虾蟹类900多种，贝类800多种，此外，还有各种软体类、棘皮类及刺胞类等。国际水产品贸易（SITC）和通关（HS）中，将水产品分为：鱼及鱼产品、甲壳动物及制品、软体动物及制品、其他水生动物制品等八类。我国“水产及水产加工品分类与名称”（SC 3001—1989）分为：鲜活品、冷冻品、干制品、腌制品、罐制品、鱼糜及鱼糜制品、水产动物内脏制品、水产调味品等十二类。本章按生物学的分类结合餐饮业水产应用的习惯，分为六类，藻类归入第三章蔬菜原料中，见图7-1。

- 水产原料
  - 鱼类
    - 淡水鱼：青鱼、鲤鱼、武昌鱼、鳜鱼、鲌鱼、鲴鱼、黄鳝、银鱼等
    - 海水鱼：鳐鱼、带鱼、大黄鱼、真鲷、大菱鲆、鳕鱼、鳓鱼、银鲳等
    - 鱼类制品：干鱼肚、咸鱼、干鱼、鱼子酱、黄鱼鲞、鱼糕、鱼香肠等
  - 甲壳类
    - 虾类及制品：各种对虾、龙虾、日本沼虾、小龙虾、虾米、虾皮等
    - 蟹类及制品：中华绒螯蟹、梭子蟹、青蟹、醉蟹、蟹粉油、蟹肉干等
  - 软体类
    - 双壳类：牡蛎、泥蚶、缢蛏、文蛤、扇贝、淡菜、干贝、蚝豉、蛏干等
    - 腹足类：皱纹盘鲍、杂色鲍、泥螺、瓜螺、扁玉螺、田螺、环棱螺等
    - 头足类：墨鱼、鱿鱼、章鱼、螟脯鲞、墨鱼蛋、墨鱼穗等
  - 棘皮、刺胞类
    - 棘皮类：仿刺参、梅花参、黑乳参、紫海胆、马粪海胆等
    - 刺胞类：海蜇、黄斑海蜇等
  - 两栖、爬行类
    - 两栖类：人工养殖的牛蛙、美国青蛙等
    - 爬行类：人工养殖的龟类、鳖类、鳄类等
  - 其他水产：海兔子、海肠子（单环刺螠）、禾虫（疣吻沙蚕）、海鞘等

图7-1 水产原料的分类

二、水产原料的营养特点

水产原料富含蛋白质，并含有脂肪、多种维生素和无机盐，含少量的碳水化合物。一般鱼、虾、蟹肉中含有15%～22%的粗蛋白质，贝类的含量相对较低，为8%～15%，因种类、季节而异。与畜肉相比，水产原料的脂肪含量较低，因此，水产原料是高蛋白、低脂肪和低热量的食品。

水产食物是一种优质的氨基酸资源，必需氨基酸组成较为均衡合理，生物利用率高，具有较高的营养价值和保健作用，是人体氨基酸首选来源。水产品还富含维生素A、维生素D、维生素E、B族维生素、烟酸、ω-3多不饱和脂肪酸、ω-6多不饱和脂肪酸等多种营养素。其中，多不饱和脂肪酸如二十碳五烯酸（EPA）和二十二碳六烯酸（DHA）在预防心脑血管疾病和血脂异常方面发挥重要作用。多项调查结果显示，水产品类食物摄入量的增加会显著降低心血管疾病和脑卒中的发病风险，如每天增加20g鱼肉的摄入，可以降低6%的心脏衰竭发病风险；鱼肉消费量与脑卒中的发病风险呈显著负相关，每周增加300g的鱼肉消费，可以降低6%的脑卒中的发病风险；增加水产品类食物的消费可能会降低老年痴呆、认知功能障碍及黄斑变性等疾病的发病风险。

水产原料对人类调节和改善食物结构，供应人体健康所必需的营养素，起着重要的作用，是平衡膳食的重要组成部分。《中国居民膳食指南（2016）》推荐我国居民每日应摄入40～75g的水产品类食物。中国疾病预防控制中心一项研究显示，2015年仅有43.1%的人群消费水产品类食物，有超过一半的人群没有消费水产品。调查人群的水产品食物日均消费

量为28.6g，北方、农村地区人群水产品类食物消费量更低。而我国2015年水产品类食物产量达到6700万吨，全球第一，全国人均水产品占有量为50kg左右，但我国水产品食物的消费量却与水产品类食物的产量不成比例，远未达到居民膳食指南的推荐摄入量。2018年互联网餐饮营养分析显示，网络订餐人群的水产品消费较低。

三、水产品的风味

1. 水产品的色泽

水产原料色彩鲜明，颜色各异，是因为其含有多种色素，这些色素主要存在于体表、肌肉、血液和内脏，包括肌红蛋白、血红蛋白、β-胡萝卜素、黑色素等。

大多数鱼肉含水量较高且含有油脂，总体比重比水轻，鱼类可以轻松地悬浮在水中，不需要陆生动物那样致密的结缔组织和厚重的骨架来支撑身体，所以鱼肉大多半透明或通透。鱼类的肌肉分为保持耐力的慢速红肌和释放爆发力的快速白肌，慢速红肌的色泽来自色素蛋白，包括肌细胞的肌红蛋白和毛细血管中的血红蛋白。比目鱼、鲭鱼的肉缺乏色素蛋白，一般呈现白色（见图7-2），不能长时间游泳，但瞬间爆发力强；金枪鱼、沙丁鱼的肉一般呈现深红色，是由于肌红蛋白含量丰富，肌红蛋白对氧气的亲和力远大于血液中的血红蛋白，能够帮助肌肉组织储存氧气，来满足它们远距离高速巡游耗氧的需求；淡水草鱼、青鱼的皮下有薄薄一层慢速红肌（又称血合肉、暗色肉），慢速游动相对轻松，因为捕食或逃避天敌的需要，会经常突然地加速游动，此时就需要大量能够释放爆发力的快速白肌，所以白色肌肉所占比例较大。在北美洲西海岸有20%的蛇鳕鱼（*Ophiodon elongatus*）肌肉呈蓝绿色，与血液中含有的胆绿素有关，经过烹调之后，蓝绿色会变回正常的白色。

图7-2　不同鱼肌肉的颜色

虾青素呈鲜红色，是真鲷鱼类、红色鱼类及虾、蟹类体表的重要色素，而且还是鲑鳟鱼类的红色肌肉色素。甲壳类的壳有各种颜色，而虾青素是其主要颜色，虾青素的一部分同蛋白质结合，呈现黄、红、橙、褐、绿、青、紫等各种颜色，对虾、龙虾、梭子蟹等壳的绿、蓝、紫等颜色就是很好的例子。

虾、蟹等甲壳类、乌贼、章鱼、腹足类等软体动物含有蓝色色素蛋白——血蓝蛋白，捕捞后缺氧状态的乌贼、蟹的体液为无色，死后逐渐吸收空气中的氧而带有蓝色。

鱼皮中的黑色素起吸收过量光线的作用。栖息在较深水域的真鲷，如放在浅水域内养殖，皮内就会合成大量的黑色素，其作用是防止强烈的阳光照射。养殖真鲷比天然真鲷黑的原因就在于此。过剩的黑色素沉积在肌肉毛细血管壁上，使养殖的真鲷肌肉也变黑。

2．水产品的气味

一般刚捕获的水产大多不带气味，但随着鲜度下降，产生特有的腥臭味，这种死后产生的腥臭味，同水产品的鲜度下降及品质变化密切相关。鱼腥味可作为判定鱼类鲜度的一个指标。鱼腥味大致可分为海水鱼腥味和淡水鱼腥味，成分有胺类、挥发性含硫化合物、挥发性低级脂肪酸、挥发性羰基化合物等，这些挥发性成分的不同组合，构成了鱼类的各种气味。

当鱼的新鲜度稍差时，其嗅感增强，呈现一种极为特殊的气味。这是由鱼体表面的腥气和由鱼肌肉、脂肪所产生的气味（其成分有三甲胺、挥发性酸等）共同组成的一种臭气味，以腥气为主。由于海鱼中含有大量的氧化三甲胺，故一般海鱼的腥臭气比淡水鱼更为强烈。当鱼的新鲜度继续降低时，最后会产生令人厌恶的腐败臭气。这是由于鱼表皮黏液和体内含有的各种蛋白质、脂质等在微生物的繁殖作用下，生成了硫化氢、氨、甲硫醇、腐胺、尸胺、吲哚等化合物而导致的。在鱼的贮藏过程中，由于脂肪酸的自动氧化，往往还会生成一些臭气成分。

和鲜鱼相比，熟鱼的嗅感成分中，挥发性酸、含氮化合物和羰基化合物的含量都有所增加，产生了熟肉的诱人香气。熟鱼香气的形成主要通过美拉德反应、氨基酸热降解、脂肪的热氧化降解以及维生素（硫胺素）的热降解等反应途径而生成。由于香气成分及含量上的差别，组成了各种水产品的香气特征。

3．水产品的滋味

鱼类呈鲜味的物质是谷氨酸和肌苷酸，此外，鱼类的美味季节往往与鱼的脂质积蓄时期一致，脂质对鱼肉的风味有很大影响；无脊椎动物的鲜味主要来源于谷氨酸和腺苷酸；贝类有高含量的琥珀酸，同贝类的鲜味有十分重要的关系；虾蟹肌肉多呈甘味，这也是同其富含甘氨酸、丙氨酸、甜菜碱等甘味成分相关，主体在于甘氨酸的作用；盘鲍美味的主要成分有谷氨酸、甘氨酸、甜菜碱和AMP，其中谷氨酸和AMP与鲍类特有鲜味有关，谷氨酸和甘氨酸、甜菜碱与甘味和鲜味有关。

除了上述呈鲜味、呈甘味物质之外，无机离子如Na^+、Cl^-等对味的呈现也是必需的。此外，蛋白质、脂质、糖原等高分子成分虽然大都无味，但对食物的质构，如舌感、咀嚼感、黏弹性以及味的综合感觉起着非常重要的作用，特别是鱼肉的鲜味同脂肪含量关系密切。如金枪鱼含脂高的腹侧肉比含脂低的背肌肉更为美味，两者呈味成分的分布并无本质上的不同，只是在脂质含量上有差异。此外，蚝油因含有较多的糖原，而使得鲜味更加浓醇并具有味的持久性。

四、水产品的安全控制

水产品的安全是指水产品中可能含有的一些对人体造成危害的物质，当人体摄入一定量的危害物质后，可能造成机体的食源性疾病。危害物可分成生物危害、化学危害和物理危害三类，见图7-3。

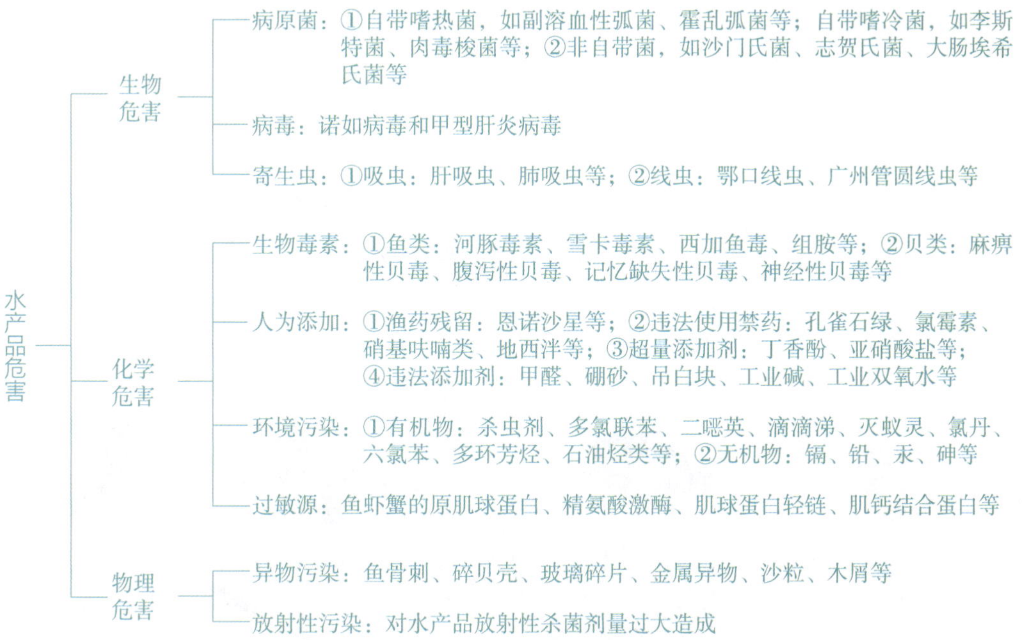

图7-3 水产品的危害因素

国家市场监督管理总局于2018年发布关于水产品的食品安全监督抽检结果29次，其中海水蟹的合格率仅为77.8%，淡水虾的合格率为89.7%，鱼类的合格率96.8%，相对较高。海水虾和海水蟹的不合格原因主要是重金属镉污染超标，鱼类的不合格原因主要是恩诺沙星残留超标，贝类的不合格原因主要是检出禁用兽药氯霉素。此外还检测到禁药孔雀石绿、硝基呋喃类、地西泮等。

餐饮企业可依据“水产品危害分析与关键控制点（HACCP）体系及其应用指南”（GB/T 19838—2005），对所加工的水产品进行危害分析，建立和实施食品安全管理体系。通过水产原辅料、水产品运输与暂养、水产品烹饪加工与服务等方面来控制水产品的安全。

我国生食水产品历史悠久，是沿海地区的特色。生食水产品是以鲜、活、冷藏、冷冻的鱼类、甲壳类、贝类等水产品为原料，未经热加工而制成的可直接食用的水产品。常见的有三文鱼、龙虾、象拔蚌、蛸类、牡蛎、虾类、北极贝、赤贝等。生食水产能保持天然风味和营养，但不经热处理易受寄生虫、微生物和病毒的感染，并造成消费者的食源性疾病。每年都有不少因生食水产品而造成食源性疾病或食物中毒的案例。荷兰人有生吃鲱鱼的习惯，为了杀死寄生虫，荷兰以法律形式规定，出售商有在-20℃条件下冻结鱼24h的义务。为了保证生食水产品的安全，餐饮业可参考“生食金枪鱼”（SC/T 3117—2006）、“即食生食动物性水产品”（DBS32/006—2014），采取必要的控制措施，规范生食水产品的加工操作，减少生食的安全隐患。

第二节　鱼类

一、鱼类概述

鱼类（Fishes）是终生在水中生活，用鳃呼吸，用鳍辅助运动与维持身体平衡，大多被鳞片，具有颅骨和上下颌的变温脊椎动物，属于脊椎动物亚门中最原始和低级的类群。

猜猜看

下列水生动物哪些是真正的“鱼”？

鱼类在全球水域中几乎都有分布，39%的种类（约8410种）生活在淡水河流湖泊中，61%的种类（约13000余种）生活在海洋中。我国各水域分布的鱼类约有3000多种，经济鱼类约440多种。根据其骨骼的性质可分为软骨鱼和硬骨鱼两大类。各种鲨鱼、鳐鱼、魟鱼等属于软骨鱼，我国约190种，为主要渔业对象之一，肉可食用，皮可制革，肝脏富含油脂和维生素，可制药。硬骨鱼是最有经济价值的一类，约为世界渔产量90%以上，以鲱形目、鳕形目产量最高，其次鲈形目、鲤形目、鲽形目。

1. 鱼体的构造

鱼体从外形上主要分头部、躯干部和尾部三大部分，以躯干部为供食的主要部位，鱼体外形及内部器官见图7-4。

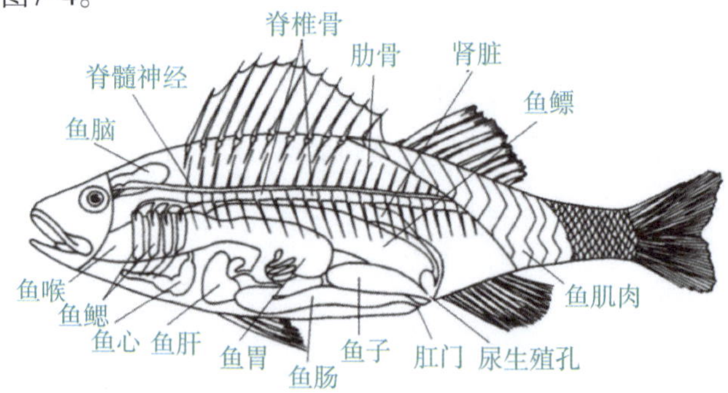

图7-4　鱼的外形及内部结构

2．鱼体不同部位的食用特征

鱼体不同的部位特点不同，食用价值不一样，见表7-1。

表 7-1　鱼体的不同部位与食用特征

部位	特点	食用特征
鱼头	从鱼的身体最前端到鳃盖骨的后缘称为鱼头，主要有口、须、眼、鼻孔和鳃孔等器官	一般食用价值不大。但鲢鱼头、鳙鱼头、牙鲆鱼头等富含脂肪、胶质或肌肉，多清蒸或作汤等
鱼尾	从肛门至尾鳍基部的部分称为鱼尾	食用价值一般，但淡水青鱼的尾部肥美，俗称“划水”，可红烧
鱼肉	鱼体肌肉组织主要由骨骼肌组成，分布于躯干部脊骨的两侧，分为背肌和腹肌。根据肉色可分普通肉（白色肉）和血合肉（暗色肉）	鱼类运用得最多的可食部位，白色肉食用价值大
鱼鳞	保护鱼皮的重要组织，由坚韧的含钙物质所构成。少数鱼头部无鳞，刺河豚的鳞片转化为骨刺	鱼鳞一般无食用价值，通常刮除。鲥鱼、刀鲚、鳓鱼等鱼类鳞片较薄，鳞下脂肪较丰富，新鲜入烹时可以不去鳞
鱼皮	鱼皮外层为薄的表皮层，内层为厚的真皮层，真皮层具有各种腺体细胞，无鳞鱼腺体细胞更发达，能分泌蛋白质黏液	鱼皮脂肪量为5%～10%，厚厚的真皮层尤其富含结缔组织，胶原蛋白通常约占其重量的1/3，因此鱼皮比鱼肉更容易炖煮出浓稠的胶质。鲨鱼、鳐鱼背部厚皮可制成名贵的干货“鱼皮”
鱼鳍	鱼类的鳍有背鳍、胸鳍、腹鳍、臀鳍和尾鳍5种。淡水鲇鱼类、鳜鱼类的鳍中有毒棘，烹饪加工时要小心	硬骨鱼类的骨质鳍条一般无食用价值；软骨鱼类（如鲨鱼、鳐鱼）的纤维状角质鳍条，可加工成名贵的烹饪原料“鱼翅”，现全球多地禁捕鲨鱼加工鱼翅
骨骼	一般由背脊骨及与其相连的肋骨组成，通常能整副与鱼肉分离。鲱鱼、鲑鱼等鱼类则有不与主要骨架相连的“浮”刺或“细”刺，能支撑一些结缔组织	部分鱼骨可入菜，西班牙的加泰罗尼亚、日本与印度都有酥炸鱼骨这种料理。鲨鱼、鳐鱼等软骨鱼的软骨以及鳇鱼的头骨可加工成名贵原料“明骨”，脊髓的干制品则称为“鱼信”
内脏	肝脏、鱼卵、鱼鳔等富含营养成分。鲨鱼、黄鱼、鳕鱼等的肝脏可提取鱼肝油；鱼卵可提取卵磷脂或加工成营养价值很高的食品；鱼鳔是控制鱼体沉浮的银白色囊状器官。	小型鱼类的内脏无多大食用价值，大型鱼类的肝脏、胃、鱼子可烹饪食用，也可加工食品或药品。所有鱼类的鳔都可食用，大型鱼类的鳔干制后可成为名贵原料“鱼肚”

3．鱼类的烹饪应用

鱼类在烹饪中的运用相当普遍，菜品极多。在刀工处理上，体型较小的鱼整用较多，体型较大的鱼可先行分割处理，再分档使用。分档部位有头尾、中段、鱼块、肚档等。在烹饪中，鱼类去骨取肉应用可制得较多的菜品，净鱼肉可加工成鱼条、鱼片、鱼丝、鱼丁、鱼米等料形，色泽洁白的鱼可加工成鱼肉糜，供制作鱼圆、鱼饼、鱼糕、鱼线等；有些种类还可整鱼出骨，制作特色工艺菜。

新鲜的鱼类适合于各种烹调方法。几乎所有的鱼均可红烧、油炸，新鲜且脂肪含量较高的鱼可清蒸、制汤。可做冷盘、热炒、大菜、汤羹和火锅等，适用各种调味技法和味型，如咸鲜、家常、椒麻、茄汁、酸辣、糖醋、咸甜等。鱼类的腥臭异味会影响菜肴的风味品质，因此要采取适当方法，抑制或除去异味成分，如用水或稀盐水漂洗原料鱼。鲨鱼和魟科、鳐科、鲼科鱼类含有较多的尿素，烹前应作脱氨处理。在鱼类烹饪中，常使用葱、姜、酒、醋、香料等，均有除腥去异味作用。

4. 鱼类的品质检验

鱼类鲜度的变化，在不同程度上会影响它作为烹饪原料的质量。因而对鱼类在采购、贮藏、加工过程中的鲜度质量鉴定十分重要。市场上出售的商品鱼有活鱼、鲜鱼（死鱼）和冷冻鱼三类。活鱼多为淡水鱼，其新鲜度高，风味和质量好，销售价格最高，也最受消费者青睐。但要注意鉴别受污染的活鱼（也包括死鱼）。被污染的鱼，一般形态不整齐，甚至畸形，鱼眼混浊无光泽，鱼鳃不光滑，较粗糙，呈暗红色，气味异常，根据污染物的不同，分别呈蒜味、氨味、煤油味、火药味等不正常的气味。冷冻鱼的质量好坏与冻前质量有密切关系，其新鲜度在解冻后容易鉴别。

在烹饪行业主要采用感官鉴定的方法来鉴别鱼类的新鲜度。可依据不同鱼类的相关标准检验，如“GB T/18108—2019 鲜海水鱼通则”“GB/T 30894—2014 咸鱼”“GB/T 18109—2011 冻鱼”“GB/T 35375—2017 冻银鱼”“GB/T 17715—1999 草鱼”“GB/T 17716—1999 青鱼”等。

5. 鱼体的变化与贮存保鲜

鱼类捕获后，很少立即进行原料处理，而是带着易于腐败的内脏、鳃等运输、销售，细菌侵入鱼体机会增多，同时，鱼类除消化道外，鳃及体表也附有各种细菌，而体表的黏性物质更起到培养的作用，是细菌繁殖的好场所。因此，鱼类是最不容易保存的烹饪原料，特别是夏季，有些鱼类很难保存到一天以上。因此，鱼类保鲜是餐饮业很重要的问题。鱼体死后会发生一系列变化，大致分死后僵硬、解僵和自溶、细菌腐败三个阶段。

僵硬　活鱼死后，由于所含成分的变化和酶的作用而引起肌肉收缩变硬，鱼体进入僵硬状态。其特征是肌肉缺乏弹性，如用手指压，指印不易凹下；手握鱼头，鱼尾不会下弯；口紧闭，鳃盖紧合，整个躯体挺直。此时鱼仍然是新鲜的，因此人们常常把死后僵硬作为判断鱼类鲜度良好的重要标志。通常刚过僵直期是鱼肉的最佳食用时机，一般是死亡后的8～24h，过了僵直期，鱼肉便迅速腐坏。

鱼在僵直前煮食，通常比僵直后更有弹性。有些日本人喜欢吃十分新鲜、嚼起来还会抽搐的“活鱼生鱼片”；挪威人的珍馐“活宰鳕鱼”是等客人点菜后才将养在水族箱里的鳕鱼捞出现杀；中国餐馆也常随时备有一箱箱活鱼；法国人有现杀的“蓝鳟料理”，许多海鲜也都是活生生直接下锅。

自溶　鱼体僵硬持续一段时间后，又缓慢地解除，肌肉重新变得柔软，但失去了僵硬前的弹性，并使感官和商品质量下降，同时，肌肉中的蛋白质分解产物和游离氨基酸增加，给鱼体鲜度质量带来各种感官、风味上的变化，其分解产物——氨基酸和低分子的氮化合物为细菌的生长繁殖创造了有利条件，因而加速了鱼体腐败的进程。

腐败　随着细菌繁殖数量的增多，鱼体的蛋白质、氨基酸及其他含氮物质被分解为氨、三甲胺、组胺、硫化氢、吲哚等腐败产物，使鱼体产生具有腐败特征的臭味，这种过程就是腐败。当鱼肉腐败后，它就完全失去食用价值，误食后还会引起食物中毒。各种腐败变质征象主要表现在鱼体表面、眼球、鳃、腹部、肌肉的色泽、组织状态以及气味等方面，见表7-2。

表 7-2　鱼类变化的征象及腐败原因

变化	腐败变质原因
体表变混浊	体表污染的细菌，在黏液中繁殖，使体表失去光泽，变得混浊，并产生异味
鱼鳞易脱落	侵入鱼皮的细菌，使固着鱼鳞的结缔组织发生分解，造成鱼鳞容易脱落
鱼眼浑浊内陷	细菌从体表进入眼部组织，使固定眼球的结缔组织分解，因而眼球陷入眼窝，眼角膜变得混浊
鳃部由红变白	鱼死后，鱼腮充血，在细菌酶的作用下，失去原有的鲜红色而逐步变成灰白色，并产生臭味
腹部膨胀	在肠内繁殖的细菌，穿过肠壁进入腹腔各组织，在细菌酶的作用下，蛋白质发生分解并产生气体，使腹腔膨胀甚至破裂，部分鱼肠可能从肛门脱出
骨肉分离	细菌进一步繁殖，逐渐侵入沿着脊骨行走的大血管，并引起溶血现象，把脊骨旁的肌肉染红，进一步可使脊骨上的肌肉脱落，形成骨肉分离的状态
气味变化	鱼体组织的蛋白质、氨基酸以及其他一些含氮物被细菌逐步分解为臭味成分

所以，鱼类的贮存保鲜主要是控制细菌的繁殖。保鲜的方法一般有活养、冷藏和冷冻。

二、淡水鱼

中国内陆水域定居繁衍的鱼类有850余种，主要经济鱼类有140余种，以温水性鱼类为主，长江流域的经济种类最多。这里选取鳜鱼、河豚进行介绍。

（一）鳜鱼

鳜鱼又称桂鱼、桂花鱼、鳌花、季花鱼等，鲈形目、鳜属鱼类。因其主产于中国，产量居世界之首，故又称中华鱼，为名贵淡水食用鱼，自古就有“海中梭，江中鲥，河中鳜”之说。明代李时珍将鳜鱼誉为“水豚”，意指其味鲜美如河豚。我国的商品鳜鱼以鲜活消费为主。

种类特征　鳜鱼是集鲈鱼和石斑鱼特征于一体的特色鱼种。包括鳜属（*Siniperca*）、少鳞鳜属（*Coreoperca*）和长体鳜属（*Corepsiniperca*）的鱼类，分布在我国的鳜类鱼有11种，其中翘嘴鳜和大眼鳜具有分布广、个体大、生长速度快等优点，而且体形和肉质良好，经济价值高，见图7–5；斑鳜虽体形较大，分布区域也较为广泛，但生长较慢；其他鳜类鱼体形较小，生长慢，经济价值不高。

翘嘴鳜

大眼鳜

斑鳜

图7–5　鳜鱼

翘嘴鳜（*S. chuatsi*）体较高而侧扁，背部隆起。口大，下颌长于上颌，头部具细鳞，背鳍前部为硬刺，后部为软鳍条。体浅黄绿色，腹部灰白色，体侧具不规则褐色纹条和斑块。

一年四季均产，2～3月最肥美。食用鳜鱼的规格以750g为佳。

我国地理标志产品的鳜鱼有四川的梓江鳜鱼、湖北鄂城鳜鱼和黄龙鳜鱼。

烹饪应用　鳜鱼骨疏少刺，味道鲜美，肉质细嫩洁白，含胶原蛋白质丰富。从肛门处割断直肠，用方头竹筷沿鳃口插入腹腔，绞拉出内脏，可保证鱼腹完整，清洗后即可供加工处理；也可整鱼出骨，既可保证鳜鱼整形，食之又无去骨刺之嫌，更可填入他料成菜。可割切解体加工成片、丝、丁、块、粒等使用，筵席制馔多用整形。鲜活入馔，最宜清蒸，以显其丰厚、肥嫩、腴美之特色，也可醋熘、红烧、干烧、火烤等。适合咸鲜、糖醋、五香、糟香、酱汁、茄汁、麻辣、酸辣等诸多味型。名菜有松鼠鳜鱼、牡丹鳜鱼、清蒸鳜鱼、叉烤鳜鱼、八宝鳜鱼、龙须鳜鱼、鲜奶鱼馄饨等。徽菜"腌鲜鳜鱼"系先经腌制，经发酵后蛋白质分解，虽出现臭味，也使呈鲜物质析出，烹制成菜反更鲜香，成为徽菜中之名品。

翘嘴鳜的幽门盲囊，俗称"鳜鱼花"，数量较多，对食物的消化吸收快，生长速度比大眼鳜快，人工养殖鳜鱼最为理想的品种。鳜鱼花为上等烹饪原料，可单独烹、炒、熘、烩成菜，清香扑鼻，软嫩滑脆，风味独特，应注意利用。

营养价值　据检测，鳜鱼中各营养成分含量分别为：蛋白质19.9%，脂肪1.5%，碳水化合物0.05%，钙0.05%，钾0.037%。其蛋白质中人体8种必需氨基酸总含量高达6.52%，而且呈鲜味氨基酸含量高达5.44%，因而鳜鱼肉味鲜美，有"席上有鳜鱼，熊掌可舍之"的说法。

安全控制　鳜鱼的12根背鳍刺，3根臀鳍刺和2根腹鳍刺均有毒腺分布，若被刺后，可产生激烈疼痛，并发热，畏寒，为淡水刺毒鱼类中刺痛最严重者之一，加工时须注意。

（二）河豚

河豚为鲀形目、鲀科、东方鲀属（*Takifugu*）鱼类的通称。因东方鲀体形似豚，又常在河口捕到，江苏沿江地区多称"河豚"，和鲥鱼、刀鱼并称为"长江三鲜"。20世纪90年代初，由于过度捕捞，长江水域污染，生态环境遭到破坏等，珍贵的野生河豚鱼逐年减少，特别是1995年后濒临绝迹。现多为人工养殖。2016年，国家对红鳍东方鲀（*T. rubripes*）和暗纹东方鲀（*T. fasciatus*）实行解禁，禁止了26年之久的河豚鱼终于能端上消费者的餐桌。

种类特征　中国东方鲀属鱼类约15种，只有少数进入河流或定居湖泊。在江苏南京以下沿江各市县，尤以江阴附近及镇江一带捕捞的河豚鱼主要是暗纹东方鲀，定居在太湖的则是暗纹东方鲀和弓斑东方鲀（*Fugu ocellatus*），见图7-6，300g以下的河豚俗称"巴鱼"。大连是国内红鳍东方鲀最大养殖地区，出口量占到国内河豚出口总量的80%以上。

红鳍东方鲀　　暗纹东方鲀　　弓斑东方鲀

图7-6　河豚

暗纹东方鲀曾是长江下游的重要渔业对象之一，产量很大，具有相当的经济价值。体呈圆筒形，向后渐狭小，头部、体背及腹面均被小刺。皮肤棕褐色，体侧下方为黄色，腹部白色；背侧面有4～6条不明显的暗褐色横纹，横纹间还有3～5条白色狭纹。背鳍、胸鳍、臀鳍均为黄棕色，尾鳍后端灰褐色。食道扩大成气囊，遇敌害能使腹部膨大如球，浮于水面以自卫，离水吸气膨胀，发出咕咕之声。体长150～200mm，大者达300mm。

我国地理标志产品的河豚有江阴河豚、南通长江河豚、扬中河豚、中洋河豚、大连河豚、盘锦河豚等。

烹饪应用　河豚肉味美至极而无芒刺，被誉为“三鲜”之冠，中国江阴、镇江等沿江居民有传统食用鲀类习惯，在江阴每年都要消费掉400～500t河豚，并逐渐形成了一套烹食河豚的独特技术。整个烹制过程严格缜密而精细，在江阴由专职厨师加工的河豚肴馔有：白汁河豚、红烧河豚、椒盐河豚鱼排、巴鱼汤等。野生河豚是剧毒鱼类，不可随便烹饪和乱食。在日本，河豚鱼肉由受过严格训练、考试合格的厨师加工成生鱼片，为价格昂贵的高档食品。

营养价值　养殖河豚（无毒或微毒）的蛋白质含量高达17.71%，脂肪含量仅为0.62%，而不饱和脂肪酸含量超过20%。此外，还含有丰富的维生素B_1、维生素B_2及硒、锌等多种有益的微量元素。

河豚毒素（Tetrodotoxin）具有镇痛、镇痉、镇痒等多种功效，临床用于多种疾病，价格十分昂贵，国际市场上每克为18.5万美元，是黄金价格的3800倍。

安全控制　河豚多数种类的内脏含有剧毒，毒力比氰化物还要毒上275倍，人误食后会中毒，甚至身亡。因此，我国对食用河豚有规定，河豚必须经专人作严格的去毒处理，方可食用或加工，整鱼不得上市出售。人工养殖的河豚虽经过控毒处理和精心加工，但仍不排除中毒的危险。河豚毒素的检测可依据“食品安全国家标准 水产品中河豚毒素的测定”（GB 5009.206—2016）。

品质检验　河豚的品质可依据“鲜、冻养殖河豚鱼”（SC/T 3124—2019）鉴别，其中河豚毒素含量不应超过2.2mg/kg。

三、海产鱼

中国海疆纵跨渤海、黄海、东海和南海，管辖海域300万平方千米，蕴藏着丰富的海洋渔业资源。中国海洋鱼类有1700余种，经济鱼类约300种，其中最常见而产量较高的约有六七十种。鲈形目鱼类占海产鱼种类总数一半以上，其余种类主要分布在鲱形目、鳗形目、鲽形目、鲀形目等。产量较高的鱼种有带鱼、马面豚、大黄鱼、小黄鱼、太平洋鲱、日本鲭、鳓鱼、银鲳、蓝点马鲛等。

现选取大黄鱼、多宝鱼进行介绍。

（一）大黄鱼

大黄鱼（*Pseudosciaena crocea*），又称大鲜、大黄花、石首鱼，属硬骨鱼纲、鲈形目、石首鱼科、黄鱼属。明代屠本畯在《海味索隐》中谓：“黄鱼，谓之石首，脑中藏二白石子，故名。”石首鱼因而得名。为暖性浅海近底层结群性洄游鱼类，我国捕捞大黄鱼已有1700年的历史，为我国重要经济鱼类、“四大海产”（大黄鱼、小黄鱼、带鱼、乌贼）之一，该鱼的种群资源量虽然较大，但自20世纪90年代以来，随着资源的枯竭，这种鱼类已形不成渔汛，致使野生大黄鱼一鱼难求。

分布特征　大黄鱼分布于中国黄海南部、福建和江浙沿海。其体延长，侧扁，头呈钝尖形，口裂大而倾斜，牙尖细，尾柄细长，体黄褐色，腹面金黄色，各鳍黄色或灰黄色，背鳍具一缺刻而分成两部，尾鳍稍呈楔形，侧线伸达尾鳍末断，见图7–7。一般成鱼体长约30～40cm，大的个体体长达50cm，体重可达1.6kg。平时栖息较深海区，4～6月向近海洄游产卵，秋冬又回深海区。故大黄鱼被用作端午节前后的时品之一。为中国特产，虽洄游，但从不至其他国家海域，故又称家鱼。

大黄鱼　　小黄鱼　　黄鱼鲞

图7–7　大黄鱼、小黄鱼、黄鱼鲞

中国地理标志产品的黄鱼有舟山大黄鱼、宁德大黄鱼、岱衢族大黄鱼、赣榆大黄鱼、大陈黄鱼等。宁波市是“中国生态大黄鱼（岱衢）之乡”。福建宁德素有“大黄鱼之乡”的美称，是我国大黄鱼产业的发源地与最大规模的养殖基地，年养殖大黄鱼占全国总产量的70%以上，出口量约占全国的80%。

导读

小黄鱼

小黄鱼（*Pseudosciaena polyactis*）又称黄花鱼、小鲜（上海）、小黄瓜（福建），与大黄鱼同属石首鱼科，体形与色泽相像（见图7–7）。它们的主要区别是：大黄鱼的个头比小黄鱼大，尾部长，背部呈现黄褐色，有光泽，小黄鱼大致是手掌大小；大黄鱼头部有两个坚硬的石头；小黄鱼的鳞较大黄鱼大，刺多，显得干瘪，腹部扁平，全身细长，尾柄较短。此外，小黄鱼肉味鲜美近似大黄鱼。烹饪运用方法与大黄鱼类同。由于个体较小，其利用价值不及大黄鱼。

烹饪应用　海产鱼类中以黄鱼肉为最嫩，被视为上等鱼品。初加工时可不开膛，用双筷绞出鳃及全部内脏，可保持鱼体完整。黄鱼头部含有丰富的黏液腔，腥味较重，烹前如撕去其头皮，可使腥味大减。其肉质细嫩呈蒜瓣状，味道鲜美清香。适宜于清蒸、清炖、干煎、油炸、红烧、红焖、醋熘、汆汤等多种烹调方法，可用五香、葱油、酱汁、红油、酸甜、酸辣、甜香、椒麻等多种味型。既可整条烹制，又可加工成段、块、条、片、丝、丁、粒、乃至出肉斩蓉应用。菜肴有红烧黄鱼、家常黄鱼、糖醋黄鱼、炸熘黄鱼、蛙式黄鱼、黄鱼羹等。大黄鱼也可加工成盐制大黄鱼，俗称“黄鱼鲞”，分半干大黄鱼、干大黄鱼，浙江所产最为知名。鱼鳔可干制成名贵的干货——黄鱼肚。

营养价值　据对养殖大黄鱼营养成分的测定，养殖大黄鱼的蛋白质含量为17.40%，氨基酸种类齐全，比例均衡，必需氨基酸组成符合人体需求，鲜味氨基酸含量丰富，是一种优质的蛋白源。脂肪含量为12.40%，属于高脂鱼类，单不饱和脂肪酸含量高于多不饱和脂肪酸，EPA+DHA含量为16.8%；富含多种常量及微量元素，且锌铜比较为合理。

品质检验　大黄鱼的品质可依据“鲜大黄鱼、冻大黄鱼、鲜小黄鱼、冻小黄鱼”（SC/T 3101—2010）鉴别。盐制大黄鱼品种可依据“盐制大黄鱼”（SC/T 3216—2016）鉴别。

（二）多宝鱼

多宝鱼是“Turbot”的音译，学名“大菱鲆”（*Scophthalmus maximus*），也称蝴蝶鱼、欧洲比目鱼，属硬骨鱼纲、鲽形目、鲆科、菱鲆属。属于深海冷水性鱼类，原产于欧洲，是世界公认的优质比目鱼之一，在美国、日本、韩国等备受消费者青睐。1992年从欧洲引进我国，现已成为我国北方沿海重要的养殖品种。中国多宝鱼养殖产业也发展成为全球最大的鲆鲽类养殖产业，占全球养殖类鲆鲽鱼90%的产量份额。

形体特征　多宝鱼体扁平（形似牙鲆），外形呈菱形而又近似圆形（见图7-8），两眼位于头部左侧，有眼侧（背面）体色较深，呈棕褐色，又称沙色，并且可随环境和生理情况变化而出现深浅的改变，有眼侧看似无鳞，实际上被有少量角质鳞片，用手触摸略有粗糙感。无眼侧（腹面）光滑无鳞，呈白色，口大，吻短，口裂前上位，斜裂较大，上下颌较发达，对称，上颌骨较短，下颌骨稍长，并向前伸，头长为颌长的两倍，左右侧均具发达的颌齿，细而弯曲，背鳍、臀鳍和尾鳍均发达，并有软鳍膜相连，自然群体中最大个体的长超过1m，体重54kg；一般个体长0.4 ~ 0.5m，重5 ~ 6kg。中国地理标志产品的多宝鱼仅有辽宁兴城多宝鱼。

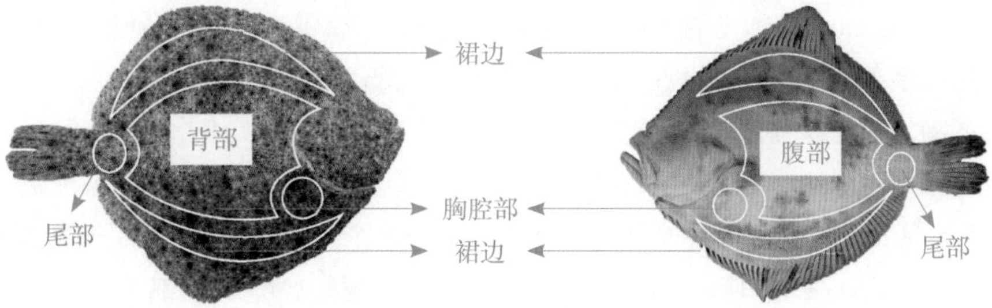

图7-8　多宝鱼及分割部位

烹饪应用　多宝鱼肌肉丰厚白嫩、骨刺少、内脏团小、出肉率高，口感独特，风味良好，鳍边含有丰富的胶质、口感滑爽滋润，有近似甲鱼的裙边和海参的风味；腔部肌肉的硬度、咀嚼性和弹性显著高于其余部位，口感更佳。

欧洲人一般比较喜欢用冰鲜多宝鱼做成鱼排，把鱼横切成条状或块状，上盘蒸熟或烧熟后，浇上调制好的汤汁、点缀上食用刻花即成；也有切成生鱼片或烤熟后撒上调味品的即食法。中餐烹制，一般的吃法是整条清蒸，也可红烧、清炖、油炸等。大者可切段、块，也可出肉供切成片、丝、丁、条等。清蒸多宝鱼，白色的腹部向上，为求快熟，以保嫩滑，可以卷起来蒸。“堂灼多宝鱼”是将鱼改刀并拼摆装盘后，配上其他烫食原料和调好味的汤汁，待全部端上桌以后，再由客人自己夹起原料在沸腾的汤汁里涮烫。多宝鱼因含有非常丰富的胶质，用它炖制的汤汁呈乳胶状，风味尤佳。

营养价值　多宝鱼营养丰富，不同部位的营养特点有差异。研究发现，多宝鱼背部和腹部肌肉的氨基酸总量、必需氨基酸含量、鲜味氨基酸含量、EAA/TAA和EAA/NEAA较高，氨基酸组成适合作为补充人体蛋白质的优质蛋白源；裙边肌肉中脂肪酸的种类最多、含量最丰富，多不饱和脂肪酸含量尤为丰富，达212.25mg/g，为其他部位的3.9～6.76倍，主要成分为亚油酸、DHA和EPA；鱼皮的粗蛋白和胶原蛋白含量最高，分别为29.04%和224.69mg/g。此外，还含有维生素A、维生素C、维生素D、维生素E、B族维生素等多种维生素和钾、钠、钙、镁、铁、锰、铜、锌等多种矿物元素及黏多糖等有益于人体健康的微量成分。这些营养物质的含量均高于畜禽和淡水鱼类，且易被人体吸收。

品质检验　多宝鱼的品质可参考食品安全国家标准“鲜、冻动物性水产品”（GB 2733—2015）及“食品中污染物限量”（GB 2762—2017）鉴别。

安全控制　由于多宝鱼抗病能力较差，对养殖的环境要求非常高，一些养殖者为降低养殖成本，大量使用违禁药物来预防和治疗鱼病，导致多宝鱼体内药物残留严重超标，主要有呋喃西林、呋喃唑酮、喹乙醇、呋喃它酮、氯霉素和恩诺沙星。目前，科研人员已研制出“多宝鱼活疫苗”，将逐渐取代抗生素，有效保证多宝鱼的安全。

四、鱼类制品

很少有其他食品原料比鱼类更快腐坏，在冷冻技术与交通运输还不发达的时代，捕鱼量相当大，鱼却很快便腐坏，因此大多需要以干燥、盐渍、烟熏、发酵等抗菌方式加以保存。中国古籍《庄子·外物》和《孔子家语》中有“枯鱼之肆”和“鲍鱼之肆”的记载，说明干鱼和咸鱼在中国2000多年前已成为商品。宋代《梦粱录·鲞铺》中记载的咸、干鱼和各种海味品等多达60余种，反映了中国古代传统加工技术的状况。

通过各种加工处理后，可使鱼类成为具有保藏性、品种更多、用途更广、商品价值更高的食品和烹饪利用产品，满足各地人民的需要。现代鱼类制品有腌制品（如各种咸鱼、糟醉鱼等）、干制品（如鱼皮、鱼唇、鱼骨、鱼信、黄鱼鲞等）、熏制品（如熏烟鲱、鳕、鲑鳟等）、鱼糜制品（如各种鱼圆、鱼糕、鱼香肠、鱼卷、鱼面等）、冻制品等，除了即食鱼产品（如熏鱼、鱼松等）外，各类鱼制品都可以作为烹饪原料使用，其中在烹饪中广泛使用的主要是干制品和腌制品。

我国地理标志产品的鱼制品有荆州鱼糕、云梦鱼面、嘉鱼鱼圆、达濠鱼丸、深沪鱼丸、罗定皱纱鱼腐等。

（一）鱼肚

鱼肚也称“花胶”，是鱼的沉浮器官——鳔的干制品，所有鱼类的鳔都可食用，但鱼肚是选用大型鱼类的厚实发达的鳔干制而成，如鲟鱼、鳇鱼、大黄鱼、毛鲿鱼、海鳗等。清代被列为“海八珍”之一，与鲍鱼、海参齐名，今多作筵席主菜或大菜。

种类特征　鱼鳔是水产加工重要副产物，约占胴体质量2%左右，可鲜食，也可干制成鱼肚。鱼肚按鱼类的不同，有黄唇肚（也叫金钱肚，黄唇鱼的鳔）、白花肚（白花鱼的鳔）、蜘蛛肚（也叫赤嘴鳘，鳘鱼的鳔）、安南肚（越南鳘鱼的鳔）、北海肚（巴西鳕鱼的鳔）、新西兰胶肚（新西兰鳕鱼的鳔）、黄花肚（又叫花胶仔，海鲈的鳔）、鳝肚（也叫扎肚，鳗鱼的鳔）、鸭泡肚（淡水鲈鱼的鳔）等，以黄唇肚质量最好，有两条极富特色的鳔管，但产量稀少；以鳗鱼肚质量最差，其余各种鱼肚质量较好，见图7-9。

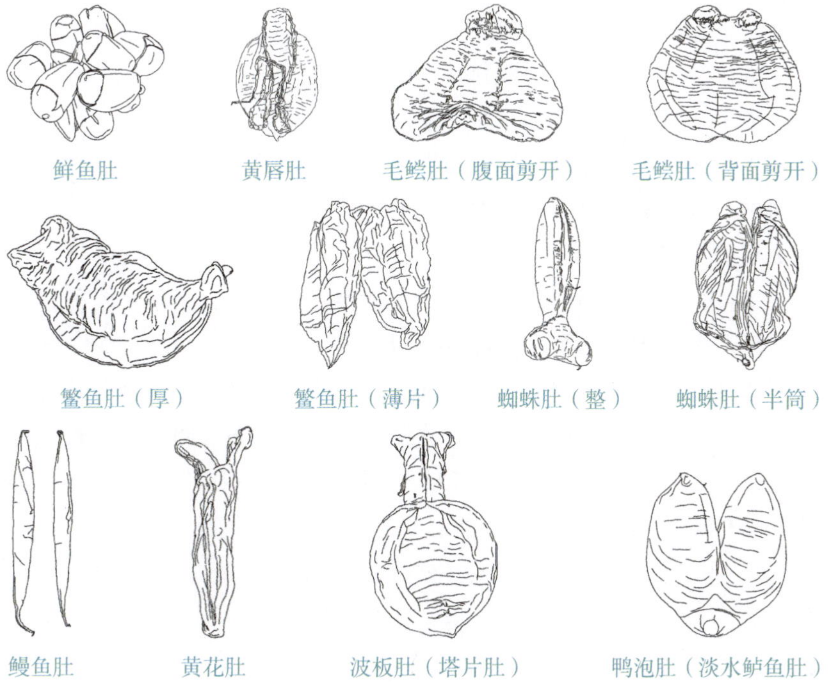

图7-9　各种鱼肚示意图（潘英俊．海味制作图解2）

如按鱼肚的加工方法和外形大小来分，有广肚、扎肚、花胶筒、花心胶、吊片、搭片、带胶等。广肚是一个概称，只要体形较大者，都被称作“广肚”，可分为“广肚公”和“广肚乸”，广肚公以质地结实、厚身、干淡、呈金黄色的为佳，如呈半透明状的则为上品，烹调后结实弹牙，品质优于广肚乸。体形较小而薄的称为吊片。扎肚指鳗鱼肚，也分雌雄，肚母厚实，卖相好，熟后易成糯米粉状并粘牙；肚公则薄身肉爽，煮起来不易溶。搭片是数片鲜鳔黏搭而成的、体厚片大、但不十分透明的鱼肚。带胶是加工成带形的鱼肚，又名长肚。波板肚俗称压肚，是由多块较低价鱼肚或雌性肚加工而成，外形看去很美观，号称“鳘肚”，其实并非是真的鳘鱼鱼鳔，波板肚浸发后会自然分离，受热后一般会“泻身”。花胶筒即“鸭泡肚”，因未剖开、形似圆筒形而得名，价钱适中，多用来煲汤。花心鱼肚即内囊未能干透的鱼肚，不宜食用。我国地理标志产品的鱼肚是湖北的笔架鱼肚，见图7-10。

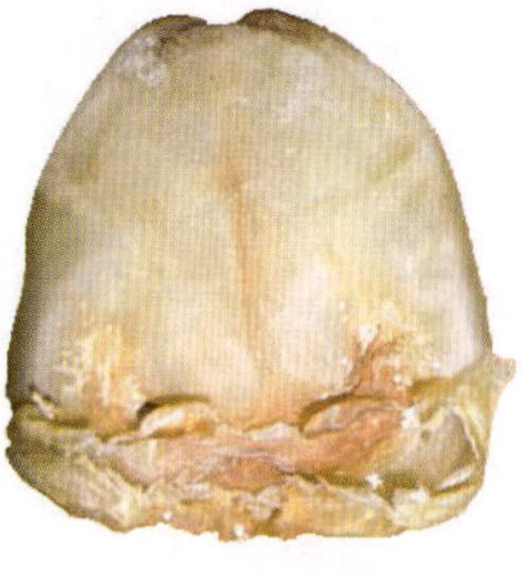

图7-10　笔架鱼肚

烹饪应用　干鱼肚烹制前需涨发，可采用水发、油发等方法。一般肚形大而厚实或当补品吃的以水发为好，肚形小而薄或作菜肴者宜油发，因水发易致软烂，下锅后容易糊化，油发的鱼肚，密布大小不等的细气泡，呈海绵状体，烹制成菜后可饱吸鲜美汤汁，滋味醇美浓郁，口感膨松舒适，此是其特色。烹制时宜用扒、烧、炖、烩等烹调法，宜多带汤汁，以白扒、白烩为多见，因其自身无显味，如单用鱼肚一料成菜，必须用上汤调制，或先以上汤给鱼肚赋味后再用以成菜。如加配料，宜与鲜味浓郁的虾、蟹、鸡、鸭、火腿、干贝、鲍鱼、猪肘等配用，否则会因乏味而失败。鱼肚可制菜式很多，如鸡油扒广肚、蟹黄鱼肚、清汤八宝鱼肚等。作滋补品食用时，可将干鱼肚切成小块，加黄酒、冰糖隔水炖食。

营养价值　鱼肚是一种高蛋白、低脂肪，且含有较丰富矿物质的食材资源。干品蛋白质含量占76.28%～87.7%，优势氨基酸有甘氨酸、丙氨酸、谷氨酸、脯氨酸、精氨酸和天冬氨酸六种，甘氨酸的含量最高。优势氨基酸的作用特点和丰富的蛋白质含量，为鱼鳔具有滋阴养血、止血补血和补肾益精等功能提供了一定的基础。脂肪0.17%～4.34%，灰分的含量0.25%～0.99%，脂肪及灰分均较低。

品质检验　鱼肚的品质可通过量、照、看、闻来鉴别。①量：将鱼肚放在手掌上，可判定鱼肚的大小；用手指捏鱼肚边缘，可判定鱼肚的厚薄。②照：将鱼肚放在灯光下，观察鱼肚的通透情况，如果折光率不高，说明鱼肚干燥度低，不宜选购；如果有白点或白块，则是花心鱼肚，更不宜选购。③看：观察鱼肚的纹路，如果纹路清晰、粗犷，为雄鱼鱼鳔所晒干的鱼肚，行中称为“肚公”，优先选择，烹饪时不易溶化；如果纹路朦胧、幼嫩，是雌鱼鱼鳔所晒干的鱼肚，行中称为“肚乸”，次等选择，烹饪时容易溶化。留意鱼肚的色泽，大多鱼肚的色泽是自然的淡白色至金黄色（陈放后会偏向棕色），太过亮丽则是不正常，有可能被硫黄熏制过。④闻：正常的鱼肚气味清淡，如果有腥味及其他杂味都是不正常，不宜选购。

（二）鱼子酱

鱼子是指雌鱼未受精的卵，鱼子酱则是由鱼子经搓制、水洗、拌盐、排气、密封等工序加工制成的产品。所有来自水中的食物，就数鱼卵最昂贵也最奢华。用鲟鱼子加工的鱼子酱，等于动物界里的松露，风味卓著，但因野生来源遭人类入侵，已变得越发稀有。现代的鲟鱼养殖场已能生产优质的鱼子酱，也有以其他鱼卵制成的鱼子酱，提供给人们另一种价格较低廉的选择。

种类特征　鱼卵与鸡蛋一样，内层的蛋黄被富含蛋白质的液体所包围，并含有脂肪，包括脂溶性类胡萝卜素与活的卵细胞。鱼子酱选用的鱼种有鲑、鲟、鳇、鲱、鳕及金枪鱼等，鲱鱼卵、鲻鱼（台湾称乌鱼）卵等多加工成干制品，见图7-11。

鲑鱼子（鲜红）　咸鲱鱼子（黄色）　鲟鱼子（黑色）　乌鱼子（红褐色）

图7-11　各种鱼子

鲑鱼子：用鲑科鱼类（大麻哈鱼、虹鳟、哲罗鱼和细鳞鱼等）鱼卵的加工品。鲑鱼卵较鱼肉更为名贵，卵粒比一般鱼卵大，形似赤豆，色泽鲜红，呈半透明状，故又称“红鱼子”。我国黑龙江抚远市是“大马哈鱼之乡”，所产的鲟鱼子、鳇鱼子、大麻（马）哈鱼子是中国地理标志保护产品。

鲟鱼子：用鲟科鱼类鱼卵或鳇鱼卵加工的盐渍品，呈颗粒状，形似黑豆，包裹一层衣膜，外附着一薄层黏液，呈半透明状，黑褐色，故又有“黑黄金”之称，以产自里海（欧亚两洲的分界湖）的大白鲟（Beluga）的卵制成鱼子酱品质最高。

鲱鱼子：鲱鱼鱼卵的盐渍品或干制品，体形较小，颜色泛黄，故俗称“青鱼子”。具有坚韧的齿感和沙粒样舌感的特殊风味，是日本人喜爱的食品。早期大多加工成干制品保藏，近年来利用冰箱保藏条件和鱼卵易脱盐回复的特点，加工或盐渍鲱鱼子。

乌鱼子：雌鲻鱼卵巢经水洗、挤血、盐渍、脱盐、整形、干燥所制成的食品，为台湾地区名产之一。优质的乌鱼子颜色均匀、对称，卵粒大小厚薄一致，外观干净无残肉，色泽透明，软硬干湿适中，乌鱼子含高量的蜡酯是造成乌鱼子吃起来有特殊嚼感的主因。乌鱼子最高等级为外观呈深褐色，油脂成分接近100%，香气十足，产量也最稀少；其次为红褐色，油脂成分80%，香气高；第三为橘红色，油脂成分60%，香气略低；第四为橘黄色，油脂成分50%，香气最低。

烹饪应用　鱼子由许多几乎各自独立、不相连的卵所构成，存在于稀薄的蛋白质溶液中，并封在一个薄而脆弱的膜里。可先将鱼子稍微水煮，使蛋白质凝集，并让质地较为结实黏稠，则后续会比较容易处理。鱼卵制品一般可用来生拌、烹炒、调汤、做鱼子酱，涂夹于面包片、馒头片佐食。值得注意的是，鱼子酱切忌与气味浓重的辅料（如洋葱或者柠檬）搭配食用，也不能使用银质的餐具，否则会破坏鱼子酱的风味。台湾的乌鱼子蜡质含量高，人体不易消化，摄食过量易造成拉肚子，且盐分高，心血管疾病、糖尿病及肾脏病患者应酌量食用。

营养价值　鱼卵营养丰富，蛋白质、磷脂、维生素等含量很高，单一条鲑鱼就有多达2万颗卵，鲟鱼、鲤鱼或鲥鱼等则有几百万颗。因为一个细胞要发育成一条小鱼所需的所有营养素，鱼卵里全有，因此鱼卵的营养成分比鱼肉更浓缩，含有更高的脂肪（鲟鱼与鲑鱼的鱼子酱，脂肪含量约10%~20%）以及大量的美味氨基酸与核酸。它们往往含有非常漂亮的色素，有时是亮粉红色或黄色的类胡萝卜素，有时是具有伪装效果的深棕色黑色素。

以新鲜金枪鱼鱼卵为例，营养成分测定结果表明，鱼卵中多不饱和脂肪酸含量为37.16%，EPA和DHA含量分别为10.45%、23.34%，可作为优质的不饱和脂肪酸来源；总氨基酸含量、必需氨基酸的含量分别为20.32%、8.16%，符合FAO/WHO关于优质蛋白质源的标准，是一种优质的蛋白资源；还富含人体所需的Fe、Cu、Zn等矿物质元素，对身体矿物质元素的补充有重要作用。

品质检验　以鳇属、鲟属等鲟科鱼类的鱼子为原料制作的鲟鱼子酱可依据“鲟鱼子酱”（SC/T 3905—2011）或参考“鲟鱼子酱”（T/ZZB 0562—2018）鉴别。

第三节　甲壳类

甲壳类动物属于节肢动物门，而节肢动物门是动物界中种类最多、数量最大、分布最广的一类。甲壳类动物因身体外披“盔甲”而得名，虾蟹类是甲壳类中经济价值较高的一个类群，广泛分布于海洋和淡水中，虾和蟹的身体上都包裹着一层甲壳，称为外骨骼，虾的甲壳软而韧，蟹的甲壳坚而脆。它们一生中要蜕壳多次，否则会限制其身体的继续生长。虾的内脏少、肌肉多；蟹则相反，腹腔内容物多，肌肉少。虾蟹类由于肉味鲜美，又含有较高的营养价值，是人们十分喜爱的高档水产品。

一、虾类

虾类是甲壳动物十足目中体形延长、腹部发达、能作游泳或爬行活动的种类的统称。全世界的虾类约2000种，有经济价值的种类近400种。中国虾类栖息于南海的有200多种，东海有100多种，黄海和渤海有近60种，产量最大的是毛虾，其次是对虾。此外，黄海、渤海产的脊尾白虾和鹰爪虾，南海产的新对虾、仿对虾和龙虾都是重要经济种类。淡水虾的种类较少，有长臂虾科的青虾、罗氏沼虾（半淡水）、白虾、小龙虾等。

我国淡水虾养殖品种主要为小龙虾、南美白对虾、罗氏沼虾和青虾；海水虾养殖品种主要包括南美白对虾、斑节对虾、中国对虾、日本对虾。2018年我国淡水虾总产量264万吨，其中克氏原螯虾总产量164万吨，占比62%；海水虾总产量约130万吨，其中南美白对虾总产量约112万吨，占比86%。

（一）小龙虾

小龙虾属甲壳纲、十足目、蝲蛄科、螯虾属虾类，最常见的是克氏原螯虾（*Procambarus clarkii*），体似龙虾而小，故被称为小龙虾。真正的龙虾（Lobster）是龙虾科、龙螯虾科、多螯虾科和蝉虾科四科甲壳动物的统称。

欧美国家是淡水小龙虾的主要消费国，法国菜中，经常有以小龙虾作原料的菜肴。瑞典更是小龙虾的狂热消费国，每年举行为期三周的螯虾节。小龙虾是江苏重要出口水产品之一，占全国出口总量约90%。

分布特征　克氏原螯虾原产北美洲，是美国淡水虾类养殖的重要品种，1918年从美国引进日本，1929年从日本传入我国江苏，现主要分布在江苏、湖北、江西、安徽等长江中下游地区的江、河、湖泊等水体中，成为我国淡水虾类中的重要资源。小龙虾体色红亮，甲壳很厚，体躯粗壮，头胸部很大呈卵圆形，颈沟很深，第一对螯足最发达，形似蟹螯，见图7-12。具有食性杂、繁殖力强、适应范围广、对环境条件要求低、生长快、抗病力强、成活率高等特点，通常打洞穴居于田畦和堤岸间，对农田水利有害。每年6～8月份，是捕捞和食用的最佳时机。近年在北京、南京、上海、苏州、无锡等城市大受欢迎，年消耗量在2～3万吨，常处于供不应求的状态。

我国地理标志产品的小龙虾有江苏盱眙龙虾、盐城龙虾；安徽全椒龙虾、合肥龙虾；山东微山湖龙虾、高青小龙虾；湖北闸口小龙虾等。其中，盱眙龙虾从最初的“捕捞+餐饮”模式发展成为集科研、养殖、加工、餐饮、冷链物流、节庆、旅游等为一体的完整产业链，

2018年盱眙龙虾产业经济总产值近140亿元。

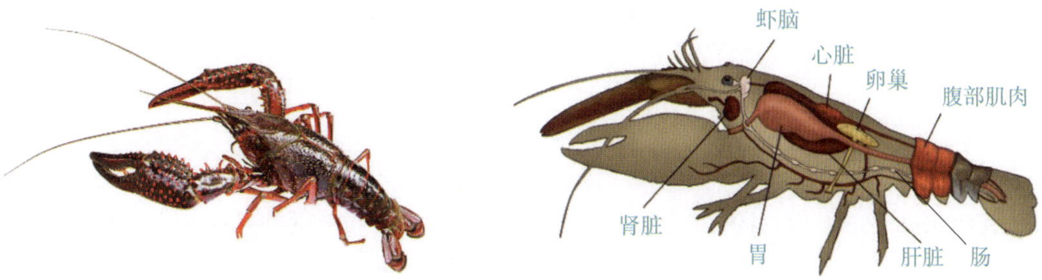

图7-12　淡水小龙虾及解剖图

烹饪应用　小龙虾可食部分较少，但肉质细腻味美，价格便宜，多用于家常菜品。一般多带壳烧、煮、卤制，剥壳食用。也可剥取虾仁，以其肉烹制成菜，肉质较河虾仁为老。还可剁成蓉泥后再次成形烹制成菜。盱眙县特有的菜肴“十三香龙虾”采用独特的十三香龙虾调料加工，味道独特，具有麻、辣、鲜、香的特点，余香不绝，回味无穷，屡食不厌，因而有相当强的市场占有率，深受广大食客的青睐。

营养价值　据科研人员对盱眙龙虾肌肉中营养成分的测定，其粗蛋白含量为17.7%、粗脂肪含量为0.1%、水分含量为80.0%、灰分含量为1.2%；氨基酸总量为15.3%，必需氨基酸占氨基酸总量的39.5%，蛋氨酸是第一限制氨基酸；脂肪中的不饱和脂肪酸含量为70.2%，脂肪酸中多不饱和脂肪酸与单不饱和脂肪酸分别为 40.0%和30.2%；微量元素锌、碘、硒等的比例合理。

品质鉴别　小龙虾的等级及品质可依据“淡水小龙虾购销规范”（SB/T 10876—2012）进行鉴别，小龙虾冻制品有生制品（冻生去头螯虾、冻生螯虾仁）和熟制品（冻煮螯虾、冻煮螯虾仁），其品质可依据“冻螯虾”（SC/T 3114—2017）鉴别。

安全控制　小龙虾初加工时，要去掉附足及鳃等不干净的器官，在摘除中间一片尾叶时，要把相连在腹内的线肠也抽出来。螯虾常寄生肺吸虫囊蚴，所以制作任何螯虾菜肴都必须煮熟烧透，防止人感染肺吸虫病。

（二）对虾

对虾（Penaeus shrimps）是十足目对虾科对虾属（*Penaeus*）的概称，海产虾类中产量大、经济价值高的类群。“对虾”名称并不是因雌、雄虾相伴而得名，而是因为中国北方市场上，人们常以“一对”作为出售单位而流传下来。

种类特征　中国对虾约20余种，常见者有中国对虾、日本对虾、斑节对虾、南美白对虾等，见图7-13。

图7-13　对虾

①中国对虾（P. *chinensis*）主要产于黄海、渤海，是我国北部沿海特产之一，个体较大，体形侧扁，甲壳薄，光滑透明，所以又称之为明虾，全身由20节组成，偏棕黄色对虾为雄性对虾，俗称“黄虾”；偏青蓝色对虾为雌性对虾，俗称“青虾”。

②日本对虾（P. *japonicus*）俗称虎虾、花虾、竹节虾、花尾虾等，体表具鲜艳的横斑纹，尾尖为鲜蓝色，甲壳较厚，额角略呈弯弓形，为重要的养殖品种。

③斑节对虾（P. *monodon*）俗称草虾、鬼虾、黑虎虾、牛形对虾等，为对虾属中最大的一种，整体暗绿色，其虾青素的含量较普通虾大约高20%，为当前世界上养殖最普遍的品种，肉味鲜美，耐活力强，具备出售鲜活虾的条件，经济价值高，但虾壳较厚，可食用比例较低。

④南美白对虾（P. *vannamei*）又称凡纳滨对虾，甲壳较薄，虾体通透，正常体色为浅青灰色，全身不具斑纹，步足常是深白色，所以又叫白脚虾。由于适盐范围广（盐度0～40%），可采取淡水、半咸水、海水等多种养殖模式，是“海虾淡养”的优良品种，现已成为我国养殖面积第一的对虾养殖品种，年产量占到全国对虾总产量的80%以上。

我国地理标志产品的对虾有山东昌邑大对虾、滨州对虾、莱州对虾、文登对虾；浙江舟山竹节虾、萧山白对虾；辽宁营口对虾、天津大黄堡虾、福州福清白对虾等。

烹饪应用　对虾肉质细嫩而洁白，滋味鲜美，列为海产“八珍”之一。因其熟后通体橙红，弓腰长须，被日本人视为长寿吉祥之物，是佳节盛宴的必备美肴，在国内也是烹调许多高级名菜的主料。烹制方法有蒸煮、油爆、面拖、干烧等，可带壳，也可去壳；可整形，可开片，也可分头、身、尾等部位分别入烹。如红焖大虾、干烧明虾、熘虾段、琵琶大虾、炒虾仁等。对虾的干制品称“大金钩”，鹰爪虾的干制品称“金钩”或“海米”，均为上乘的海味品。

营养价值　根据科研人员对渔盐一体化养殖的中国对虾测定，中国对虾是一种高蛋白、低脂肪、高矿物质、营养价值较高的优质海产虾类，其蛋白质含量高达17.60%，氨基酸种类齐全，必需氨基酸占氨基酸总量的39.03%，符合FAO/WHO的理想模式，是一种营养均衡的优质蛋白；呈味氨基酸含量高达43.73%，其中，谷氨酸和呈味氨基酸总量较高，使其呈现海产品的鲜美风味，赖氨酸的含量超过氨基酸标准模式的1.30倍；脂肪含量低，ω-3脂肪酸占总脂肪酸的比例高达53.85%；维生素B_3和维生素E含量丰富；富含人体必需的钙、铁、锌、镁、硒等矿质元素，比值合理，对于促进人体生长发育和智力发育，维持机体正常生理代谢均有积极作用。

品质检验　对虾的品质可依据“GB/T 19782—2005 中国对虾”“GB/T 26621—2011 日本对虾”“GB/T 26619—2011 斑节对虾”“SC 2055—2006 凡纳滨对虾”“SC/T 3220—2016 干制对虾”等标准进行鉴别。

特别提示

基围虾是什么虾?

市场上有一种“基围虾”，常被误认为虾之一种。“基围”乃海边所挖的塘，可以按海潮涨落而引进与排出海水。在虾苗多时，随引潮而引入虾苗。养育成长后，开闸放水，闸口布网捕取的虾即称“基围虾”。其虾种，因引入之虾苗而定，并非仅某一种。传统的基围虾仅指近缘新对虾和刀额新对虾。现在也包括以这种方式养殖的中国对虾、长毛对虾和墨吉对虾。

（三）其他虾类及制品

其他经济海水虾及淡水虾名称、分类，见表7-3。虾类制品有虾皮、虾米、虾干、虾酱（称对虾头酱）、虾丸（虾饼）等，见图7-14。

表 7-3 经济虾类名称及分类

	生物名	俗名	学名	十足目分类
海水虾	墨吉对虾	大明虾、凤尾虾	*Penaeus merguiensis*	对虾科、对虾属
	短沟对虾	黑节虾、花虾、花脚虾	*Penaeus semisulcatus*	对虾科、对虾属
	刀额新对虾	基围虾、泥虾、麻虾	*Metapenaeus ensis*	对虾科、新对虾属
	近缘新对虾	麻虾、虎虾、基围虾	*Metapenaeus affinis*	对虾科、新对虾属
	中国毛虾	虾皮、红毛虾、小白虾	*Acetes chinensis*	樱虾科、毛虾属
	脊尾白虾	白虾、白米虾	*Exopalaemon carinicauda*	长臂虾科、白虾属
	鹰爪虾	鸡爪虾、厚壳虾、沙虾	*Trachypenaeus curvirostris*	对虾科、鹰爪虾属
	哈氏仿对虾	剑虾、硬枪虾、硬壳虾	*Parapenaeopsis hardwickil*	对虾科、仿对虾属
	中国龙虾	青龙、龙虾	*Panulirus stimpsoni*	龙虾科、龙虾属
	波纹龙虾	小青龙、龙虾	*Panulirus homarus*	龙虾科、龙虾属
	锦绣龙虾	花龙、彩龙	*Panulirus ornatus*	龙虾科、龙虾属
	东方扁虾	琵琶虾	*Thenus orientalis*	蝉虾科、扁虾属
	口虾蛄	皮皮虾、濑尿虾、爬虾	*Oratosquilla oratoria*	虾蛄科、口虾蛄属
淡水虾	日本沼虾	青虾、河虾	*Macrobrachium nipponense*	长臂虾科、沼虾属
	罗氏沼虾	罗氏虾、白脚虾	*Macrobrachium rosenbergii*	长臂虾科、沼虾属
	秀丽白虾	秀丽长臂虾、太湖白虾	*Leander modestus*	长臂虾科、白虾属

虾皮　虾米　虾干　虾酱

图7-14 虾类制品

中国地理标志产品的青虾有江苏建湖青虾、溧阳社渚青虾、盐城北龙港青虾、高邮湖青虾、宝应广洋湖青虾、白马湖青虾、洪泽湖青虾；山东微山湖青虾、东平湖大青虾；湖北黄梅青虾、丹江口青虾；安徽陶辛青虾等。其他虾及制品有舟山红虾、巢湖白虾、赣榆白虾、官浔淡水虾、锦州毛虾、大连虾片、沾化虾皮、昌邑虾皮、瓦房店虾皮、日照虾皮、赣榆虾皮、旅顺海虾米、羊口虾酱等。

二、蟹类

蟹类是甲壳动物十足目爬行亚目短尾族和歪尾族的通称。世界蟹类约有4700多种，中国约有800多种，以海蟹为多，中国的经济食用蟹主要有各种海产梭子蟹和淡水中华绒螯蟹。

（一）梭子蟹

梭子蟹古称蝤蛑，因头胸甲呈梭子形，故名梭子，包括梭子蟹科约35个属共计300余种，我国大约有60种，是我国沿海大型的海洋经济蟹类，在海洋渔业中占有重要的经济地位。在我国沿海主要分布于台湾海峡以北的南海、东海、黄海和渤海，其中东海分布最多，其次是南海，黄海和渤海最少。

种类特征　我国是梭子蟹的捕捞大国，具有较高的经济价值的海洋捕捞蟹有三疣梭子蟹（*Portunus trituberculatus*）、红星梭子蟹（*Portunus sanguinolentus*）、远海梭子蟹（*Portunus pelaicus*）（见图7-15）、日本蟳（*Charybdis japonica*）、双斑蟳（*Charybdis bimaculata*）、细点圆趾蟹（*Ovalipes punctatus*）、锈斑蟳（*Charybdis feriatus*）等，其中三疣梭子蟹已经成为中国沿海地区重要的养殖品种。

图7-15　三种经济梭子蟹

①三疣梭子蟹：俗称枪蟹、海蟹，个体大，通常体宽近200mm，重约400g，背面呈茶绿色，螯足及游泳足呈蓝色，腹部为灰白色。头胸甲呈菱形，雄性腹部呈三角形，雌性腹部呈圆形，背面有3个疣状突起，故称三疣梭子蟹，中国南北沿海均产，为中国最重要的海产蟹，分布最广，产量最大。

②红星梭子蟹：俗称红星蟹，头胸甲光滑，后半部具3个并列的紫红色圆斑，故又称三眼蟹或三点蟹，一般体宽110～130mm，体重100～130g。福建以南各省均产。

③远海梭子蟹：俗称花蟹，雄性深紫蓝色，雌性茶绿色，均带有不规则的浅蓝色及白色斑纹，一般体宽135～165mm，体重200～350g，产于台湾海峡和浙江、广东、广西沿海。

我国地理标志产品的梭子蟹有舟山三疣梭子蟹、象山梭子蟹；山东莱州梭子蟹、昌邑梭子蟹、寿光羊口咸蟹子；赣榆梭子蟹；河北黄骅梭子蟹；辽宁东港梭子蟹等。

烹饪应用　食用三疣梭子蟹一定要分季节，谷雨前后蟹体最丰满，虽然秋季也可食用，但不肥满，每年11月份至翌年2月份，雌蟹性腺发达，橘红色的卵巢已扩展到胸部两侧，正是“肉肥膏满”的冬季捕捞季节，至霜降个个都脂膏盈甲，壳满肉肥，当地谓之“顶盖肥”，是一年中又一食蟹的最佳时节。越冬前雄蟹特别丰满肥大，有“谷茬公蟹”之说。雄蟹脐尖而光滑，螯长大，壳面带青色，未成熟雄蟹称“查脐子”；雌蟹脐圆有绒毛，壳面呈赭色，或有斑点（见图7-16），以雌蟹为好。清明时节的怀卵大蟹又叫“石榴黄”，味道最为鲜美。

雄蟹尖脐　　雌蟹圆脐

图7-16　梭子蟹的雄蟹与雌蟹

梭子蟹肉色洁白，肉多，肉质细嫩，膏似凝脂，味道鲜美。尤其是两钳状螯足之肉，呈丝状而带甜味，蟹黄色艳味香，食之别有风味，因而久负盛名，居海鲜之首。梭子蟹洗刷干净后即可供用，烹调加工多取蒸、煮、炒、炖等，或出肉制成蟹粉供用。蒸法多用于手剥，可做酒菜，调以姜醋。蟹粉则可制成多种菜式。菜肴有炒海蟹、红烧梭子蟹、炸瓤海蟹盖、芙蓉蛸蚌、双味蛸蚌、韭菜炒蟹肉、梭子蟹肉蒸蛋、蟹肉豆腐羹等。梭子蟹肉又可用于做馅料，制成包子、饺子、春卷、馄饨之类，或做瓤料制作各种瓤式菜品。梭子蟹又可制风蟹：洗净蒸熟，以绳系吊于阴凉通风处晾干，供需时食用，也可出肉后制成“蟹肉干”应用。蟹卵即蟹黄，可直接鲜食，如用于蒸鸡蛋，或制成其他菜式，又可捣制成“蟹酱”或干制成“蟹籽”，用作调味料。

营养价值　梭子蟹每100g食部占49%，水分77.5g、蛋白质15.9g、脂肪3.1g、碳水化合物0.9g、胆固醇142mg、灰分2.6g，还有维生素A、维生素E、硒、钙、磷、钾、铁、锌等，其中，硒含量在虾蟹类中是最高的。梭子蟹经常食用能改善内分泌，增强新陈代谢，降血压、血脂、血糖，抗肿瘤，凋节和提高人的记忆力，促进生长发育，对于治疗更年期体内激素平衡和改善心悸、失眠、头晕、心情烦躁等有一定辅助功效。

品质检验　三疣梭子蟹的种质可依据“三疣梭子蟹”（GB/T 20556—2006）鉴定；鲜活三疣梭子蟹的品质可参照“出口活梭子蟹检验规程”（SN/T 0388—1995）鉴定；三疣梭子蟹的冷冻产品可依据“冻梭子蟹”（SC/T 3112—2017）标准鉴定，其他梭子蟹及制品的品质可参照鉴定。

（二）河蟹

河蟹即中华绒螯蟹（*Eriocheir sinensis*），又称湖蟹、螃蟹、大闸蟹、毛蟹，属甲壳纲、十足目、方蟹科、绒螯蟹属。我国著名的淡水经济蟹，也是重要的出口创汇水产品。驰名中外的阳澄湖“清水大闸蟹”，每年有数百吨销往港澳地区。现中华绒螯蟹的人工养殖业蓬勃发展，前景十分广阔。

种类特征　绒螯蟹属有4个种：中华绒螯蟹、日本绒螯蟹、直额绒螯蟹和狭额绒螯蟹，仅中华绒螯蟹个大肉多，经济价值高。中华绒螯蟹原产中国东部，分布较广，北起辽河口，南至闽江口均有，以长江流域产量最大。有生殖洄游的习性，秋季性成熟的蟹自内陆水域向大海迁移，在咸淡水交界处交配、产卵。卵于翌年春末夏初孵化，发育成大眼幼体（蟹苗）后即溯江河而上，进入内陆水域生长育肥。中华绒螯蟹头胸部背面覆一背甲，俗称“蟹斗”，一般呈黄色或墨绿色，腹部为灰白色。第一对螯足称蟹钳，成熟的雄性蟹螯足壮大，掌部绒毛浓密，由此得名。成熟雌蟹的螯足略小，绒毛亦较稀，是分辨中华绒螯蟹雌、雄较直观的特征，另雄蟹的腹部为三角形，称“尖脐”；雌蟹的腹部为圆形，称“圆脐”，见图7–22。中华绒螯蟹的足关节只能上下而不能前后移动，所以横向爬行，体重一般为100～200g。由于所产水域不同，有湖蟹（清水蟹）、江蟹（浑水蟹）、河蟹、溪蟹、沟蟹、坑蟹之分，近代名医家施今墨嗜食蟹，将蟹的品质分为六等：湖蟹为一等；江蟹为二等；河蟹为三等；溪蟹为四等；沟蟹为五等；六等是海蟹。

我国地理标志产品的河蟹有江苏阳澄湖大闸蟹、洪泽湖大闸蟹、固城湖螃蟹、兴化大闸蟹、常州黄天荡清水蟹、马家荡大青蟹；辽宁盘锦河蟹、河北曹妃甸湿地蟹、胜芳蟹；安徽沱湖螃蟹、女山湖大闸蟹、黄陂湖大闸蟹；山东黄河口大闸蟹、微山湖大闸蟹；天津七里海河蟹、湖南大通湖大闸蟹、江西军山湖大闸蟹、上海崇明老毛蟹等。

烹饪应用　农历九、十月间（生殖洄游季节）正是中华绒螯蟹黄满膏肥之际，民间流传“九月圆脐十月尖”的说法，道出了食用的最佳时节。以蟹入馔，带壳整蟹最宜清蒸，洗刷洁净的活蟹以草绳捆牢，旺火蒸熟后佐以姜、醋剥食。熟蟹剥壳取出蟹肉、蟹黄或蟹膏（蟹肉和蟹黄合称蟹粉），经烹调入味后，如瓤入蟹壳上桌，谓“蟹斗菜”；单取成熟的蟹肉、蟹黄、蟹膏为料，更可烹制多种菜肴和点心，如炒蟹粉、葫芦虾蟹、蟹粉狮子头、蟹黄鱼肚、蟹炒面、蟹黄汤包等；还可熬制蟹油充当调味料，可供制蟹油豆腐、蟹油菜心等。筵席蟹馔必须后上，否则易夺其后菜品之味。

营养价值　中华绒螯蟹可食部分约占体重的1/3，含有蛋白质、脂肪、钙、磷、胡萝卜素、硫胺素、核黄素等，都高于一般水产品，且肉质鲜美超于一切荤食。据日本学者研究报道，蟹肉强烈的鲜味来自10余种游离氨基酸和钠离子、氯离子等组成。中医认为河蟹具有舒筋益气、理胃消食、通经络、散诸热、散瘀血之功效，对于损伤、腰腿酸痛和风湿性关节炎等疾病有一定的辅助疗效。但蟹肉性寒，不宜多食，脾胃虚寒者尤应注意。

安全控制　大多数淡水蟹是肺吸虫主要的第二中间宿主，因此在加工品尝河蟹的美味时，要注意洗净、煮透，不吃死蟹、生蟹，不吃蟹胃、肠、鳃、心脏（见图7–17）。吃时必蘸姜末醋汁来祛寒杀菌。

品质检验　河蟹的种质可依据“中华绒螯蟹”（GB/T 19783—2005）鉴定。不同产地河蟹的品质可依据相应的标准鉴别，如阳澄湖大闸蟹（GB/T 19957）、兴化大闸蟹（DB32/T 2953—2016）、沱湖螃蟹（DB34/T 719）、黄河口大闸蟹（DB37/T 1220）、固城湖大闸蟹（DB3201/T 006）、女山湖大闸蟹（DB34/T 2282）、黄陂湖大闸蟹（DB34/T 1836）、七里海河蟹（DB12/T 430）、洪泽湖大闸蟹（DB3208/T 115）等。

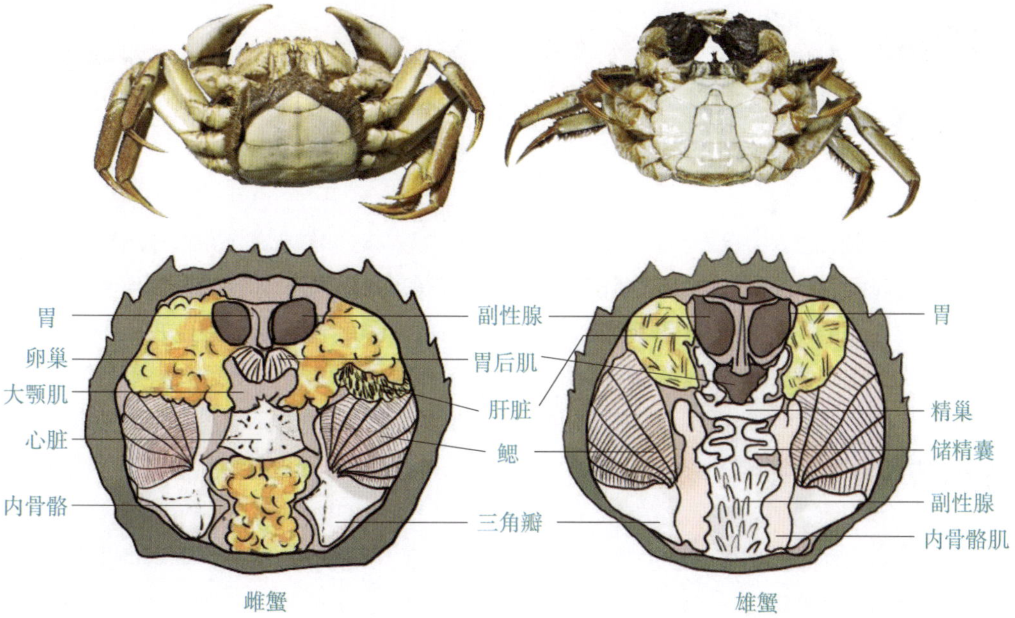

图7-17 中华绒螯蟹雌蟹与雄蟹及内脏结构示意图

（三）其他蟹类及制品

其他经济蟹类名称、分类，见表7-4。蟹类制品有醉蟹、蟹粉油、蟹肉干、蟹糊等，见图7-18。

表 7-4 经济蟹类名称及分类

生物名	俗名	学名	十足目分类
锯缘青蟹	青蟹、黄甲蟹、蟳蝉、蟳	*Scylla serrata*	梭子蟹科、青蟹属
蓝蟹	青蟹、美味优游蟹	*Callinectes sapidus*	梭子蟹科、美青蟹属
红眼雪蟹	皮匠蟹、皇后蟹	*Chionoecetes bairdi*	蜘蛛蟹科、魁蟹属
堪察加拟石蟹	帝王蟹、阿拉斯加帝王蟹	*Paralithodes camtschaticus*	石蟹科、拟石蟹属
巨大拟滨蟹	皇帝蟹、澳洲皇帝蟹	*Pseudocarcinus gigas*	扇蟹科、拟滨蟹属
日本蟳	石蟹、赤甲红、石蟳仔	*Charybdis japonica*	梭子蟹科、蟳属
锈斑蟳	花蟹、红蟹、斑纹蟳	*Charybdis feriatus*	梭子蟹科、蟳属
卷折馒头蟹	馒头蟹、虎斑蟹	*Calappa lophos*	馒头蟹科、馒头蟹属
中华虎头蟹	老虎蟹、鬼头蟹、馒头蟹	*Orithyia sinica*	虎头蟹科、虎头蟹属
旭蟹	蛙蟹、虾蛄头	*Ranina ranina*	蛙蟹科、蛙蟹属
首长黄道蟹	珍宝蟹、邓杰内斯蟹	*Cancer magister*	黄道蟹科、黄道蟹属
伊氏毛甲蟹	北海道毛蟹、红毛蟹	*Erimacrus isenbeckii*	近圆蟹科、毛甲蟹属

生醉蟹　熟醉蟹　蟹粉油　蟹糊　蟹肉干

图7-18　虾类制品

我国地理标志产品的其他蟹有浙江三门青蟹、广东台山青蟹、海南和乐蟹（青蟹）等。

第四节　软体类

软体类动物种类仅次于节肢动物，为动物界中的第二大门。作为烹饪原料的主要是双壳纲、腹足纲和头足纲动物。

一、双壳类

双壳类动物身体侧扁，有两枚贝壳，鳃呈瓣状，所以也称瓣鳃纲，包括蚶科、扇贝科、贻贝科、珍珠贝科、牡蛎科、蛤蜊科、帘蛤、蚌科、竹蛏等，约有2万种，其中10%为淡水种类，有些种的数量极大，肉质鲜美，是海洋捕捞和浅海养殖的对象，如牡蛎、泥蚶、缢蛏、蛤仔被誉为中国传统的四大养殖贝类。

当海洋局部条件适合浮游藻生长而超过正常数量时，海水被称为“赤潮”，在这种环境中生长的贝壳类生物，摄入有毒藻类并有效地浓缩了其所含的神经毒素，食后引起中毒，对麻痹性中毒目前尚无有效的解毒剂。我国不断发现因误食有毒贝类导致的中毒事件。所以要注意食用的安全性。

（一）牡蛎

牡蛎科（*Ostridae*）贝类的通称，广东俗称“蚝”、北方俗称“海蛎子”。世界各地沿海均产，是世界第一大养殖贝类，是人类可利用的重要海洋生物资源之一，除极地和寒带外，为全球性分布种类。2018年中国牡蛎海水养殖产量514万吨，福建牡蛎养殖历史悠久，是中国最大的牡蛎养殖区。

种类特征　世界范围内的牡蛎品种有100种左右，我国沿海牡蛎有20多种，主要的经济种类有五种：巨蛎属（*Crassostrea*）的近江牡蛎（*C. ariakensis*）、褶牡蛎（*Alectryonella plicatula*）、太平洋牡蛎（长牡蛎）（*C. gigas*）、大连湾牡蛎（*C. talienwhanensis*）和牡蛎属的密鳞牡蛎（*Ostrea denselamellosa*），见图7-19，牡蛎已成为我国贝类养殖面积最大的品种。

牡蛎内部主要构造包括壳、闭壳肌、鳃和外套膜，除壳以外的部分构成了牡蛎的整个软体组织，是食用和加工的主要部位。浅水牡蛎肉色雪白，外形略带椭圆，俗称“白肉”，每年冬春两季（1～4月），浅水牡蛎尚未产卵（俗称泻膏），其肉饱满肥美，肝糖含量多，且其体内的甜菜碱（三甲胺乙内脂）含量增加，鲜美度大有提高，是最佳食用时期，又以农历

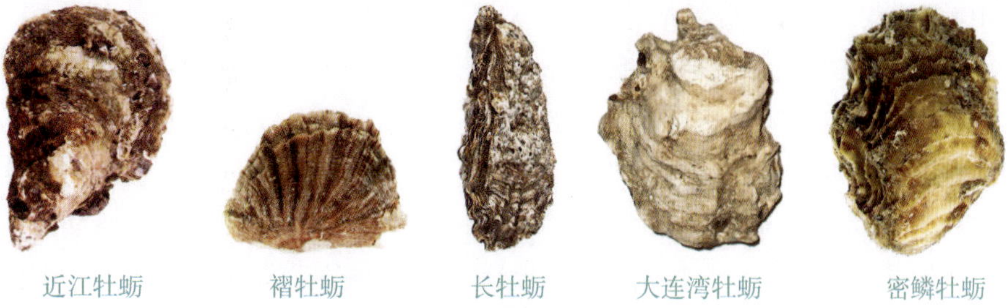

图7-19　我国经济种类牡蛎

正月间所产为最好，故民谚有“冬至到清明，蚝肉亮晶晶”“正月肥蚝甜白菜”之说。产卵以后，其肉水分增多，肉质瘦瘠，卖相不佳，食味也大减。深水牡蛎肉色微红，外形修长而扁，俗称“赤肉”，产卵在6月以后，故清明过后是食用佳期，有“寒食白肉，暑进赤肉”之谚。西方称牡蛎为“神赐魔食”，有“不带‘R’字母的月份（指5、6、7、8四个月），不吃牡蛎”之说，此仅指“白肉”品。

我国地理标志产品的牡蛎有福建莆田牡蛎、洛阳桥牡蛎；广东南澳牡蛎、程村蚝；山东文登蚝、乳山牡蛎；广西钦州大蚝、北海生蚝；辽宁庄河牡蛎等。

烹饪应用　牡蛎肉质细嫩肥润，因其所含游离谷氨酸多，故其鲜味较高，其汁尤为鲜爽。因其仅食硅藻类，肠胃较洁净，全体可食，无须摘拣。生食牡蛎为法国名菜之一，中国沿海一带常以盐将牡蛎肉稍腌后，拌、炝供食，山东胶东沿海民间则凿开一口，就壳连汁吮食。鲜牡蛎多数熟食，其肉冲洗干净后即可烹制。可作主配原料，以氽、炒、煎、烧、烤、熏、炸等多种方法成菜。可做冷菜、热菜、大菜、汤羹及火锅、馅料等。以之做汤，鲜美可口，色白如牛奶，故有“海底牛奶”之美称。名菜有清氽蛎子、炸蛎黄、炸芙蓉蚝、生炒明蚝、生煎牡蛎等。

牡蛎肉的干制品称牡蛎干或蚝豉，近似淡菜，但较枯瘦，呈金黄色而有光泽，主产于广东、福建。生牡蛎肉直接晒干的称“生蚝豉”，以色金黄、肉质饱满者为佳；牡蛎肉入沸水锅煮后捞出晒干为“熟蚝豉”，以色暗黄、形态饱满、有光泽者为佳。煮牡蛎肉的汤经浓缩后即为鲜味调味料“蚝油”。干制品多作配料和调味料使用。鲜品及其干品蚝豉和蚝油为我国传统的出口商品。

营养保健　以太平洋牡蛎为例，科研人员测得新鲜去壳牡蛎的营养成分为蛋白质11.5g/100g，脂肪3.4g/100g，碳水化合物8.5g/100g，钠219mg/100g，每百克牡蛎肉可提供466kJ能量，牡蛎肉为高能量高蛋白低脂肪食品。此外，牡蛎肉中含有多种人体所需的微量元素，锌的含量是124mg/kg，硒的含量是638μg/kg，铁的含量是7.77mg/100g。

牡蛎按照传统既是食品又是中药材的物质（见附录1），蛋白质的氨基酸组成完善，脂肪多为具有生理活性的复合磷脂、磷酸肌醇、二十碳五烯酸（EPA）以及二十二碳六烯酸（DHA）等，富含的多糖是重要的活性成分，具有明显的心血管病防治功能，还具有降血脂、抗凝血、提高机体免疫功能的活性；维生素B_{12}较一般的食物中含量高，Zn含量居各种食物之首，具有促进机体发育以及骨骼生长、增强免疫机能、提高食欲以及防止老化等作用。牡蛎具有免疫增强作用、抗肿瘤作用、抗氧化、抗疲劳作用、降血糖作用、降血压、降血脂作用以及保肝、护肝、醒酒作用。

品质检验　太平洋牡蛎的种质可依据“太平洋牡蛎”（GB/T 20552—2006）鉴定。牡蛎不同产品的品质可依据“牡蛎干”（GB/T 26940—2011）、“冻牡蛎肉”（SC/T 3121—2012）、“太平洋牡蛎 亲贝”（SC/T 2026—2007）鉴别。

安全控制　一般深海无污染的鲜活牡蛎可少量生食。牡蛎能从污水中集聚病毒，受污染的牡蛎常含有“诺瓦克病毒”，这是一种高致病、传染性极强的肠胃病毒，人若生食能导致急性肠胃炎。2006年11月～12月，日本发生了35万人感染了诺瓦克病毒。预防的办法就是慎吃牡蛎等贝壳类生海鲜。

（二）其他双壳类原料

其他经济双壳类原料名称、分类，见表7-5。

表 7-5　经济双壳类原料名称及分类

生物名	俗名	学名	分类
泥蚶	血蚶、珠蚶、瓦垄蚶	*Tegillarca granosa*	蚶目、蚶科、泥蚶属
毛蚶	毛蛤、麻蚶、瓦垄子	*Scapharca subcrenata*	蚶目、蚶科、毛蚶属
魁蚶	大毛蛤、赤贝、血贝	*Scapharca broughtonii*	蚶目、蚶科、毛蚶属
翡翠贻贝	青蛤、青口贝、海红	*Perna viridis*	贻贝目、贻贝科、股贻贝属
紫贻贝	青口、海红	*Mytilus edulis*	贻贝目、贻贝科、贻贝属
栉江珧	牛角江珧蛤、鲜带子	*Atrina pectinata*	贻贝目、江珧科、栉江珧属
栉孔扇贝	扇贝、干贝蛤、海扇	*Chlamys farreri*	珍珠贝目、扇贝科、栉孔扇贝属
虾夷盘扇贝	虾夷扇贝、帆立贝（日本）	*Patinopecten yessoensis*	珍珠贝目、扇贝科、盘扇贝属
海湾扇贝	大西洋内湾扇贝	*Argopecten irradians*	珍珠贝目、扇贝科、船扇贝属
华贵栉孔扇贝	高贵海扇蛤	*Mimachlamys nobilis*	珍珠贝目、扇贝科、类栉孔扇贝属
日本日月贝	飞螺	*Amussium japonica*	珍珠贝目、扇贝科、日月贝属
长肋日月贝	圆贝、飞螺	*Amusium pleuronectes*	珍珠贝目、扇贝科、日月贝属
岩扇贝		*Crassadoma gigantean*	珍珠贝目、扇贝科、岩扇贝属
文蛤	花蛤、黄蛤、海蛤	*Meretrix meretrix*	帘蛤目、帘蛤科、文蛤属
菲律宾蛤仔	菲律宾帘蛤、杂色蛤、花蛤	*Ruditapes philippinarum*	帘蛤目、帘蛤科、蛤仔属
杂色蛤仔	砂蚬子、砂蛤、花蛤	*Ruditapes variegata*	帘蛤目、帘蛤科、蛤仔属
西施舌	车蛤、沙蛤、海蚌	*Mactra antiquata*	帘蛤目、蛤蜊科、蛤蜊属
缢蛏	蛏子	*Sinonovacula constricta*	帘蛤目、竹蛏科、竹蛏属
大竹蛏	竹蛏	*Solen grandis*	帘蛤目、竹蛏科、竹蛏属
长竹蛏	竹蛏	*Solen strictus*	帘蛤目、竹蛏科、竹蛏属
象拔蚌	太平洋潜泥蛤、女神蛤	*Panopea generosa*	海螂目、潜泥蛤科、海神蛤属

我国地理标志产品的双壳类原料除牡蛎外，有山东莱阳缢蛏、莱州大竹蛏、黄河口文蛤、莱州文蛤、胶州湾蛤蜊、日照贻贝、威海扇贝、泊里西施舌；浙江长街蛏子、三门缢

蛏、乐清泥蚶、嵊泗贻贝、江苏栟茶竹蛏、如东文蛤；福建莆田缢蛏、百胜缢蛏、嘉儒蛤、漳港海蚌；广西合浦文蛤；湖北天门义河蚶；辽宁大连虾夷扇贝等。

二、腹足类

因足部非常发达，位于身体腹面，所以叫腹足纲，由于大多数种类有一螺旋形外壳，所以又称单壳纲，是软体动物中种类最多、变化最大的一纲。世界各地都有它们的踪迹，有的生活在深海、浅海或潮间带，有的生活在江河湖沼，也有的生活在草原、森林、沙漠或高山，其中约有50%为淡水和陆生种类。许多种类可作为烹饪原料运用，以其发达的足作为主要的食用部位，如海产皱纹盘鲍、杂色鲍、皱红螺、泥螺、瓜螺、角螺、扁玉螺等；淡水产的田螺、环棱螺；陆生的有非洲蜗牛、法国蜗牛等。

需要注意的是，有些种类是人畜寄生虫的中间宿主，如钉螺是日本血吸虫的中间宿主，椎实螺是肝片吸虫的中间宿主，扁卷螺是布氏姜片虫的中间宿主，为害人畜的健康。原产于南美亚马孙流域的大瓶螺（*Ampullaria gigas*），又称福寿螺，20世纪80年代初引入广东，由于过度繁殖，成为中国南方水域的一大患害。福寿螺还是一种人畜共患寄生虫病的中间宿主，每只福寿螺可寄生广州管原线幼虫多达3000～6000条。2006年，北京某酒楼加工凉拌福寿螺肉，因未加热熟透，导致160名顾客患上“广州管圆线虫病”。

（一）鲍

鲍是鲍属（*Haliotis*）贝类的总称，俗称鲍鱼，是一种可供食用和药用的珍贵海产贝类，在世界水产市场上视为海珍品。中国自古列入“八珍”之一。每年7～8月水温升高，鲍鱼向浅海作繁殖性移动，称“鲍鱼上床”，此时鲍鱼的肉足丰厚，最为肥美，是捕捉的好时期，渔谚有“七月流霞鲍鱼肥”之说。鲍鱼散居，捕捉时须潜入水底一个个寻找，捕捞困难，因此价格贵。2018年中国鲍鱼养殖总产量约为15.5万吨，占比世界产量90%。福建已成为中国乃至世界的鲍鱼养殖中心，其养殖产量占全国的80%以上，“世界鲍鱼看中国，中国鲍鱼看福建，福建鲍鱼看连江”。

种类特征　全世界鲍类有100多种，经济价值较高的有10多种。中国主要的经济鲍有皱纹盘鲍（*H. discus hannai*）、杂色鲍（*H. diversicolor*）、九孔鲍（*H. diversicolor supertexta*）、半纹鲍（*H. semistriata*）、耳鲍（*H. asinina*）和羊鲍（*H. ovina*），见图7–20。皱纹盘鲍产于渤海、黄海，在国内鲍类中个体最大，占中国鲍总产量的70%以上，其肉质细嫩柔韧，口感上好，是我国各种鲍类中品质最好、价格最高、最受欢迎的种类。杂色鲍主要分布于我国浙江以南沿海，体形为中小型，生长速度较快，养殖产量高。

我国地理标志产品的鲍有福建连江鲍鱼、南日鲍、东山鲍鱼；辽宁大连鲍鱼、旅顺鲍鱼、獐子岛鲍鱼；山东烟台鲍鱼等。

烹饪应用　鲍的足部相当发达，肉质细嫩，味鲜美，被誉为海味之冠。鲜鲍鱼烹调，可与多种荤、素原料相配，适于爆、炒、炝、拌等烹调法，可得原汁鲜香，如扒原壳鲍鱼、红焖鲍鱼等。

因干鲍鱼是鲜鲍经煮熟后再干制的熟干品，原料中的蛋白质凝固变性，从而造成制品坚硬固结，复水性差。涨发干鲍最佳的方法，就是利用沸水焖发，可参考标准“鲍燕肚参干货发制

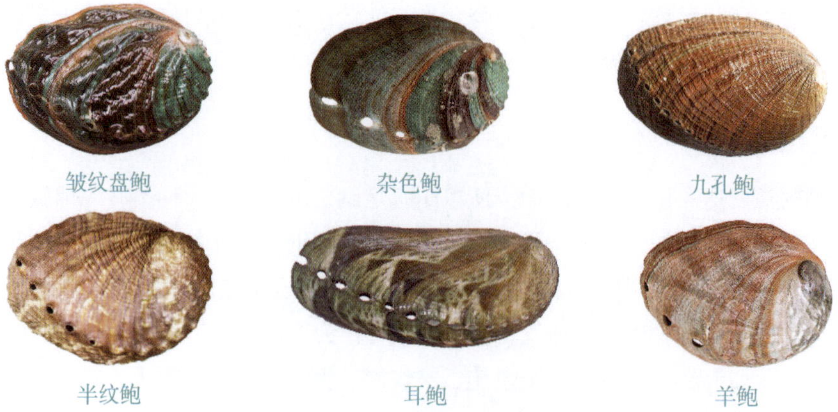

图7-20　经济鲍种类

工艺”（SB/T 10581—2011）。涨发后的鲍鱼，整体发软，肉质膨胀，通常会比原体积大了一半左右，同时干制过程中所加入的盐分和石灰质都被抽取出来，而鲍鱼的味道没有流失。发制好后，制作菜肴，品种甚多，应用与鲜鲍鱼相同，但干鲍鱼的鲜香滋味浓醇，胜于鲜鲍。

营养价值　据科研人员对鲜活皱纹盘鲍、杂色鲍、绿鲍和杂交鲍的肌肉进行营养测定，4种鲍鱼肌肉蛋白含量18.92%～21.63%；脂肪含量0.04%～0.09%，均较低；总糖含量：杂交鲍含量最高4.81%，皱纹盘鲍含量最低3.39%；氨基酸总量16.24～18.12g/100g，氨基酸组成基本一致，共17种，其中必需氨基酸8种，含量为4.78～5.08g/100g，鲜味氨基酸与总氨基酸的比值在43.35%～43.97%，胶原蛋白含量除杂色鲍（9.27%）外，其他3种在17.60%～17.96%；4种鲍鱼均含有丰富的棕榈酸、EPA和K、Ca、Zn等元素。因此，鲍鱼是一种高蛋白、低脂肪、营养价值高的优质海产品。

杂色鲍、皱纹盘鲍、耳鲍、羊鲍和白鲍的贝壳干制后即为中药材“石决明”，主要化学成分是碳酸钙，微量元素锌、硒等，具有降压、抗菌、抗氧化、中和胃酸等作用，能治疗角膜炎，防治白内障，抗感染。

品质检验　皱纹盘鲍的种质可依据“SC 2011—2004 皱纹盘鲍”鉴定，干鲍鱼品质可依据“SC/T 3219—2015干鲍鱼”鉴别；鲜活鲍鱼壳参照“SN/T 0430—1995 出口活鲍鱼检验规程”鉴别。

（二）其他腹足类原料

其他经济腹足类原料名称、分类，见表7-6。

表 7-6　经济双壳类原料名称及分类

生物名	俗名	学名	分类
红螺	皱红螺、海螺	*Rapana bezona*	新腹足目、芋螺科、红螺属
泥螺	黄泥螺、梅螺、吐铁、麦螺	*Bullacta exarata*	头楯目、阿地螺科、泥螺属
中国圆田螺	田螺、香螺	*Cipangopaludina chinensis*	中腹足目、田螺科、圆田螺属
扁玉螺	肚脐螺、海脐、香螺	*Neverita didyma*	中腹足目、玉螺科、玉螺属
斑玉螺	花螺	*Natica tigrina*	吸螺目、玉螺科、玉螺属

续表

生物名	俗名	学名	分类
香螺	马螺	*Neptunea cumingi*	新腹足目、蛾螺科、香螺属
方斑东风螺	花螺、海猪螺、号子螺	*Babylonia areolata*	新腹足目、蛾螺科、东风螺属
瓜螺	油螺、红塔螺、红螺	*Cymbium melo*	狭舌目、涡螺科、瓜螺属

我国地理标志产品的螺类有江苏大丰黄泥螺、如东泥螺；浙江南田泥螺；慈溪泥螺；山东微山湖田螺等。

三、头足类

头足类是软体动物中经济价值较高的种类，因足环列于头部前端而得名，全部为海产，以肥厚肌肉质的外套膜和发达的足作为食用部位。头足纲有43科146属600多种，具有经济价值的约70种，目前已开发的仅48种，集中捕捞的仅22种，因此头足类资源是一种具有较大潜力、开发前景良好的海洋渔业资源。

中国是世界上捕捞头足类的主要国家之一，近海的头足类资源丰富，包括乌贼科、枪乌贼科、柔鱼科及章鱼科。2018年，我国头足类渔获量61.66万吨，东海和南海种类多，产量较大；黄海和渤海种类较少，产量小。

（一）乌贼

乌贼也称墨鱼、墨斗鱼、花枝（粤港俗称），头足纲、乌贼目、乌贼科（Sepiidae）的总称。与大黄鱼、小黄鱼、带鱼并列为中国海洋四大经济海产。

种类特征　中国构成主要捕捞对象的有东海的曼氏无针乌贼（*Sepiella maindroni*）、南海的虎斑乌贼（*S. pharaonis*）和黄海的金乌贼（*Sepia esculenta*），见图7-21。其中以曼氏无针乌贼生殖群体密集，产量最大，约占中国近海乌贼科总渔获量的80%，形成中国最重要的海洋渔业之一。

图7-21　经济乌贼种类

乌贼体呈袋形，左右对称，背腹略扁平，侧缘绕以狭鳍。头足发达，腕5对，外套膜肌肉厚，雄体身上有各种斑点，雌体背上发黑。体内墨囊发达，在受到外界刺激时不断放墨，形成墨云，掩护自己急速退却而逃避，所以叫墨鱼，墨中含有生物碱，有麻痹动物嗅觉的作用。乌贼类体大肉肥厚，金乌贼活体呈黄褐色，最大胴长0.21m，最大体重可达2kg；曼氏无针乌贼最大胴长0.19m，最大体重0.7kg。

烹饪应用　乌贼类体大肉肥厚，可鲜食，也可干制或制罐。鲜品乌贼肉质柔韧肥美，色泽洁白，味道鲜美。加工时将其头、须与胴体分开，剥去胴内之皮，挤去两眼紫黑色液体和口中两片角质腭，抽去内壳与墨囊等，用清水冲洗干净即可改刀入烹。可切成墨鱼花、墨鱼卷、墨鱼丝，还可剁肉糜加工成小丸子等。适于爆、汆、烧、拌、卤、涮、烤等多种烹调方法，适用各种味型。菜品如：爆乌花、熘墨鱼卷、铁板花枝卷（台湾）、卤鲜墨鱼等。

营养价值　科研人员采用生化方法测定了鲜金乌贼肌肉的营养成分，金乌贼肌肉中水分71.10%、粗蛋白22.02%、粗脂肪0.75%、粗灰分2.17%。肌肉中主要含有17种氨基酸，氨基酸总量占干样质量的64.75%，其中必需氨基酸总量为24.44%，占氨基酸总量的37.75%，组成相对均衡，可作为人体理想的蛋白质来源。饱和脂肪酸、单不饱和脂肪酸、多不饱和脂肪酸的含量分别占脂肪酸总量的33.46%、8.64%、49.83%，其中EPA和DHA共占多不饱和脂肪的84.35%，脂肪质量较高。矿物元素种类及含量较为丰富，有K、P、Mg、Ca及Zn、Fe、Cu、Mn、Se等。

墨鱼内壳是重要的中药原料“海螵蛸”，含甲壳素以及壳聚糖，具有止血、促进组织修复的作用。

品质检验　鲜品乌贼短期贮存宜冷藏。外表多呈青灰色和灰黑色，肉质洁白光亮。若体色转红，则质量下降。乌贼的品质可依据“SC/T 3107—2010 鲜、冻乌贼”和“SC/T 3208—2017 鱿鱼干、墨鱼干”鉴别。

（二）其他头足类原料

其他经济头足类原料名称、分类，见表7-7。

表 7-7　经济头足类原料名称及分类

生物名	俗名	学名	分类
柔鱼	北太平洋鱿鱼、红鱿鱼	*Ommastrephes bartrami*	枪形目、柔鱼科、柔鱼属
太平洋褶柔鱼	太平洋斯氏柔鱼、日本鱿	*Todarodes pacificus*	枪形目、柔鱼科、褶柔鱼属
中国枪乌贼	鱿鱼、锁管、长筒鱿	*Loligo chinensis*	枪形目、枪乌贼科、枪乌贼属
日本枪乌贼	柔鱼、鱿鱼	*Loligo japonica*	枪形目、枪乌贼科、枪乌贼属
普通章鱼	真蛸、石居、八爪鱼	*Octopus vulgaris*	八腕目、章鱼科、章鱼属
长蛸	马蛸、长腿蛸、大蛸	*Octopus variabilis*	八腕目、蛸科、蛸属
短蛸	章鱼、八带	*Octopus ocellatus*	八腕目、蛸科、蛸属

四、软体类制品

软体类原料除鲜食外，还可干制、腌制或罐藏，产品有淡菜（贻贝干）、干贝（扇贝闭壳肌）、蚝豉（牡蛎干）、蛏干、蛤干、墨鱼干、乌贼蛋（乌贼的缠卵腺）和各种贝肉罐头。

（一）干贝

干贝，又称元贝、玉珧、瑶柱，是从瓣鳃纲异柱目扇贝科和江珧科贝类动物的后闭壳肌

（贝柱），经干制加工而成的一种海鲜食品原料。制作干贝，每15～25kg鲜闭壳肌始可加工成500g干贝，故其价格昂贵，属高档原料，常用于高档筵席。因其味道特别鲜美，有"海味极品"之誉，且被列为"海八珍"之一。

种类特征　贝类原料闭壳肌鲜品即为鲜贝，干制后统称干贝。一般将栉孔扇贝、虾夷扇贝、海湾扇贝的闭壳肌干制品称"元贝"；大型贝类江珧科的栉江珧闭壳肌的干制品称"江珧柱"，由于食品冷冻、冷藏及增氧保鲜技术的发展，栉江珧闭壳肌多作鲜品烹调，干品少见；长肋日月贝的闭壳肌和外套膜像编发辫那样编在一起干制，晒干后像一条黄色油亮的带子，称"日月鱼""明目鱼"，分布在广东、广西沿海，尤以北部湾最多。此外，还有用蛤蜊科海蚌闭壳肌、砗磲科砗磲闭壳肌、帘蛤科大帘蛤或文蛤闭壳肌加工的干制品，鲜味与"干贝"相近。商品干贝除国产外，还有日本干贝、越南干贝等。日本北海道的宗谷是出产干贝最著名的地方，宗谷干贝体积较大，色泽金黄悦目，表面干爽，一般带有少许裂纹，且质量较高，味道也特别浓郁，见图7–22。

干贝　　日月鱼　　宗谷干贝

图7–22　常见干贝种类

烹饪应用　干贝的呈味氨基酸包括谷氨酸、甘氨酸、天冬氨酸和丙氨酸等，占氨基酸总量的46.06%，其中谷氨酸最高；挥发性成分有77种，关键风味成分主要是壬醛、正辛醛、正庚醛等，它们的组成及含量共同造就了干贝鲜中带甜，凝聚甘味、鲜味于一身的独特鲜香浓烈风味。

干贝须经涨发后再烹调（多用蒸发），可整用，也可拆散用，烹制时以突出干贝鲜味为主，忌油腻。可作主料，如香酥干贝、葱油干贝等；捻之成丝可作滚粘料，如绣球干贝；或配鸡蛋制成芙蓉干贝；配蔬菜如炒苜蓿干贝、扒干贝冬瓜球、蒜子珧柱脯等；可作鱼皮、鱼肚、蹄筋等本身味淡原料的增鲜，以及许多烧烩、清蒸等菜品的赋味之用，如干贝鱼肚、海参干贝之类。还可用于烩羹、炖汤、煲粥，均有特色。制汤时也可加入干贝，能较快呈鲜，且味道隽永。

营养价值　经科研人员对干贝营养的测定，干贝中的水分含量18.72%、灰分含量14.43%、粗蛋白含量53.92%、粗脂肪含量5.01%。干贝中的必需氨基酸质量分数为38.37%，为可用蛋白源；脂肪酸中DHA含量最高，为26.75%，其次是EPA（16.87%），含量也很高；矿物质元素中Na含量最高，达5284.51mg/kg，其次是K、Mg和P。所以，干贝是一种蛋白质含量高、而脂肪含量相对较低的健康海洋食品原料。

规格品质　依据"干贝"（SC/T 3207—2018）标准，干贝的规格分四级，见表7–8；日本宗谷干贝一般以磅为重量单位，根据贝粒体积分为特级和一级，进一步细分为八类，见表7–9。

表 7-8　干贝的规格（中国）

规格	特大	大	中	小
每500g，个	≤500	501~800	801~1200	≥1201
粒径，cm	≥1.2	1.0~1.19	0.8~0.99	＜0.8

表 7-9　宗谷元贝的规格（日本）

规格	特级					一级		
	较大（LL）	大（L）	中（M）	小（S）	较小（SA）	大号（L）	中号（M）	小号（S）
粒/每磅	40~50	50~70	70~90	100~130	130~150	150~250	250~350	350~450
图例								

干贝的品质以贝粒完整，表面干爽而不油腻，柱状的纤维组织肌理分明，肉质结实为好，裂纹越少越好。由于干贝属于海产品，存放一段时间后，味道香浓的干贝内的盐分会渗透出表面，结成一层薄薄的白色粉状盐霜；而味道清甜的干贝存放久了，颜色由金黄色变成深黄色，这都是自然变化，不影响食用。国产干贝可依据“SC/T 3207—2018”鉴别。

（二）其他软体类制品

包括双壳类的淡菜（贻贝干）、牡蛎干（蚝豉）、蛏干、蛤蜊干；腹足类的响螺肉片、海螺干、红螺肉干、田螺肉干等；头足类的墨鱼干（螟脯鲞）、鱿鱼干、章鱼干、墨鱼蛋等，见图7-23。

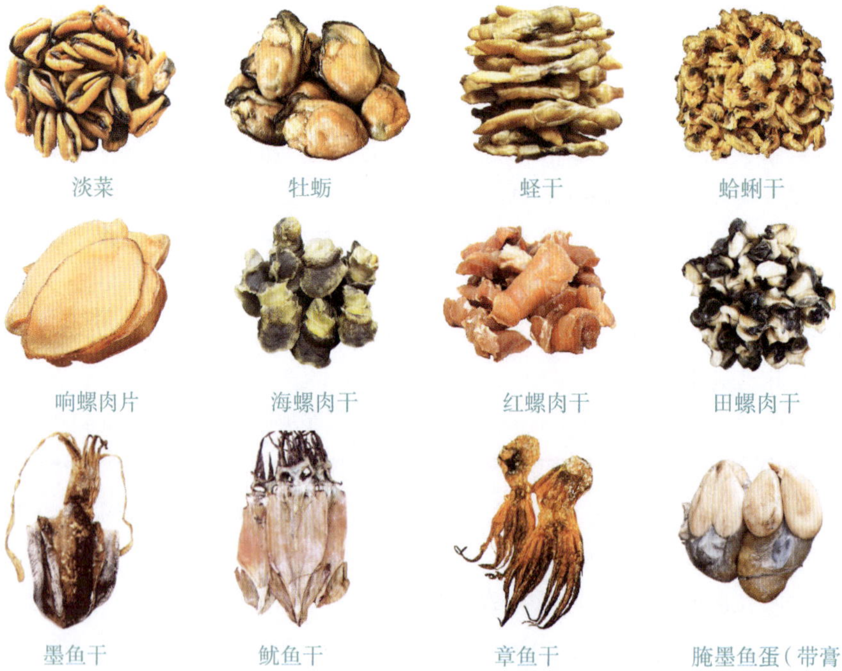

图7-23　其他软体类制品原料

第五节　棘皮、刺胞类

一、棘皮类

棘皮动物门分为海参纲、海胆纲、海星纲、海百合纲和蛇尾纲，约有5900种。作为烹饪原料利用的主要是海参纲和海胆纲中的某些品种。其中，海参纲是棘皮动物门中最具经济价值的一个纲，目前全世界有记录的大约1400种，其中印度洋–西太平洋区域是世界上发现海参种类最多的区域。

（一）海参

海参为海参纲（*Holothuroidea*）动物的概称。中国食用海参历史悠久，三国时吴国人沈莹编纂的《临海水土异物志》将海参描述为“土肉”；元朝时期，食书中就明列出海参条目；清代《随园食单》认为“海参无味之物，沙多气腥，最难讨好，然天性浓重，断不可以清汤煨也”，说明赋味的必要。清代后期被冠为“海八珍”之首，列为筵上珍品，《清稗类钞》中已有“海参席”。2018年，全球干海参产量3.93万吨，我国干海参的产量4379吨，占11%。

种类特征　海参纲动物分布于中国海域的约140多种，可供食用的约20种，常见的食用海参均为比较粗壮的圆筒状，根据海参背面是否有圆锥形的棘刺，分“刺参”和“光参”两大类。刺参类主要包括刺参科的刺参、梅花参、花刺参和绿刺参等；光参类则包含了棘辐肛参、白底辐肛参、黑乳海参、糙海参、图纹白尼参、蛇目白尼参等，这10种具有较高的商品价值，见图7–24。

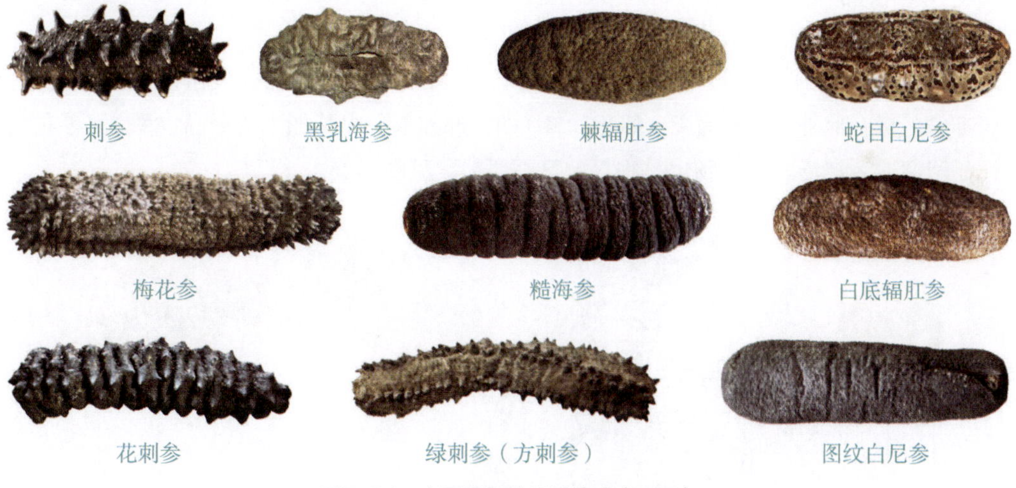

图7–24　中国常见的10种海参（干品）

除刺参分布在北方的辽宁、山东、河北外，其余均分布在南方的广东、广西、台湾、海南，以南海所产品种最多，以北方海域产的刺参和南海产的梅花参最为名贵，有“北刺南梅”之说。

刺参（*Apostichopus japonicus*），又称仿刺参、辽参、灰刺参，是一种寒温带品种，鲜品体长20cm～30cm，体壁厚而柔软，呈圆筒状，背面隆起，上有4～6行大小不等、排列不规则的圆锥形疣足；腹面平坦，管足密集，排列成不规则的3纵带。体壁厚而软糯，为海参中质量最好的种类，被誉为“参中之冠”。产于黄渤海交汇处的长山列岛刺参历来为宫廷贡品。

梅花参（*Thelenota ananas*），为中国南海的食用海参中最好的一种，质仅次于刺参。形似长圆筒状，背面的肉刺像梅花瓣状，故名“梅花参”；又因为体形有点像凤梨，故又称“凤梨参”。海参纲中，要数梅花参的个体最大，它的体长一般是45cm，最大者体长可达80cm，被称为“海参之王”。

黑乳参（*Holothuria nobilis*），又称大乌参、乌乳参、黑猪婆参，身体常具数个大的乳房状突起，故又名“乳房鱼”，海南岛渔民称为“乌尼参”，是一种著名的大型食用海参，在无刺参中，以黑乳参质量最佳。其体粗短呈圆筒状，平均长35cm，皮细为黑褐色，两侧及腹部为褐色，肉为青棕色或青色，呈半透明状，常带白斑，产于广西北海及西沙群岛、海南岛。

我国地理标志产品的海参有烟台海参、大连海参、长海海参、瓦房店海参、虎平岛海参、蓬莱海参、威海海参、长岛海参、獐子岛牌海参、灵山岛海参等。

烹饪应用　海参的食用部位是其体壁，烹调中多用干品。干品用前须经泡、煮等方式涨发，凡外皮坚硬厚实者，如克参、大乌参、白石参等，先用火将其外皮烤炙至焦黑发脆，用刀刮去焦皮层，再用热水涨发。

海参入烹，可作主料，配荤素各料，也可作辅料；可作热炒、大菜、汤羹菜。由于胶质重，多用扒、烧、烩、焖、蒸、煮等烹调方法，也可煨、煮和做汤成菜，宜于多种味型。因其自身无味，以其肉质细嫩柔糯、富有弹性、爽利滑润的口感取胜，烹制时虽可用咸鲜、酸辣、麻辣、酱汁、鱼香等味型，但必须注意和其他鲜香味原料合烹，否则仍然味差。可以整用，如虾子大乌参，也可加工成段、条、块、片、丁应用。名菜有葱烧海参、家常海参、鸡米海参等。以海参作筵席头菜的称“海参席”。

四年以上的雌海参的肠卵俗称“海参花”，可鲜食，也可腌渍、发酵后制成参花酱食用，非常名贵。此外，有些海参（如叶瓜参）的头部和部分内脏加工的干品也称“海参花”，常用于泡酒或者煨汤。海参肠也是很好的烹饪原料，见图7–25。

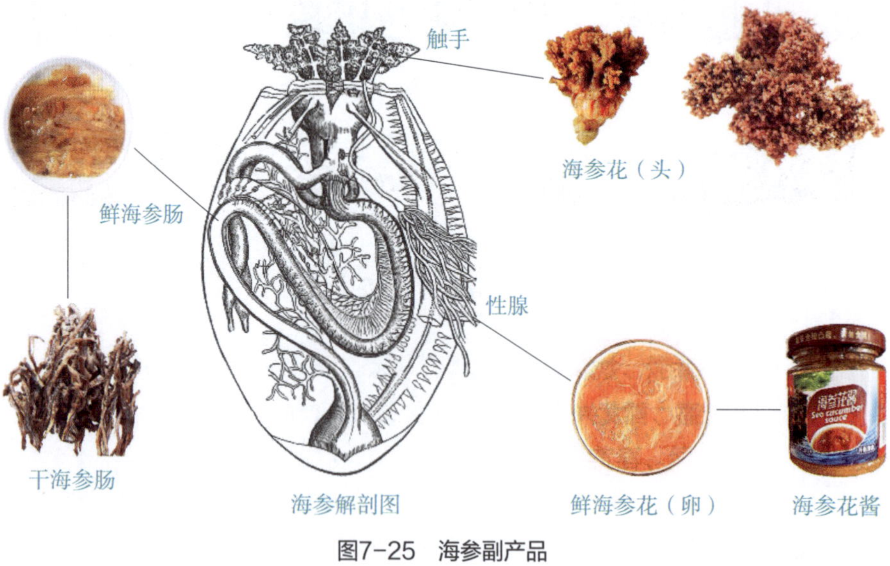

图7–25　海参副产品

营养价值 海参有很高的营养，素有“海中人参”之称。据研究人员对子安辐肛参、黑海参、绿刺参等10种海参的营养成分分析，结果表明，这10种海参粗蛋白含量范围是73.58%~87.20%，灰分含量范围是4.10%~8.71%，黏多糖含量范围是7.86%~13.15%，总氨基酸含量范围是61.42%~75.84%，均富含人体必需的Fe、Zn、Cu、Se等微量元素，营养价值均较高。

海参历来被认为是一种名贵的滋补食品。海参的功效成分有胶原蛋白、黏多糖、海参皂苷和海参多肽等，这些生物活性物质具有抗肿瘤、抗凝血、抗血栓、免疫调节、抗菌、延缓衰老等作用。由于刺参中的活性成分比较强烈，食用过多往往会出现鼻衄，这就是其活血抗凝成分造成的，每日食用10~20g可达进补效果。

品质检验 刺参的品种鉴定可依据“GB/T 38583—2020 刺参”；干品海参的等级及品质可以依据“食品安全国家标准 干海参”（GB 31602—2015）及“干海参等级规格”（GB/T 34747—2017）鉴别；冻干海参、即食海参、盐渍海参的品质可依据“SC/T 3307—2014 冻干海参”“SC/T 3308—2014 即食海参”“SC/T 3215—2014 盐渍海参”鉴别。

（二）其他棘皮类

其他棘皮类包括海胆纲（*Echinoidea*）能形成规模性渔获产量并有一定经济价值的6种，和海星纲（*Asteroidea*）的部分动物，见表7-10。

表 7-10 棘皮类原料名称及分类

生物名	俗名	学名	分类
光棘球海胆	大连紫海胆、北紫海胆	*Strongylocentrotus nudus*	正形目、球海胆科、球海胆属
紫海胆	大刺锅子、黑海胆	*Anthocidaris crassispina*	正形目、长海胆科、紫海胆属
马粪海胆	刺锅子、海刺猬	*Hemicentrotus pulcherrimus*	正形目、球海胆科、马粪海胆属
海刺猬	黄海胆	*Glyptccidaris crenularis*	正形目、疣海胆科唯一代表种
白棘三列海胆	海胆虎	*Tripneutes gratilla*	正形目、毒棘海胆科、三列海胆属
虾夷马粪海胆	中间球海胆	*Strongylocentrotus intermedius*	正形目、球海胆科、球海胆属
陶氏太阳海星	太阳鱼	*Solaster dawsoni*	有棘目、太阳海星科、太阳海星属

二、刺胞类

刺胞类动物旧称刺胞动物，是最原始的后生动物类群，因体内腔兼具消化和水流循环的功能而得名，约1万多种，绝大部分海产，作为烹饪原料的经济品种主要是海蜇。

海蜇

海蜇属于刺胞动物门、钵水母纲、根口水母目、根口水母科、海蜇属的大型食用水母之一，因其口腕处有许多棒状和丝状触须，上有密集刺丝囊，能分泌毒液，蜇入皮肤，可引起刺痒和红肿而得名。我国是世界上最早对食用水母进行开发利用的国家。早在晋代张华的《博物志》中记有“东海有物，状如凝血，纵横数尺，名曰鲊鱼。无头目，无内脏。所处则虫虾时之，随其东西，人煮食之”。明代，渔家们就已经懂得用食盐、明矾腌制海蜇的方法。由于过度捕捞，导致海蜇资源量锐减，价格上涨。目前，南至福建、海南，北至山东、辽宁沿海，均已开展海蜇的人工育苗及养殖。2018年我国海蜇海水养殖产量7.27万吨，其中辽宁省产量为5.92万吨，占全国比重81.4%。

种类特征　我国沿海的食用海蜇有6种：海蜇（*Rhopilema esculentum*）、黄斑海蜇（*R. hispidum*）、沙蜇（*Nemopilema nomurai*）、面蜇（*Rhopilema asamushi*）、叶腕海蜇（*Lobonema smithi*）和拟叶腕海蜇（*Lobonemoi desgracilis*），见图7-26。其中，经济价值最大的是海蜇，分布最广，品质好，产量高，占食用水母产量的80%，为我国沿海渔业的重要捕捞对象。

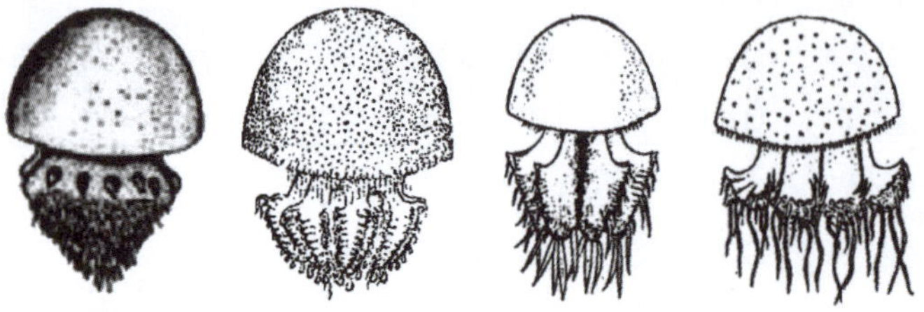

图7-26　鲜海蜇及产品

海蜇全身呈胶质透明而黏滑，伞部隆起呈馒头状，伞径最大可达1m，为中国食用水母的主体。根据产期不同，海蜇分为梅蜇（夏至至大暑）、秋蜇（立秋至处暑）、白露蜇（白露至秋分）和寒蜇（寒露至霜降）四类；依产地不同分南蜇、北蜇和东蜇，南蜇又称粉蜇，浙江、福州沿海所产，产量高，质量好，为海蜇中的上品，浙江温州和江苏吕四的产者为其中精品，多用于出口。北蜇和东蜇质量次之。

新鲜海蜇体内水分含量达95%以上，还含有毒胺及毒肽蛋白等有毒物质，须腌渍脱出大量水分，使毒性黏蛋白凝固脱除，同时使之收缩成适口的质感。夏季温度高，单用食盐腌制不足以迅速脱水阻止腐败变质，而在食盐中拌入一定比例的明矾则可加速脱水腌制。鲜蜇经三次盐矾加工即可，俗称三矾提干海蜇，需15天左右。拌明矾的作用主要是利用硫酸铝在水溶液中解离形成的弱酸性和三价铝离子，对鲜蜇体组织蛋白质有很强的凝固力，使组织收缩加速脱水。腌制后的口腕部分称海蜇头；伞体部分称海蜇皮；加工鲜海蜇时，从伞体部分刮出的红褐色保护膜，经干制即成为价格昂贵的“海蜇血”，见图7-27。

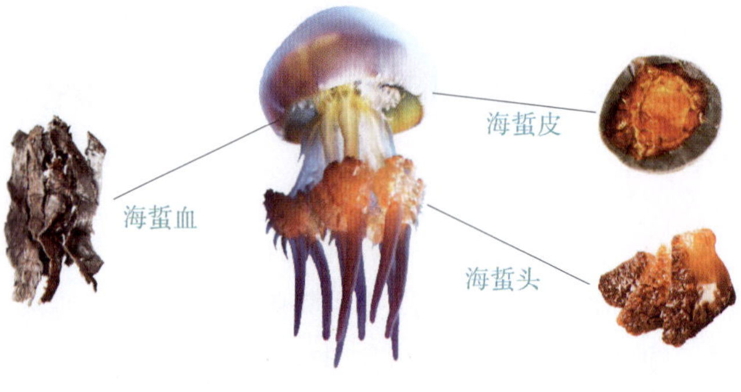

图7-27　鲜海蜇及产品

我国地理标志产品的海蜇有吕四海蜇、营口海蜇、文登海蜇等。

烹饪应用 沿海居民有食用鲜海蜇的习惯，一般取鲜海蜇的伞部，刮净黏膜，切成细长条后，用沸水略烫，再用水冲洗数遍，海蜇条渐薄渐细，腥气渐无，变得清亮透明如上等粉丝，再用老醋、盐、味精、蒜泥、鲜辣酱、香菜及香油拌匀便可食用，口感肥美脆嫩、清凉滑爽似凉粉。因鲜海蜇头的刺丝囊内含有毒素，不宜食用。

烹饪中多用腌制品。用前须经清水浸泡（沙海蜇以80℃左右的热水速烫后，蜇头伸展开来再泡，利于去沙），至其脱净盐、矾，洗净泥沙杂质，即可应用。由于有清脆、爽口的质地，多做凉拌菜，一般蜇头多批成薄片，蜇皮多直切成丝，再用调料拌作凉菜，也可配萝卜丝、黄瓜丝、莴笋丝、芹菜、金针菇等拌食，调味以糖醋、葱油为主。热菜可供炒、油氽、爆、炸、烧、烩等，也可作汤、羹。如韭黄蜇片、芙蓉蜇皮、炒什锦海蜇、海底松汤、鸡火蜇皮、虾仁珊瑚等。热炒时加热时间不宜太长。市场上有即食海蜇，开袋即可食用。

营养价值 海蜇的可食部分主要为中胶质，营养成分中脂肪含量极低，其中腌制海蜇头含水分69%，蛋白质4.2%，灰分（钠、钙、镁、铁、锌、铜）26.1%；海蜇皮含水分67.9%，蛋白质5.7%，灰分24.9%。一般食盐含量18%～25%，明矾含量1.2%～2.2%。

中医认为海蜇有润肺化痰止咳的功效，茭白、海蜇和蜂蜜搭配服用，对干咳有明显疗效。中医有治高血压之“雪羹汤”，即以海蜇、荸荠煮汤频饮，可治高血压。海蜇具有多种生物活性成分，如蛋白肽具有明显降血压作用；胶原蛋白、糖蛋白及糖肽均能不同程度地提高免疫活性；胶原蛋白肽、氨基多糖、糖胺聚糖等具有减低血脂水平的作用及较强的抗氧化功能。

品质检验 盐渍海蜇的等级及品质可以依据“盐渍海蜇皮和盐渍海蜇头”（SC/T 3210—2015）检验；即食海蜇的品质可以依据“即食海蜇”（SC/T 3311—2018）检验。

安全控制 新鲜海蜇的刺丝囊内含有毒液，不宜食用，海边渔家因贪食鲜海蜇而引致中毒者屡见不鲜。海蜇毒素不耐热、易氧化，合理加工后可食用。市场上有时会流入二矾海蜇，外观呈棕红色，含未凝固胶质，味涩而滑，蜇皮厚薄不均，外观呈半透明胶冻样，以手捏挤有液体溢出，因未经充分脱水，含有多肽类毒蛋白等，不可食用；使用违法添加硼砂和硼酸作为防腐剂、亚硫酸盐或硫酸盐作为漂白剂的盐渍海蜇也不可食用。另外，海蜇很容易受到嗜盐菌的污染，凉拌海蜇操作过程中要注意卫生，最好是清水加醋浸泡去盐、矾，再加醋调味，以预防副溶血性弧菌食物中毒。

第六节 两栖、爬行类

一、两栖类

两栖动物是从水生过渡到陆生的脊椎动物。2019年5月，联合国发布《生物多样性和生态系统服务全球评估报告》，其中，超过40%的两栖动物面临灭绝。除栖息地减少外，人类为饱口福或用作药物而大量捕食也是造成两栖动物处境堪忧的原因。根据《农业农村部 国家林业和草原局关于进一步规范蛙类保护管理的通知》（农渔发〔2020〕15号），人工繁育规模较大的黑斑蛙、棘胸蛙、棘腹蛙、中国林蛙（东北林蛙）、黑龙江林蛙等相关蛙类，由渔业主管部门按照水生动物管理，严厉打击非法捕捞、出售、购买、利用相关蛙类野生资源的行为，利用活动仅限于蛙类增养殖群体。

（一）牛蛙

牛蛙（*Lithobates catesbeiana*）属两栖纲、无尾目、蛙科动物，原产北美洲的大型食用蛙，因雄蛙鼓膜极显著，鸣声非常响亮，远闻如牛叫而得名。1959年引进我国，目前已遍及世界各大洲，是各地食用蛙中的主要养殖种类。

种类特征　牛蛙体形与一般蛙相同，但个体较大，雌蛙体长达20cm，雄蛙体长为18cm，最大个体可达2kg以上。头部宽扁，头颊灰绿色，头前有两个小鼻孔，眼椭圆形，肤色随着生活环境而多变，通常背部墨绿色或带绿斑，腹部白色有黑斑，咽喉下面的颜色雌性多为白色、灰色或暗灰色，雄性为金黄色。前肢短有四指，雄蛙第一指内有明显的灰黑色突起，称婚姻瘤；后肢长有五趾，趾间有蹼相连，蹼达趾端，是从外形上区别于其他蛙类的主要标志。

烹饪应用　一般于宰杀后剥皮取蛙腿应用，全体宜于烧制，或用于制汤。蛙类皮肤无皮下脂肪，皮肤与躯体之间连接疏松，加工时易于剥皮，且蛙皮具有独特质感，可滑炒成菜，颇有特色。牛蛙卵非常名贵，卵粒色黄，大小如黄豆，可剥取蒸、烩后食用。牛蛙四肢的肌肉发达，尤其是后腿肌肉，由色白而细嫩的肌纤维构成，结缔组织含量少，脂肪组含量低，吃口柔滑清利，经烹调能释放出大量的肌溶蛋白及氨基酸等含氮浸出物，因而味道香浓，成为受人喜爱的烹饪原料。在烹制时大多适宜红烧、爆炒、清蒸、清炖、软炸等方式成菜，烹制时用火不可太大，调味多以咸鲜为主。因蛙肉所含脂肪甚少，用油量需适当加大。菜肴有泡椒牛蛙、生炒牛蛙等。

营养价值　经科研人员测定，牛蛙腿部肌肉中水分含量为76.50%，粗蛋白、粗脂肪和灰分含量分别占鲜重的21.32%、0.77%和0.90%。肌肉中16种氨基酸总量占肌肉干重的90.01%，其中必需氨基酸占42.19%，非必需氨基酸占47.82%，鲜味氨基酸占肌肉总量的27.91%。脂肪酸中油酸含量最高，为20.70%，其他由高到低依次为二十二碳六烯酸（DHA，14.48%）、亚油酸（14.15%）、二十碳五烯酸（EPA，4.34%）和花生四烯酸（2.67%）。还含有钙、磷、铁、硫胺素、核黄素、烟酸等多种微量营养素。牛蛙肌肉脂肪酸不饱和程度高，富含EPA和DHA，是一种含有高蛋白、低脂肪、低热量、低胆固醇的营养食材。

品质检验　牛蛙的种质可依据“牛蛙”（GB/T 19163—2010）鉴定；牛蛙的品质可依据“绿色食品 蛙类及制品”（NY/T 1516—2007）鉴别。

（二）其他两栖类

其他两栖类原料仅包括人工养殖的美国青蛙，虎纹蛙、大鲵已被列入《人工繁育国家重点保护野生动物名录》，可按规定使用人工养殖品种，见表7-11。

表 7-11　两栖类原料名称及分类

生物名	俗名	学名	分类
美国青蛙	猪蛙、沼泽绿牛蛙	*Rana grylio*	无尾目、蛙科、青蛙属

续表

生物名	俗名	学名	分类
虎纹蛙	水鸡、田鸡、泰蛙	*Rana rugulosa*	无尾目、叉舌蛙科、虎纹蛙属
大鲵	娃娃鱼、孩儿鱼、啼鱼	*Andrias davidianus*	有尾目、隐鳃鲵科、大鲵属

中国大鲵是世界上现存最大的两栖动物，在高额利润及畸形野味市场需求的驱动下，中国大鲵陷入了保护悖论——野外稀少、各类商业养殖场却大量囤积。甚至野外种群曾一度被大量捕捉并直接出售到养殖场，对野外大鲵资源及其栖息地造成了毁灭性的破坏。无序混乱的养殖模式极易造成潜在生物病毒在自然水体中传播。湖南张家界是大鲵国家级自然保护区，2020年2月7日，张家界市发布通告，在本市辖区内，禁止食用大鲵（包括野生和驯养繁殖）；禁止餐饮业经营者以大鲵的名称、别称、图案制作招牌、菜谱诱导顾客。

二、爬行类

爬行动物为肺呼吸、混合型血液循环的四足变温脊椎动物。体表被鳞或骨板，现存的爬行纲动物有龟鳖目、鳄目、有鳞目（蛇蜥目）和喙头目四类约5700多种，中国约有390多种。龟鳖类为陆栖、水栖或海洋生活的爬行类动物。人们食用龟鳖的历史已有千年，《中国濒危动物红皮书——两栖类和爬行类》收入了36种龟鳖类，几乎包含了所有中国原产的龟鳖类物种。因此，作为烹饪原料使用的只能是人工养殖的龟鳖。

（一）中华鳖

中华鳖（*Trionyx sinensis*）又名甲鱼、水鱼、团鱼，龟鳖目鳖科动物。野生的中华鳖已经濒危，由于中华鳖具有较大的食用价值，全国各地已广泛开展人工养殖。目前每年全国养殖的中华鳖在11亿只左右。

种类特征 中华鳖全身分为头、颈、躯干、四肢和尾五部分。体长一般为20～40cm。头部略呈三角形，吻长而突出。鼻孔位于吻前端，眼小，颈长，躯干略呈圆形。背部隆起有骨质甲，甲外裹以柔软的皮，皮肤上有颗粒状小疣，排成纵行棱起。腹面由竖骨一根和横骨数根组成，骨间由肌肉相连成一体；表层也裹有软皮。体边缘部分柔软，称裙边。雄鳖体较扁，尾较长，末端露出鳖甲的边缘；雌鳖相反。头和颈能完全缩入甲内。四肢肥壮，各有5趾，其中3趾有爪，趾间有发达的蹼。尾短小。四肢和尾也有较强的伸缩力。背部橄榄色，油黑斑；腹面肉黄色，有浅绿色斑；颈、足及四肢的背面为褐色。

我国地理标志产品的中华鳖有浙江余姚甲鱼、萧山甲鱼；河南潢川甲鱼、固始甲鱼；山东丁马甲鱼、鱼台甲鱼；湖南汉寿甲鱼；河北玉田甲鱼；湖北汤池甲鱼等。

烹饪应用 中华鳖肌肉组织的肌纤维粗糙，结缔组织含量高，所以胶质重。脂肪主要分布在腹腔内，含量少，肌肉间较少，但肉味鲜美。鳖的裙边肉质肥厚，雄鳖裙较雌鳖为肥大，质感柔软，可单独成菜，具有较高的食用价值，是筵上珍品。

一般选择500～750g重的鳖成菜较好，因为过小的骨多肉少，肉虽嫩但香味不足；过大过老者肉质老硬，滋味不佳。食用鳖讲究鲜活，因死后易变质；还须注意春、秋二季所产者为最壮实，分称“菜花甲鱼”“桂花甲鱼”，又以后者为佳，民间有“初秋螃蟹深秋鳖，吃好鳖肉过寒冬”的说法。鳖的黑色皮膜臊气甚重，宰杀后需用热水适当地浸泡，细心刮除。剖腹时勿弄破膀胱，除脏时摘尽黄色油脂，否则肉味腥苦。可整烹，也可剁块烹，或拆肉烹，视菜品需要选用。调味须加胡椒粉，可祛腥提味。鳖肉中结缔组织含量较高，需要较长时间地煨炖、清蒸、红烧才能使汤汁浓稠而味鲜美，且以保持原汁原味烹制为好。此类菜品应趁热食用，冷后易生腥味。名肴如清蒸甲鱼、红烧甲鱼、霸王别姬（甲鱼炖鸡）、汽锅人参元鱼、生炒甲鱼、冰糖甲鱼等。

营养价值　据分析，每百克鲜鳖肉含蛋白质15.3～17.3g，脂肪0.1～3.5g，碳水化合物1.6～1.49g，还含有镁、钙、铁、磷、维生素A、维生素B_1、维生素B_2等。鳖的脂肪以不饱和脂肪酸为主，占75.43%，铁等微量元素是其他食品的几倍甚至几十倍。龟肉与鳖肉营养相近。

鳖自古以来就被人们视为滋补的营养保健品，主要作用有：滋阴，对肝炎和异常功能亢进有控制作用；滋补，提高血浆蛋白含量，促进造血功能，增强体力；清热，降低异常体温升高，可消散体内肿块等。现代医学研究表明，甲鱼中含铁质、叶酸等，能旺盛造血功能，有助于提高运动员的耐力和消除疲劳。常食可以降低血胆固醇，对高血压、冠心病患者有益。

品质检验　中华鳖的种质可依据“中华鳖”（GB /T 21044—2007）鉴定；等级及品质可依据“绿色食品 龟鳖类”（NY/ T 1050—2018）鉴别。

安全控制　死鳖不可食，因其体内含较多的组胺酸，死后极易腐败变质，组胺酸可分解产生有毒的组胺物质，食后会引起中毒。按照国际标准，中华鳖人工喂养时，严禁添加任何激素和违禁药物。甲鱼按照自然生长速度，一般5～7年才能长到500g，一些水产养殖者为追求快速生长效益和利润，大量添加各类违禁药物成分，包括雌雄激素、抗生素消炎药和消毒剂，只需7个月就可进入市场，摆上餐桌，其肉质松而不实，烹调时间不长即软烂，食之无味，更谈不上什么滋补，对人体安全造成隐患。因此，药物催生的甲鱼不宜食用。

（二）其他爬行类

其他爬行类包括淡水养殖的部分龟鳖及鳄目类部分动物，见表7-12。

表 7-12　爬行类原料名称及分类

生物名	俗名	学名	分类
乌龟	金龟	*Chinemys reevesii*	龟鳖目、龟科、乌龟属
黄喉拟水龟	石金钱龟、黄龟、香乌龟	*Mauremys mutica*	龟鳖目、龟科、拟水龟属
三线闭壳龟	驼背龟、金钱龟、金头龟	*Cuora trifasciata*	龟鳖目、龟科、闭壳龟属
红耳龟	巴西龟、巴西彩龟	*Trachemys scripta elegans*	龟鳖目、龟科、彩龟属
鳄龟	肉龟、小鳄鱼龟	*Macroclemys temmincki*	龟鳖目、鳄龟科、鳄龟属
平胸龟	大头龟、鹰嘴龟	*Platysternon megacephalum*	龟鳖目、平胸科、平胸属
山瑞鳖	山瑞、瑞鱼	*Palea steindachneri*	龟鳖目、鳖科、山瑞鳖属
暹罗鳄	泰国鳄、暹罗淡水鳄	*Crocodylus siamensis*	鳄目、鳄科、鳄属

实训项目

鱼类新鲜度的感官鉴别

实训目的

掌握鱼类新鲜度的感官鉴别方法。

实训内容

1 准备材料，准备活鲫鱼1条，死鲫鱼1条（室温存放半天至一天），腐败鲫鱼1条，解剖刀一把，一次性乳胶手套数双。

2 先观察不同新鲜度鱼体表、眼球、鳃部、鱼体硬度等情况，再剖开鱼，观察鱼的腹部、内脏、肌肉等情况。

实训要求

根据观察结果填写表格，见表7-13。

表 7-13　鲫鱼不同鲜度的感官特征

项目	新鲜鲫鱼	较新鲜鲫鱼	腐败变质鲫鱼
体表			
眼球			
鳃部			
腹部			
肌肉			
鱼体硬度			

建议浏览网站及阅读书刊

[1] http://www.aquainfo.cn//中国水产信息网

[2] ［美］哈洛德·马基. 厨艺之钥（上）. 南京：江苏文艺出版社，2017.

[3] ［日］岛谷宗宏. 鱼类贝类肉类蔬菜加工一本通. 北京：人民邮电出版社，2018.

[4] 周德庆，刘楠. 海鲜食用宝典. 青岛：中国海洋大学出版社，2018.

[5] 陈长芳. 中餐海鲜烹饪大全. 北京：旅游教育出版社，2019.

[6] ［日］川上文代. 食鲜：全球百种海鲜料理技能详解. 武汉：华中科技大学出版社，2019.

[7] ［日］加藤昌一. 海水鱼大图鉴. 北京：中国友谊出版公司，2019.

[8] 张国利. 中国刺身·海鲜姿造基础教程. 北京：中国轻工业出版社，2019.

参考文献

[1] 廖玉麟. 中国动物志. 棘皮动物门. 海参纲. 北京：科学出版社，2016.
[2] 董正之. 中国动物志软体动物门头足纲. 北京：科学出版社，2016.
[3] 斯蒂文·W等. 世界重要经济海参种类. 北京：中国农业出版社，2017.
[4] 本书编委会. 水产品加工学. 北京：中国轻工业出版社，2017.
[5] 杨文. 中国南海经济贝类原色图谱. 第2版. 北京：中国农业出版社，2017.
[6] 陈立侨，堵南山. 中华绒螯蟹生物学. 北京：科学出版社，2017.
[7] 章超桦，薛长湖. 水产食品学. 第3版. 北京：中国农业出版社，2018.
[8] 申铉日等. 水产品加工副产物的综合利用. 北京：科学出版社，2018.
[9] 潘英俊. 海味制作图解1. 广州：岭南美术出版社，2018.
[10] 刘淇等. 神奇的海参. 北京：中国农业出版社，2019.

第八章 调辅料

学习目标

知识目标

- 了解调味料的概念、分类和作用；以及调味料的掺假与鉴别；
- 掌握常见调味料的特点、烹饪应用与品质检验；
- 掌握辅助料的种类、特点、烹饪应用、检验和贮存。

能力目标

- 能识别各种常见的调味料，鉴别常用的调味料的优劣；
- 能在烹饪中合理使用各种基础调味料和复合调味料；
- 能在烹饪中合理节约用水，正确使用淀粉、油脂，按法规使用食品添加剂。

第一节 调辅料概述

调辅料包括调味料和辅助料。调味料（Condiment）是指在饮食、烹饪和食品加工中广泛应用的，用于调和滋味和气味，并具有去腥、除膻、解腻、增香、增鲜等作用的产品；辅助料包括水、淀粉、油脂和食品添加剂等，在烹饪中作为传热介质，或用于保色、增色、调香、增稠等作用而广泛应用。

人类对食物的本质要求包括安全、营养、美味等，其中食物的美味占有重要地位，而且是界限性标志。无论是餐饮业、食品企业还是家庭日常饮食，要加工烹制出美味食品，调辅料的选择、调味方法的运用是关键因素。古人对此即有精解，如《吕氏春秋·本味篇》载："调和之事，必以甘、酸、苦、辛、咸。先后多少，其齐甚微，皆有自起"，达到"久而不弊，熟而不烂，甘而不浓，酸而不酷，咸而不减，辛而不烈，淡而不薄，肥而不腻"的标准。调味料是现代物质生活丰盛的折射，随着人民生活水平的不断提高，对食品美味的要求不断提高，对调味料的需求也日益高涨和多样化，并成为推动餐饮业发展的动力之一。

知识链接

《随园食单》中的须知单——“作料须知”

原著：厨者之作料，如妇人之衣服首饰也。虽有天姿，虽善涂抹，而敝衣蓝缕，西子亦难以为容。善烹调者，酱用伏酱，先尝甘否；油用香油，须审生熟；酒用酒酿，应去糟粕；醋用米醋，须求清冽。且酱有清浓之分，油有荤素之别，酒有酸甜之异，醋有陈新之殊，不可丝毫错误。其它葱、椒、姜、桂、糖、盐，虽用之不多，而俱宜选择上品。苏州店卖秋油，有上、中、下三等。镇江醋颜色虽佳，味不甚酸，失醋之本旨矣。以板浦醋为第一，浦口醋次之。

译文：厨师用的作料，就好比女人的衣服首饰。女人虽然有天姿国色，善于化妆打扮，然而衣衫褴褛破旧，就是西施也难以打扮得漂亮。善于烹调的人，十分注意所用的作料，酱要用伏天制作的，用前要先尝一尝味道是否甜；油要用香油，一定要检查油的生熟；酒要用酒酿，还要去掉糟粕；醋要用米醋，必须清冽。同时酱又有清浓之分，油又有荤素之别，酒也有酸甜的差异，醋还有陈醋新醋的区别，这些使用起来不可有丝毫的马虎。其他东西如葱、椒、姜、桂、糖、盐之类，虽用得不多，但都应当选择品质上等的。苏州店出售的秋油（酱油的一种），分为上、中、下三等。镇江的醋颜色虽然不错，但味道不太酸，失去了醋的根本。醋以板浦（现连云港市海州区板浦镇）的最好，浦口（现南京市浦口区）产的次之。

一、调辅料的分类

中国菜调味讲究技艺性，菜肴的调味技术是厨师应具备的基本功，而通晓各种调味料的性质、功用则是掌握调味技术的前提。国家标准“调味料分类”（GB/T 20903—2007）按照调味料终端产品分为食用盐、食糖、酱油、食醋、味精、芝麻油等17大类；根据其性质或来源分为天然调味料及化学调味料；根据调味料的作用，可分为呈味调料、呈香调料及呈色调料等；按其用途又可分为烧烤专用调料、方便面汤料、火锅调料、十三香调料、快餐调味料等；按商品形态分为液态、油态、粉状、粒状、糊状、膏状等。本章结合“调味料分类”（GB/T 20903—2007）、“绿色食品 复合调味料”（NY/T 1886—2010）标准及餐饮业特点，将调辅料分为基础调味料、复合调味料、辅助料和食品添加剂四大类，见图8-1。

大多数调辅料兼具多种调配功能，如酱油既可以调味，也可以调色，又兼具增香的功能；咖喱粉中的姜黄既能够调色又可以调香，黄酒既调味又调香等。

二、调辅料在烹饪中的作用

元代杂剧《百花亭》有“早起开门七件事，柴米油盐酱醋茶”。调辅料在烹饪中虽然用量不大，却应用广泛，变化很大，作用不小，对食品的风味特色起重要调和作用，许多调辅料还有一定的营养保健功能与杀菌消毒作用。

（一）形成食品美好的风味

食物包括主食、菜肴、面点、小吃等，而色泽、香味、滋味、质感、形状、温度等物理

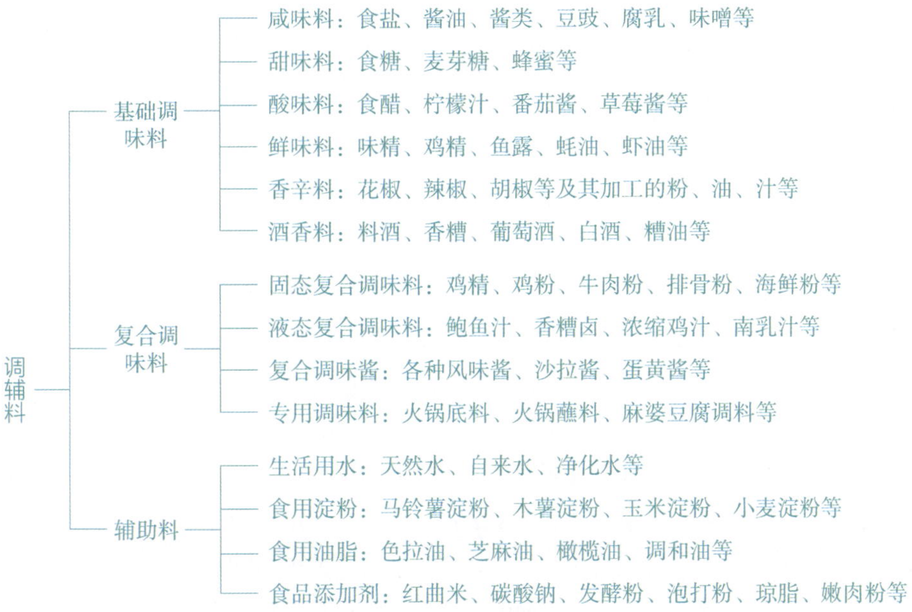

图8-1 调辅料的分类

化学属性，共同构成了这些食品的风味。无论是餐饮手工烹饪，还是食品机器生产，都要用到调辅料，以形成食物美好的风味。如：酱油、味精的增鲜；椒盐、料酒的去腥；番茄酱、沙拉酱、辣椒酱、咖喱酱等因其独特的形态而改变菜品的外观形态；老抽、生抽的调色；芝麻油、花椒油的增香；葱、姜、蒜、辣椒、花椒、胡椒等的增味、赋香。

（二）增加食品的营养保健功能

许多调辅料能增加食品的营养，如食盐是人体无机盐“钠”的主要来源；味精含有谷氨酸钠成分；糖、淀粉及油脂是人体热能的主要来源，糖还能起到保肝的作用；含碘量高的碘盐、补血酱油、维生素B_2酱油等都具有增加人体生理机能、治病、防病的功用；醋可软化植物纤维，促进糖、磷、钙的吸收，有保护维生素C的作用。

许多调料还有较强的药用价值及防腐抗氧化性能。按照传统既是食品又是中药材物质中（附录1），丁香、八角茴香、小茴香、花椒、黑胡椒、肉豆蔻、肉桂皮、砂仁、姜（生姜、干姜）、高良姜、黄芥子、薤白、紫苏、橘皮、薄荷、甘草、淡豆豉、蜂蜜等20多种属于常用的调料，可用于保健食品名单中的白豆蔻、酸角、玫瑰花、玫瑰茄、姜黄、荜拨等，亦属于调料。如蜂蜜有润肠通便的作用；小茴香能防止骨骼矿物质的流失、预防骨质疏松症；当归、干姜去寒补血；丁香、砂仁能防腐保鲜等。

（三）具有杀菌消毒的作用

有些调料的成分具有杀灭或抑制微生物生长繁殖的作用。如葱中的挥发性辣素有较强的杀菌作用；蒜中所含蒜氨酸在胃中可生成大蒜素具有较强的杀菌能力，可以杀死多种致病微生物；辣椒能杀灭胃及腹中的寄生虫；食醋能杀死葡萄球菌、大肠杆菌、嗜盐菌、痢疾杆菌等，防止肠胃疾病的发生。八角提取的莽草酸对细菌有致死作用，特别是八角提取物对病原菌有明显的杀灭作用。

三、调辅料的掺假与鉴别

调辅料品种繁多，近年来，在调辅料中掺假，以次充好，以不合格调味料冒充合格产品，以非食品原料加工食品等违法和犯罪行为时有发生。

（一）调辅料掺假的方式

1．假冒

采取好的、漂亮的精制包装或夸大的标签说明与内装食品的种类、品质、营养成分名不副实的做法称作假冒。例如：食醋的掺假一般表现为以假充真或以次充好，有4种形式：①以配制食醋冒充酿造食醋，但各项理化指标符合酿造食醋标准要求；②以不合格的配制食醋冒充配制食醋，其中不含酿造组分或酿造组分所占比例不到50%，但各项理化指标符合配制食醋标准要求；③以普通品牌食醋冒充知名度较高的食醋，如以非地理标志产品冒充地理标志产品；④以不合格食醋冒充合格食醋，其中有一项或多项理化指标不符合酿造食醋或配制食醋标准要求。再如使用霉烂的花生、玉米、糕粉加入其他植物油和添加剂等制作没有芝麻的芝麻酱；用炒过的莜面粉再加上色拉油配制成麻酱；用色拉油与香油精勾兑出假香油。

2．掺兑及混入

主要是在调辅料中掺入一定数量的外观类似的非同种物质取代原调辅料成分的做法，或虽种类相同但掺入质量低劣的物质。例如：用少量花椒粉掺入多量麦麸皮、玉米面等杂物制成假花椒粉；在纯芝麻酱中勾兑入花生酱；酱油中掺动物水解蛋白；香油掺米汤、食醋掺游离矿酸；味精中混入食盐；芥末粉掺入麦粉或其他淀粉类物质；胡椒粉掺入小麦粉或米粉；八角混入外观相似的莽草果；干姜面里掺入小米面、玉米面等。

3．粉饰

以色素（或颜料）、香料及其他严禁使用的添加剂对质量低劣的或所含营养成分低的调辅料进行调味、调色处理后，充当正常调辅料出售，以此来掩盖低劣的产品质量。例如：用酱色、食盐、味精和水做成的假酱油；用红色素与麸皮搅拌而成辣椒里的底货等。

此外，还有从调味料中提取出部分营养成分后仍冒充成分完整。如：将芝麻油中的芝麻素提取后再加芝麻香精。

（二）调辅料的鉴别

作为烹饪专业人员和消费者，掌握一些调辅料的鉴别知识，有利于选择适合烹饪的安全调辅料。调辅料的鉴别首先要了解相关标准。《中国食品工业标准汇编调味料卷（第2版）》共收录国家标准80项，行业标准60项，其中有大量调辅料的感官指标，主要包括色泽、气味、滋味和外观形态等。这是感官鉴评中最基础的知识，需要我们了解和掌握。其次，气味和滋味在鉴别时具有尤其重要的意义，只要某种调味料在品质上稍有变化，就可以通过其气味和滋味微妙地表现出来，故在实施感官鉴别时，应该特别注意这两项指标的应用。而对于液态调味料还应目测其色泽是否正常，更要注意酱、酱油、食醋等表面是否发霉或已经生蛆，对于固态调味料如腐乳、酱腌菜、味精等还应目测其外形或晶粒是否完整，所有调味料均应在感官指标上掌握到不霉、不臭、不酸败、不板结、无异物、无杂质、无寄生虫的程度。

第二节 基础调味料

传统的油、盐、酱、醋在烹饪调味中各具有不同的特点与作用，它们被称为基础调味料，其呈味作用相对比较单一。

一、咸味料

咸味是一种非常重要的基本味，它在调味中有着举足轻重的作用，人们常称之为“百味之王”。单一或复合咸味调料中的咸味主要来源于氯化钠。其他盐类如氯化钾、氯化铵、溴化钾、碘化钠等也都具有咸味，但同时也有苦味、涩味等其他的味感，因此，只有氯化钠的咸味最为纯正。烹饪中常用的咸味调料有食盐、酱油及酱类等。

1. 食用盐

食用盐又称食盐，以氯化钠为主要成分，用于食用的盐。食盐在自然界里分布很广，我国有极为丰富的食盐资源。

种类特征　按其生产和加工方法可分为精制盐、粉碎洗涤盐、日晒盐。以添加成分的不同，可分为普通食盐、营养食盐和加味食盐。营养食盐是指在精盐中增加添加剂而制成的食盐，如食盐中加入碘酸钾，可制得加碘盐，其他营养盐有加锌盐、铁盐、铜盐、低钠盐、维生素盐等，以此增加对矿质元素的补充或限制对钠的吸收。加味食盐是指在精盐中加入其他调味料制得的食盐，如花椒盐。

我国地理标志产品的盐有青海乌兰县的茶卡盐、漳县的漳盐；山东的莱州大粒盐、寿光海盐；海南岛盐等。

烹饪应用　食盐是菜肴调味中使用最广的咸味调料，同时具有助酸、助甜和提鲜的作用。由于Na^+和Cl^-具有强烈的水化作用，可帮助蛋白质吸收水分和提高彼此的吸引力，因此，少量的食盐不但可增加肉糜的黏稠力，还可促进面团中面筋质的形成。由于食盐能产生高渗透压，使微生物产生质壁分离，因此食盐还具有防腐杀菌的作用，常用腌制的方法来加工和贮存原料。食盐作为传热介质，具有传热系数大、温度升高快、表面积大等特点，可对一些原料进行加热或半成品加工，如盐炒花生、盐发蹄筋以及用于盐焗类菜肴的制作等。食盐具有高渗透压，能渗透到原料组织内部，增加细胞内蛋白质的持水性，促进部分蛋白质发生变性，因此可以调节原料的质感，增加其脆嫩度。

品质检验　食盐品质的优劣、碘盐的真假等可依据“GB 2721—2015 食品安全国家标准 食用盐”“GB 26878—2011 食品安全国家标准 食用盐碘含量”“GB/T 5461—2016 食用盐”“QB/T 2446—2018 自然食用盐”“NY/T 1040—2012 绿色食品 食用盐”等标准鉴别。

2. 酱油

酱油是中国传统的发酵调味料。“酱油”名称最早出现在宋朝，林洪的《山家清供》中有“韭叶嫩者，用姜丝、酱油、滴醋拌食”的记述。酱油的成分除食盐外，还有多种氨基酸、糖类、有机酸、色素及香味成分，以咸味为主，也有鲜味、香味等。

种类特征　根据加工方法的不同，酱油分为酿造酱油和配制酱油。酿造酱油（Fermented soy sauce）（GB 18186—2000）是以大豆和/或脱脂大豆、小麦和/或麸皮为原料，经微生物发酵制成的具有特殊色、香、味的液体调味料，按发酵工艺分为高盐稀态发酵酱油和低盐固态发酵酱油；配制酱油（Blended soy sauce）（SB/T 10336—2012）是以酿造酱油为主体，与酸水解植物蛋白调味液、食品添加剂等配制而成的液体调味料，其中，酿造酱油含量不少于50%。酿造酱油与配制酱油的区别在于是否加入了酸水解植物蛋白调味液。

根据口味和色泽分：浓口酱油（深色酱油）、淡口酱油（浅色酱油）、白酱油等。抽是提取的意思，分老抽和生抽两种。老抽中加入了焦糖色，颜色更深，适合肉类烹调增色；生抽的色浅，咸味比老抽要重一点，用于提鲜。根据酱油的不同配料分：辣味酱油、五香酱油、海鲜酱油、鱼露酱油、虾子酱油、冬菇酱油等。此外，为适合人体健康需要，还制作出了多种营养保健酱油。如铁强化酱油是按照标准在酱油中加入一定量的乙二胺四乙酸铁钠（NaFeEDTA）制成的营养强化调味料。根据使用方法的不同分：佐餐酱油和烹调酱油。如酱油标签中标注“佐餐”，则可用于蘸食、凉拌等直接入口食用。

我国地理标志保护产品的酱油有德阳酱油、温江酱油、杨芳林乡酱油、隆昌酱油和建湖三伏酱油。

烹饪应用　酱油的呈味以咸味为主，也有鲜味、香味等。在烹调中具有为菜肴确定咸味、增加鲜味的作用，还可增色、增香、去腥解腻，多用于冷菜调味和烧、烩菜品之中。由于酱油在加热中会发生增色反应，因此，长时间加热的菜肴，要防止酱油颜色变黑，也可采用糖色等增色。此外，还需注意菜品色泽与咸度的关系，一般色深、汁浓、味鲜的酱油用于红烧类上色菜；色浅、汁清、味醇的酱油多用于凉菜、蘸食或热炒菜烹调。

品质检验　酱油的品质可依据“GB 2717—2018 食品安全国家标准 酱油”进行鉴别。

3．酱类

酱是我国传统的调味料，是以富含蛋白质的豆类和富含淀粉的谷类及其副产品为主要原料，在微生物酶的作用下发酵而成的糊状调味料。

种类特征　依据“SB/T 10172—1993 酱的分类”，酱可分为豆酱、面酱和复合酱。豆酱是以豆类为主要原料，经微生物发酵酿制的酱类，包括黄豆酱、蚕豆酱、杂豆酱、味噌等，成品红褐色有光泽，糊粒状，有独特酱香，味鲜美。常见的为黄豆酱成品较干涸的为干态黄豆酱，较稀稠的为稀态黄豆酱。

面酱又称甜面酱，是以谷类为主要原料，经微生物发酵酿制的酱类，包括小麦酱和杂面酱。成品红褐色或黄褐色，有光泽、带酱香、味咸甜适口，呈黏稠状半流体。

复合酱是指以豆、面等酱为基料，添加其他辅料混合制成的酱类。主要品种有芝麻酱、花生酱、辣椒酱、黄豆复合调味酱等。

我国地理标志保护产品的酱有郫县豆瓣、贵州郎岱酱、湖北仙居麦酱、西藏索多西辣椒酱、云南汤池老酱等。

烹饪应用　豆酱和面酱一般用于烧、炒类菜肴，起增香、增色、解腻的作用，如酱爆肉丁、京酱肉丝、酱烧冬笋、回锅肉、酱酥桃仁等；作为食用北京烤鸭、香酥鸭时的葱酱味碟；也可作杂酱包子的馅心、杂酱面的调料；并用于酱菜、酱肉的腌制和酱卤制品的制作，如京酱肉、酱牛肉。复合酱可作为烧、卤、拌类菜肴的调味料，也可作为蘸料、涂抹食品直接食用。

甜面酱不宜直接放入菜肴中使用，也不宜兑汁使用。正确方法是：先用油将甜面酱炒熟炒透，除去部分水分，使其淡而不黏，咸中带甜，然后再放入菜肴烹制，这样成菜才有浓郁的酱味，色泽红褐、艳丽而富有光泽。

品质检验　酱类的品质可依据“GB 2718—2014 食品安全国家标准 酿造酱”“GB/T 24399—2009 黄豆酱”“GB/T 20560—2006 地理标志产品 郫县豆瓣”进行鉴别，也可参考行业标准“LS/T 3220—2017 芝麻酱”“QB/T 1733.4—2015 花生酱”“SB/T 10296—2009 甜面酱”“SB/T 10612—2011 黄豆复合调味酱”等鉴别。

二、甜味料

甜味是除咸味外可单独成味的基本味之一。在烹饪中常用的甜味调味料有各种食糖、蜂蜜、食用葡萄糖、麦芽糖、海藻糖等。

1．食糖

食糖是以蔗糖为主要成分的可食用的糖，烹饪中用于调制甜味。

种类特征　按食糖的主要加工工艺、品质及风味分为9类（GB/T 35886—2018 食糖分类）见表8-1。

表 8-1　食糖的分类及特点

品种			特点
1	白砂糖类	白砂糖	甘蔗汁、甜菜汁或原糖液清净处理后，经浓缩、结晶、分蜜及干燥所制得的洁白蔗糖结晶。有粗砂、中砂、细砂之分，甜味纯正，日常使用最广泛
		精幼砂糖	用原糖或其他蔗糖溶液，经精炼处理后制成的颗粒幼细、速溶的高档食用糖
2	赤砂糖		生产白砂糖的副产品。在加工过程中未经脱色、洗蜜等工序，表面附着糖蜜，还原糖含量高，色泽有红褐、赤红、青褐、黄褐等，不耐贮存
3	绵白糖		在细白砂糖中加入2.5%左右的转化糖后混合均匀而得的产品。甜度高，甜味柔和，晶粒细小均匀，质地绵软细腻，入口即化
4	原糖		甘蔗汁经清净、煮炼、分蜜制成的带有糖蜜的蔗糖结晶
5	方糖		由粒度适中的白砂糖类加入少量水或糖浆，经压（或铸）制成方块的糖
6	红糖		以甘蔗为原料，经提取糖汁，清净处理后，直接煮炼不经分蜜制炼而成的金黄色至红褐色的糖，含有维生素与微量元素，营养成分比白砂糖高
7	冰片糖		用冰糖蜜或砂糖蜜加砂糖为原料加工而成的片状糖制品，两面呈金黄色至棕色、蜡光面，供食品工业作原料，也可供食用和药物辅料之用
8	冰糖类	单晶体	砂糖经再溶、清净处理、重结晶而制得大颗粒结晶糖，单一晶体的大颗粒冰糖，每粒重1.5～2.0g
		多晶体	砂糖经再溶、清净处理、重结晶而制得大颗粒结晶糖，由多颗晶体并聚而成的大块冰糖，包括白冰糖、黄冰糖和琥珀冰糖
9	其他糖类	液体糖	以甘蔗、甜菜为原料的半成品或成品，经加工或转化工艺制炼而成的液态糖
		其他糖	包括但不限于糖霜、姜汁（粉）红糖等

我国地理标志产品的糖有惠州观音阁红糖、浙江义乌红糖。

烹饪应用　食糖用于中西菜肴、中西面点、饮料、小吃等的甜味调味；利用蔗糖在不同温度下的变化，可用于制作蜜汁、挂霜、拔丝、琉璃类菜肴及炒制糖色，其中白砂糖易结晶，适宜制作挂霜菜肴；绵白糖因含少量转化糖，结晶不易析出，适宜制作拔丝菜肴；糖和醋的混合，可产生一种类似水果的酸甜味，十分开胃可口；在制作发酵面点和面团时，加入适量的食糖可促进发酵作用；土红糖可用于制作复合酱油、腌渍泡菜等；冰糖纯度高，多用于银耳、燕窝、哈士蟆油等原料制作的甜菜或用于制作扒烧菜及药膳的制作。利用高浓度的糖溶液对微生物的抑制和致死作用，可用糖渍的方法保存原料。

品质检验　食糖的品质可依据“GB 13104—2014 食品安全国家标准 食糖”“NY/T 422—2016 绿色食品 食用糖”“GB/T 317—2018 白砂糖”“GB/T 1445—2018 绵白糖”“GB/T 35883—2018 冰糖”“GB/T 35884—2018 赤砂糖”“GB/T 35885—2018 红糖”“GB/T 15108—2017 原糖”“GB/T 35888—2018 方糖”等进行鉴别。

2．蜂蜜

蜂蜜是蜜蜂采集植物的花蜜、分泌物或蜜露，与自身分泌物混合后，经充分酿造而成的天然甜物质。我国是世界养蜂大国，2018年，全国蜂蜜产量约54.25万吨，总量位居世界前列。

种类特征　蜂蜜因为花源的不同，色、香、味和成分也不同，各国所产的蜂蜜也因花源的不同而有不同的颜色和形态。如紫云英蜜：色淡，微香，少异味；苜蓿花蜜：全世界产量最多，有浓郁的香味和甜味，口感温和；槐花蜜：颜色较淡浅，甜而不腻，不易结晶，有洋槐特有的清香；荔枝蜜：颜色较淡，气味清香，易结晶，有荔枝香味；柑橘花蜜：色淡，微酸，结晶细腻；依不同季节则因不同花源而产生文旦蜜、柑橘蜜、苹果蜜、哈密瓜蜜、咸丰草蜜、蔓泽兰蜜、向日葵蜜等，主要不同在香味上。

我国地理标志产品的蜂蜜有饶河蜂蜜、黄龙蜂蜜、贵德蜂蜜、桑植蜂蜜、本溪蜂蜜、习水岩蜂蜜、务川蜂蜜、岷县蜂蜜、桐梓蜂蜜、枝江蜂蜜、沁水刺槐蜂蜜、酉阳蜂蜜、晋城荆条花蜂蜜、唐家河蜂蜜、桂岭蜂蜜、九寨沟蜂蜜、沙雅罗布麻蜂蜜、蜂桶蜂蜜、黑水中蜂蜜、阿坝蜂蜜、城口蜂蜜等。

烹饪应用　蜂蜜最简单的是用温水冲成饮料，也经常在面包或烤饼上直接涂抹。在烹饪中主要用来代替食糖调味，同时具有矫味、起色等作用，烧烤时加入蜂蜜，甜味和色泽会更好。在面点制作中，使用蜂蜜还可起改进制品色泽、增添香味、增进滋润性和弹性的作用。

也可在咖啡或红茶等的饮料中代替糖作为调味料使用。蜂蜜的主要成分之一果糖，在高温时不容易感觉到甜味，所以在热的饮品中添加蜂蜜时要注意不要过量。在红茶中加入蜂蜜时，会变成黑色，因为红茶中含有单宁酸，与蜂蜜中的铁分子结合，生成黑色单宁铁的缘故。而在绿茶中加入蜂蜜，会变成紫色，这也是判断蜂蜜真伪的依据之一。

营养保健　蜂蜜的成分中，葡萄糖、果糖占蜂蜜总量的65%～80%，所以蜂蜜很甜，还含有各种维生素、矿物质、氨基酸，1kg的蜂蜜含有2940kcal的热量。蜂蜜是糖的过饱和溶液，低温时会产生结晶，生成结晶的是葡萄糖，不产生结晶的部分主要是果糖。不仅仅是在冰箱里，即使冬天放在室内储藏也会产生结晶。当加热时结晶又会重新变回液体，并不是质量的问题。蜂蜜水分含量少，保存性非常好，细菌和酵母菌都不能在蜂蜜中存活，所以有人说蜂蜜是唯一不会变坏的食品。

蜂蜜被列为既是食品又是中药材的物质（附录1）。作为一种中药，有润燥通便的疗效，可以用于治疗口腔炎和咳嗽，作为外用药，蜂蜜可以促进伤口愈合，治疗溃疡，与中药材的粉末一起做成蜜丸。食蜂蜜的时候别吃豆腐，因为蜂蜜有果糖，与豆类食品融合后会出现钙化情况，导致消化不良。

品质检验　蜂蜜的品质可依据“GB 14963—2011 食品安全国家标准 蜂蜜”“GH/T 18796—2012 蜂蜜”进行鉴别。

三、酸味料

酸味是酸性物质离解出的氢离子在口腔中刺激味觉神经后而产生的一种味觉体验。自然界的酸性物质大多数来自植物性原料。酸味具有缓甜减咸、增鲜降辣、去腥解腻、刺激食欲、帮助消化的独特作用。此外，酸遇碱可发生中和反应而失去酸味；在高温下，酸性成分易挥发也可失去酸味。因此，在使用酸味调味料时，需注意这些变化的发生。在烹调中常用的酸味调味料有食醋、果汁（酱）类。

食醋

食醋是单独或混合使用各种含有淀粉、糖的物料、食用酒精，经微生物发酵酿制而成的液体酸性调味料。我国食醋西周已有，晋阳（今太原）是我国食醋的发祥地之一，史称公元前8世纪晋阳已有醋坊，春秋时期遍及城乡，至北魏时《齐民要术》共记述了22种制醋方法。

种类特征　根据“SB/T 10174—1993食醋的分类”，食醋分为酿造食醋和配制食醋。酿造食醋为我国传统的食用醋，按发酵工艺分为固态发酵食醋和液态发酵食醋；按原料不同可分为粮谷醋（高粱陈醋、糯米香醋、麸醋、熏醋、米醋、谷薯醋）、酒精醋、糖醋、酒醋、果醋、再制醋。日本和西方国家多采用以葡萄汁为主的水果汁或麦芽汁为原料，经液态发酵工艺生产的食醋。配制食醋是以酿造食醋为主体，与冰乙酸等混合配制而成的调味食醋，且酿造食醋的添加量不得少于50%。

我国地理标志产品的食醋有板浦汪恕有滴醋、镇江香醋、山西老陈醋、永春老醋、独流（老）醋、赤水晒醋、吴起荞麦香醋、辉县柿子醋、禄丰香醋、湟源陈醋、丹东塔醋、山西水塔醋、松溉健康醋等。

烹饪应用　醋是烹饪中运用得较多的调味料，主要起赋酸、增香、增鲜、除腥膻、解腻味等作用。在烹饪中主要用于调制复合味，是调制糖醋味、荔枝味、鱼香味、酸辣味等的重要调料。醋还具有抑制或杀灭细菌、降低辣味、保持蔬菜脆嫩、防止酶促褐变、保持原料中的维生素C少受损失等功用。醋可促进人体对钙、磷、铁等矿物元素的吸收。用食醋作为主要调味料制作的名菜有“西湖醋鱼”“醋椒鱼”“醋熘鳜鱼”“糖醋黄河鲤鱼”“糖醋排骨”“咕噜肉”“酸甜竹节肉”等。

由于醋酸不耐高温，易挥发，在使用时应根据需要来决定醋的用量和投放时间。如是在烧鱼时用于腥味的去除，应在烹制开始时加入；如是制作酸辣汤等呈酸菜肴，应在起锅时加入，或是在汤碗内加醋调制；如是用于凉拌菜起杀菌的作用，则应在腌渍时加入。

营养价值　食醋的主要成分是5%～8%的醋酸，还含有乳酸、葡萄糖酸、琥珀酸、氨基酸、酯类及矿物质和维生素等其他成分，酸味柔和、鲜香适口。食醋具有一定的保健作用，有开胃、养肝、散瘀、止血、止痛、解毒、杀虫等功效。现代医学认为，经常食醋可以起到软化血管、降低血压、预防动脉硬化的保健作用。

品质检验　食醋的品质可依据“GB 2719—2018 食品安全国家标准 食醋”“GB/T 18187—2000 酿造食醋”进行鉴别。

四、鲜味料

鲜味是一种优美适口、激发食欲的味觉体验。鲜味物质广泛存在于动植物原料中，如畜肉、禽肉、鱼肉、虾、蟹、贝类、海带、豆类、菌类等原料。产生鲜味的物质主要有氨基酸（谷氨酸、天门冬氨酸）、呈味性核苷酸（肌苷酸、鸟苷酸）、酰胺、氧化三甲基胺、有机酸（琥珀酸）、低肽等。这些物质的钠盐鲜味更显著。鲜味不能独立成味，需在咸味的基础上才能体现。

鲜味可使菜点风味变得柔和、诱人，能促进唾液分泌、增强食欲，所以在烹饪中，应充分发挥鲜味调味料和主配原料自身所含鲜味物质的作用，以达到最佳呈味效果。需注意的是鲜味物质存在着较明显的协同作用，即多种呈鲜物质的共同作用，要比一种呈鲜物质的单独作用，其呈鲜力强，这个特点，在中餐烹饪中得到广泛的应用。

烹调中常用的鲜味调味料有从植物性原料中提取的或利用微生物发酵产生的味精、蘑菇浸膏、素汤、香菇粉、腐乳汁、笋油、菌油等；有利用动物性原料生产的鸡精、牛肉精、肉汤、蚝油、虾油、蛏油、鱼露、海胆酱等。除普通味精为单一鲜味物质组成外，其他鲜味调味料基本上都是由多种呈鲜物质组成，所以鲜味浓厚、回味悠长。

味精

味精是以碳水化合物（如淀粉、玉米、糖蜜等糖质）为原料，经微生物（谷氨酸棒杆菌等）发酵、提取、中和、结晶、分离、干燥而制成的具有特殊鲜味的白色结晶或粉末状调味料。味精最初是1866年德国人从植物蛋白质中提炼过，1908年由日本东京大学池田菊苗教授在海带中发现并提取的。我国的味精产业起始于1919年，由我国著名爱国实业家吴蕴初经 3 年多的钻研研制而成，自1992年以后，我国的味精年产量一直稳居世界第一。

种类特征　味精按加入成分分为三类：①味精（99%）；②加盐味精：在味精中定量添加了精制盐的混合物，味精含量不低于80%；③增鲜味精：指在味精中，定量添加了核苷酸二钠［5′–鸟苷酸二钠（简称GMP）、5′–肌苷酸二钠（简称IMP）或呈味核苷酸二钠（IMP+GMP）］等增味剂的混合物。

知识链接

味精与鸡精、鸡粉、鸡汁

味精、鸡精、鸡粉和鸡汁都是增鲜调味品，但差别较大。鸡精和鸡粉都是以味精、食用盐、鸡肉／鸡骨的粉末或其浓缩抽提物、呈味核苷酸二钠及其淀粉等辅料为原料，添加或不添加香辛料和／或食用香料等增香剂经混合、干燥加工而成，具有鸡的鲜味和香味的复合调味料。鸡精和鸡粉只是形态和配方标准不一样：鸡精为粉状、小颗粒状或块状，每100g鸡精中味精含量≥35g，呈味核苷酸二钠≥1.1g，食盐≤40g；鸡粉为粉状，每100g鸡粉中味精含量≥10g，呈味核苷酸二钠≥0.3g，食盐≤45g。鸡汁是以磨碎的鸡肉或鸡骨或其浓缩抽提物以及其他辅料等为原料，添加或不添加香辛料和（或）食用香料等增香剂，加工而成的、具有鸡的浓郁鲜味和香味的汁状复合调味料。

味精是一种单一鲜味的基础调味品；鸡精、鸡粉和鸡汁都是具有鲜味和香味的复合调味品。味精是生物发酵工程技术的结晶，其工艺科技含量较高；鸡汁是采用现代生物酶解抽提技术开发的新一代调味品；而鸡精和鸡粉生产则是相对简单的复合、造粒、膨化工艺。鸡精和鸡粉的主要原料仍然是味精，也就是说鸡精和鸡粉只是味精的一种再加工产品。鸡汁有鸡肉原有的营养成分，口味浓鲜，香味自然醇厚，烹调时，入味快，沉淀极少，厚味及回味优于其他增鲜调味品。

烹饪应用　味精是现代中餐烹调中应用最广的鲜味调味料，主要用于味淡菜肴的增鲜，可以增进菜肴本味，促进菜肴产生鲜美滋味，增进人们的食欲，有助于对食物的消化吸收，并且可起缓解咸味、酸味和苦味的作用，减少菜肴的某些异味。味精的最佳溶解温度为70～90℃。在一般烹调加工条件下较稳定，但长时间处于高温下，易变为焦谷氨酸钠而使鲜味丧失。另外，在碱性条件下，味精会转变为谷氨酸二钠，鲜味丧失；在酸性条件下，溶解度降低，而使呈鲜能力下降甚至消失。为使味精表现出良好的鲜味，菜肴中添加味精多在出锅前或装盘后进行，不宜将味精与原料一同进行加热，使用时须与食盐配合，在烹调酸甜类菜肴中一般不用。

安全控制　1973年，联合国食品法规委员会（CAC）就把谷氨酸钠归入到推荐的安全型食品添加剂中；1987年，联合国粮农组织和世界卫生组织食品添加剂法规委员会也取消了对味精限量的规定；美国食品药品管理局（FDA）在大量文献和试验的基础上得出了长期食用味精对人体没有任何障碍的结论；1999年，我国完成了长期毒理试验，与国际一致，即食用味精是安全的。但是，安全的不一定健康，如加盐味精含盐量最高达20%，每日用量不宜过多才是健康的。

品质检验　味精的品质可依据“GB 2720—2015 食品安全国家标准 味精”“NY/T 1053—2018 绿色食品 味精”进行鉴别。

五、香辛料

香辛料是指可直接使用的能赋予食品以香、辛、辣等风味的具有赋香、调香、调味功能的天然植物性产品，包括植物果实、种子、花、根、茎、叶、皮或全株。在我国，香辛料绝大多数种类为传统中草药，民间习称为香药料、卤料、佐料等。我国已发现的野生香料植物和栽培品种共60多科400多种，“GB/T 21725—2017 天然香辛料 分类”将常用的67种香辛料依据呈味特征，分为浓香型、辛辣型和淡香型三大类，见表8-2。香辛料的利用形态有粉碎香辛料、少量香辛料精油及复合香辛料（如五香粉）等。

表 8-2　天然香辛料的分类、品种及特点

类别	品种（英文名）	特点
浓香型	丁香（Clove）、八角茴香（Star anise）、小豆蔻（Small cardamon）、小茴香（Fennel）、大清桂（Vietnamese cassia）、牛至（Oregano）、龙蒿（Tarragon）、百里香（Thyme）、阴香（Lndonesia cassia）、多香果（Pimento allspice）、肉豆蔻（Nutmeg）、芹菜籽（Celery）、芫荽（Coriander）、葛缕子（Caraway）、莳萝（Dill）、香豆蔻（Greater Indian cardamom）、桂皮（Chinese cassia）、甜罗勒（Sweet basil）	以浓香为主要呈味特征，呈味成分多为芳香族化合物，无辛、辣等刺激性气味
辛辣型	大蒜（Garlic）、大葱（Welsh onion）、小葱（Chive）、白欧芥（White mustard）、白胡椒（White pepper）、木姜子（Litsea）、花椒（Prickly ash）、阿魏（Asafoetida）、姜（Ginger）、洋葱（Onion）、香茅（Lemongrass）、砂仁（Villosum）、韭葱（Winter leek）、高良姜（Greater galanga）、荜拨（Long pepper）、黑芥子（Black mustard）、椒样薄荷（Peppermint）、辣椒（Chilli，capsicum）、辣根（Horseradish）、薄荷（Fieldmint）	以辛、辣味等强刺激性气味为主要呈味特征，呈味成分多为含硫或酰胺类化合物
淡香型	调料九里香（Curry）、山柰（Kaempferia）、月桂叶（Laurel）、甘草（Licorice）、石榴（Pomegranate）、甘牛至（Sweet marjoram）、香椿（Chinese mahogany）、芝麻（Sesame）、芒果（Mango）、香旱芹（Ajowan）、杨桃（Carambola）、豆蔻（Cambodian cardamom）、菖蒲（Sweet flag）、枫茅（Srilanka citronella）、刺柏（Juniper）、刺山柑（Caper）、细叶芹（Charvil）、欧芹（Parsley）、罗晃子（Tamarind）、枯茗（Cumin）、姜黄（Turmeric）、胡芦巴（Fenugreek）、草果（Tsao-ko）、香荚兰（Vanilla）、迷迭香（Rosemary）、留兰香（Garden mint）、圆叶当归（Angelia）、蒙百里香（Wild thyme）、藏红花（Saffron）	以平和淡香、香韵温和为主要呈味特征，无辛辣等强刺激性气味

香辛料之所以能促进食欲，是因为各种特有香气成分使消化器官的黏膜受到强烈刺激，提高了中枢神经的作用，促使输送到消化器官的血液增多，消化液分泌旺盛，从而促进了食欲并改善了消化。与此同时，也促进了肠道的蠕动，使营养更好地被吸收。中枢神经作用的提高，使血液畅通，在寒冷季节能使身体暖和，辣椒常用于此目的。

辣椒

辣椒为茄科辣椒属能结辣味浆果的一年生或多年生草本植物，是目前世界上普遍栽培的茄果类蔬菜。作为辣味调料使用的主要是辣椒制品，见图8-2。

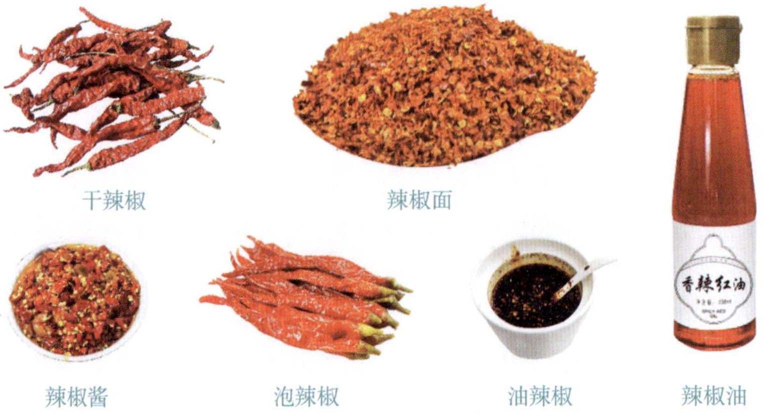

图8-2　辣椒制品

种类特征 辣椒鲜果可作蔬菜或磨成辣椒酱，或做泡辣椒，老熟果经干燥，即成辣椒干，磨粉可制成辣椒粉或辣椒油。

干辣椒：又称干海椒，是用新鲜尖头辣椒的老熟果晒干而成。果皮带革质，干缩而薄，外皮鲜红色或红棕色，有光泽，辣中带香，各地均产，主产于四川、湖南，品种有二荆条、朝天椒、羊角椒等。

辣椒粉：又称辣椒面，是将干辣椒碾磨成粉面状的一种调料。选择时以色红、质细、籽少、香辣者为佳。

辣椒油：又称红油，是用油脂将辣椒面中的呈香、呈辣和呈色物质提炼而成的油状调味料。成品色泽艳红，味香辣而平和，是广为使用的辣味调味料之一。

辣椒酱：常用的辣味调料，即将鲜红辣椒剁细或切碎后，再配以花椒、盐、植物油脂等，然后装坛经发酵而成，为制作麻婆豆腐、豆瓣鱼、回锅肉等菜肴及调制“家常味”必备的调味料。使用时需剁细，并在温油中炒香，以使其呈色呈味更佳。加入蚕豆瓣的辣椒酱也称豆瓣酱。

泡辣椒：常以鲜红辣椒为原料，经乳酸菌发酵而成，四川民间制作泡辣椒时常加入活鲫鱼，故又称鱼辣椒。成品色鲜红，质地脆嫩，具有泡菜独有的鲜香风味。

我国地理标志产品的辣椒制品有索多西辣椒酱、高台辣椒干、兖州干辣椒、永丰辣酱、富顺香辣酱等。

烹调应用 辣椒制品都能增加菜肴的辣味，品种不同，运用略有差异。干辣椒在烹饪中运用极为广泛，具有去腥除异、解腻增香、提辣赋色的作用，广泛使用于荤素菜肴的制作；辣椒粉在烹调中不仅可以直接用于各种凉菜和热菜的调味，或用于粉末状味碟的配制，而且还是加工辣椒油的原料。辣椒油广泛应用于拌、炒、烧等技法的菜肴和一些面食品种。在制作不同辣味的菜肴时也常用到辣椒油，如调制麻辣味、蒜泥味、酸辣味、红油味、怪味等等，均需用到辣椒油。泡辣椒是调制“鱼香味”必用的调味料。使用时需将种子挤出，然后整用或切丝、切段后使用。

知识链接

李氏辣度

李氏辣度是由重庆德庄农产品开发有限公司于2017年创建的一种对火锅底料辣度的分级方法，将消费者的辣度等级评定意见与麻辣火锅底料中辣味主要成分辣椒素类物质含量结合，将辣度等级划分为微辣、低辣、中辣、高辣、特辣、暴辣6个，使用高效液相色谱仪检测麻辣火锅底料中辣椒素类物质的含量，取9～29°代表李氏辣度的微辣范围，标示辣度为12°，依次有36°代表低辣；45°代表中辣；52°代表高辣；65°代表特辣；75°代表暴辣（DB50/T 870—2018 麻辣火锅底料辣度量化及等级划分）。

李氏辣度实现了产品标准化，而不再是靠调料师傅口尝来确定感官辣度。将不容易被消费者认知的辣椒素类物质含量换算成便于消费者理解的度数，解决消费者选择麻辣火锅底料辣度的难点和痛点，可以使消费者更能理解和选择适合的辣度，满足了吃辣人群的需要，有利于消费者科学吃辣、合理吃辣、健康吃辣。

品质检验　辣椒制品的品质可依据“GB/T 30382—2013 辣椒（整的或粉状）”“GB/T 20293—2006 油辣椒”“GB/T 23183—2009 辣椒粉”“NY/T 1070—2006 辣椒酱”“SB/T 11192—2017 辣椒油”等进行鉴别。

六、酒香料

酒不仅是饮品，同时又是人们日常烹调佳肴美味的重要调味料。酒中的主要成分是乙醇，此外还含有其他的高级醇、酯类、单双糖、氨基酸等多种成分，具有去腥除异、增香增色、助味渗透的作用。特别是在烧煮鸡、鸭、鱼、肉、虾、蟹之类腥味原料时，需要烹入一些料酒，这样既能起到除去腥味的作用，又能增加菜肴的鲜香。

西餐烹调多用葡萄酒。干性的白葡萄酒是做鱼、海鲜、牛仔肉及鸡菜式时不可缺的，除了能有效去除海鲜的腥味，还能带出其原有的鲜味；馥郁的红葡萄酒是牛肉的绝佳搭配，用作浸渍或烹煮均十分理想，如红酒烧牛肉、红酒烩牛尾、红酒酿牛肉卷等；香槟酒多伴于鱼虾等海鲜类的汁，用香槟调制将更加美味可口；雪利酒常用于牛肉清汤的烹调，加入后清香无比，更能显露出牛肉的香味；白兰地能去除异味，增加香味，西餐多用于腌制肉类、冻肉批加工、煎扒肉类及调制黑椒汁等。

中餐烹调广为使用的是料酒，呈香成分多，酒精含量低，营养价值较高，其他酒多用于一些特殊菜式的制作，如醉鸡、炝虾用高度白酒；葡汁鸡、贵妃鸡翅用葡萄酒，还有啤酒鸡、汾酒牛肉、百花酒焖肉等。此外，香糟及香糟卤、糟油和醪糟也常用于糟香风味菜式的制作。

料酒

凡在烹调中所用的酒，统称“料酒”。20世纪80年代初，某些酒厂采用黄酒酒糟二次发酵，并添加一些烹调用香料，生产出一种低度黄酒——料酒，产品一上市大受欢迎，很快波及全国。料酒从其名称出现算起，至今已40年左右。历史上是用黄酒作料酒，既可以饮用，又可以烹饪用。现在的料酒在黄酒酒基中添加香料和食用盐，失去了饮用的条件，成了专门供烹饪用的调味料。料酒与饮用型黄酒在营养卫生指标、风味、价格和包装等方面都不一样。

种类特征　烹饪用的料酒大致分四类：①勾调料酒，以黄酒为酒基，稀释3～5倍，补加食用酒精和水，再添加香辛料、味精、食用盐、焦糖色等，静置过滤，杀菌包装，目前产量最大，为市场之大宗产品；②特制料酒，即加香料的黄酒。这种料酒主要是用黄酒酒糟或玉米原料，加曲，加酒母单独发酵，后期加入大料、桂皮、丁香等香料，品种数量自行确定，压榨取汁、杀菌灌装而成。③黄酒类，直接用黄酒作料酒用，如福建用红曲黄酒，山东、华北地区用即墨老酒，山西、内蒙古用干榨黄酒，江、浙、沪、宁和江西用低档黄酒等，都能起到理想的调味调香作用；④优级料酒，以稻米为原料，经浸米、蒸煮、加曲，糖化、发酵、压榨、煎酒、陈酿，添加食用盐，添加或不添加植物香辛料加工而成，这种料酒最为科学，使用中既不干扰厨师技艺，又能突出菜肴风味，而且用途广泛，适合于煎炒、炖煮多种烹饪方法。

料酒无地理标志产品。我国地理标志产品的黄酒有绍兴黄酒、嘉善黄酒、丹阳黄酒、如皋白蒲黄酒、房县黄酒、南丰黄酒、陕西户县黄酒、甘泉黄酒、绿杨桥封缸酒、崇明老白酒、吉山老酒等。

烹饪应用　料酒在动物原料的烹调过程中使用极为广泛，无论是原料的腌汁或者是加热过程中的调味，都可加以运用。主要作用为祛腥膻、解油腻。烹调时加入料酒，能使造成腥膻味的物质溶解于酒精中，随着酒精挥发而被带走。料酒的酯香、醇香同菜肴的香气十分和谐，用于烹饪不仅为菜肴增香，而且通过乙醇挥发，把食物固有的香气诱导挥发出来，使菜肴香气四溢。料酒中还含有多种多糖类呈味物质，而且氨基酸含量很高，用于烹饪能增添鲜味，使菜肴具有浓郁的滋味。在烹饪肉、禽、蛋等菜肴时，调入料酒能渗透到食物组织内部，溶解微量的有机物质，从而令菜肴质地松嫩。

在使用时应该注意用量，不可太多，以不影响菜肴口感、无残留酒味为宜。另外，应根据料酒在烹调中所起的作用不同，在不同时间加入。如要去腥除异、助味渗透，应在烹制前码味时加入；如要菜品增色增香，应在烹制过程中加入；如要增加醇香，应勾兑入芡汁在起锅时加入。

品质检验　料酒的品质可依据“SB/T 10416—2007 调味料酒”鉴别，也可参考“QB/T 2745—2005 烹饪黄酒”“T/ZZB 0527—2018 酿造料酒”“T/FJSP 0005—2018 红曲酿造料酒”“T/CBJ 8101—2019 谷物酿造料酒”进行鉴别。

第三节　复合调味品

随着人们生活水平的提高和生活节奏的加快，人们对快捷、方便、味美、富含营养的调味料需求量越来越大。利用调味料信手烹出地道口味，已是广大消费者日趋重视的问题。由此，近年来调味料市场中复合味调味料、专用调味料迅速充满商场，并不断发展、不断翻新。

一、复合调味料

复合调味料是指用两种或两种以上的调味料为原料，添加或不添加辅料，经相应工艺加工制成的可呈液态、半固态或固态的产品（GB 31644—2018）。复合调味料在中国有着悠久的发展历史，早在1400多年前的北魏时期就有一种叫作“八和齑”的复合调味料出现。复合调味料还有着广泛的群众饮食基础，如十三香、五香粉、糟卤、蚝油、豆瓣辣酱、海鲜酱、沙茶酱等都是普通家庭经常使用的复合调味料。餐饮行业的厨师们研发并自制的各种调味汁、火锅底料、火锅调味料、蘸粉、卤汁等也属于复合调味料。

复合调味料广泛用于中、西餐烹饪中，可以使原料在初加工时省去配制调料的步骤，无论是腌渍食材还是对菜品进行调味；无论是汤底的熬制还是调味蘸料的配制都可以通过各种复合调味料来实现，这大大地节省了厨师烹制菜品的时间，也为厨师的工作带来了便利。复合调味料还能解决连锁餐饮企业产品口味的标准化问题，例如连锁火锅企业使用自制的固体火锅底料进行统一配送，各分店只需要用开水进行冲兑就可以使汤底口味保持一致。同样的做法还适用于连锁面馆、连锁米线店、中式快餐连锁店等，口味的标准化决定着产品质量的标准化。

复合调味料种类繁多，依据“GB/T 20903—2007 调味料分类”可分固态复合调味料、液态复合调味料、复合调味酱三类，见表8-3。

表8-3　复合调味料分类

分类			品种
1	固态	粉状	咖喱粉、五香粉、十三香、七味辣椒粉（日本）、非钠盐、柠檬风味调味盐、辣椒味调味盐、洋葱复合调味粉、孜然调料粉、酱粉、酱油粉、水解蛋白粉、海鲜汤料、肉骨提取物、鸡味鲜汤料、牛肉汤料、口蘑汤料、香菇汤料、金针菇汤料、松茸汤料、野菌粉末汤料、番茄汤料、日式粉末汤料、饺馅调味粉、麻辣鲜汤料、方便面调味粉、速溶汤粉、营养蔬菜汤料、腌渍裹炸粉、鸡粉等
		颗粒状	鸡精、牛肉粉、排骨粉、贝精、鲣鱼精、菇精调味料等
		块状	鸡肉味、牛肉味、咖喱味、洋葱味、骨汤味、海鲜味等块状复合调味料
2	液态		鸡汁、糟卤、提取物类、酱汁类、汤料类、火锅类、日式滋佑汁、意面酱汁、生鲜蔬菜调味汁、油醋汁、香辛料调味油、香味油脂、蟹油、菌油等
3	复合调味酱		佐餐花色酱、面条调味酱、肉类及海鲜风味酱、果蔬复合调味酱、肉类风味膏、沙茶酱、柱侯酱、沙拉酱、蛋黄酱、半固态沙拉酱等

复合调味料的品质可依据“GB 31644—2018 食品安全国家标准 复合调味料”“NY/T 1886—2010 绿色食品 复合调味料”进行鉴别。

咖喱粉

咖喱粉是由洁净、干燥、完好的香辛料和调味料（不少于85%）经研碎、混合后得到的粉状调味料。咖喱是一个很宽泛的概念，它是17世纪英国人对印度饮食的一种概述，用来指代印度各地加有混合香料的浓稠酱汁或汤汁，由印度南部泰米尔语“kari”发展而来，有“许多的香料加在一起煮”的意思。印度无“咖喱”一说，也没有咖喱粉及所谓纯正的咖喱味。18世纪，英国克罗斯·布勒威公司把几种香辣料做成粉末来出售，便于携带和调和，大受好评，咖喱粉才传遍欧、亚、美洲。

中国人所吃的咖喱，最初是自广东引进，经过了马来西亚与新加坡风味融合过的南洋香料风味。所以有些中式咖喱菜，甚至会掺杂沙茶。我们所理解的咖喱，其实是英国人定制了、日本与东南亚各地再改良过的产物，是由姜黄、大蒜、洋葱、辣椒、生姜、茴香、丁香、肉桂这些调料所成的方便调料，咖喱菜式已经在亚太地区成为主流的菜肴之一。

种类特征　世界各地销售的咖喱粉的配方、工艺均有较大差异且秘而不宣，被视为机密。咖喱粉由10～20多种香辛料构成（见图8-3），一般分为赋香料（如肉豆蔻、芫荽、枯茗、小茴香、小豆蔻、众香子、月桂叶等，占40%）、赋辛辣料（如胡椒、辣椒、生姜等，占20%）和赋色料（如姜黄、郁金、陈皮、藏红花、红辣椒等，占30%），其中姜黄、芫荽籽、小豆蔻籽、莳萝、丁香罗勒核和红辣椒是6种最常用原料，尤其是姜黄更不可少。

咖喱的种类很多，以颜色来分，有棕、红、青、黄、白之别；根据配料细节上的不同来区分种类的咖喱大约有十多种；以国家来分，有印度、斯里兰卡、泰国、新加坡、马来西亚、日本等。印度是咖喱的鼻祖，地道的印度咖喱用料重，辣度强烈兼浓郁，印度没有咖喱食谱，很少人使用咖喱粉，使用时才特意研磨；日本咖喱又称“欧风咖喱”，一般不太辣，因为加入了浓缩果泥，所以甜味较重，可以伴饭吃，还可以作为拉面和乌冬面等汤面类食物的汤底；泰国咖喱加入了椰浆来降低辣味并增强香味，分青咖喱、黄咖喱、红咖喱等多个种

图8-3　咖喱粉常用香辛料构成

类，其中红咖喱最辣；马来西亚咖喱会加入芭蕉叶、椰丝及椰浆等特产，味道偏辣，著名的咖喱美食有叻沙面和咖喱面包。这些迥异不同的香料汇集在一起，就能够构成咖喱的各种令人意想不到的浓郁香味。

烹饪应用　咖喱粉的颜色为金黄色至深黄色，味道辛辣，香气浓郁而十分诱人。它的香气是各种原料香气混合而统一后的综合型香气，是烹饪中的一种特殊香味调料，可适用于多种原料和菜肴，无论是中餐、西餐中均能使用。一般在略微爆炒过洋葱、姜、蒜后，便可以将咖喱粉和综合香料一起倒入锅里炒香，然后再放肉类、蔬菜，加水熬炖入味，如咖喱牛肉、咖喱鸡块、咖喱鱼、咖喱饭等。使用时可直接将咖喱粉放入菜肴，也可调浆煸炒后再加其他原料烹制，还可做成调味汁用于冷菜、面食、小吃，或用植物油加些葱花与咖喱粉熬成咖喱油，使用更方便。在烹饪中对咖喱粉的正确使用，可使菜肴的色、香、味等各方面均可获得满意的效果。

营养价值　咖喱能促进唾液和胃液的分泌，增加胃肠蠕动，增进食欲；能促进血液循环，达到发汗的目的；美国研究人员发现，咖喱所含的姜黄素具有激活肝细胞并抑制癌细胞增殖的功能，常食咖喱有助于防止肝硬化和其他肝病；咖喱的芫荽籽，有很强的抑菌作用，可抑制肠道微生物引起的腹泻；咖喱还具有协助伤口愈合、预防老年痴呆症的作用；可改善便秘，有益于肠道健康；有助于提高骨密度，对预防中老年妇女常见的骨质疏松症有益。印度及其他南亚国家妇女的骨质疏松症和阿尔茨海默病的发病率普遍较低，研究人员推测与长期食用咖喱食品有关。

品质检验　咖喱粉的品质可依据“GB/T 22266—2008 咖喱粉”鉴别，咖喱酱可参考广东省团体标准“T/GDFCA 029—2019 咖喱酱”鉴别。

二、专用调味料

专用调味料指以天然动物性和植物性烹饪原料及多种调味原料为主料，运用现代加工工艺，研制而成的专门针对某一菜肴或某类菜肴及地方风味小吃的共同口味特点，制成营养价值较高的调味料。由于是专为某种食品的调味而设计的，因此决定了其品种多样和数量多的特性。日本较早就开发了专用于中式菜肴的复合调味料。如日本味之素于1978年生产的“麻婆豆腐调料”“青椒肉丝调料”“八宝菜调料”“宫保鸡丁”等，其称为中华调料，至1987年已发展到20多种。

中国最早推出的专用复合调料是麻婆豆腐调味料，麻婆豆腐是人们普遍喜食的传统的川菜，在家里制作，各种调料的比例掌握不好，因而菜肴风味相差甚远。使用“麻婆豆腐”专用调味料，制作过程简化，家庭主妇也能烹制正宗的川菜。因而，专用调味料便应运而生。一些地方名菜，如酸菜鱼、水煮鱼、东坡肉、回锅肉、剁椒鱼头、担担面、盐焗鸡等使用专用调味料可以打造千种菜品的标准化做法。针对不同食物种类及制作方法开发专用调味料。如蒸菜调料、凉拌调料、腌渍调料、涂抹调料、烧烤调料、煎炸调料、速溶汤料、煲汤调料、火锅调料、盖浇饭汁、拉面汤料、日式和西式快餐的汤类以及中餐的高汤等。

未来大多数专用调味料来源于厨师的做法标准化，将厨师使用的酱油、醋、鸡精、鸡粉、食盐等全部混合做成一勺搞定的程度。方便的调味料使做菜更加简单，其色、香、味不会比厨师逊色，而且省时、省事，保证菜肴风味质量，既满足了消费者自己在家就可以做出专业厨师水平的美食的要求，又可以解决饭店高价聘请厨师的问题。

第四节　辅助料

一、生活饮用水

生活饮用水（Drinking water）是指供人生活的饮水和生活用水。水是氢和氧最普通的化合物，化学式为H_2O，以固态、液态和气态三种聚集状态存在于自然界中，是人类宝贵的自然财富。没有水，人和动物、植物都不能生存。《中国居民膳食指南（2016）》建议，在温和气候条件下生活的轻体力活动的成年人每日最少饮水1500～1700mL。

（一）种类与硬度

水在自然界的分布很广，江、河、湖、海约占地球表面积的3/4，地层里、大气中以及动物、植物体内都含有大量的水。除天然水外，经过人工处理的水包括自来水、净化水、蒸馏水等，见表8-4。

表8-4　水的分类及特点

<table>
<tr><th colspan="3">类别</th><th>特点</th></tr>
<tr><td rowspan="4">天然水</td><td rowspan="4">地表水</td><td>雨雪水</td><td rowspan="4">地表水溶解的矿物质较少，硬度低，但常含有黏土、砂、水草、腐殖质、钙镁盐类、其他盐类及细菌等。其中含杂质情况差别很大。近年来，由于工业的发展，大量含有有害成分的废水排入江河，引起地表水污染</td></tr>
<tr><td>江河水</td></tr>
<tr><td>湖水</td></tr>
<tr><td>塘窖水</td></tr>
</table>

续表

<table>
<tr><th colspan="3">类别</th><th>特点</th></tr>
<tr><td rowspan="2">天然水</td><td rowspan="2">地下水</td><td>深井水</td><td rowspan="2">水透过地质层时，经过自然过滤，溶入了各种可溶性矿物质，如钙、镁、铁的碳酸氢盐等，很少含有泥沙、悬浮物和细菌，比较澄清</td></tr>
<tr><td>泉水</td></tr>
<tr><td rowspan="3">人工处理水</td><td colspan="2">自来水</td><td>将江河湖水等经过沉淀、过滤、除去悬浮杂质，并经过消毒处理，是最主要的饮用和烹调用水</td></tr>
<tr><td colspan="2">净化水</td><td>将自来水通过净水器装置，去除各种微细物质而得到的干净水，但同时也去除了有益的矿物质成分。一般只作为饮用水</td></tr>
<tr><td colspan="2">蒸馏水</td><td>将自来水汽化，再经冷却装置冷凝成的水。水质非常纯净，但在去除有害物质的同时，也损失了对人体有益的成分</td></tr>
</table>

水有“软硬”之分。世界卫生组织（WHO）以“1L水中的Ca^{2+}和Mg^{2+}的质量”为标准，数值在120mg/L以下为软水，以上为硬水。一般雨水、雪水和纯净水为软水；自来水、地下水、矿泉水、江河湖水等属硬水。

硬度会影响到饮用水的口感，一般硬度低的水感觉柔和，硬度高的水感觉清爽、厚重，所以软水泡茶、冲咖啡、做饭菜、冲调婴儿奶粉等比较适用；硬水适宜补充矿物质成分，用于日常保健。如果没有经常饮硬水的人偶尔饮硬度较大的水，则会造成腹泻、肠胃功能紊乱，这是“水土不服”的原因之一。饮用硬度在150～450mg/L的水最有利于人体健康。

我国地理标志产品的水主要是矿泉水，有吉林长白山饮用天然矿泉水、陈化店矿泉水、昂思多矿泉水、峨眉山矿泉水、黄果树矿泉水、巴马丽琅矿泉水、5100西藏冰川矿泉水、五大连池矿泉水、N47° 克东天然苏打水等。

（二）烹饪应用

水也是参与烹饪的主要辅助原料，符合“GB 5749—2006 生活饮用水卫生标准”的水都可以作为烹饪用水。水在烹饪中主要有四个方面的作用。

1．作为传热介质

水作为烹饪传热介质，一经加热，热量就会靠对流作用，迅速而均匀地传递到各处，便于形成均匀的温度场，使原料受热均匀。原料的焯水、干货涨发、制汤和炖、焖、煨、氽、煮、烧等烹调方法都离不开水。水还能以蒸汽形式作为传热介质，通过对流方式用于蒸制食物。

2．溶剂作用

烹饪原料中的营养成分和风味物质溶解于水，可形成营养美味的鲜汤；精盐、味精、食糖等调味料以水为传质媒介，向原料组织中扩散或渗透，从而达到入味的目的；制作皮冻、果冻、挂糊、上浆、勾芡、调和面团、制作面筋、制汤工艺等都利用了水的良好溶解能力和分散能力。水也是原料中不良呈味物质的溶剂，如萝卜、竹笋、菠菜等经焯水处理可除去辣味、苦涩味，羊肉、内脏等通过水浸和焯水可除去腥膻气味等。盐分较高的咸鱼、咸肉，通过水浸可使盐度降低。

3．辅助风味

水不是主料、配料，也不是调料，但却是一些菜点的重要组成部分。用水调制鱼肉糜等，可使水分子均匀地和蛋白质分子表面亲水性极性基团接触，使肉糜充分与水结合，可增加其嫩度。用水涨发干货，使原料吸水膨胀后达到软烂的目的。胶原蛋白和果胶物质在水中加热能形成胶体溶液，脂肪由于乳化剂作用在水中能形成乳状液。面粉具有很强的亲水性，遇水后形成面筋，而使面团具有一定的弹性和可塑性。

4．清洁防腐保色

水有很强的洗净力，通过洗涤可以除去原料表面的污物杂质。如宰杀后的鱼、禽、整理后的蔬菜都需要经过水洗，才能进入切配烹调工序。沸水和蒸汽有杀菌消毒作用，能使烹饪原料成为可供安全食用的食品。而凉水或冰块能抑制微生物繁殖，浸泡原料或将原料与冰块放在一起，可短时贮存原料。含有多酚类物质的蔬菜（如马铃薯、藕、茄子等）切配后浸泡在冷水中隔氧，可防止酶促褐变，能保持原料的本色。

（三）安全控制

烹饪用水必须符合水质标准（GB 5749—2006）；直接饮用水需符合包装饮用水标准（GB 19298—2014）和饮用天然矿泉水标准（GB 8537—2018）。池塘水和浅井水等易受到来自地面的污染，水质恶劣，不宜供烹饪应用；海水及某些含矿物质较多的泉水等，一般不直接用于烹饪；江河水要注意水源污染情况；经过长时间烧煮、多次沸腾的千滚水或蒸锅水（蒸饭、蒸馒头的剩锅水）不宜饮用，也不能用于烹饪，因其中原有的重金属和亚硝酸盐会浓缩而含量增高，不利健康。纯净水从卫生学角度对人是安全的，但不利于补充人体矿物营养。

（四）资源保护

尽管我国有许多河流、湖泊和水库，但淡水量仅占世界的8%，居世界第六位，人均淡水拥有量均不超过2545m^3，不到世界人均值的1/4，居世界第110位，已被列入全球13个贫水国之一。中国一半的城市缺水，其中108个城市严重缺水。其次，中国的水资源分布极不平衡，呈现出西北多旱、东南多涝的特点。截至目前，我国有60%的城市饮用水源受到污染，50%的城市地下水受污染，1/3的井水水质达不到饮用水水质标准。北方一些地区“有河皆干，有水皆污”，南方许多重要河流、湖泊污染严重。另外，由于我国工业技术落后，水重复利用率低，对水的消耗过大、浪费惊人。

中国烹饪协会2005年对我国55个城市的餐饮企业进行了一次资源浪费的调查，结果表明，水资源浪费位于四大浪费资源（水、一次性餐具、剩余饭菜、电）之首，员工节约意识淡薄是造成浪费的主要原因。《中华人民共和国水法（2016修正）》第八条规定，国家厉行节约用水，大力推行节约用水措施，推广节约用水新技术、新工艺，发展节水型工业、农业和服务业，建立节水型社会。餐饮业单位和个人可参照“SB/T 11166—2016 餐饮企业节约管理规范”，履行节约用水的义务，积极建设节约型餐饮企业。

二、食用油脂及制品

脂质是存在于生物体中或食品中微溶于水，能溶于有机溶剂的一类化合物的总称，包括甘油三脂、类脂物及其衍生物，2017年鉴定出的脂质种类已达四万多种。食用油脂属于脂质中的一类，主要是指甘油与脂肪酸所成的甘油三酯，通常指可供人类食用的植物、动物、微生物或它们的混合物的油脂产品。在油脂利用史上，最早是从点灯照明开始的。在烹饪中使用的油脂是油（Oil）和脂肪（Fat）的总称。一般在常温下呈液体状态的叫油，呈固体状态的称为脂，但两者之间并无严格区分，如猪脂也叫猪油，牛油也称牛脂。

（一）种类特征

食用油脂的来源广泛，品种繁多。依据油脂含水量与脂肪乳化物结构，我国食用油脂及制品可分五类，见表8-5。

表 8-5　食用油脂及制品的分类

<table>
<tr><th colspan="2">分类</th><th>品种</th></tr>
<tr><td rowspan="5">天然食用油脂（无水）</td><td>植物油脂</td><td>来源于单一或多种可食用植物油料，如大豆油、菜籽油、花生油、棉籽油、橄榄油、椰子油、玉米胚芽油、米糠油、麻油等，是主要的烹调用油</td></tr>
<tr><td>动物油脂</td><td>猪油、牛油、羊油、鸡油和鸭油等，在流通中仅占食用油脂总消费的1.5%左右，烹饪中仅在特殊菜点中使用，如牛油火锅、油酥面点（猪油）等</td></tr>
<tr><td>无水黄油、酥油</td><td>乳或乳制品脱去水分及非脂固体而得到无水黄油（脂肪含量≥99.8%）。仅脱去水分，含有一定非脂固形物的是有独特风味的酥油</td></tr>
<tr><td>鱼油和海洋动物油脂</td><td>包括海鱼油（如金枪鱼油、鳀鱼油），淡水鱼油（如巴沙鱼油和罗非鱼油），鲸鱼体油和海豹油等。不包括鱼肝油、鲸鱼脑油和蛇鱼油（蜡质成分）</td></tr>
<tr><td>微生物油脂</td><td>由微生物制取的食用油脂，如DHA藻油、花生四烯酸藻油、类可可脂等</td></tr>
<tr><td rowspan="4">改性油脂制品（无水半天然）</td><td>氢化油脂</td><td rowspan="2">采用不同的催化剂，改变了甘油酯的组成以及单个甘油酯的分子结构，如植物酥油、起酥油等</td></tr>
<tr><td>酯交换油脂</td></tr>
<tr><td>分提油脂</td><td>把天然油脂中低熔点液相（液油）及高熔点固脂（硬脂）分开，仅改变了甘油酯的组成</td></tr>
<tr><td>混合调和油</td><td>营养调和油、风味调和油、煎炸（功能）调和油等</td></tr>
<tr><td rowspan="2">脂肪乳化制品</td><td>油包水型</td><td>黄油（脂肪含量80%以上）、人造黄油及其类似物、低脂人造奶油、涂抹脂、调和涂布脂</td></tr>
<tr><td>水包油为主</td><td>包括混合和/或调味的脂肪乳化物制品，如人造乳非乳搅打稀奶油、非乳顶饰及植物稀奶油、稀奶油和蛋黄酱等</td></tr>
<tr><td rowspan="2">脂肪类甜品</td><td>乳脂类甜品</td><td>乳冰淇淋、冰乳</td></tr>
<tr><td>植脂类产品</td><td>由植物脂肪制成的类冰淇淋产品</td></tr>
<tr><td colspan="2">其他油脂制品</td><td>如粉末油脂（脂肪粉）、植脂末（奶精）和粉末状植脂奶油等</td></tr>
</table>

油脂种类繁多，按其用途可分为直接食用、烹饪（食品加工）使用及兼用三大类，餐饮业用于烹饪的油脂，主要是指各种植物原油经脱胶、脱色、脱臭等精炼加工精制而成的高级食用植物油，即泛称的“色拉油”。

（二）烹饪应用

1．传热介质

油脂的燃点高，传热速度快，便于灵活地控制和调节温度，使原料受热均匀，迅速成熟，以制作出各种质感的菜肴。需高温长时间炸制菜点，宜选用发烟点高的精炼油。

2．增色保色

高温油炸时，食品表面发生羰氨反应，形成金黄色、黄褐色的呈色物质。成菜色泽要求洁白时，必须选用颜色较浅的色拉油。制作汤菜时，如果要求汤色浓白，就要选择乳化作用较强的油脂。油脂可作为溶剂而溶解脂溶性色素，增加烹调菜肴的色泽，如红色的辣椒油、黄色的咖喱油等。油脂本身光亮滋润，也能使菜肴增加光泽，故有“明油亮芡”之说。

3．增香调香

有些油脂本身具有香味（麻油、鸡油、奶油等），有些油脂溶解了芳香物质（葱油、花椒油、蒜油等），使用这些油脂，都可以给菜肴增香；油脂在高温作用下，发生多种复杂的化学反应生成具有挥发性的醛类、酮类等芳香物质，从而使原料产生香气。

4．调质作用

原料在热油中经过一定时间的煎、炸后，可使原料表面甚至内部的水分蒸发，而使菜点具有外酥里嫩或松、香、酥、脆的口感。在调制酥炸菜肴的酥糊时要加入一定量的油，油脂加入量的多少是酥糊炸制后是否酥脆的关键。在调制油酥面团时，将油脂和面粉充分搓擦，扩大了油脂的表面积，使油脂均匀地包裹在面粉粒外面，油脂的表面张力使面粉粘连成团，由于没有水分，不能形成面筋网络，因而制成的面点比较松散，口感酥脆。

5．造型作用

部分油脂有一定可塑性，能辅助菜点成形，如江苏菜“藕粉圆子”是用猪油将松散的八宝果仁凝结成团，搓成球形后，再滚上藕粉入锅汆熟而成。奶油中含有部分水分，经搅打后可充入大量的空气，具有很好的可塑性，可用于蛋糕的裱花工艺中。另外，“黄油雕”也是利用了奶油的可塑性特点。

6．润滑作用

食用油脂在菜点烹调过程中常作为润滑剂而广泛应用。例如在烹调菜肴时，原料下锅一般都需要少量的油脂滑锅，防止原料粘锅和原料之间相互粘连，保证菜肴质量；上浆的原料在下锅前加些油，可利于原料在滑油时容易散开，便于成形；在面点加工中，对使用容器、模具、用具，为防止粘连，在其表面都需涂抹一层油脂。

（三）营养价值

油脂是贮存能量的物质，它不仅能提供热量，而且一些构成油脂的脂肪酸还是维持生命活动的必需营养素，如不饱和脂肪酸α-亚麻酸及其衍生物（DHA、EPA）是学习、智力、视力和大脑的重要物质基础，能增强智力，提高记忆力，保护视力。油脂内通常还含有脂溶性维生素、磷脂、糖脂和固醇类，随油脂被食用而进入体内，使食品更富营养。《中国居民膳食指南（2016）》建议，每天烹调油摄入量不宜超过25～30g。

油脂的营养价值与其成分有关，营养价值高的油脂特征是饱和脂肪酸含量低，不饱和脂肪酸比例较高且ω6/ω3比例合理；脂类伴随物含量及油酸含量高；风险因子（包括重金属、反式脂肪酸、苯并芘、生物毒素等）含量要低；油品色泽和风味好。

（四）品质检验

食用油的品质可依据“GB 2716—2018 食品安全国家标准 植物油”“GB 10146—2015 食品安全国家标准 食用动物油脂”“GB 15196—2015 食品安全国家标准 食用油脂制品”“GB/T 21123—2007 营养强化 维生素A食用油”“SB/T 10292—1998 食用调和油”等鉴别。

此外，大豆油、花生油、玉米油、菜籽油、棉籽油、棕榈油、芝麻油、橄榄油、食用猪油、稀奶油、奶油和无水奶油等均有相应的国家标准。

（五）贮存保管

食用油脂的安全贮存要注意空气、光线、温度、水分、微量金属的影响。空气中的氧是油脂氧化的重要因子，油脂应密闭贮存或充氮贮存；光对油脂的氧化起诱发及加速作用，所以要避光；食用油脂的氧化因温度上升而明显加剧，一般而言，在20~60℃范围内，油温每升高10℃，油脂的氧化速度提高1倍，故油脂要求低温贮存。水分具有促进食用油脂水解的作用，人造奶油、米糠油等产品水含量高，或者解脂酶含量高，贮存不当易水解酸败；微量金属会加速油脂氧化变质，危害最大的是铜和铁，所以油脂应尽量避免与金属接触；植物油脂因含有微量的生育酚及其他天然抗氧化剂，虽然不饱和脂肪酸多，却比较稳定；而动物油脂不含天然抗氧化剂，饱和脂肪酸多，却容易氧化。添加合成抗氧化剂对防止油脂氧化极为有效，但种类及用量必须符合规定，否则会污染油脂。

（六）安全控制

目前我国慢性病患病率快速上升，其中高血压患病率达到25%左右，约2.7亿人，糖尿病患病人数达1.1亿，而这些都与高油饮食习惯特别油脂营养品质密切相关。现在居民每人每天食用油平均摄入量达到60g以上，是膳食指南建议量的两倍多，全国大约80%的家庭均处于超标的水平。以前油脂消费结构主要以菜籽油为主，如今我国每年进口600万吨棕榈油，菜籽油的消费量降到13%左右。油脂消费结构的变化导致人们饱和脂肪酸摄入量过高。因此控制油脂摄入量和摄入结构显得尤为重要。

三、食用淀粉及制品

（一）食用淀粉

淀粉是绿色植物果实、种子、块根、块茎的主要成分，是空气中二氧化碳和水经光合作用合成的产物，是取之不尽、用之不竭的天然资源。食用淀粉是以谷类、薯类、豆类以及各种可食用植物为原料，通过物理方法提取且未经改性的淀粉（也称原淀粉），或者在淀粉分子上未引入新化学基团且未改变淀粉分子中的糖苷键类型的变性淀粉，包括预糊化淀粉、湿热处理淀粉、多孔淀粉和可溶性淀粉等（GB 31637—2016）。

我国现已发展成为世界淀粉最大生产国，2018年产量达到3009.30万吨，其中，玉米淀粉为2814.91万吨，占比93.54%；木薯淀粉占0.87%；马铃薯淀粉占1.97%；甘薯淀粉占0.85%；小麦淀粉及其他占2.77%。

种类特征　食用淀粉按其来源分谷类淀粉、薯类淀粉、豆类淀粉和其他淀粉四类，见表8-6。

表 8-6　食用淀粉的分类

分类	品种
谷类淀粉	大米淀粉（糯米淀粉、粳米淀粉、籼米淀粉）；玉米淀粉（普通玉米淀粉、糯玉米淀粉、高直链玉米淀粉）；麦淀粉（小麦淀粉、燕麦淀粉、荞麦淀粉、黑麦淀粉）等

续表

分类	品种
薯类淀粉	木薯淀粉、马铃薯淀粉、甘薯（红薯）淀粉、竹芋淀粉、山药淀粉、芭蕉芋淀粉、芋头淀粉
豆类淀粉	绿豆淀粉、蚕豆淀粉、豌豆淀粉、豇豆淀粉等
其他淀粉	菱淀粉、藕淀粉、荸荠淀粉、橡子淀粉、百合淀粉、葛根淀粉、蕨根淀粉、西米淀粉、何首乌淀粉、芡实淀粉、片姜黄淀粉、桄榔粉等

淀粉分子在植物中以颗粒的形式存在，淀粉颗粒是多个淀粉分子的集聚体，呈白色固体状。不同植物由于遗传和环境的影响，形成不同形状和大小的淀粉颗粒。一般含水量高、蛋白质少的植物淀粉颗粒比较大，形状比较整齐，多呈圆形和椭圆形，如马铃薯淀粉；相反则颗粒较小，形状大多呈多角形，如稻米淀粉。

几种常见的淀粉颗粒形状为：马铃薯的为卵圆形或圆形；木薯的为球形或金元宝形；玉米的为圆形或多角形；稻米的呈不规则多角形；小麦的为扁平圆形或椭圆形，见图8-4。借显微镜观察淀粉颗粒的形状，可鉴别淀粉的来源和种类。

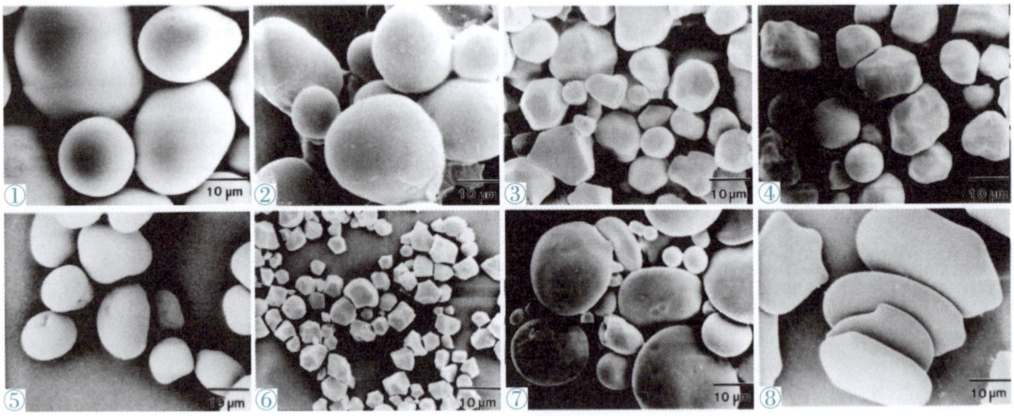

①马铃薯　②木薯　③玉米　④糯玉米　⑤绿豆　⑥大米　⑦小麦　⑧片姜黄淀粉

图8-4　不同淀粉颗粒扫描电镜图（放大1500倍）

烹饪应用　淀粉在烹调中主要用于挂糊、拍粉、上浆和勾芡。经过挂糊的原料油炸后可使成品外脆里嫩；上浆的原料划油后质地柔嫩光滑；拍粉的原料炸制后成形美观，花纹清晰，口感香脆；勾芡后的菜肴光亮滑润，滋味醇厚，汤菜勾芡后还能突出主料。不同种类淀粉的结构形态和大小、结晶度等的不同，淀粉糊的溶解度和膨润力、透明度、冻融稳定性、糊化特性也存在差异，从而影响淀粉在烹饪中的应用。通过比较小麦淀粉、玉米淀粉、马铃薯淀粉、红薯淀粉和绿豆淀粉的性质，发现溶解度、膨润力和透明度的大小顺序是：马铃薯淀粉＞红薯淀粉＞绿豆淀粉＞玉米淀粉＞小麦淀粉；马铃薯淀粉和红薯淀粉冻融稳定性最差，不适合做冷冻食品，玉米淀粉冻融稳定性最好，适合做冷冻食品；马铃薯淀粉糊最稳定，糊化温度低，适合勾芡，绿豆淀粉最不稳定，不宜勾芡用。

淀粉也是点心、风味小吃及淀粉制品的原料。如豌豆粉可制作粉丝、粉皮、凉粉等淀粉制品，制作北京小吃“豌豆黄”，云南小吃“凉豌豆粉”等。蚕豆粉可做糕点、面包、粉丝、甜酱、酱油等，用蚕豆粉可制作著名的云南小吃“抓抓粉”。菱粉可用于冷饮、雪糕、冰淇淋及细糕点的制作。马蹄粉可作为清凉饮料及冰糕食品的用料，还可以做成多种点心、小吃，如以它做成各种马蹄糕，有“透明马蹄糕”“生磨马蹄糕”“油煎马蹄糕”“鸳鸯马蹄糕”“三色马蹄糕”等。淀粉常被作为面粉的填充剂，在酥类糕点制作时可降低面筋膨润度，降低成品收缩变形程度，使制品酥、松、脆。

营养价值　淀粉本身属于多糖类营养素，某些淀粉还有一定的保健作用。如中医认为首乌粉具有抗衰老、乌须黑发、补肝肾、益精血、强筋骨、健脾胃、抑制癌瘤等作用，有助于少年儿童发育、增强记忆力和调节机体免疫功能。芡实粉可制作药膳，长期食用能益肾固精、健脾止泻以及治疗老年人下元虚损、小便失禁、大便溏薄等。藕粉具有益血、止血、调中、开胃、治虚损失血的功效。

安全控制　2002年4月，瑞典科学家在一些油炸和烧烤的淀粉类食品（如炸薯条、炸土豆片）中检出丙烯酰胺，而且含量超过饮水中允许最大限量的500多倍。2017年10月，世界卫生组织国际癌症研究机构将丙烯酰胺列为2类致癌物。丙烯酰胺是一种白色晶体化学物质，它是含蛋白质食品和含淀粉类食品中的某些氨基酸和糖类高温下（>120℃）发生复杂反应的结果。丙烯酰胺的形成与加工烹调方式、温度、时间、水分等有关，含碳水化合物的食物在经油炸之后，都会产生丙烯酰胺，以油炸薯类食品、咖啡食品和烘烤谷类食品中的丙烯酰胺含量较高。同一种含淀粉食物，经过热烹调之后颜色越深重，香味越浓郁，丙烯酰胺的产量也会越高。减少丙烯酰胺危害的原则是：少用煎炸烤方法加工淀粉类食品，少吃煎炸主食及颜色变深的香脆淀粉食品、少吃各种甜点饼干，不要过度追求口感。

品质鉴别　食用淀粉的质量以色泽洁白、带有光泽、吸水性强、胀性大、黏性好、无沉淀物、不易吐水、能长时间保持菜肴的形态、色泽和口感者为佳。可依据“GB 31637—2016 食品安全国家标准 食用淀粉”“GB/T 8883—2017 食用小麦淀粉”“GB/T 8884—2017 食用马铃薯淀粉”“GB/T 8885—2017 食用玉米淀粉”“GB/T 29343—2012 木薯淀粉”“GB/T 34321—2017 食用甘薯淀粉”等鉴别。

贮藏保管　淀粉是一种极易变质的原料，在保存时必须注意保持干燥，防止潮湿，产生霉臭味；干淀粉极易吸收异味，保存时应与有异味的商品分开存放；还要防止虫蚀鼠咬。

（二）淀粉制品

淀粉制品是以薯类、豆类、谷类等植物中的一种或几种制成的食用淀粉为原料，经和浆、成形、干燥（或不干燥）等工艺加工制成的产品，如粉条、粉丝、粉皮、凉粉等（GB 2713—2015）。这里介绍西米。

西米

西米不是米，是由原产印度尼西亚群岛的棕榈树（主要是Metroxylon rumphii和Metroxylon sagu）的髓内所储碳水化合物经人工加工成的食用淀粉粒。如图8–5所示。西米88%是碳水化合物，5%是蛋白质，还有少许脂肪和B族维生素。

种类特征　砍开成熟的棕榈树干，约含40%的淀粉，淀粉质髓用锄头挖出，类似木屑材料，此碎髓同水揉搓，通过筛分提出相当大的淀粉颗粒，经过过滤、反复漂洗、沉淀、干燥

西米棕榈树

加工西米淀粉

西米

图8-5 西米

等过程制成淀粉，淀粉晒至未十分干燥时，破碎后纳入布袋，摇成细粒，再行晒干，即为西米。根据颗粒大小分为珍珠西米（直径为2～3mm）和弹丸西米（直径为8mm）。一根树干可产90～180kg西米粉。

烹饪应用　西米使用前需要预煮，然后泡于冷水中备用。西米多用于制作甜品和一些工艺点心，热品、冷品都合适，如珍珠奶茶、白果西米羹、银耳西米羹、椰汁西米露等，也可单独煮熟后加糖食用。烹制时，煮到发现西米已变得透明或西米粒内层无任何乳白色圆点，则表明西米已煮熟，不宜久煮，以免黏糊失去韧性和形状。在太平洋西南地区，西米是主要食物，用其粗粉做汤、糕饼和布丁。在世界各地，主要的食用方法是做布丁或酱汁增稠剂。

品质检验　西米色泽白净，硬而不碎，光滑圆润，颗粒均匀而坚实，以熟制后晶莹透明，口感爽滑不黏糊，有一定韧性为佳。现在市面上所售西米大都从成本低廉的豆类、薯类中提取的淀粉制成的。西米的品质可参考“Codex Stan 301R–2011 可食西米粉区域标准”鉴别。

注意事项　西米是用淀粉做的，但不同于淀粉加工的粉条或粉皮，制粉条和粉皮时是把淀粉加水、定型加热成熟干燥等工艺得出的成品。西米在制作的时候，没有成熟这一过程，是生淀粉的加工品，淀粉没有糊化变性，如用水作长时间的浸泡会泡散。加热时，需沸水下锅。

第五节　食品添加剂

一、食品添加剂概述

食品添加剂是为改善食品品质和色、香、味，以及为防腐、保鲜和加工工艺的需要而加入食品中的人工合成或者天然物质。

1. 食品添加剂的种类

根据“食品添加剂使用标准”（GB 2760—2014），我国允许使用的食品添加剂分为22个类，有2397种，可归为四大功能：①改进食品感官质量，如着色剂、漂白剂、护色剂、增味剂、甜味剂、增稠剂、乳化剂、面粉处理剂、膨松剂、酸度调节剂、酶制剂、水分保持剂、食用香料等；②满足生产工艺的需要，如消泡剂、稳定剂、凝固剂、被膜剂、胶基糖果中的基础物质以及食品工业用加工助剂；③保持食品新鲜度，如防腐剂、抗氧化剂；④提高和增补食品营养价值，如营养强化剂。

食品添加剂依据来源可分为天然制品和化学合成两类。其中，天然食品添加剂是以植物、动物、微生物（乳酸菌、酵母菌、红曲霉等）的组织或代谢产物或天然矿物质为原料，经加工获得的物质，取材广，使用方便，具有改善食品品质和色、香、味的功效，且具有无毒、高效、环保等优点，在确定的限量标准之下，它不但对人体健康无害，有的还具有一定的营养价值。

2．餐饮业食品添加剂的使用要求

由于食品添加剂能延长食品保质期，避免食物中毒，能让食物多姿多彩，使食品更具风味，有“赋形”的魔力，能满足特殊需要，提高食品营养，所以食品添加剂不仅仅在食品工业中应用，餐饮业也可用食品添加剂来调节菜肴和点心的味道、改善色泽、增加口感，延长保质期。

与食品行业一样，餐饮业使用食品添加剂要同时符合五个基本要求：①不应对人体产生任何健康危害；②不应掩盖菜点腐败变质；③不应掩盖菜点本身或加工过程中的质量缺陷或以掺杂、掺假、伪造为目的而使用食品添加剂；④不应降低菜点本身的营养价值；⑤在达到预期的效果下尽可能降低在菜点的用量，尽可能不用人工化学合成的添加剂。

3．餐饮业食品添加剂的使用规范

食品添加剂的出现是社会进步的表现，但食品添加剂是一把双刃剑。餐饮业使用食品添加剂，首先要遵守《食品安全法》中关于食品添加剂的法律规定；其次要执行《餐饮服务食品安全操作规范（修订版）》（国食药监食〔2018〕12号）中关于食品添加剂的使用规范；第三，餐饮业使用食品添加剂的品种、使用范围、使用量必须按照“食品安全国家标准 食品添加剂使用标准”（GB 2760—2014）的规定使用，防止食品添加剂超范围和超剂量使用。特别是不得采购、贮存、使用硝酸盐及亚硝酸盐（包括硝酸钠、硝酸钾、亚硝酸钠、亚硝酸钾）。本教材附录4列出了食品中可能违法添加的非食用物质和易滥用的食品添加剂品种名单，可以从反面来警示餐饮业对食品添加剂的使用。

餐饮业现场加工的用于调色的苋菜汁、菠菜汁、麦青汁；用干辣椒加植物油制成的红辣油；制作面点时使用的咖啡粉；用白糖熬制的焦糖色；用猪肉皮加工的皮冻；发酵面点使用的老肥（酵头）等均能提升菜点的品质，但都不属于食品添加剂范畴，而是烹饪调辅料，所以没有使用范围及使用量的限定，只要符合菜点生产即可，值得提倡。

二、烹饪常用的食品添加剂

餐饮业中西面点制作常用的食品添加剂有：膨松剂、面粉处理剂、乳化剂、甜味剂、烘焙香粉以及用于糕点表面装饰的着色剂；肉类加工（生肉腌制和熟肉制品）常用的食品添加剂有：各种香料、酶制剂（嫩肉剂）、天然着色剂等；火锅底料调配可用的各种天然食品香料；饮品加工可用各种天然香料、色素等。

红曲米

红曲米又名红曲、赤曲、红米、福米，以大米为原料，用红曲菌属（*Monascus*）红曲霉发酵培养制得的，呈红色颗粒（或用颗粒制成粉末）的食品添加剂。红曲米最早发明于中国，已有1000多年的生产、应用历史，是中国及周边国家特有的大米发酵传统产品。我国自古以来就利用红曲米来着色各种食品，例如用它造红曲黄酒，为香肠着色，为酱、腐乳和粉蒸肉着色等。

应用范围　红曲米中含有多种色素成分，略有异味，易溶于水，不溶于油脂，耐热、耐酸性强，对蛋白质的染着性能极好，色调柔和，水洗也不褪色。烹饪中可用于熟肉制品、腌腊肉制品类、蛋糕装饰、糕点、饼干、焙烤食品馅料及表面用挂浆、蔬菜泥（酱）、粮食制品馅料、果蔬汁（浆）类饮料等，要求按生产需要适量使用。

红曲米除增色外，对枯草芽孢杆菌、金黄色葡萄球菌具有较强的抑制作用，对大肠杆菌、灰色链霉菌的抑制作用较弱，而对酵母、霉菌无抑制作用。特别是以红曲米（或红曲红）代替发酵香肠中亚硝酸盐用于发色，能极大地保障食品的安全性。

以红曲米原料，经萃取、浓缩、精制，可得到食品添加剂红曲红；以红曲米为原料，经碱液洗脱，分离制得红曲红（或直接以红曲红为原料），经硫化物磺化、干燥，可制得食品添加剂红曲黄色素，见图8-6。红曲红的使用同红曲米，红曲黄色素烹饪中仅用于糕点、熟肉制品、果蔬汁（浆）类饮料。

红曲米　　红曲粉　　红曲红　　红曲黄色素

图8-6　红曲类食品添加剂

品质检验　红曲米的品质可依据“GB 1886.19—2015 食品安全国家标准 食品添加剂 红曲米”鉴别。

实训项目

项目一　烹饪中常用香辛料的识别

实训目的

1　识别常见香辛料的品种。

2　掌握常见香辛料的烹饪应用。

原料准备

丁香、小茴香、桂皮、八角茴香、莳萝、香豆蔻、肉豆蔻、荜拨、花椒、砂仁、香茅、山柰等。

实训内容

1　观察各种香辛料的色泽、形状。

2　嗅闻各种香辛料的气味，部分大颗粒香辛料需剖开，进一步嗅其香气。

3　将各种香辛料分类。

实训要求

完成下列常用天然香辛料及烹饪应用表格：

名称	英文名	使用部位	风味特点	烹饪应用
丁香				
小茴香				
桂皮				
八角茴香				
……				

项目二　食用淀粉品质的鉴别

实训目的

通过比较市售各种淀粉的糊化情形，选择适合的淀粉用于烹饪。

原料及器具准备

1　原料：水、小麦淀粉、玉米淀粉、马铃薯粉、木薯淀粉、红薯粉、马蹄粉、藕粉等。

2　器具：筷子、大小一致的白瓷碗、温度计、保鲜纸、直尺、酒精灯、烧杯。

实训内容

1　选择不同材料淀粉各1汤勺，加等量的冷水搅拌均匀。

2　将淀粉水入锅加热，缓慢搅拌，使其受热均匀。

3　记录淀粉开始糊化的温度，完全糊化后，趁热舀一匙倒在平铺于台面的保鲜纸上，比较各种淀粉糊的黏度与透明度、覆盖的面积。

4　观察冷却淀粉糊的色泽、黏度、透明度、糊丝长短等。

实训要求

记录所观察淀粉的主要特征：

	淀粉	糊化温度（℃）	淀粉糊扩散直径（cm）	糊丝长短（cm）	热淀粉糊外观及透明度	冷淀粉糊外观及透明度
1	小麦淀粉					
2	玉米淀粉					
3	红薯淀粉					
4	马铃薯淀粉					
5	木薯淀粉					
6	马蹄粉					
7	藕粉					

建议浏览网站及阅读书刊

[1] http://www.chinacondiment.com/（中国调味料网）

[2] 牛国平，周伟．调味圣经：味是菜肴的灵魂．长沙：湖南科学技术出版社，2016.

[3] 赖声强．西餐教室：调味篇．上海：上海科技教育出版社，2017.

[4] ［日］太田静荣．绝品酱料、调味料、沙拉汁．北京：化学工业出版社，2017.

[5] 林勃攸．好吃研究室．餐桌上的调味百科．北京：华夏出版社，2019.

[6] 丁兆平，林煜棠．餐桌上的调味料．北京：中国医药科技出版社，2019.

[7] 张云甫．实用烹饪调味技法与配方．北京：中国纺织出版社，2019.

参考文献

[1] 编委会．中国地理标志产品集萃：调味料．北京：中国质检出版社，2016.

[2] 张艳荣，王大为．调味料工艺学．北京：科学出版社，2016.

[3] 白莉等．香辛料和调味料标准汇编．北京：中国人口出版社，2018.

[4] 毛羽扬．烹饪调味学．北京：中国纺织出版社，2018.

[5] 斯波．2019全国调味料行业蓝皮书．北京：中国纺织出版社，2019.

[6] 徐清萍．调味料生产工艺与配方．北京：中国纺织出版社，2019.

[7] 解万翠．水产发酵调味料加工技术．北京：科学出版社，2019.

[8] 丁兆平，林煜棠．餐桌上的调味料．北京：中国医药科技出版社，2019.

[9] 高彦祥．食品添加剂．北京：中国轻工业出版社，2019.

[10] 于殿宇．油脂工艺学．北京：科学出版社，2019.

附录1

按照传统既是食品又是中药材物质目录

（国家卫生健康委员会http://www.nhc.gov.cn）

按照传统既是食品又是中药材的物质，是指具有传统食用习惯，且列入《中华人民共和国药典》及相关中药材标准中的动物和植物可使用部分。见附件1，表1、表2。

附件1

既是食品又是药品的物品名单

（按笔画顺序排列）

丁香、八角茴香、刀豆、小茴香、小蓟、山药、山楂、马齿苋、乌梢蛇、乌梅、木瓜、火麻仁、代代花、玉竹、甘草、白芷、白果、白扁豆、白扁豆花、龙眼肉（桂圆）、决明子、百合、肉豆蔻、肉桂、余甘子、佛手、杏仁（甜、苦）、沙棘、牡蛎、芡实、花椒、赤小豆、阿胶、鸡内金、麦芽、昆布、枣（大枣、酸枣、黑枣）、罗汉果、郁李仁、金银花、青果、鱼腥草、姜（生姜、干姜）、枳椇子、枸杞子、栀子、砂仁、胖大海、茯苓、香橼、香薷、桃仁、桑叶、桑葚、橘红、桔梗、益智仁、荷叶、莱菔子、莲子、高良姜、淡竹叶、淡豆豉、菊花、菊苣、黄芥子、黄精、紫苏、紫苏籽、葛根、黑芝麻、黑胡椒、槐米、槐花、蒲公英、蜂蜜、榧子、酸枣仁、鲜白茅根、鲜芦根、蝮蛇、橘皮、薄荷、薏苡仁、薤白、覆盆子、藿香。

来源：《卫生部关于进一步规范保健食品原料管理的通知》卫法监发［2002］51号

表1　当归等6种新增按照传统既是食品又是中药材的物质目录

序号	名称	生物名	拉丁学名	所属科名	部位	备注
1	当归	当归	*Angelica sinensis*	伞形科	根	仅作为香辛料和调味品
2	山柰	山柰	*Kaempferia galanga*	姜科	根茎	
3	西红花（藏红花）	番红花	*Crocus sativus*	鸢尾科	柱头	
4	草果	草果	*Amomum tsao-ko*	姜科	果实	
5	姜黄	姜黄	*Curcuma longa*	姜科	根茎	
6	荜拨	荜拨	*Piper longum*	胡椒科	果穗	

来源：国家卫生健康委、国家市场监管总局《关于当归等6种新增按照传统既是食品又是中药材的物质的公告》（2019年第8号）

表2　党参等9种试点按照传统既是食品又是中药材的物质名单

序号	名称	生物名	拉丁学名	所属科名	部位
1	党参	党参	*Codonopsis pilosula*	桔梗科	根
		素花党参	*Codonopsis pilosula* var. *modesta*		
		川党参	*Codonopsis tangshen*		

续表

序号	名称	生物名	拉丁学名	所属科名	部位
2	荒漠肉苁蓉	肉苁蓉	*Cistanche deserticola*	列当科	肉质茎
3	铁皮石斛	铁皮石斛	*Dendrobium officinale*	兰科	茎
4	西洋参	西洋参	*Panax quinquefolium*	五加科	根
5	黄芪	蒙古黄芪	*Astragalus embranaceus.var.mongholicus*	豆科	根
		膜荚黄芪	*Astragalus membranaceus*		
6	灵芝	赤芝	*Ganoderma lucidum*	多孔菌科	子实体
		紫芝	*Ganoderma sinense*		
7	山茱萸	山茱萸	*Cornus officinalis*	山茱萸科	果肉
8	天麻	天麻	*Gastrodia elata*	兰科	块茎
9	杜仲叶	杜仲	*Eucommia ulmoides*	杜仲科	叶

来源：《关于对党参等9种物质开展按照传统既是食品又是中药材的物质管理试点工作的通知》国卫食品函〔2019〕311号

附录2

有关新食品原料、普通食品名单汇总

（国家卫生健康委员会http://www.nhc.gov.cn）

为进一步贯彻实施《新食品原料安全性审查管理办法》，更好地方便公众查询和获取政府信息。食品安全标准与监测评估司将2008年以来原卫生部和国家卫生健康委员会公告批准的称新食品原料名单和以公告、批复、复函形式同意作为食品原料名单汇总如下，见表1和表2。

表1 新食品原料名单（部分）

序号	名称	拉丁名 / 英文名	序号	名称	拉丁名 / 英文名
1	低聚木糖	Xylo-oligosaccharide	24	DHA藻油	DHA algal oil
2	透明质酸钠	Sodium hyaluronate	25	棉籽低聚糖	Raffino-oligosaccharide
3	叶黄素酯	Lutein esters	26	植物甾醇	Plant sterol
4	L-阿拉伯糖	L-Arabinose	27	植物甾醇酯	Plant sterol ester
5	短梗五加	*Acanthopanax sessiliflorus*	28	花生四烯酸油脂	Arochidonic acid oil
6	库拉索芦荟凝胶	*Aloe vera* gel	29	白子菜	*Gynura divaricata*（L.）DC
7	低聚半乳糖	Galacto-Oligosaccharides	30	诺丽果浆	Noni puree
8	水解蛋黄粉	Hydrolyzate of egg yolk powder	31	酵母β-葡聚糖	Yeast β-glucan
9	珠肽粉	Globin peptide	32	磷脂酰丝氨酸	Phosphatidylserine
10	人参（人工种植）	*Panax Ginseng* C.A.Meyer	33	玉米低聚肽粉	Corn oligopeptides powder
11	蛹虫草	*Cordyceps militaris*	34	雨生红球藻	*Haematococcus pluvialis*
12	菊粉	Inulin	35	翅果油	*Elaeagnus mollis* Diels oil
13	多聚果糖	Polyfructose	36	元宝枫籽油	*Acer truncatum* Bunge seed oil
14	γ-氨基丁酸	Gamma aminobutyric acid	37	牡丹籽油	Peony seed oil
15	初乳碱性蛋白	Colostrum basic protein	38	玛咖粉	*Lepidium meyenii* Walp
16	共轭亚油酸	Conjugated linoleic acid	39	异麦芽酮糖醇	Isomaltitol
17	盐藻及提取物	*Dunaliella salina*（extract）	40	植物甾烷醇酯	Plant stanol ester
18	鱼油及提取物	Fish oil（extract）	41	小麦低聚肽	Wheat oligopeptides
19	甘油二酯油	Diacylglycerol oil	42	蛋白核小球藻	*Chlorella pyrenoidesa*
20	地龙蛋白	Earthworm protein	43	乌药叶	*Linderae aggregate* leaf
21	乳矿物盐	Milk minerals	44	辣木叶	*Moringa oleifera* leaf
22	牛奶碱性蛋白	Milk basic protein	45	蔗糖聚酯	Sucrose ployesters
23	广东虫草子实体	*Cordyceps guangdongensis*	46	茶树花	Tea blossom

续表

序号	名称	拉丁名 / 英文名	序号	名称	拉丁名 / 英文名
47	盐地碱蓬籽油	*Suaeda salsa* seed oil	57	显齿蛇葡萄叶	*Ampelopsis grossedentata*
48	美藤果油	*Sacha inchi* oil	58	磷虾油	Krill oil
49	盐肤木果油	Sumac fruit oil	59	壳寡糖	Chitosan oligosaccharide
50	阿萨伊果	Acai	60	水飞蓟籽油	Silybum marianum Seed oil
51	裸藻	*Euglena gracilis*	61	御米油	Poppyseed oil
52	丹凤牡丹花	*Paeonia ostii* flower	62	塔格糖	Tagatose
53	长柄扁桃油	*Amygdalus pedunculata* oil	63	奇亚籽	Chia seed
54	光皮梾木果油	*Swida wilsoniana* oil	64	圆苞车前子壳	Psyllium seed husk
55	青钱柳叶	*Cyclocarya paliurus* leaf	65	茶叶茶氨酸	Theanine
56	低聚甘露糖	Mannan oligosaccharide（MOS）	66	茶叶籽油	Tea Camellia seed oil

表 2　食品原料名单（部分）

序号	名称	拉丁名 / 英文名	序号	名称	拉丁名 / 英文名
1	油菜花粉	Rape pollen	23	平卧菊三七	*Gynura procumbens*（Lour.）Merr
2	玉米花粉	Corn pollen	24	大麦苗	Barley leaves
3	松花粉	Pine pollen	25	抗性糊精	Resistant dextrin
4	向日葵花粉	*Helianthus* pollen	26	沙棘叶	*Hippophae rhamnoides* leaf
5	紫云英花粉	Milk vetch pollen	27	柑橘纤维	Citrus fibre
6	荞麦花粉	Buckwheat pollen	28	玉米须	Corn silk
7	芝麻花粉	*Sesame* pollen	29	小麦苗	Wheat seedling
8	高粱花粉	*Sorghum* pollen	30	冬青科苦丁茶	*Ilex kudingcha* C.J.Tseng
9	魔芋	*Amorphophallus rivieri*	31	牛蒡根	*Arctium lappa* root
10	钝顶螺旋藻	*Spirulina platensis*	32	中链甘油三酯	Medium chain triglycerides
11	极大螺旋藻	*Spirulina maxima*	33	五指毛桃	*Ficus hirta* Vahl
12	刺梨	*Rosa roxburghii*	34	黄明胶	Oxhide gelatin
13	玫瑰茄	*Hibiscus sabdariffa*	35	凉粉草（仙草）	*Mesona chinensis* Benth.
14	蚕蛹	Silkworm chrysalis	36	布渣叶（破布叶）	*Microcos paniculata* L.
15	酸角	*Tamarindus indica*	37	纳豆	Natto
16	水苏糖	Stachyose	38	天贝	Tempeh
17	夏枯草	*Prunella vulgaris* L.	39	木犀科粗壮女贞苦丁茶	*Ligustrum robustum*（Roxb.）Blum.
18	海藻糖	Trehalose	40	梨果仙人掌（米邦塔品种）	*Opuntia ficus-indica*（Linn.）Mill
19	针叶樱桃果	Acerola cherry			
20	耳叶牛皮消	*Cynanchum auriculatum* Royle ex Wight			
21	重瓣红玫瑰	*Rose rugosa* cv. *plena*			
22	鸡蛋花	*Plumeria rubra* L.cv.*acutifolia*			

附录3

国家畜禽遗传资源目录

中华人民共和国农业农村部公告（第303号）

根据《全国人民代表大会常务委员会关于全面禁止非法野生动物交易、革除滥食野生动物陋习、切实保障人民群众生命健康安全的决定》和《中华人民共和国畜牧法》规定，我部制定了《国家畜禽遗传资源目录》，经国务院批准，现予公布，自公布之日起施行。

特此公告。

农业农村部

2020年5月27日

一、传统畜禽

（一）猪

地方品种，培育品种（含家猪与野猪杂交后代）及配套系，引入品种及配套系。

（二）普通牛、瘤牛、水牛、牦牛、大额牛

地方品种，培育品种及配套系，引入品种及配套系。

（三）绵羊、山羊

地方品种，培育品种及配套系，引入品种及配套系。

（四）马

地方品种，培育品种，引入品种。

（五）驴

地方品种，培育品种，引入品种。

（六）骆驼

地方品种，培育品种，引入品种。

（七）兔

地方品种，培育品种及配套系，引入品种及配套系。

（八）鸡

地方品种，培育品种及配套系，引入品种及配套系。

（九）鸭

地方品种，培育品种及配套系，引入品种及配套系。

（十）鹅

地方品种，培育品种及配套系，引入品种及配套系。

（十一）鸽

地方品种，培育品种及配套系，引入品种及配套系。

（十二）鹌鹑

培育品种及配套系，引入品种及配套系。

二、特种畜禽

（一）梅花鹿

地方品种，培育品种，引入品种。

（二）马鹿

地方品种，培育品种，引入品种。

（三）驯鹿

地方品种，培育品种，引入品种。

（四）羊驼

培育品种，引入品种。

（五）火鸡

培育品种，引入品种。

（六）珍珠鸡

培育品种，引入品种。

（七）雉鸡

地方品种，培育品种，引入品种。

（八）鹧鸪

培育品种，引入品种。

（九）番鸭

地方品种，培育品种，引入品种。

（十）绿头鸭

培育品种，引入品种。

（十一）鸵鸟

培育品种，引入品种。

（十二）鸸鹋

培育品种，引入品种。

（十三）水貂（非食用）

培育品种，引入品种。

（十四）银狐（非食用）

培育品种，引入品种。

（十五）北极狐（非食用）

培育品种，引入品种。

（十六）貉（非食用）

地方品种，培育品种，引入品种。

附录4

食品中可能违法添加的非食用物质和易滥用的食品添加剂名单

为打击在食品生产、流通、餐饮服务中违法添加非食用物质和滥用食品添加剂的行为，保障消费者健康，全国打击违法添加非食用物质和滥用食品添加剂专项整治领导小组发布了六批《食品中可能违法添加的非食用物质和易滥用的食品添加剂名单》。现汇总供查询，见表1、表2。

表1　食品中可能违法添加的非食用物质名单

序号	名称	可能添加的食品品种
1	吊白块	腐竹、粉丝、面粉、竹笋
2	苏丹红	辣椒粉、含辣椒类的食品（辣椒酱、辣味调味品）
3	王金黄、块黄	腐皮
4	蛋白精、三聚氰胺	乳及乳制品
5	硼酸与硼砂	腐竹、肉丸、凉粉、凉皮、面条、饺子皮
6	硫氰酸钠	乳及乳制品
7	玫瑰红B	调味品
8	美术绿	茶叶
9	碱性嫩黄	豆制品
10	工业用甲醛	海参、鱿鱼等干水产品、血豆腐
11	工业用火碱	海参、鱿鱼等干水产品、生鲜乳
12	一氧化碳	金枪鱼、三文鱼
13	硫化钠	味精
14	工业硫黄	白砂糖、辣椒、蜜饯、银耳、龙眼、胡萝卜、姜等
15	工业染料	小米、玉米粉、熟肉制品等
16	罂粟壳	火锅底料及小吃类
17	革皮水解物	乳与乳制品、含乳饮料（增加蛋白质含量）
18	溴酸钾	小麦粉（增筋作用）
19	β-内酰胺酶	乳与乳制品（掩蔽抗生素）
20	富马酸二甲酯	糕点（防腐防虫）
21	废弃食用油脂	食用油脂
22	工业用矿物油	陈化大米
23	工业明胶	冰淇淋、肉皮冻等
24	工业酒精	勾兑假酒
25	敌敌畏	火腿、鱼干、咸鱼等制品
26	毛发水	酱油等
27	工业用乙酸	勾兑食醋
28	肾上腺素受体激动剂类药物	猪肉、牛羊肉及肝脏等含有盐酸克伦特罗、莱克多巴胺等
29	硝基呋喃类药物	猪肉、禽肉、动物性水产品
30	玉米赤霉醇	牛羊肉及肝脏、牛奶
31	抗生素残渣	猪肉
32	镇静剂	猪肉
33	荧光增白物质	双孢蘑菇、金针菇、白灵菇、面粉
34	工业氯化镁	木耳
35	磷化铝	木耳
36	馅料原料漂白剂	焙烤食品
37	酸性橙	黄鱼、鲍汁、腌卤肉制品、红壳瓜子、辣椒面和豆瓣酱
38	氯霉素	生食水产品、肉制品、猪肠衣、蜂蜜
39	喹诺酮类	麻辣烫类食品
40	水玻璃	面制品
41	孔雀石绿	鱼类
42	乌洛托品	腐竹、米线等

续表

序号	名称	可能添加的食品品种	序号	名称	可能添加的食品品种
43	五氯酚钠	河蟹	47	敌百虫	腌制食品
44	喹乙醇	水产养殖饲料	48	邻苯二甲酸酯类物质	乳化剂类食品添加剂、使用乳化剂的其他类食品添加剂或食品等
45	碱性黄	大黄鱼			
46	磺胺二甲嘧啶	叉烧肉类			

表 2　食品中可能滥用的食品添加剂品种名单

序号	食品品种	可能易滥用的添加剂品种
1	渍菜（泡菜等）、葡萄酒	着色剂（胭脂红、柠檬黄、诱惑红、日落黄）等
2	水果冻、蛋白冻类	着色剂、防腐剂、酸度调节剂（己二酸等）
3	腌菜	着色剂 、防腐剂、甜味剂（糖精钠、甜蜜素等）
4	面点、月饼	乳化剂（蔗糖脂肪酸酯等、乙酰化单甘脂肪酸酯等）、防腐剂、着色剂、甜味剂
5	面条、饺子皮	面粉处理剂
6	糕点	膨松剂（硫酸铝钾、硫酸铝铵等）、水分保持剂磷酸盐类（磷酸钙、焦磷酸二氢二钠等）、增稠剂（黄原胶、黄蜀葵胶等）、甜味剂（糖精钠、甜蜜素等）
7	馒头	漂白剂（硫黄）
8	油条	膨松剂（硫酸铝钾、硫酸铝铵）
9	肉制品和卤制熟食、腌肉料和嫩肉粉类产品	护色剂（硝酸盐、亚硝酸盐）
10	小麦粉	二氧化钛、硫酸铝钾
11	小麦粉	滑石粉
12	臭豆腐	硫酸亚铁
13	乳制品（除干酪外）	山梨酸
14	乳制品（除干酪外）	纳他霉素
15	蔬菜干制品	硫酸铜
16	酒类（配制酒除外）	甜蜜素
17	酒类	安塞蜜
18	面制品和膨化食品	硫酸铝钾、硫酸铝铵
19	鲜瘦肉	胭脂红
20	大黄鱼、小黄鱼	柠檬黄
21	陈粮、米粉等	焦亚硫酸钠
22	烤鱼片、冷冻虾、烤虾、鱼干、鱿鱼丝、蟹肉、鱼糜等	亚硫酸钠

注：滥用食品添加剂的行为包括超量使用或超范围使用食品添加剂的行为